Arbeitsgemeinschaft Automatisierungstechnik in Österreich

Neue Automatisierungs-techniken

Chancen für Klein- und Mittelbetriebe

Berichte ATÖ-Informationstagung 1986

Herausgegeben von
F. Margulies † und G. Hillebrand

Springer Science+Business Media, LLC

Prof. Dipl.-Ing. F. Margulies †
Geschäftsführer der Arbeitsgemeinschaft
„Automatisierungstechnik in Österreich“

Dipl.-Ing. Dr. Günter Hillebrand
Leiter der Hauptabteilung Marketing
Österreichisches Forschungszentrum Seibersdorf

Ursprünglich erschienen bei Springer-Verlag/Wien 1986

Mit 97 Abbildungen

ISBN 978-3-211-81924-1 ISBN 978-3-7091-4070-3 (eBook)
DOI 10.1007/978-3-7091-4070-3

Ehrenschutz

Univ. Doz. Dr. Heinz Fischer
Bundesminister für Wissenschaft und Forschung

Univ. Prof. DDr. Hans Tuppy
Präsident der Österreichischen Akademie der Wissenschaften

Univ. Prof. Dr. Tibor Vamos
Mitglied der Ungarischen Akademie der Wissenschaften
International Federation of Automatic Control (IFAC)

Dr. Josef Krainer
Landeshauptmann von Steiermark

Alfred Stingl
Bürgermeister der Stadt Graz

Veranstalter

Bundesministerium für Wissenschaft und Forschung
Österreichische Akademie der Wissenschaften
International Federation of Automatic Control
Bundeskammer der gewerblichen Wirtschaft
Österreichischer Gewerkschaftsbund
Österreichisches Forschungszentrum Seibersdorf
Österreichische Akademie für Führungskräfte

Vorwort

Obwohl den meisten Teilnehmern dieser zweiten ATÖ-Informationsveranstaltung die Aufgaben und Zielsetzungen der Arbeitsgemeinschaft "Automatisierungstechnik in Österreich" bekannt sein werden, sollen diese für den breiten Leserkreis nochmals kurz zusammengefaßt werden.

Die Arbeitsgemeinschaft Automatisierungstechnik in Österreich, die auf Initiative des Bundesministeriums für Wissenschaft und Forschung, der Österreichischen Akademie der Wissenschaften und der Internationalen Vereinigung für Automatisierungstechnik (IFAC) geschaffen wurde, hat die Aufgabe, Klein- und Mittelbetriebe bei der Einführung und Anwendung neuer Automatisierungstechniken zu unterstützen, zu beraten und zu fördern. Im Einvernehmen mit dem vom Forschungsministerium bestellten IFAC-Beirat werden in diesem Zusammenhang folgende Aufgabenschwerpunkte durchgeführt:

- Erarbeitung eines Konzeptes für die Aus- und Weiterbildung
- Schaffung von Test- und Demonstrationszentren für die Automatisierungstechnik
- Einrichtung eines qualifizierten Beratungsdienstes
- Herausgabe von Veranstaltungsinformationen u.a.m.

Alle diese Maßnahmen verfolgen dabei das gemeinsame Ziel, den in den Betrieben existierenden Problemen entgegenzuwirken. So stehen bei der Realisierung von Innovationen in Klein- und Mittelbetrieben folgende Schwierigkeiten an oberster Stelle:

- Probleme der Finanzierung
- Probleme des Marketing sowie
- Probleme im Bereich der Fertigung und Ausrüstung.

Die von ATÖ im Jahre 1984 durchgeführte Erhebung in Klein- und Mittelbetrieben hat sich daher näher mit der Einführung neuer Automatisierungstechniken in kleinbetrieblichen Strukturen auseinandergesetzt.

Ziel dieser Informationstagung ist es vor allem, österreichischen Klein- und Mittelbetrieben Anregungen und praktische Erfahrungen zu vermitteln, die ihnen die Beurteilung, Auswahl und Anwendung der modernen Fertigungstechniken erleichtern sollen. Das Programm enthält daher nicht nur Übersichtsvorträge in- und ausländischer Fachleute, sondern auch Fallbeispiele aus österreichischen Unternehmen sowie Diskussionen in den Arbeitskreisen, die den Teilnehmern auch die Möglichkeit bieten, ihre spezifischen Probleme darzulegen und mit den anwesenden Fachleuten zu erörtern. Damit soll dem Wunsch dieser Betriebe nach wertneutraler, qualifizierter Beratung entsprochen werden.

Es scheint, daß für die in Österreich vorherrschenden Betriebsstrukturen ein Ausweg aus der wirtschaftlichen Krise in der Anwendung der immer wieder zitierten "neuen Automatisierungstechnik" liegt. Die "Flexible Automation", die man als einen selbsttätigen und zwangsläufig ablaufenden Fertigungsprozeß, der rasch und ohne erheblichen Zusatzaufwand verändert, daher flexibel gestaltet werden kann, versteht, ist gekennzeichnet durch ihre vielseitige Anwendbarkeit und beträchtliche Verkürzung der Rüstzeiten. Sie schafft damit die Möglichkeit, eine Vielfalt unterschiedlicher Produkte auch in kleineren Losgrößen kostengünstig auf ein und derselben Anlage zu fertigen. Damit ergeben sich für kleinere Betriebs- und Verwaltungseinheiten neue Chancen, die nicht nur in der weiteren Spezialisierung, sondern vor allem in der Qualität und in der Erhöhung des Gebrauchs- oder Funktionswertes ihrer Produkte liegen.

Der Weg zur "automatisierten Maßschneiderei" ist eine der aufgezeigten Chancen gegenüber einer großbetrieblichen Serienproduktion. Er ist technologisch realisierbar und ökonomisch gangbar, erfordert aber nicht nur ein neues Unternehmertum, sondern auch neue Formen der betrieblichen Zusammenarbeit.

Namhafte Vertreter aus der Wissenschaft werden bei dieser Tagung zu aktuellen Themenkreisen Stellung nehmen.

Abschließend möchte ich im Sinne unseres lieben Freundes und Geschäftsführers der ATÖ, Herrn Prof. Dipl.Ing. Fred MARGULIES, der während der Vorbereitungen zu dieser Tagung unerwartet von uns gegangen ist, allen Veranstaltern und Sponsoren für ihre Unterstützung danken. Dies gilt insbesondere für alle Mitglieder des Programmkomitees und die mit der Organisation betrauten Kolleginnen und Kollegen, die durch ihre wertvollen Anregungen und ihre Mitarbeit die ATÖ-Informationstagung 1986 ermöglicht haben.

G.Hillebrand
ATÖ-Tagungssekretär

Nachruf

für Prof. Dipl.Ing.Fred MARGULIES †

Völlig unerwartet ist am 10. Februar 1986 im Alter von 69 Jahren Fred MARGULIES während der Vorbereitungen zu dieser 2. ATÖ-InformationsTagung von uns geschieden.

Nicht nur während seiner Tätigkeit als Generalsekretär der Internationalen Vereinigung für Automatisierungstechniken (IFAC), sondern auch als Gründungs- und Vorstandsmitglied der Österreichischen Computergesellschaft ÖCG und als ehrenamtlicher Geschäftsführer der Arbeitsgemeinschaft "Automatisierungstechnik in Österreich" hatte er sich bemüht, die Sozialaspekte der Informationstechnologie aufzuzeigen und die Gespräche zwischen Gewerkschaft, Arbeitnehmern und Unternehmern in Gang zu bringen.

Er war es auch, der in der ATÖ den Grundstein zur Unterstützung kleinbetrieblicher Strukturen für den Einsatz neuer Automatisierungstechniken setzte. Unermüdlich bis zur letzten Sekunde war sein Streben, gangbare Wege für eine sinnvolle Anwendung dieser neuen Techniken aufzuzeigen.

Fred MARGULIES war als Gewerkschaftsmann auch Sozial- und Computerwissenschafter, der wie kaum ein anderer es verstand, die Aspekte der Technologie, Ökonomie und Soziologie auf einen Nenner zu bringen. Darin war und ist er uns Vorbild.

Auch wenn ein persönlicher Freund von uns gegangen ist, wird sein Wirken über die ATÖ-Tagung hinaus Früchte tragen.

Inhaltsverzeichnis

Übersichtsvorträge

Arbeitskreis 4: Aus- und Weiterbildung

Geleitwort
zur 2. atö-Informationstagung

Bundesminister Univ. Doz. Dr. Heinz Fischer

Die Arbeitsgemeinschaft Automatisierungstechnik in Österreich (ATÖ) ist eine gemeinsame Einrichtung des Bundesministeriums für Wissenschaft und Forschung, der Österreichischen Akademie der Wissenschaften und der International Federation of Automatic Control (IFAC).

Schon die erste Informationstagung der ATÖ im Mai 1984 hat durch ihren großen Erfolg die Leistungsfähigkeit dieser Zusammenarbeit deutlich präsentiert. Das Studium des vorliegenden Tagungsbandes der zweiten atö-Informationstagung überzeugt bezüglich der Richtigkeit des eingeschlagenen Weges nicht nur durch die hohe Qualität der Vorträge, sondern auch durch die Auswahl der Themenbereiche und die geschickte Reihenfolge ihrer Präsentation: Der erste Tag liefert mittels einer Reihe von Übersichtsvorträgen die breite und qualifizierte Grundlage für die Arbeitskreis-Diskussionen des zweiten Tages. Es ist erfreulich zu sehen, wie realitätsbezogen diese Arbeitskreise die Thematik der Tagung abdecken. Von technischen Fragestellungen führen sie über die Themenbereiche Organisation und Wirtschaft bis in den Bereich der so außerordentlich wichtigen Ausbildung und berufsbegleitenden Weiterbildung.

Neue Automatisierungstechniken beginnen unser Leben, unsere Arbeitswelt und damit unsere Kultur grundlegend zu verändern. Es ist zweifellos mit ein Verdienst der ATÖ und ihrer Aktivitäten, wenn diese Veränderungen in Österreich nicht nur zu einer zweifellos erwünschten weiteren Erhöhung des allgemeinen Wohlstandes führen, sondern auch zu einer dem Wesen des Menschen immer mehr entsprechenden Arbeitskultur. Es wird mir stets ein Anliegen sein, die ATÖ bei ihren Bestrebungen in dieser Richtung zu unterstützen.

Dr. Heinz Fischer
Bundesminister für Wissenschaft und Forschung

Geleitwort
zur 2. atö-Informationstagung

Univ. Prof. DDr. Hans Tuppy
Präsident der Österreichischen Akademie der Wissenschaften

Es ist ein beständiges, leider jedoch nicht immer erreichtes Ziel der Österreichischen Akademie der Wissenschaften, Ergebnisse der Wissenschaft auch über den Bereich der Theoretiker hinaus wirksam werden zu lassen. Dementsprechend hat die Akademie die Initiative des Gewerkschafters Professor Margulies begrüßt, die neuen Automatisierungstechniken gerade Vertretern der Klein- und Mittelbetriebe nahezubringen. Es war ein besonderes Anliegen von Margulies, nicht nur die rein technischen Fragen, sondern immer auch die Auswirkungen der Automation auf die davon Betroffenen mit zu behandeln. Die erste Tagung in Laxenburg 1984 kann als voller Erfolg bezeichnet werden, und dementsprechend kann ich die berechtigte Hoffnung hegen, daß auch diese Tagung, die im wesentlichen noch von Prof. Margulies vorbereitet wurde, erstens die angesprochene Zielgruppe wirklich erreicht und zweitens den Teilnehmern auch tatsächlich das vermittelt, was sie zur besseren Gestaltung der betrieblichen Abläufe benötigen. Das im Vergleich zur letzten Tagung noch umfangreichere Programm sollte dazu beitragen. Als Akademie der Wissenschaften werden wir uns bemühen, auch die Arbeitsgemeinschaft Automatisierungstechnik in Österreich weiter im Sinne von Margulies wirksam werden zu lassen.

Eröffnungsansprache

Univ. Prof. Dr. Tibor Vamos
Mitglied der Ungarischen Akademie der Wissenschaften
International Federation of Automatic Control (IFAC)

Diese Konferenz soll der Erinnerung an Fred Margulies gewidmet werden. Er hat die weltweite Tätigkeit von IFAC mit Österreich verbunden und nicht nur einen ständigen Sitz für IFAC in Österreich begründet, sondern auch die inhaltliche Tätigkeit dieser Weltorganisation und damit diejenige technologische Bewegung, die in unserem Zeitalter die ganze menschliche Tätigkeit beeinflußt und sich in den Erfahrungen von 42 IFAC-Mitgliedsländern und -organisationen der Welt spiegelt, zur österreichischen Entwicklung zurückgekoppelt. Diese Initiative wurde in ATÖ verkörpert. Fred Margulies hat die Aufstellung unseres Social Effects Komitees, den Erfahrungsaustausch und die Forschung in gegenseitiger Wirkung von Technologie, Mensch und Gesellschaft, Arbeiter und Arbeitsplatz, Arbeits- und menschlicher Organisation stimuliert. Es besteht ein logischer Zusammenhang zwischen all diesem vorher Gesagten und dem Thema dieser Tagung. Klein- und Mittelbetriebe werden den Bedürfnissen des Menschen am besten gerecht im Gegensatz zu der gesichtslosen Groß-Organisation. Klein- und Mittelbetriebe sind die angemessenste Betriebsorganisationsform für ein so kleines Land mit einem so hohen Kulturerbe wie Österreich, unserem fast 1000jährigen Geschichtspartner. Klein- und Mittelbetriebe werfen die anregendsten Probleme der modernen Technik auf, verknüpft mit Tendenzen der distributiven und kooperativen Regelung, flexibler Erzeugung auf der einen Seite und mit den ungeheuren Aufwandskosten der modernen technologischen Entwicklung auf der anderen Seite.

Unser vor kurzem von uns gegangener Freund, Fred Margulies, hatte all diese Probleme tief in ihrem Zusammhang erkannt. Wir wollen hier und noch weiter in der Zukunft sein Lebenswerk fortsetzen.

Ich möchte ferner diese Grundgedanken mehr detailliert ausführen und ein bißchen weiterleiten. Eines der bedeutendsten Ergebnisse unserer Forschungen in der Systemtechnik der letzten Jahrzehnte war die Erkennung der Unberechenbarkeit und Unregelbarkeit von Systemen über einer gewissen Komplexität. Diese Erkenntnis - wie alle wichtigen - weist zu viel älteren Ergebnissen und Vermutungen zurück, wurde aber in ihrer Bedeutung und Folgerung erst dann realisiert, als wir eine immer größere, mächtigere Rechentechnik besaßen, mit der wir die praktische Grenze der Berechnungen von Systemverhalten immer weiter verschieben konnten - über einer gewissen Komplexität sind aber keine Berechnungen mehr möglich. Die Ursachen dafür wurden dann auf Grund lange bekannter Einzelkenntnisse der Mathematik erläutert und in vier Gruppen geteilt:

1. Eigenschaften in mehrfach gekoppelten Systemen, deren Einzelglieder nicht identisch sind;
2. Nichtlinearitäten der Charakteristiken und eine chaotische Bewegungsantwort auf äußerst kleine Störungen;
3. Nicht-stationäres Verhalten der meisten realen Vorgänge, wo eine zuverlässige Schätzung zur Beobachtung und Regelung nicht möglich ist, da die notwendige Beobachtungsperiode länger als die Periode notwendigen Eingreifens ist;
4. Das unterschiedliche Verhalten von Einzelgruppen und Systemkomponenten, die keine einheitlichen Kommunikationsprotokolle ermöglichen - Probleme der Nichtkompatibilität der einzelnen Sprachen, die inhaltliche Verschiedenheiten der Teilsysteme spiegeln.

Um diese nicht lösbaren Fragen beantworten zu können, hat man, in der Theorie und auch in der Praxis, ohne theoretische Bedenken immer mehr in kleinere Systeme zerteilt, um autonome, aber kooperativ arbeitende Systeme zu erhalten. Die Größe dieser Einzelsysteme sollte unterhalb der Schwelle der Unberechenbarkeit und Unregelbarkeit bleiben. Dies gilt sowohl für technologische, ökonomische und administrative Systeme, als auch für Menschenorganisationen, und führt so direkt zur Idee der Priorität von Klein- und Mittelbetrieben.

Die Probleme sind damit nur teilweise gelöst, manche sind nur umgeleitet, obwohl es schon als ein großer Erfolg zu betrachten ist, daß ein Teil der Probleme wirklich gelöst wurde!

Es bleiben ja die Fragen der
- Leistungen, die nur mit einer Gesamtanstrengung gelöst werden können und der Regelmethoden, diese Leistungen zu erringen,
- Stabilität und des optimalen Verhaltens des Gesamtsystems (z.B. die nationale Ökonomie),
- Optimierung der Kosten dieser kooperativen Gesamtregelung (z.B. die Informationsübertragung).

Die Notwendigkeit der Kopplung der Teilsysteme ist im ersten Absatz formuliert, die beiden weiteren sind Folgen davon.

Hinsichtlich unseres Hauptthemas ist der Aufwand für die Erforschung und Verwirklichung von neuen Technologien der wichtigste. Hier zeigt sich eine gegensätzliche Tendenz zu den oben angeführten: die Konzentration des Kapitals und der menschlichen Arbeitskraft ist immer maßgeblicher; Hunderte und Tausende von erfinderisch und unternehmerisch ausgezeichneten Klein- und Mittelbetrieben gingen in diesem Kampf gegen die übernationalen Riesenmächte der Technologie in den letzten paar Jahren zugrunde. Wir mußten eine Hoffnung der Allgemeingültigkeit der Übergangserfolge von Silicon-Valley-Kleinunternehmen als Vorbild aufgeben; der Optimismus der späten siebziger und frühen achtziger Jahre ist vorüber. Damals hatten wir ein Modell, wo - trotz der allgemeinen Rezession oder Stagnation - die meist elastischen, modern denkenden Kleinen erfolgreich zum Durchbruch gelangen konnten.

Hoffentlich ist unsere Geschichte nicht eine ähnliche Lehre, wie es die vorherige war. Wir haben auch für diese Erscheinungen Analogien in der Systemtechnik sowie teilweise Lösungen. Die großen Rechnernetze bestehen aus vielen verteilten Einzelsystemen mit einer immer stärkeren lokalen Rechenkapazität, mit Speichermöglichkeiten, eigenen Ein- und Ausgabeeinrichtungen, die nicht nur für administrative Daten und Texte, sondern auch für die Vorbereitung und Abwicklung der Produktionsprozesse geeignet sind. All dies ist aber nur auf Grund einer riesigen Infrastruktur der Kommunikationsnetze, großer konzentrierter Datenbanken und spezieller Rechenmöglichkeiten realisierbar. Zu dieser Infrastruktur gehört ein riesiger Software-Schatz, der wirklich als Ware für jeden erreichbar ist, und dieser Software-Schatz wird jetzt rasch mit dem gesamten Basiswissen wie Expertensystemen, Fachkenntnissen, Know-how auch als Software (also "Geistes-Ware"), zur Verfügung gestellt. Dies ist, meiner Meinung nach, das wichtigste Ereignis der letzten Jahre, das nicht nur die Technologie, sondern auch die Organisationsformen, die Verteilung der menschlichen Arbeit und die Gesellschaft grundlegend beeinflußt hat.

Neue Symbiosen sind entstanden und treten in den Vordergrund: multinationale Riesenorganisationen und örtlich verteilte, durch Infrastruktur verbundene Autonomien. Es ist klar, daß diese Infrastruktur von den Großorganisationen sehr stark beeinflußt wird, aber in einer gut funktionierenden Demokratie kann dieser Einfluß in die Richtung des Konsenses und des Allgemeininteresses verschoben werden, um ein Gleichgewicht zwischen Monopol und Autonomie zu erreichen. Die Lösungen sind noch nicht gefunden, aber es bedarf vieler solcher Anstrengungen, wie ATÖ selbst eine solche repräsentiert.

Auch die Grenzen der Groß- und Kleintechnologie sind flexibel. Ich verwende das Wort flexibel, weil wir die Hoffnung hatten und - entgegen vieler Anzeichen - immer noch haben, daß flexible Fertigung für die Autonomie der Klein- und Mittelbetriebe und für das Individuum mehr bewirkt als für die Massenproduktion. Flexible Fertigung war und ist wirklich eine Technologie, bei der man Einzelserien mit hochwertigen Massenproduktionsmethoden erzeugen kann; eine Methode, die den Erzeuger und den Benutzer von der früheren uniformisierenden Erzeugungsart befreit. Die Einrichtungen dafür zeigen widersprüchliche Tendenzen. Besonders die Rechentechnik wurde in den letzten 3 - 4 Jahren für jeden, der es wünscht, erreichbar. Die 16 bit Mikros und die jetzt kommenden 32 bit Brüder sind für Konstruktionszwecke und technologische Aufgaben, in Software, Graphik und für Verknüpfungsmöglichkeiten ausreichend leistungsfähig; die Preise werden immer günstiger. Die Technologie selbst hingegen, sowie die

Erzeugung und die Kontrolle werden meist immer kostspieliger und wirtschaftlich nur für größere Betriebe rationell.

Es kommt eine andere, sehr positive Bewegung zustande, eine Standardisierung der technologischen Verknüpfungen auf Grund der "Open System Interconnection" Normen. Dies ist auf unserem Gebiet das MAP-System (Manufacturing Automation Protocol) und alle informationstechnologischen Folgen: wo eine gut akzeptierte Norm vorhanden ist, fangen die Erzeuger an, in der Elektronik spezielle hochintegrierte Schaltkreise auszuarbeiten. Für eine, auf der ganzen Welt gültige Norm, können diese in großen Stückzahlen, also zu extrem günstigen Konditionen erzeugt werden, so wie es mit Mikroprozessoren und Speicherelementen möglich war. Dies ist ein weiteres Beispiel für eine Symbiose: ein in riesigen Stückzahlen erzeugtes Fabrikat, das dem ökonomischen Nutzen der Einzelerzeuger dient und ihnen noch weitere Nutzungsmöglichkeiten bietet.

Zuletzt will ich noch über eine besonders wichtige und entscheidende Aufgabe sprechen, die für uns außerordentliche Möglichkeiten beinhaltet. Klarerweise wandte sich die neue Technologie zuerst der Großerzeugung zu. Das ist aber auf längere Sicht nicht gesetzmäßig. Es sollte, möglicherweise auf Grund flexibler Bestandteile, wie es Mikroprozessoren und andere Mikroschaltungen für die Rechentechnik waren, eine billigere Kleintechnologie möglich werden, eine Mikrorechner-Revolution für Erzeugungsmaschinen. Dazu bedarf es der Phantasie,des unternehmerischen und erfinderischen Geistes. Es gibt heute schon viele Spezialgebiete, aber diese versatile Bausteintechnologie ist erst im Kommen. Diese könnte mit Hilfe von Rechnernetzen, Expertensystemen, Dienstleistungen, rechnergestützter Konstruktion, Verteilung, verschiedenen Hilfsmitteln und Instandhaltung wegweisend für die Zukunft der Klein- und Mittelbetriebe sein.

Geleitwort
zur 2. atö-Informationstagung
Landeshauptmann Dr. Josef Krainer

Die wissenschaftliche Forschung bestimmt weitgehend den Kurs unserer technischen, wirtschaftlichen und zivilisatorischen Entwicklung. Forschungsergebnisse müssen rasch praktisch angewendet werden. Forschung muß sich an ethischen Werten orientieren.

Das bedingt steten Wandel und gewiß auch freiwilligen Verzicht. Es erfordert rasches Reagieren und - heißt letzlich die Grenzen dort zu sehen, wo Forschung über das hinausführen könnte, was für Menschen unmittelbar vorteilhaft ist.

In der Steiermark haben wir von der Umsetzung wissenschaftlicher "Spitzenforschung" in die praktische Anwendung schon im vergangenen Jahrhundert profitiert. Wir kennen auch die Grundzüge dieses Prozesses: Erzherzog Johann hat vor 175 Jahren die "Forschungsinstitution" (heute würden wir sagen: "das Forschungszentrum") Joanneum gegründet, von dem wesentliche und entscheidende Anstöße für die Innovation in unserem Lande ausgegangen sind. Dieser Institution letztlich verdankt die Steiermark ihre damalige wirtschaftliche Konsolidierung, den Wiederaufstieg, die Anpassung an zeitgemäße Verhältnisse und durch einige Zeit die Führungsrolle in einigen Sparten, vor allem der metallverarbeitenden Industrie - und nicht nur dort allein.

In der Sprache der Zeit hat Erzherzog Johann seine Motive so ausgedrückt: "Stete Entwicklung, unaufhörliches Fortschreiten ist das Ziel des Einzelnen, jedes Staatsvereines, der Menschheit. Stille stehen und zurückbleiben ist in dem regen Leben des immer neuen Weltschauspiels einerley. Das Vorbild jener Wachsamkeit, Willenskraft und Erfindungen muß den Geist unaufhörlich emporhalten, um bei jedem Aufrufe des Vergangenen würdig, der Gegenwart gewachsen, für die Zukunft wohlthätig zu sein. Das Leben eines Staates ist wie ein Strom, nur in fortgehender Bewegung herrlich". Einiges würden wir heute mit anderen Worten ausdrücken, aber am Sinngehalt ist nichts zu ändern.

Soweit ich es sehe, hat sich die zweite atö-Informationstagung zum Thema "Neue Automatisierungstechniken - Chancen für Klein- und Mittelbetriebe" in der steirischen Landeshauptstadt ähnliche Ziele gesetzt.

Denn kleine und mittlere Betriebe sind das starke Rückgrat unserer steirischen Wirtschaft, sind die "Speerspitze" der Innovation, sowohl weltweit als auch in der Steiermark. Weil eben diese Betriebstypen so flexibel sind, ist es so wichtig, daß sie als erste die Ergebnisse wissenschaftlicher Grundlagenforschung anwenden.

Die Steiermark wird von den Auswirkungen des weltweiten Strukturwandels besonders betroffen. Wir werden diese Herausforderungen nur dann meistern, wenn wir alles "Kapital" aktivieren, insbesondere unsere kleinen und mittleren Betriebe. Die "Betriebsmittel" sind in unserer Heimat in reichem Maße vorhanden - das "Kapital" an Intelligenz und das "Kapital" an Geld für zukunftsorientierte Projekte.

Für den wissenschaftlichen Bereich sorgt der "Steiermärkische Wissenschafts- und Forschungslandesfonds" und die Abteilung für Wissenschaft und Forschung des Amtes der Steiermärkischen Landesregierung. Obwohl Forschung und der gesamte universitäre Bereich ausschließlich in die Kompetenz des Bundes fallen, haben wir diesen Fonds noch in den späten 60er Jahren gegründet, weil wir frühzeitig die Bedeutung sinnvoll geförderter Grundlagenforschung erkannt hatten. Ähnlich versucht die Forschungsgesellschaft Joanneum mit ihren Instituten und Projekten den Brückenschlag zwischen Grundlagenforschung und praktischer Anwendung. Auch die Technova und der steirische Technologiepark haben sich die Aufgabe gestellt, Wissenschaft und Grundlagenforschung mit Wirtschaft und praktischer Anwendung zusammenzubringen.

Wesentlich ist vor allem das soziale Motiv: Kleine und mittlere Betriebe schaffen und erhalten eine sehr hohe Anzahl von Arbeitsplätzen. Durch das Engagement privater Unternehmer und die Arbeitsleistung ihrer Mitarbeiter ist es möglich, raschem Wandel zu folgen und sich den strukturellen Änderungen anzupassen - im Interesse des Landes und seiner Menschen.

In diesem Sinne danke ich den Referenten der zweiten Informationstagung der Arbeitsgemeinschaft "Automatisierungstechnik in Österreich" und allen, die bei Organisation und Durchführung dieser Tagung mitgeholfen haben.

J. Krainer

Dr. Josef Krainer
Landeshauptmann von Steiermark

Geleitwort
zur 2. atö-Informationstagung
Bürgermeister Alfred Stingl

Noch nie zuvor haben Automatisierung und elektronisch-technische Neuerungen weltweit Wirtschaft und Gesellschaft in einem so großen Ausmaß geprägt und verändert, wie es in diesem Jahrzehnt der Fall ist. Ein Ende dieser Entwicklung, die weltweit Berufsbilder völlig verändert, Wirtschaftszweige zum Aussterben gebracht und neue Strukturen in vielen gesellschaftlichen Bereichen geschaffen hat, läßt sich noch in keiner Weise absehen. Für einen modernen Industriestaat ist es deshalb eine Notwendigkeit, sich dieser Herausforderung zu stellen. Diese 2. Informationstagung über Automatisierungstechniken, mit dem Ziel, gerade Klein- und Mittelbetrieben praktische Hilfestellungen zu geben, ist deshalb von größter Bedeutung. Gerade in diesen Bereichen gilt es, im Interesse von Wettbewerbsfähigkeit und Arbeitspolitik, zukunftsweisende Entscheidungen zu treffen. Fachkundige Beratung und sachkundige Grundlageninformation sind dazu wichtige Voraussetzungen.

In diesem Sinne freue ich mich als Bürgermeister der steirischen Landeshauptstadt, daß diese Fachtagung in Graz stattfindet. Allen Teilnehmern und Interessierten darf ich neben der fachlichen Information aber auch einige angenehme Stunden in unserer schönen Stadt wünschen.

In diesem Sinne entbiete ich den Teilnehmern an der 2. Informationstagung über Automatisierungstechniken einen herzlichen Gruß und wünsche viel Erfolg!

Alfred Stingl
Bürgermeister der Landeshauptstadt Graz

Übersichtsvorträge

Bedeutung, Chancen und Erfordernisse der Klein- und Mittelbetriebe in Österreich

Reinhard Haberfellner, TU Graz

Klein- und Mittelbetriebe haben eine große Bedeutung auch für die Wirtschaft Österreichs. In einem OECD-Bericht, der Daten aus 23 Ländern umfaßt, wurde festgestellt, daß Unternehmungen mit weniger als 500 Beschäftigten (= Klein- und Mittelbetriebe) zwischen 45 und 70 % aller industriellen Arbeitsplätze zur Verfügung stellen.

Für Österreich liegen widersprechende Zahlenangaben vor, die allerdings innerhalb dieses Rahmens liegen: Ratz nennt 47 % [1], Aiginger/ Tichy [2] haben einen Anteil von 73,4 % ermittelt. Die Unterschiede mögen darauf zurückzuführen sein, daß die eine Quelle sich auf industrielle (auch gewerbliche?) Arbeitsplätze bezieht, während die andere alle Betriebe mit Ausnahme der landwirtschaftlichen umfaßt. Diesen Unterschieden soll hier nicht nachgegangen werden, da nur die Größenordnung interessiert, die auch im Vergleich mit dem Ausland plausibel ist:

In der Schweiz werden mehr als die Hälfte aller Arbeitsplätze in nichtlandwirtschaftlichen Betrieben von solchen angeboten, die weniger als 50 Beschäftigte aufweisen [3].

In der BRD existieren 68 % der Arbeitsplätze in Unternehmungen mit weniger als 1000 Beschäftigten [4].

Diese Zahlen sind insofern erstaunlich, als der Untergang des Mittelstandes offensichtlich und glücklicherweise vorläufig nicht stattfindet. Der bekannte Management-Wissenschaftler Peter Drucker weist darauf hin, daß er Erörterungen über den Untergang von kleinen und mittleren Unternehmungen schon seit 50 Jahren aus seinem Elternhaus kennt und er meint "Wenn man so lange mit einer Prophezeiung lebt, ohne daß sie eintrifft, muß man daraus schließen, daß sie falsch ist" [5].

Neuere Zahlen aus Österreich scheinen dies ebenfalls zu bestätigen: Zwischen 1973 und 1983 hat sich die Zahl der Arbeitsplätze in Klein- und Mittelbetrieben (bis 500 Beschäftigte) um 167.000 Beschäftigte erhöht (+ 9,7 %). In Großbetrieben (mehr als 500) ging die Beschäftigtenanzahl im gleichen Zeitraum um 25.500 (- 2,7 %) zurück [6].

Facit: Die Chancen der Klein- und Mittelbetriebe scheinen auch in Österreich intakt zu sein.

Was sind nun die Ursachen dafür? Es gibt in letzter Zeit eine Reihe von Untersuchungen über Erfolgsmerkmale von Unternehmungen. An unserem Institut wurde im vergangenen Jahr eine empirische Arbeit abgeschlossen, in der 20 erfolgreiche österreichische Unternehmungen - überwiegend Klein- und Mittelbetriebe - untersucht wurden, in der Hoffnung, gleichartige Erfolgsmuster feststellen zu können [7]. Diese waren erkennbar und umfassen insbesondere die folgenden Grundtugenden

- starke Kunden- und Marktorientierung
- hohe Innovations- und Anpassungsfähigkeit
- einfache Organisation
- starke Leistungs- und Ergebnisorientierung
- hohes Engagement und Einsatzbereitschaft von Führungskräften und Mitarbeitern.

Klein- und Mittelbetriebe haben hier offensichtlich die besseren **"genetischen" Voraussetzungen,** die sich in einer höheren betrieblichen Flexibilität im Sinne der Fähigkeit äußern, auf spezielle Kundenwünsche, Sonderausführungen, Weiterentwicklungen, kurze Lieferzeiten u.ä. rasch und unkompliziert eingehen zu können. Sie haben aber auch **marktseitige Chancen.** Klein- und Mittelbetriebe brauchen keine großen Märkte. Sie brauchen damit auch keine umfassenden Marktanalysen, um über Produktideen, -veränderungen oder -anpassungen entscheiden zu können. Sie brauchen lediglich ein paar Anregungen ernstzunehmender Kunden, die Wünsche oder Ideen äußern oder sie unterstützen. Sie brauchen Kunden, für die und mit denen sie im kleinen

Rahmen und meist ohne große Kosten etwas "probieren" und daraus weiter lernen können. Die Erfolgsträchtigkeit einer Idee muß also nicht im voraus "bewiesen" werden - was in den meisten Fällen ohnehin kaum möglich wäre. Und Klein- und Mittelbetriebe haben schließlich das Glück, daß eine typische Schwäche der Großen einfach darin besteht, daß diese kleine Dinge nicht gut können. Weil sie sich dafür zu wenig interessieren und engagieren, weil sie keine erstklassigen Leute für solche Aufgaben einsetzen oder weil sie keine Geduld haben, Kinderkrankheiten und Fehler konsequent durchzustehen, wenn der dahinterstehende Markt, nicht groß genug erscheint (siehe auch [5]).

Facit: Eine natürliche Arbeitsteilung zwischen Großen und Kleinen mit unterschiedlichen Aufgaben und Eignungsprofilen scheint mir die logische Konsequenz dieser Überlegung zu sein.

In welchen Zusammenhang stehen diese Aussagen nun mit den neuen **Automatisierungstechniken?**

Wenn in Vergangenheit von Automatisierung die Rede war, so war damit vielfach die Vorstellung eines starren, sich in der gleichen Art oft wiederholenden Ablaufs verbunden. Naturgemäß war die starre Automation die geeignete Technologie für Großserien- und Massenverarbeitung - und ist es auch heute noch.

Die unmittelbar mit den Fortschritten der **Mikroelektronik** verbundenen neuen Automatisierungstechniken (flexible Automation) haben eine neue Dimension der Automatisierung eröffnet. Ein selbsttätig ablaufender Vorgang oder Teilvorgang kann damit rasch und ohne erheblichen Zusatzaufwand innerhalb gewisser Grenzen verändert werden [12]. Dies hat positive Auswirkungen in mehrfacher Hinsicht, wie z.B.: kürzere Durchlaufzeiten in Administration und Produktion, schnellere Umstellung, kleinere wirtschaftliche Losgrößen, bessere Nutzungsdauer von Maschinen und/oder Geräten, Verringerung der Kapitalbindung, kürzere Bearbeitungs- und damit Lieferzeiten, schnellere Reaktion auf kurzfristige Kundenwünsche, u.v.a.m.

Es mag zunächst den Anschein erwecken, die neuen Automatisierungstechniken würden damit primär den Großbetrieben nützen. Diese hätten damit ein Werkzeug zur Erhöhung ihrer Flexibilität und könnten nun in Reviere eindringen, die bisher die Domäne der kleineren und mittleren Unternehmungen waren.

Bevor ich auf diese Frage eingehe, scheint mir die folgende Differenzierung hinsichtlich des Wirkungsbereichs der flexiblen Automation (FA) angebracht:

1. Die FA kann sich auf die angebotenen **Marktleistungen,** also die eigenen Produkte (Hardware und Software) beziehen, die den Kunden zur rationellen Gestaltung ihrer Verfahren in Produktion, Administration, Konstruktion und Entwicklung angeboten werden. Der Nutzen der FA soll also primär beim Kunden entstehen.
   Eine Vielzahl von Herstellern von Produktionsmaschinen, Geräten, Handhabungseinrichtungen in der Produktion, aber auch von EDV-Firmen (Hardware-Lieferanten, Softwarehäuser) für administrative und technische Datenverarbeitung fallen in diese Kategorie.

2. Die FA betrifft die selbst eingesetzten **Verfahren.** Die Unternehmung selbst ist Käufer von Maschinen und Geräten, von Hard- und Software, die sie zur rationellen Gestaltung ihrer eigenen Verfahren (Produktion, Administration, Konstruktion und Entwicklung) einsetzt. Der Nutzen soll primär im eigenen Haus entstehen. In diese Kategorie fallen insbesondere EDV-Geräte in der Administration (z.B. Textverarbeitung für die Angebotserstellung, EDV-unterstützte Auftragsabwicklung), CAD-unterstützte Konstruktion, EDV-Unterstützung in der Berechnung und Arbeitsplanung, NC- und CNC-Maschinen in der Fertigung, flexible Handhabungsgeräte, Industrieroboter, Transport- und Lagersysteme etc.

3. **Kombinationen** von 2 und 1: Durch die rationelle Gestaltung der eigenen Verfahren können wesentliche Eigenschaften der angebotenen Marktleistung verbessert werden (z.B. maßgeschneiderte Produkte, Qualität, Preis, Lieferfristen etc.).

Ich möchte die Bedrohungen der Kleinen durch die Großen aufgrund des Einsatzes der FA im Bereich der Marktleistungen hier nicht behandeln. Hier gäbe es so viele Spezialisierungs- und Ausweichmöglichkeiten, daß eine Konfrontation nicht die zwangsläufige Folge sein muß. Ein Klein- oder Mittelbetrieb, der sich mit seinen Produkten oder Marktleistungen auf direktem Kollisionskurs mit Großbetrieben befindet, hat die falsche Strategie gewählt. Er muß ausweichen und sich speziellen Anwendungen oder Marktsegmenten zuwenden, die es ihm ermöglichen, seine spezifischen Stärken zu nützen. Natürlich wird dies nicht ohne gezielte Entwicklungsanstrengungen möglich sein. Ich möchte darauf hier nicht näher eingehen, sondern mich auf den Einfluß der FA im Zusammenhang mit den Verfahren beschränken. Und hier halte ich die Bedrohung der Kleinen für relativ gering:

Wenn ein Großbetrieb durch den Einsatz der FA an Flexibilität bei der Abwicklung von Aufträgen gewinnt, wird er dadurch m.E. primär zum gefährlicheren Gegner für andere Großbetriebe und nicht zu einem solchen für Klein- und Mittelbetriebe. Er kann die anderen genetischen Voraussetzungen nicht ohne weiteres kompensieren: Er kann sich weniger gezielt auf Spezialkunden und Spezialmärkte konzentrieren, er kann nicht von den Vorteilen einer vereinfachten innerbetrieblichen Kommunikation profitieren (Verkauf-Technik-Produktion), er wird Ideen aufgrund der größeren Distanz zum Entscheidungszentrum nicht so rasch realisieren können, jede neue Idee gefährdet das Bestehende zwangsläufig stärker, er hat unvorteilhaftere Kostenstrukturen (Stabs-, Koordinationsstellen, zusätzliche Hierarchiestufen, aufwendigere Administration etc.), die Flexibilität und Einsatzbereitschaft der Mitarbeiter ist im Großbetrieb geringer bzw. durch administrative "Rituale" behindert u.v.a.m.

Facit: Ich halte die Bedrohung der Klein- und Mittelbetriebe durch Großbetriebe, die sich der flexiblen Automation FA bedienen, für relativ gering.

Ich will damit einer letzten und vielleicht für Sie zentralen Frage nachgehen: In welcher Hinsicht eignet sich die FA für Klein- und Mittelbetriebe selbst?

Ich glaube, daß sogar hier spezielle Stärken bzw. Chancen bestehen und zwar in zweifacher Hinsicht. Einerseits könnte den Klein- und Mittelbetrieben hier die **Personalqualifikation** entgegenkommen und andererseits die Entwicklung der **Technologie:**

Eine Analyse des RKW hat ergeben, daß der Anteil der Facharbeiter mit der Betriebsgröße sinkt. In der Einzel- und Kleinserienfertigung, die ja die Domäne der Klein- und Mittelbetriebe ist, beträgt der Anteil der Facharbeiter in der BRD ca. 62 %, in der Serienfertigung 47 % und in der Massenfertigung 43 %. Die Differenzen werden durch angelerntes Personal ausgeglichen [8]. Der hohe Wert von 62 % kann nicht ausschließlich auf den Einfluß von Handwerksbetrieben oder Kleingewerbe zurückzuführen sein, denn dort sind die Prozentsätze noch höher: "In Betrieben mit wenigen maschinellen Anlagen haben Facharbeiter einen Anteil von 69,1 % an den gewerblichen Arbeitnehmern, bei hohem Technisierungsgrad liegt der Anteil mit 49,8 % deutlich darunter" [8]. Diese Zahlen weichen erheblich von einer österreichischen Untersuchung ab. F. Margulies nennt einen Facharbeiteranteil von ca. 30 %, der bei einer Erhebung in 232 österreichischen Klein- und Mittelbetrieben mit zusammen 22.419 Mitarbeitern ermittelt wurde [11]. Diese Abweichung ist erstaunlich, da deutsche und österreichische Werte vielfach vergleichbar sind. Mögliche Ursachen dafür sind, Verzerrungen bei der Auswahl der Befragten, relativ niedrige Rücklaufquoten (Margulies 6 %, RKW unbekannt), unterschiedliche Interpretation des Begriffs "Facharbeiter", Befragungsmüdigkeit u.a.m. Unabhängig von der Höhe der Prozentsätze halte ich aber die Tendenz für plausibel, daß der Anteil der Facharbeiter in Klein- und Mittelbetrieben höher als in Großbetrieben ist. Und die günstigere Qualifikationsstruktur der Klein- und Mittelbetriebe scheint mir hier gerade auch den Einsatz der flexiblen Automation in der Fertigung zu unterstützen: Ein Facharbeiter, der den Großteil seiner NC-Programme selbst erstellt, schafft damit ein hohes Maß an Flexibilität, indem er administrative Liege- und Durchlaufzeiten z.B. durch die AVOR unnötig macht, Fehler beheben und Korrekturen selbst durchführen kann, eine schnelle Veränderung der Reihenfolge ermöglicht und dadurch nicht zuletzt auch einen höherwertigen Arbeitsplatz hat. Untersuchungen in der BRD [9] haben ergeben, daß dies bei rund 10 % der NC-Anwendungen tatsächlich der Fall ist. Der NC-Maschinenbediener programmiert dabei selbst am Arbeitsplatz, er richtet selbst ein und übernimmt die Funktion der Werkzeugvoreinstellung. Dies trifft insbesondere bei Dreh- und Fräsmaschinen, sowie Bohrwerken zu. (Bei Bearbeitungszentren ist dies kaum der Fall, da sich diese als zu komplex erweisen.) Die Anzahl der NC-Maschinen im Betrieb liegt dabei überwiegend bei 1-3, die Losgrößen sind überwiegend gering, ebenso die Wiederholhäufigkeit. Dies sind typische Situationen für Klein- und Mittelbetriebe. Diese Möglichkeiten werden unterstützt durch die Entwicklung der Technologie: Low-cost CNC-Maschinen mit einer komfortablen Software, einer lückenlosen Bedienerführung, einem Grafik-Bildschirm, der die Simulation der Abläufe ermöglicht und integrierten Werzeugmeßsystemen.

Aber auch CAD-Systeme werden in absehbarer Zeit leistungs- und kostenmäßig ein Niveau erreichen, das für den Klein- und Mittelbetrieb interessant ist (siehe [10]).

Im Zusammenhang mit der Übernahme neuer Technologien haben kleine und mittlere Unternehmungen natürlich auch Schwierigkeiten und **Schwächen,** welche den Zugang und den Einsatz erschweren. F. Margulies hat in seiner Untersuchung folgende Antworten erhalten [11]:

1. Kapitalmangel (43,4 %)
2. Mangel an Erfahrung (38,5 %)
3. Mangel an Fachwissen (31,1 %)
4. Angebotene Geräte der Lieferfirmen nicht geeignet (29,1 %)
5. Ungenügende Entwicklungskapazität (27,5 %)
6. Mangel an Fachleuten (26,2 %)
7. Ungewißheit bezüglich Marktentwicklung (25,8 %)
8. Eigenentwicklung nicht rentabel (23 %)
9. Ablehnung seitens der Mitarbeiter (13,5 %)
10. Andere Gründe (13,9 %)

Gegen das Argument Kapitalmangel ist nicht viel einzuwenden. Natürlich tun sich hier die Betriebe vielfach schwer. Ich glaube aber, daß die Entwicklung zugunsten der Klein- und Mittelbetriebe läuft, indem Geräte und Software zunehmend billiger werden und zunehmend "gebrauchsfertig" angeboten werden. Diese Tendenz ist auch in Bezug auf Argument 4 von Bedeutung: Die Vielfalt der angebotenen Geräte wird größer und damit die Wahrscheinlichkeit etwas geeignetes zu finden.

Dabei macht sich sicherlich der Mangel an Information, speziellen Fachkenntnissen und Erfahrung bemerkbar. Erschwerend wirkt sich hier auch die Zeitknappheit der Führungskräfte und das Fehlen von Stabstellen in Klein- und Mittelbetrieben aus, die derartige Entscheidungen vorbereiten könnten.

Hier müßten die Führungskräfte in Klein- und Mittelbetrieben die Zeichen der Zeit erkennen und den Hebel ansetzen. Moderne marktfähige Produkte und eine effiziente, rationelle Abwicklung in Konstruktion, Administration und Produktion sind nun einmal die Grundvoraussetzungen für ein zukünftiges Überleben. Eine Auseinandersetzung mit neuen Technologien, sei es durch den Besuch von Messen und Tagungen, Lektüre von Fachzeitschriften, gezielte Förderung von Mitarbeitern, die Bereitschaft zu Kooperationen jeglicher Art u.ä., halte ich für unabdingbare Voraussetzungen. Natürlich stehlen derartige Aktivitäten auch Zeit und werden nicht in jedem Fall und sofort brauchbare Ergebnisse liefern. Ich halte aber das Risiko, an modernen Entwicklungen vorbeizuleben und früher oder später zum wirtschaftlichen "Sozialfall" zu werden für zu groß, um auf derartige Sensoren ganz zu verzichten.

Ich darf hier auf einen durchaus positiven Beitrag der Technischen Universitäten hinweisen. Wir können keine generell gültigen Patentrezepte liefern, wir können aber Klein- und Mittelbetrieben Diplomanden vermitteln, die in ca. 3-monatiger Arbeit - gegen ein Praktikantenentgelt - anspruchsvolle betriebliche Problemstellungen bearbeiten und die erforderlichen Entscheidungsgrundlagen liefern können - zum Nutzen beider.

Und ein weiteres Argument, das die Schwierigkeiten mildert: Flexible Automation ist auch in Teilbereichen einsetzbar. Ein Herangehen in kleinen Schritten entspricht auch eher der Mentalität der Klein- und Mittelbetriebe. Es ist auch sinnvoller, da es das Risiko reduziert und zwischenzeitliche Lerneffekte ermöglicht.

Natürlich besteht dabei eine gewisse Gefahr hinsichtlich der Schaffung von Insellösungen, die nachträglich schwer oder gar nicht miteinander verknüpft werden können (z.B. CAD und NC-Fertigung). Es ist deshalb sinnvoll, zwar in größeren Konzepten zu denken, aber in kleineren Schritten zu realisieren. Hier sind Klein- und Mittelbetriebe häufig überfordert und benötigen externe Unterstützung, die aber heute erhältlich ist und auch gefördert wird. An unserem Institut laufen Forschungsarbeiten, die als Entscheidungshilfen für potentielle CAD-Anwender gedacht sind und auch die Frage der Integration, z.B. mit der NC-Programmierung und mit technischen Berechnungen zum Inhalt haben.

Ich sollte noch kurz auf die Rolle der öffentlichen Hand eingehen. In der Folge der wirtschaftlichen Schwierigkeiten unserer Großbetriebe ist eine durchaus positive Umorientierung der wirtschaftspolitischen Wertvorstellungen zu erhoffen und teilweise auch schon zu erkennen. Hilfe zur Selbsthilfe, z.B. durch steuerliche Möglichkeiten zur Stärkung der Eigenfinanzierung einerseits und eine intensive Förderung von Kontakt-, Lern-, Ausbildungs- und Kooperationsmöglichkeiten andererseits sollten die Schwerpunkte sein. Gerade im Bereich der Ausbildung und der Kontaktmöglichkeiten leisten hier WIFI, Technova und ähnliche Einrichtungen sehr viel.

Eine direkte Förderung von Investitionen halte ich nicht für sinnvoll, da sie zur Unvorsichtigkeit und zu überstürzten Entscheidungen verleitet. Angesichts der Geldmittel, die heute vielen österreichischen Großbetrieben zugeführt werden (müssen), mag diese Aussage fast unfair erscheinen. Ich halte diese Einstellung aber trotzdem für gesünder.

Möglicherweise könnte eine gemeinschaftliche Nutzung eines Zentrums für flexible Automation die Einstiegsbarrieren reduzieren, wobei allerdings die praktischen und emotionalen Schwierigkeiten nicht zu unterschätzen sind. Über ein diesbezügliches Forschungsprojekt wird im Rahmen dieser Tagung berichtet.

Ich möchte zusammenfassen: Die in der raschen, geschickten und flexiblen Ausnutzung vorhandener Potentiale (Kundenkontakte, innerbetrieblicher Informationsfluß, Personaleinsatz, wirtschaftliche Vernunft etc.) liegenden Stärken der Kleinen können bestehende Schwächen mehr als kompensieren. Die Schwächen können überdies gemildert werden, sobald sie bewußt sind. Flexible Automation kann heute in vielen Teilbereichen (Administration, Konstruktion, Fertigung) auch von kleinen und mittleren Unternehmungen in erheblichem Umfang genutzt werden. Daß dies - wenn auch vor allem in Teilbereichen - erfolgreich möglich ist, wird im Rahmen dieser Tagung anhand einer Reihe praktischer Beispiele gezeigt.

Literatur:

[1] Ratz, K.: Innovationen in kleinen und mittleren Unternehmungen. in: Der Unternehmer 3/82

[2] Aiginger, K. und Tichy G.: Die Größe der Kleinen. Die überraschenden Erfolge kleiner und mittlerer Unternehmungen in den achtziger Jahren. Signum Verlag o.J.

[3] N.N.: Der kleine und mittlere Betrieb im Brennpunkt. in: Neue Zürcher Zeitung, 8.11.1985

[4] Krampe, G.: Innovation durch neue Technologie als Herausforderung für das Management. IBM-Form 1985, Wien

[5] N.N.: Schwäche der Großen rigoros nützen. in: Manager Magazin 5/78, S. 101

[6] Wirtschaftsbund Steiermark: Spezial Information Nr. 4a/86

[7] Huber, W.: Merkmale erfolgreicher strategischer Unternehmungsführung. dbv-Verlag Graz 1985

[8] Schuh, P.: Die Arbeits- und Sozialverhältnisse im kleinen bis mittleren Betrieb. RKW 1984

[9] Hackstein, R. und Cziudaj, M.: Personaleinsatz an NC-Maschinen. in: io-Management-Zeitschrift 54 (1985) Nr. 4

[10] Heissl, H.: CAD auf Personal Computer. Diplomarbeit TU-Graz 1985

[11] Margulies, F.: Ergebnisse, Analysen und Schlußfolgerungen einer Befragung österreichischer Klein- und Mittelbetriebe. in: Neue Automatisierungstechniken, atö-Tagungsband 1984

[12] Zeichen, G.: Flexible Automation als Herausforderung und Chance für die österreichische Industrie. in: Neue Automatisierungstechniken, atö-Tagungsband 1984

Arbeit - Mitarbeit - Mitbestimmung
in Klein- und Mittelbetrieben

Eberhard Ulich, ETH Zürich

Einige der entscheidenden Probleme für die zukünftige Entwicklung von Klein- und Mittelbetrieben resultieren aus der technologischen Entwicklung. In diesem Zusammenhang stellt sich vor allem die Frage, ob die kleineren Unternehmen die erst neuerdings vermehrt erkennbar gewordenen Vorteile notwendigerweise verlieren oder ob sie diese erhalten bzw. mit Hilfe der neuen Technologien sogar ausbauen können. Gerade für Klein- und Mittelbetriebe stellt sich dabei die Frage nach den Möglichkeiten einer neuen Kombination von fortgeschrittener Technologie und qualifizierter Produktionsarbeit.

Der Schweizerische Bundesrat hat in seiner Botschaft über Maßnahmen zur Förderung der technologischen Entwicklung und Ausbildung vom 3. Februar 1982 folgende Feststellung gemacht: "Die Innovations- und Anpassungsfähigkeit einer Wirtschaftsgruppe ist nicht nur von deren Erträgen und Kapitalausstattung abhängig. Von ähnlicher, wenn nicht noch größerer Bedeutung ist das sogenannte Humankapital." In einer Fußnote wird dazu ergänzt: "Unter Humankapital versteht man - gesamtwirtschaftlich - das in ausgebildeten und hochqualifizierten Arbeitskräften repräsentierte Leistungspotential der Bevölkerung".

Für die Bewältigung zukünftiger Anforderungen und die Wahrnehmung der darin begründeten Chancen werden kleine und mittlere Betriebe ein hohes Maß an Flexibilität entwickeln müssen. Gerade für diese Betriebe wird es auch vermehrt notwendig sein, Unternehmen als lernende Systeme zu verstehen und das Problemlösungspotential der Mitarbeiter dementsprechend zu aktivieren.

Gerade im Zuge raschen technologischen Wandels stellt sich naturgemäß die Frage nach den Möglichkeiten qualifikationserhaltende beziehungsweise qualifikationsfördernde Arbeitssysteme beziehungsweise Organisationsstrukturen zu schaffen. Eine kleine Anzahl neuerer Beispiele zeigt, daß tatsächlich für kleinere und mittlere Industriebetriebe in der Anwendung fortgeschrittener Technologie bei gleichzeitiger Nutzung menschlicher Fähigkeiten und Potentiale bedeutsame Chancen liegen könnten.

Im Vortrag sollen folgende Thesen zur Diskussion gestellt werden:

Erste These: Kleinere und mittlere Betriebe weisen Arbeitssysteme und Organisationsstrukturen auf, die eine günstige Voraussetzung für zukünftige Entwicklungen darstellen.

Zweite These: Kleinere und mittlere Betriebe müssen mehr als bisher in Weiterbildung investieren, weil "Professionalisierung auf niedrigem Niveau" eine ungünstige Voraussetzung für zukünftige Entwicklungen darstellt.

Dritte These: Kleinere und mittlere Betriebe haben vor allem dann bedeutsame Zukunftschancen, wenn sie die Möglichkeiten fortgeschrittener Technologien in Kombination mit der Nutzung menschlicher Produktionsintelligenz ausschöpfen lernen.

Vierte These: In der Förderung von Klein- und Mittelbetrieben als den Kernen eines qualitativen Wachstums liegt zugleich eine der Möglichkeiten zur Verhinderung der weiteren Ausdehnung technokratischer Strukturen.

Fünfte These: Kleinere und mittlere Betriebe werden sich entweder als Kerne eines qualitativen Wachstums etablieren können oder viele von ihnen werden Verlierer einer einseitig technologieorientierten Gesellschaft sein.

Realismus bei der Beurteilung von Automatisierungschancen

Ernst Schacherl, Elektronikbau Linz

Manuskript bis Redaktionsschluß nicht eingelangt, Anfragen er beten bei:

Ing. Ernst Schacherl
K & K Elektronikbau
Gewerbehof Urfahr
4041 Linz

Richtige Selbsteinschätzung - ein wichtiger Schritt zum Erfolg

Friedrich Schächter, Fa. Minitek, Wien

Ich werde mir erlauben, ausgehend von persönlich geprägten Ansichten, auf einige Aspekte hinzuweisen.

Die Firma MINITEK Feinmechanische Produkte befaßt sich seit beinahe 25 Jahren mit der Entwicklung, der Konstruktion und dem Bau von Prototypen automatischer Präzisionsmaschinen für die Herstellung von Kleinteilen und Fertigprodukten in extrem hohen Stückzahlen. Dies umfaßt auch eine intensive Mitarbeit an der Entwicklung der herzustellenden Teile selbst, um sie gegebenenfalls zu verändern und dem Herstellungsprozeß entsprechend zu gestalten.

MINITEK beschäftigt 17 Leute, davon sind fünf Konstrukteure und drei Werkzeugmacher. 100 Prozent unserer Tätigkeit wird exportiert, davon ist etwa die Hälfte "anfaßbar". Der Rest sind technische Unterlagen wie Konstruktionszeichnungen, Meßergebnisse, zum Teil auch Software für rechnergesteuerte Elemente, welche eine immer wichtigere Rolle bei den von uns entwickelten Geräten übernehmen.

Zu meiner Person: Ich bin kein Techniker, ich habe auch keine wissenschaftliche Ausbildung, sondern komme von der Seite der Kunst, der Malerei. Die Art meines Arbeitens würde ich mit dem Ausdruck "Erfinden" bezeichnen. Im Brockhaus von 1895 wird "Innovation" definiert mit "In der Botanik: das Hervorsprossen neuer Zweige aus älteren Ästen". "Invention" wird als Erfindung im universelleren Sinn verstanden. So etwa werden die Komposition von Instrumentalsätzen, die Formulierung einer bildnerischen Idee oder das Ersinnen geistreicher, manchmal auch praktischer Apparaturen, noch als gleichwertige Phänomene der menschlichen Kreativität betrachtet.

Nachdem ich mich vor beinahe 40 Jahren vom Malen abgewandt hatte und meine ganze Ambition dann technischen Problemstellungen galt, war ich vor der Gründung von Minitek Wien als Leiter von Entwicklungsabteilungen 15 Jahre in Schweden, USA, Berlin und der Schweiz tätig. Meine Bemühungen waren damals ausschließlich auf neue Methoden der Herstellung von Kugelschreibern gerichtet. Dieses kleine Teilgebiet erfordert extreme Genauigkeit und war für mich interessant, weil es anfangs dafür noch keine speziell entwickelten Maschinen gab. Die Schreibspitzen von Kugelschreibern sollten mit einer Genauigkeit von 1 bis 2 µm hergestellt werden. Die Stückzahlen sind sehr groß, weshalb schon zu einem frühen Zeitpunkt erkannt wurde, daß die Prüfung nicht durch "nachträgliches Gesundbeten" erfolgen kann, sondern durch in die Maschinen integrierte Meßinstrumente. Schon Anfang der fünfziger Jahre war der Erzeugungstakt 30 bis 50 Schreibspitzen pro Minute. Die Weltproduktion von Kugelschreiberspitzen war damals 1 Million Stück pro Tag - heute werden mehr als 40 Millionen täglich produziert.

Die Firma MINITEK befaßte sich bis vor wenigen Jahren hauptsächlich mit anderen - auch trivial erscheinenden -, jedoch höchste Anforderungen an Präzision und technisches Niveau stellenden Massenteilen. Diese sind "Einwegprodukte", weniger vornehm ausgedrückt, Wegwerfprodukte - wie Feuerzeuge, Naßrasierapparate und Strumpfhosen. Auch diese Produkte werden weltweit in Stückzahlen von 10 bis 40 Millionen pro Tag hergestellt. Eine vernünftige Fabriksgröße an einem Standort erzeugt von täglich 300.000 Stück aufwärts.

Alle diese Massenerzeugnisse stellen neue Ansprüche an die Qualitätskontrolle, nicht nur um den Ausschuß zu verringern, sondern auch den strengen Gesetzen für Produkthaftung (z. B. in den USA) zu genügen.

Nun zum eigentlichen Thema, der "richtigen Selbsteinschätzung": Zunächst müssen zwei Bereiche analysiert, ehrlich und selbstkritisch überdacht werden:

(1) Einschätzung der Fähigkeiten und Möglichkeiten der eigenen Firma

(2) Einschätzung der durch das Umfeld gegebenen Möglichkeiten

Die Stärken und Schwächen der Betriebsleitung, die besonderen Talente der Mitarbeiter, die maschinelle Ausrüstung und andere Betriebsmittel, die zur Verfügung stehen, und schließlich die finanziellen Möglichkeiten sind ein Bündel von Voraussetzungen. Hinzu kommt als mindestens ebenso wichtiges Element die Motivierung der Mitarbeiter.

Für die Entscheidung, welche Produkte oder Serviceleistungen man anbieten kann, ist es wichtig, neben den eigenen Möglichkeiten auch zu untersuchen, welche Beratung und welche eventuelle Hilfe bei der Entwicklung man erhalten kann und welche Zulieferanten und Partner für Kooperationen zur Verfügung stehen.

Verschiedenen Tätigkeiten sollte bewußt kein Nieveauunterschied im Status gegeben werden. Die Tätigkeit der Mitarbeiter überlappen. Über die Vorteile wechselnder Zusammenarbeit darf nicht vergessen werden, für lückenlose innerbetriebliche Information zu sorgen. Auf jeden Fall können Mitarbeiter in Firmen, die sich mit Automatisierungstechnik befassen, auf eine abwechslungsreichere Tätigkeit hoffen, als nur die

Möglichkeit, mehrmals pro Tag die Gabelschlüsselweite wechseln zu dürfen.

Mündliche Information ist die direkteste und bequemste Mitteilungsform - diese Arbeitsweise darf aber nicht dazu führen, daß wichtige Angaben auf technischen Unterlagen unterlassen werden. Das scheint eine Binsenweisheit, ist aber oft ein ernstes Hindernis für die Zusammenarbeit mit anderen Firmen.

In den großen Industrieländern, wo hochqualifizierte und spezialisierte Kleinfirmen eine so wichtige Rolle spielen, gibt es viel mehr Erfahrungen in der Definition von technischen Aufgaben verschiedenster Art. Die Vergabe von Werkstücken oder der Transfer von Know-how ist dadurch allgemein üblich.

Fehlen positive Erfahrungen in den Techniken der Kooperation, werden oft Dinge selbst hergestellt, die Spezialisten nicht nur besser, sondern auch preiswerter fertigen könnten. Es scheint einfacher, ein Problem in der eigenen Werkstatt zu besprechen. Teile, die für einen Versuch oder Prototyp hergestellt werden, sind dann oft funktionsfähig. Bei einer später folgenden Serie werden vielleicht wichtige, mündlich gegebene Instruktionen nicht mehr berücksichtigt, und überraschende Probleme stellen sich ein.

Zum Beispiel sind die vor nicht allzulanger Zeit eingeführten ISO-Normen für Form- und Lagegenauigkeit eine große Hilfe bei der Definition der wirklich benötigten Genauigkeit von Maschinen und Werkzeugteilen. Die richtige Verwendung dieser Normen bedingt aber genaue Kenntnisse der Arbeitsweise von Werkzeugmaschinen sowie der erreichbaren Genauigkeit der verschiedenen zur Verfügung stehenden Typen von Werkzeugmaschinen. Idealerweise könnten dann Konstruktionsentwurf, Detailzeichnungen, Arbeitsvorbereitung, das Programmieren von Werkzeugmaschinen sowie das Vermessen produzierter Werkstücke von ein- und derselben Person erarbeitet werden. Mit Hilfe von CAD/CAM wird eine solche Integration eines Tages selbstverständlich sein.

Bei Entwicklungsarbeiten muß oft im Stadium des Konstruktionskonzeptes eine Arbeitsoperation der geplanten Maschine erprobt werden. Solche Erprobungen müssen schnell durchgeführt werden können und sind oft sehr aufwendig, falls man die Bedingungen der zukünftigen Maschine genau simulieren will. Hiefür ist ein umfangreicher Maschinenpark notwendig. Solche Ausrüstungen, die bei einem Entwicklungsbetrieb vielleicht 90 % der Zeit nicht in Anspruch genommen werden, sind einerseits sehr teuer, andererseits muß man auch über Experten verfügen, um sich diese Ausrüstung nutzbar zu machen.

Die Chancen, sich im Wettbewerb behaupten zu können, stünden weit günstiger, wenn es in Österreich eine entsprechende Anzahl von hochqualifizierten Spezialbetrieben für die Herstellung von Maschinen und Werkzeugteilen in jeder benötigten Genauigkeitsklasse gäbe. Zum Beispiel sind manche mechanischen Elemente an den von MINITEK entwickelten Maschinen mit einer Genauigkeitsklasse von IT 0 gefertigt.

Bei extremen Genauigkeiten sind auch z. B. die Probleme der Wärmebehandlung, des Vakkumhärtens, der Stabilisierung durch Tiefkühlen oder des Gasnitrierens von dicken Schichten zu beachten. Ein Mangel an Infrastruktur dieser Art kann nicht nur durch den auch im Ausland geschätzten Einfallsreichtum der Österreicher wettgemacht werden.

Unter möglichen Maßnahmen nenne ich eine "Zinsstützung mangels geeigneter Infrastruktur" und die Errichtung von Zentren für die Herstellung von Präzisionsteilen. Vielleicht könnte man auch Forschungs- und Entwicklungszentren im Rahmen oder in Zusammenarbeit mit den Hochschulen schaffen, wo bis zur wirklichen Fertigungsreife Unterstützung gegeben werden kann.

Für Massenerzeugnisse, wie die eingangs beschriebenen, werden Maschinen benötigt, die so ziemlich das Gegenteil von flexibler Automation darstellen. Im Laufe von Jahrzehnten habe ich immer wieder versucht, von Standardmaschinenelementen auszugehen - dies war aber kaum je zielführend. Schon das Transportsystem mußte jedes Mal genau den zu erzeugenden Teilen angepaßt werden. Oft wurden monatelange Diskussionen geführt, um den besten Kompromiß zu finden, der es erlaubte, die in der Montagemaschine zu bearbeitenden Einzelteile auf die vernünftigste Weise zuzuführen. Man muß nämlich oft von allen möglichen Seiten an die Teile herankommen. Komplizierte Montagemaschinen bestehen aus Tausenden Einzelteilen. Es war erstaunlich, daß fast nie ein Bestandteil einer solchen Maschine für eine andere Maschine verwendet werden konnte. Ein Baukastensystem hat sich bei unserer Tätigkeit nicht entwickeln lassen. Vielleicht könnte man von einem "Baukasten von Ideen" sprechen, da verschiedene Elemente und Mechanismen oft auf einem ähnlichen Konzept basieren.

In die Bearbeitungs- und Montagemaschinen werden Prüfstationen integriert. Mit Hilfe verschiedener Sensoren soll garantiert werden, daß nur fehlerlose Produkte die Maschine verlassen. Nachträgliche Kontrollen sind oft nicht mit der selben Zuverlässigkeit durchführbar, ganz abgesehen von den dadurch entstehenden Kosten. Ob die von den Sensoren entdeckten defekten Teile separat ausgeworfen werden, oder ob die Maschine Bearbeitungswerkzeuge selbständig nachregelt, ja sogar ersetzt, ist allerdings ein Unterschied im Grad der Entwicklung.
Kontrolleinrichtungen dieser Art sind oft nicht genügend genau, um absolute Meßwerte zu liefern. Dies bietet die Chance, ergänzende Einrichtungen mit höherer Genauigkeit zu entwickeln, mit denen die oben erwähnten integrierten Sensoren geeicht werden können. Solche ergänzende Einrichtungen können

aber auch die Prüfung auf eine andere Art durchführen, so daß eine zusätzliche unabhängige Verifizierung erreicht wird.

MINITEK hat zum Beispiel für die Herstellung von Rasierklingen eine rechnergesteuerte, mit Laserstrahl arbeitende Winkelmeßmaschine gebaut, welche die drei Facetten der Rasierklingenschneide auf 0,1° genau mißt. Die eigentliche Schneide hat eine Facettenbreite von nur 0,05 mm. Für Rasierklingen haben wir auch ein Doppelmikroskop entwickelt sowie ein mit Photo-Multipliern arbeitendes Meßgerät für die Schärfe der Schneide. Auch letzteres Gerät arbeitet mit Rechnersteuerung.

Solche flankierende Meßinstrumente können aber auch Meisterlehrringe mit Genauigkeiten von 0,25 µm sein. Der Umstand, der dazu führte, daß man meine Mitarbeiter und mich an solche Probleme herangelassen hat, ist wahrscheinlich unsere "Unart", den Kunden mehr zu bieten als sie ursprünglich wollten. Dies sind Leistungen, die oft irritierend wirken und nicht bei allen Kunden gut ankommen.

Zur Illustration folgendes Beispiel:
Es wurde uns die Aufgabe gestellt, für ein Einweg-Feuerzeug eine Montagemaschine zu entwickeln. Am Kopfende des Feuerzeugkörpers aus Kunststoff sind zwei Ohren angeordnet, die zur Aufnahme des Zündrädchens und der Metallschutzkappe mit insgesamt vier Löchern versehen sind. Die kleinen Kerne, die im Spritzgußwerkzeug die erwähnten Löcher bilden, schienen uns ein Risikofaktor - und wir waren der Meinung, daß es zumindest notwendig sei, in der Montagemaschine zu prüfen, ob die Löcher immer vorhanden sind. Bedingt durch die seitlichen Kernzüge konnte das Spritzgußwerkzeug nur mit 16 Form-Nestern ausgelegt werden. Fachleute auf diesem Gebiet trachten immer, "fertig fallende" Teile aus den Spritzgußmaschinen zu erhalten. Unser Vorschlag, die Feuerzeugteile in einem Werkzeug ohne Kernzüge zu erzeugen und die vier kleinen Bohrungen in der Montage-

maschine zu stanzen (wobei gleichzeitg eine Kontrolle möglich wäre), wurde abgelehnt, da dies gegen alle "Regeln" verstieß. Schließlich setzten wir uns durch. Durch das Weglassen der Kernzüge konnten 32 Form-Nester in einem Werkzeug der gleichen Größe untergebracht werden. Der Schließdruck war trotzdem ausreichend und durch die einfache Bauart wurden Kosten pro Form-Nest halbiert. Die zusätzliche Arbeitsstation an der Montagemaschine wurde nicht viel teurer als die Prüfstation, die sonst notwendig gewesen wäre. Die Montagemaschine, auf welcher das aus zehn Einzelteilen bestehende Feuerzeug auch ultraschall-geschweißt und mit Flüssiggas gefüllt wird, läuft störungsfrei mit einem Arbeitstakt von 120 Feuerzeugen pro Minute.

Ich könnte noch viele Beispiele anführen und hoffe, daß es mir möglich war, einige Anregungen zu geben.

Chancen für Klein- und Mittelbetriebe im Förderungsprogramm der Österreichischen Bundesregierung Technologieschwerpunkt Mikroelektronik

Hermann Bodenseher
Bundesministerium für Wissenschaft und Forschung

1. Die Welt, in der wir leben

Sorgfältige Überlegungen in Zielsetzung und Maßnahmen sind für die Erhaltung und Erweiterung unserer Lebensqualität unerläßlich, dies gilt heute auf mehreren Ebenen. Zunächst weltweit: Die ungeheuer schnell wachsende Menschheit hat auf dieser Erde keine "Pufferräume" mehr zum Auffangen von gravierenden Fehlentwicklungen bei Nutzung der natürlichen Ressourcen. Ähnliches gilt für das früher oft geübte Verfahren des "Lebens auf Kosten Dritter" bezüglich der Beschaffung von Rohstoffen, aber auch der Sicherung von Märkten: Südamerika und Afrika sind nicht mehr irgendwo in einer anderen Welt; dort entstehende Katastrophen werden uns mitbetreffen: Die Erde ist klein geworden.

Die Perspektive unseres kleinen, aber sowohl ökonomisch als auch sozial recht erfolgreichen Landes Österreich kann man pessimistisch sehen als undefinierten Raum zwischen dem COMECON-Bereich und der Europäischen Gemeinschaft. Oder aber optimistisch als vermittelnden Zentralraum zwischen Kulturen, für die Österreich schon aus historischen Gründen viel Verständnis, ja viel Gemeinsames aufzeigen kann.

Unsere Zukunft wird von der Qualität unseres politischen Handelns abhängen, wobei heute in den hochtechnisierten Ländern und damit auch in Österreich drei Bereichen eine zentrale Position zukommen dürfte:

- Neuen Technologien
- Umweltfragen
- Beschäftigungspolitik.

Als Ausgangspunkt und Grundannahme technologiepolitischen Denkens wird daher behauptet: Erhaltung und Ausbau des hohen Lebensstandards in Österreich und die Lösung der Umweltprobleme ist ohne größte Anstrengung bezüglich des Einsatzes neuer Technologien nicht möglich. Dafür darf aber der soziale Friede nicht geopfert werden, wobei hohe Arbeitslosigkeit diesen wohl am meisten gefährden kann.

Die Konsequenz daraus ist eine relativ starke Änderung in den Inhalten der Arbeit, nicht notwendigerweise bezüglich ihres Gesamtvolumens. In anderen Worten: Hochtechnologie kann per saldo Arbeitsplätze schaffen. Allerdings erfordern die neugewonnenen Arbeitsplätze meist wesentlich andere Qualifikationen als jene, die verloren gehen: Dies ist ein reales Problem, welches im Interesse eines langfristig haltbaren und menschenwürdigen sozialen Friedens gelöst werden muß, wobei heute offen ist, ob es gelöst werden kann.

2. Historische Wurzeln der österreichischen Industriestruktur

Der Mangel an innovativer Dynamik in der österreichischen Industrie hat weit zurückreichende Wurzeln /1/. Zunächst konnte sich im 18. Jahrhundert der Liberalismus in der Donaumonarchie nicht so breit entfalten, daß die ökonomischen Strukturen auf Dauer von ihm bestimmt worden wären. Sodann spielten seit der Gründerzeit die sich meist im Auslandsbesitz befindlichen

Großbanken eine sehr bedeutende Rolle in der Finanzierung und später auch in der Verwaltung von Industriebetrieben: Die Schwäche des österreichischen Kapitalmarktes ist alt.

Der Bankeinfluß war der technologischen Entwicklung in Österreich nicht förderlich: Das unwägbare Risiko, vor allem aber die Nicht-Besicherbarkeit von Know-How sind Bankleuten suspekt. Hinzu kommt der historisch starke Auslandsanteil an österreichischem Firmenkapital: Schon Ende des 19. Jahrhunderts waren die damals einem sehr raschen technischen Wandel unterworfenen Wachstumsbranchen Chemie und Elektroindustrie von ausländischen Unternehmen beherrscht. In der Zwischenkriegszeit nahm dieser Einfluß ständig zu, insbesondere auf dem Eisen- und Stahlsektor war deutsches Kapital absolut beherrschend.

Nach Ende des Zweiten Weltkriegs wurde ein großer Teil des "deutschen Eigentums" in Österreich verstaatlicht oder kam unter sowjetische Verwaltung (USIA). Bis 1955 war daher der Anteil des Auslandskapitals an österreichischen Unternehmen gering, hat sich aber danach wieder wesentlich verstärkt: 1969 arbeiteten knapp 19 % der Industriebeschäftigten in ausländisch kontrollierten Unternehmen.

Der Einfluß ausländischer bzw. multinationaler Unternehmen auf die österreichische Industriestruktur darf aber keineswegs als grundsätzlich negativ bezeichnet werden. Zwar verhindert im ungünstigsten Fall die technische Überlegenheit der Multis eigenständige Entwicklungen. Im günstigen Fall aber diffundieren neue Technologien aufgrund von Kontakt und Kooperationen in verschiedenste Zweige der österreichischen Industrie und zwar wesentlich besser,als dies bei Nicht-Präsenz der Multis in Österreich möglich wäre. Es ist zweifellos eine wichtige Aufgabe der österreichischen Industrie- und Innovationspolitik, dieses große positive Potential zu erkennen und zu nützen.

3. Forschung und Entwicklung in Österreich seit 1945

In den fünfziger und sechziger Jahren wuchsen in den führenden

Industriestaaten der westlichen Welt die Ausgaben für Forschung und Entwicklung wesentlich stärker als das Bruttoinlandsprodukt (BIP). Österreich betrieb in dieser Zeit so gut wie keine Forschung und Entwicklung, wies jedoch überdurchschnittliches Wirtschaftswachstum auf. Der scheinbare Widerspruch lag in der Methode begründet, den technologischen Rückstand durch Imitation und Erwerb vorhandener ausländischer Technologien aufzuholen. Das mag in den Jahren nach dem Zweiten Weltkrieg berechtigt gewesen sein, hatte aber später sehr negative Konsequenzen:

- Zahlreiche an österreichischen Universitäten ausgebildete Wissenschaftler wanderten in das Ausland ab, da ihnen die österreichische Wirtschaft keine adäquate Beschäftigung bieten konnte
- es entstand die gefährliche Mentalität, man könne die hohen Kosten und Risken eigener Innovation auf lange Sicht umgehen.

OECD-Zahlen aus dem Anfang der sechziger Jahre führen die damalige Lage drastisch vor Augen: Die F&E-Ausgaben pro Kopf und Jahr lagen damals in den USA bei über 2.400,--öS, in Österreich hingegen bei 100,--öS. Der Anteil am BIP betrug in Österreich 0,33 %, in Westeuropa aber zwischen 1,5 und 2,5 %.

Die erste signifikante Reaktion auf diese alamierenden Zahlen war die Verabschiedung des Forschungsförderungsgesetzes durch das Parlament im Jahr 1967 und auf dessen Grundlage die Schaffung der beiden Fonds "Fonds zur Förderung der wissenschaftlichen Forschung (FWF)" und Forschungsförderungsfonds für die gewerbliche Wirtschaft (FFF)".

1970 wurde in voller Erkenntnis der Wichtigkeit des betroffenen Aufgabenkomplexes das Bundesministerium für Wissenschaft und Forschung geschaffen, unter dessen Federführung sodann eine "Österreichische Forschungskonzeption" erarbeitet wurde. 1981 wurde im Parlament das "Forschungsorganisationsgesetz (FOG)" beschlossen. Die "Österreichische Forschungskonzeption '80" wurde im Jahre 1983 von der Regierung verabschiedet.

In Erkenntnis der Wichtigkeit eigener Forschung und Entwicklung besserte sich die Situation ab dem Ende der sechziger Jahre wesentlich. Hatte in Österreich der Anteil von F&E am BIP Anfang der sechziger Jahre nur 0,33 % betragen, stieg er 1970 auf 0,93 % und bis 1985 auf 1,4 %.

Die Universitäten schneiden dabei außerordentlich gut ab: Ein Kennzahlenvergleich der OECD zeigt, daß unsere Hochschulen mit 32 % den von allen Ländern höchsten Anteil an den nationalen Bruttoausgaben für Forschung und Entwicklung haben.

Immer noch verfügen zu wenige österreichische Firmen über eine eigene Forschungsabteilung. Als besonders gravierender Mangel muß aber angesichts des relativ hohen Anteils der Hochschulen an den Ausgaben für Forschung angesehen werden, wie wenig der Unternehmensbereich die universitären Forschungskapazitäten nützt.

Denn trotz der zweifellos noch immer zu geringen Forschungskapazität in Österreich liegt eine der wesentlichen Wurzeln der zu geringen Innovationskraft Österreichs in organisatorischen Mängeln bei der Umsetzung von Forschungsergebnissen in die industrielle Fertigung. Daher deckt die - nach wie vor berechtigte - Forderung nach höheren Budgets für F&E die Problemsituation nicht ab, denn dazu gehören auch

- bessere Nutzung der vorhandenen F&E-Einrichtungen
- Verbesserung des Innovationstransfers.

Wer je erfolgreiche Methoden des Forschungsmanagements erlebt hat, kennt den Unterschied zwischen "Geld ausgeben" und "Geld produktiv ausgeben"!

4. Österreichische Forschungskonzeption '80 /2/

Die Österreichische Forschungskonzeption '80 stellt einen ersten Versuch dar, den geänderten wirtschaftlichen, sozialen, ökologischen und kulturellen Bedingungen mit all den krisenhaften Erscheinungen, wie sie sich bereits Ende der siebziger

Jahre auch in Österreich einstellten,Rechnung zu tragen und die daraus resultierenden neuen oder geänderten Aufgabenstellungen und Zielsetzungen für die Forschungspolitik der achtziger Jahre zu konzipieren. Das Spektrum der konzipierten forschungspolitischen Maßnahmen reicht von der Grundlagenforschung über die angewandte Forschung und Entwicklung bis zur Umsetzung wissenschaftlicher Ergebnisse in soziale, kulturelle und wirtschaftliche Innovation. Eine wichtige Leitlinie sollte es in Hinkunft sein, das Problemlösungspotential der öffentlich finanzierten Forschungsinstitute noch stärker als bisher zur Mithilfe bei der Lösung der Struktur- und Innovationsprobleme der österreichischen Wirtschaft zur Verfügung zu stellen. Die gerade erfolgreich vollzogene Umstrukturierung des Österreichischen Forschungszentrums Seibersdorf als größte außeruniversitäre Forschungseinrichtung auf neue zeitgemäße Unternehmensziele und die Errichtung der Innovationsagentur als Schnittstelle zwischen Forschung und industriell-gewerblicher Praxis waren erste, wichtige Schritte in dieser Richtung.

Forschungs- und Technologiepolitik haben (neben vielen anderen Dimensionen) zwei wichtige, zueinander komplementäre Funktionen: Bestehende anwendungsorientierte F&E-Potentiale zu erweitern bzw. neue aufzubauen, ist eine Aufgabe der Forschungspolitik; vorhandene F&E-Potentiale optimal zu nutzen,ist eine Aufgabe der Technologiepolitik.

Das von der Bundesregierung Mitte 1984 beschlossene Förderungsprogramm zum Technologieschwerpunkt "Mikroelektronik und Informationsverarbeitung" ist als erster Versuch anzusehen, die Instrumente der Forschungsförderung und der Investitionsförderung besser als bisher aufeinander abzustimmen und eine Technologiepolitik in Österreich einzuleiten, die gleichzeitig den weiteren Ausbau des F&E-Potentials und seine optimale Nutzung seitens der Wirtschaft beinhaltet.

5. Förderungsprogramm "Mikroelektronik und Informationsverarbeitung" der österreichischen Bundesregierung /3/, /4/

Bei ihrer Klausurtagung am 12. und 13. Jänner 1984 haben die

Mitglieder der Bundesregierung, Bundesminister Dr. Heinz FISCHER und der damalige Staatssekretär und jetzige Bundesminister für öffentliche Wirtschaft und Verkehr, Dkfm. Ferdinand LACINA, gemeinsam ein Konzept für ein Förderungsprogramm 1985 bis 1987 zum Technologieschwerpunkt Mikroelektronik (Kurzbezeichnung: ME-Förderungsprogramm) präsentiert, welches vom Ministerrat im Mai 1984 zustimmend zur Kenntnis genommen wurde.

Maßgebend für diese Initiative war die Überlegung, daß die Strukturverbesserung und die internationale Konkurrenzfähigkeit unserer Wirtschaft in zunehmendem Maße davon abhängen werden, in welchem Ausmaß und in welcher konzeptiven Qualität österreichische Betriebe neue Technologien, allen voran die Mikroelektronik und die Informationsverarbeitung, für Produkt- und Prozeßinnovation anwenden und inwieweit sie sich dabei des vorhandenen Forschungs- und Entwicklungspotentials im universitären und außeruniversitären Bereich bedienen. Das ME-Förderungsprogramm sieht daher Maßnahmen vor, die der weiteren Stärkung des einschlägigen Forschungs- und Entwicklungspotentials und der Förderung der gezielten Anwendung der Mikroelektronik und der Informationsverarbeitung in der österreichischen Wirtschaft dienen sollen.

Bevorzugt behandelt werden Anträge, in denen die Zusammenarbeit des Antragstellers mit einem Schwerpunktinstitut oder einem sonstigen, einschlägigen österreichischen Forschungsinstitut explizit ausgewiesen ist und bei denen entsprechende sozialwissenschaftlich fundierte Begleitmaßnahmen eingeplant sind.

Unter Berücksichtigung der vorhandenen wissenschaftlich-technischen Infrastruktur sowie der existierenden Gewerbe- und Industriestruktur in Österreich bzw. ihrer Stärken und Schwächen und der von einem Expertenteam aufgezeigten Hoffnungsgebiete für technisch-wissenschaftliche Innovationen wurden für den Zeitraum 1985 - 1987 folgende 12 Technologieschwerpunkte festgelegt:

S 1 Halbleitertechnologie und Anwendungen

S 2 Sensorik

S 3 Mikroprozessortechnik

S 4 Kommunikationstechnologie
S 5 Prozeßdatenverarbeitung
S 6 Digitale Bildverarbeitung und Graphik
S 7 Künstliche Intelligenz
S 8 Robotertechnik
S 9 Flexible Automation und computerunterstütztes Entwerfen
S10 Meßtechnik und Datenverarbeitung
S11 Qualität und Zuverlässigkeit
S12 Technologiefolgenabschätzung.

Jeder dieser 12 Schwerpunkte wird federführend einem Schwerpunktinstitut aus dem universitären oder außeruniversitären Forschungsbereich zugeordnet, dessen Aufgabe vor allem in der Kooperation mit österreichischen Firmenpartnern, in der kompetenten Technologieeinsatzberatung und in der Begutachtung von Förderungsanträgen im Rahmen dieses Förderungsprogramms liegt. Damit soll besonders kleinen und mittelgroßen Betrieben geholfen werden, für die eigene Forschungseinrichtungen mit dem entsprechenden wissenschaftlichen Personal auf Dauer wirtschaftlich nicht tragbar sind. In Form der Schwerpunktinstitute steht diesen Betrieben kurzfristig das nötige Entwicklungspotential in höchster Qualität zur Verfügung. Für die erforderliche zusätzliche Finanzierung der 12 Schwerpunktinstitute und der projektorientierten Forschungs- und Entwicklungsförderung wurden im Budget des Bundesministeriums für Wissenschaft und Forschung für 1985 öS 30 Mio. und für 1986 und 1987 jeweils öS 70 Mio. vorgesehen.

Um die Überleitung von Forschungs- und Entwicklungsergebnissen sowie ihre Anwendung auf den jeweiligen Stand der Technik generell zu fördern, werden vom Bundesministerium für öffentliche Wirtschaft und Verkehr Investitionsförderungsmittel in der Höhe von jährlich maximal öS 250 Mio. in den Jahren 1985, 1986 und 1987 zur Verfügung gestellt. Damit sollen insbesondere Unternehmensgründungen, Diversifikationen, Struktur- und Produktverbesserungen und Fertigungsüberleitungen gefördert werden.

Empfänger der Förderungen sollen inländische Wirtschaftsunternehmen sein einschließlich der Zweigniederlassungen ausländischer Unternehmungen in Österreich, die einen maßgeblichen Anteil ihrer Produktion und tunlichst auch Forschung und Entwicklung im Inland betreiben. Die Förderung darf pro Unternehmen und Jahr maximal 10 Mio.öS betragen. Insbesondere ist die Erzeugung von Produkten förderbar, bei denen die Mikroelektronik funktionsbestimmend ist.

6. Bisheriger Ablauf des Förderungsprogramms

Nach dem ersten dreiviertel Jahr dieser Förderungsaktion - bis zum Jahresende 1985 - sind über sechzig unterschiedliche Firmenprojekte zur Förderung empfohlen und mit Mitteln von insgesamt fast 190 Mio.öS unterstützt worden. Dazu kommen noch weitere neunzig Vorhaben, mit denen CAD/CAM-Installationen unterstützt wurden durch Fördermittel in der Höhe von 64 Mio.öS. Ein überwiegender Teil dieser Förderungen ging an kleinere Unternehmungen. Im Bereich der CAD/CAM-Vorhaben stellten die Unternehmen mit weniger als 500 Beschäftigten 80 % Empfänger dar. Die Mittel aus der ME-Anwendungsförderung verteilen sich hinsichtlich der Betriebsgröße (gemessen an der Anzahl der Beschäftigten) in folgender Weise:

Anzahl Besch.	Anz. Proj.	Investitionssumme in Mio. öS		Förderungen 1985	
		Gesamt	1985	Mio.öS	in %
1 bis 10	10	108.7	53.1	16.8	8.8
11 bis 50	15	200.4	106.4	37.9	20.0
51 bis 500	21	623.6	294.9	77.9	41.0
über 500	16	450.0	193.5	57.0	30.0
Summe	63	1386.5	649.5	189.7	100.0

Das bedeutet, daß 70 % der Fördermittel an Unternehmen mit weniger als 500 Beschäftigten gehen und fast 30 % an Betriebe mit unter 50 Beschäftigten.

7. Forschungsschwerpunkt "Softwaretechnologie" als Ausblick in die Zukunft

Computer-Software wird noch immer unterschätzt und nicht angemessen als eigenständige Technologie und leistungsfähiger Industriebereich anerkannt. Dabei gehört dieser Dienstleistungsbereich zu den derzeit am schnellsten wachsenden Gewerbesparten.

Software ist kein so greifbares Produkt wie Hardware. Gute Software ist aber in der Realität das Ergebnis industriellen Projektmanagements von der Forschung über Entwicklung und Fertigungsüberleitung bis zur Produktion und Vermarktung. Sie ist wirtschaftlich gesehen ein sehr reales Industrieprodukt hoher Wertschöpfung.

Zur Förderung dieses so unterschätzten Produktbereiches wurde von Herrn Bundesminister Dr. Heinz FISCHER im September 1985 der Forschungsschwerpunkt "Softwaretechnologie" für 1986 angekündigt. Um die Anstrengungen der verschiedenen Ressorts zu koordinieren und die Erfahrungen der auf diesem Gebiet arbeitenden Wissenschafter mit einzubeziehen, wurde beim Bundesministerium für Wissenschaft und Forschung ein Projektteam Softwaretechnologie eingesetzt, das beitragen wird, die Grundlagen für eine bestmögliche zukünftige Entwicklung der österreichischen Software-Industrie zu schaffen.

Literatur

1. Goldmann, W.: Forschung, Innovation und Technologie in Österreich. In: Forschungspolitik für die 90er Jahre (Fischer, H. Hrsg.), S. 187 - 208. Springer, 1985.

2. Österreichische Forschungskonzeption 80. Bundesministerium für Wissenschaft und Forschung

3. Mikroelektronik und Informationsverarbeitung; Forschungskonzept, Forschungspotential und Forschungsförderung in Österreich. Bundesministerium für Wissenschaft und Forschung, Wien 1983.

4. Mikroelektronik und Informationsverarbeitung; Leistungsangebot der österreichischen Forschung. Bundesministerium für Wissenschaft und Forschung, Wien 1985.

Internationale Trends in der flexiblen Fertigung
Bericht über eine Studie der Europäischen Wirtschaftskommission (ECE) der Vereinten Nationen

Otmar Ladanyi, Dir.i.R., VEW Ternitz

1. Einleitung

Dem Wirtschafts- und Sozialrat der Vereinten Nationen unterstehen fünf regionale Wirtschaftskommissionen. Der Europäischen Wirtschaftskommission gehören alle europäischen Staaten[1] an, außerdem die USA und Kanada als Ausgleich dafür, daß die UdSSR große Teile Asiens umfaßt. In den Komitees und Arbeitsgruppen arbeiten demnach Regierungsvertreter und Experten vorwiegend von Industriestaaten aus der Europäischen Gemeinschaft (EG), dem COMECON und von Neutralen zusammen. Dabei gilt das Konsensprinzip.

Eine Arbeitsgruppe für "Mikroelektronik und Automation" gab es schon in den 70er Jahren. Es hatte sich aber gezeigt, daß Automatisation nur mit Bezug auf ihre Anwendung, z.B. in Industrie und Gewerbe, wirksam werden kann. Die rasche Entwicklung dieser neuen Technologie sollte unter der gleichen Voraussetzung studiert und bewertet werden. Dafür wurde, durch eine Entscheidung der Europäischen Wirtschaftskommission, 1980 die "Working Party on Engineering Industries and Automation" konstituiert. Die Engineering Industries[2] sind durch die Division 38 der International Standard Classification (ISIC Rev. 2) definiert.

Die Arbeitsgruppe war von Anfang an davon überzeugt, daß die Automatisierung alle Arbeitsbereiche beeinflußen wird. Das gilt für die Entscheidungsfindung bei der Leitung von Unternehmen und für den ständigen Informationsaustausch mit Kunden ebenso wie für die Anwendung der Automatisierungstechnik im Produkt,

---

1 ohne Albanien

z.B. zur Erhöhung der Betriebssicherheit, zur Einsparung von Energie oder zur Vermeidung von Umweltbelastungen. Als erste Stufe der Untersuchungen über die Einführung neuer Produktionsmethoden im Sinne von Mensch - Maschine - Management - Regelsystemen wurde eine Studie über die Herstellung und den Gebrauch von Industrie-Robotern[3] erstellt. Ihr folgte 1986 die Studie über neueste Entwicklungen in der flexiblen Fertigung[4]. Zur Zeit dürfte es weltweit nur etwa 350 Flexible Fertigungssysteme geben, die in Großbetrieben arbeiten. Viele Aussagen der Studie gelten aber gleichfalls für die Einführung neuer Automatisierungstechniken in Klein- und Mittelbetrieben. Einige sind im folgenden teils sinngemäß und teils übersetzt wiedergegeben.

2. Die Tragweite der computergesteuerten Fertigungstechnologie

Während die Mechanisierung der Fertigung hauptsächlich auf die Senkung der Arbeitskosten pro Stück abzielte, wird durch computergesteuerte Automatisierung angestrebt, alle Arten von Produktionskosten zu senken. Von den Arbeitskosten abgesehen gibt es nämlich wesentliche Einsparungspotentiale durch:

+ Reduktion der Kapitalkosten durch die Verminderung von Materialumlauf und Lagerbeständen
+ Höhere Kapitalnutzung durch eine bessere Maschinen- und Anlagenauslastung (Pausen, 3. Schicht)
+ Einsparung von Energie und Rohmaterial
+ schnellere Produktentwicklung und
+ höhere bzw. gleichmäßigere Produktqualität.

Die genannten Kostenfaktoren sind durch zwei Eigenschaften der computergesteuerten Fertigung zu beeinflußen, nämlich

2.1 Flexibilität

Das Konzept der Flexibilität ist zweiseitig. Das für die

---

2 Technische Güter erzeugende Industrien

3 Production and Use of Industrial Robots (ECE/ENG.AUT/15) New York 1985, Sales No, E.84.II.E.33

4 Recent Trends in Flexible Manufacturing (ECE/ENG.AUT/22) New York 1986, Sales No. E.85.II.E.35

Fertigung verschiedener Produkte und Produktvarianten leicht umstellbare Produktionssystem soll einerseits eine hohe Maschinenauslastung bei niederem Materialumlauf sicherstellen und andererseits ein System sein, das in kurzer Zeit auf Änderungen von Kundenpräferenzen reagieren kann. Dabei wird zunächst an die einfache Umstellung des Systems zur Fertigung einer Vielfalt von Teilen gedacht. Das ist aber nur ein Kriterium der Flexibilität, meistens als Produktflexibilität bezeichnet. Bei der Beurteilung von FMS[5] ergeben sich aber noch verschiedene andere Kriterien der Flexibilität, die Bedeutung haben und im folgenden definiert sind.

Maschinenflexibilität: Die Zwangslosigkeit mit der Maschinen im System in bezug auf die Werkzeugausrüstung, deren Fixierung, Positionierung, NC Programm usw. für die Bearbeitung von Teilen in einer gegebenen Teilefamilie umgestellt werden.

Prozeßflexibilität: Die Eignung einen gegebenen Satz von Teiletypen unter Verwendung verschiedener Materialien herzustellen.

Durchlaufflexibilität: Die Eignung des Systems, z.B. im Falle örtlicher Störungen, den Betrieb durch einen alternativen Durchlauf der Werkstücke fortzusetzen. Das schließt ein, daß die Funktionen der gestörten Maschinen durch andere übernommen werden können.

Mengenflexibilität: Die Möglichkeit ein FMS bei unterschiedlichen Produktionsmengen gewinnbringend zu betreiben.

Expansionsflexibilität: Die Fähigkeit ein System so zu gestalten, daß es bei Bedarf leicht und modular erweitert werden kann.

Betriebsflexibilität: Die Eignung für jede Teiletype die Steuerung einzelner Operationen zu modifizieren.

Produktionsflexibilität: Das "Universum" der Teiletypen, die das FMS herstellen kann.

2.2 Integration

In einem integrierten Fertigungssystem sind der Materialfluß und der Informationsfluß so ausgeglichen organisiert, daß die richtige Menge von Gütern zur richtigen Zeit für einen gege-

5 Eine Liste der Abkürzungen liegt bei.

benen Bedarf produziert wird. Zwangsläufig führt das zu mehr Beschäftigten für die Informationsverarbeitung und weniger Personal direkt an den Maschinen. Die Einführung einer computergesteuerten Produktion, wie CNC, DNC, CAM, IRB oder FMC, verlangt daher häufig Änderungen in der bestehenden Organisation der Fertigung. Neben der Entwicklung neuer Produktionstechnologien wurden bei der Entwicklung von Methoden für die Organisation und Steuerung des Produktionsprozesses bedeutende Fortschritte erzielt.

3. Funktionale oder produkt-orientierte Werkstätte

Für lange Zeit waren Werkstätten für die Fertigung vieler Teile in kleinen Serien funktional organisiert (functional layout), d.h. Maschinen wurden typenweise zusammengestellt als Dreherei, Bohrerei usw.. Das Personal war auf die Bedienung ihrer Maschinen spezialisiert. Durch diese Anordnung konnten die Maschinenauslastung hoch und die Stückzeiten niedrig[6] gehalten werden. Das war und ist aber mit bedeutenden Kosten für den umständlichen Transport der Teile durch die Werkstätten, für große Puffer- und Umlaufbestände, wie auch mit einer Starrheit im Produktionssystem, verbunden. Dabei ist es nicht ungewöhnlich, daß das Verhältnis von der tatsächlichen Arbeitszeit an der Maschine zur Wartezeit von Werkstücken 1 : 100 oder mehr beträgt.

Während der 60er und 70er Jahre wurden neue Methoden zur Organisation der Produktion entwickelt und angewendet, nämlich Gruppenarbeit, produktorientierte Fertigung, Produktion zum Bedarfstermin (just in time) und das KANBAN Informationssystem[7]. Die Hauptziele der neueren Methoden zur Organisation der Produktion sind die Zusammenfassung mehrerer Operationen in einem Arbeitsgang, kürzere Umstellungs- und Liegezeiten und ein

---

6 beeinflußt durch den Amerikaner Frederick W. TAYLOR. Der "Taylorismus" ist durch eine weitgehende Spezialisierung und Aufteilung der Arbeit in möglichst viele Operationen, die in kurzer Zeit durch nur auf diese angelernte Leute auszuführen sind, charakterisiert.

hohes Maß an Flexibilität im Produktionssystem. In einer produktorientiert angeordneten Werkstätte sind die für die Erzeugung einer Produktfamilie benötigten Maschinen zusammengestellt. Eine Fabrikationszelle in der jeder Arbeiter alle Maschinen bedienen kann; manchmal sind auch dispositive Aufgaben delegiert[8]. Vereinfacht gesagt wartet in der funktionalen Werkstätte das Material auf die Maschinen und in der produktorientierten die Maschine auf das Material.

Abb. 1 zeigt den Unterschied der beiden Systeme in bezug auf die Kapitalbindung. Bei der produkt-orientierten Werkstätte ist der Investitionsaufwand für die maschinelle Ausrüstung höher, der Bedarf an Umlaufkapital aber wesentlich geringer.

Bei den gegenwärtigen Zinssätzen ist eine Verringerung des Umlaufkapitals sehr willkommen, sie muß aber durch höhere Investitionen in die maschinelle Ausrüstung erkauft werden. Das gilt besonders für die Installation flexibler Fertigungssysteme, die eben doch produkt(gruppen)-orientiert sind. Die Entscheidung für eine FMC setzt eine angemessene Auslastung voraus, die durch die Stellung des Unternehmens auf dem Markt oder als Zulieferant an größere Unternehmen, die über Marktanteile verfügen, sichergestellt sein sollte[9].

---

7 Das Wort KANBAN ist japanisch und bedeutet so viel wie Anschlagtafel. Kanban ist ein Informations- und Planungssystem, das nicht unbedingt Computer benötigt. Es kann als ein Instrument angesehen werden, die Fertigung zu Bedarfsterminen (just in time) zustande zu bringen. Das System arbeitet nach dem Prinzip des Abrufens ("pull" principle). Die letzte Station erhält den Fertigungsauftrag, sie muß Material und Komponenten ebenfalls durch "Kanban-order" von den vorhergehenden Stationen abrufen, die auf gleiche Weise ihren Bedarf usw.

8 damit wären schon wesentliche Voraussetzungen für die Einrichtung einer FMC gegeben.

9 Den heute kürzer gewordenen Lebenszyklen von Produkten kann nur durch eine Flexibilität im Produktionsprogramm begegnet werden.

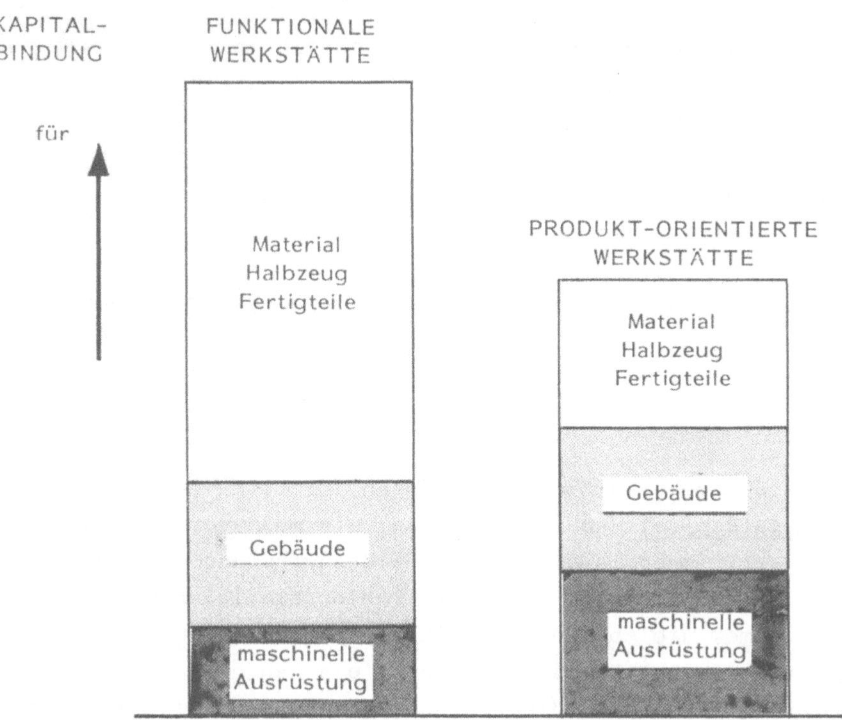

Abb. 1: Kapitalbindung bei funktionaler und produktorientierter Anordnung der Werkstätten

4. Wirtschaftliche Rechtfertigung und nachträgliche Bewertung von FMS

Ein Kapitel der Studie ist verschiedenen Methoden der Wirtschaftlichkeitsberechnung und Beispielen aus der Praxis gewidmet. Leider kann in diesem Beitrag nicht näher auf diese eingegangen werden, ausgenommen die Ergebnisse dreier Fallstudien[10], die auch für Klein- und Mittelbetriebe interessant sein

10 National Economic Development Organization - Großbritannien.
Kleinbetrieb; Erzeugung von Industrieventilen
Mittelbetrieb; Erzeugung von Kompressoren
Großbetrieb; Erzeugung von Bremsen- und Kupplungsteilen

könnten. Das "return on investment" nach der Einführung automatisierter Fertigungstechnologien wurde für drei Unternehmen verschiedener Größe für jeweils sieben Jahre ermittelt. Der zunehmende "cash flow" ist in Abb. 2 als Mittelwert für drei Unternehmensgrößen graphisch dargestellt.

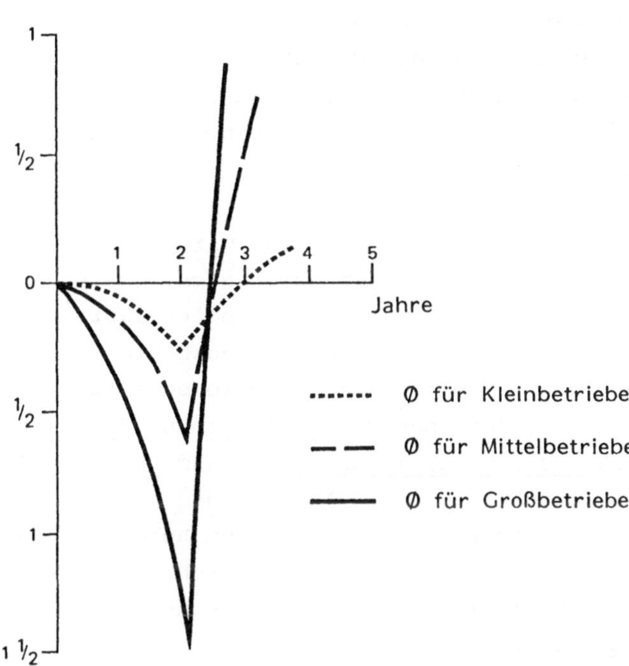

Abb. 2: Zunehmender "cash flow" nach einer Investition in fortschrittlicher Fertigungstechnologie. Die Beispiele zeigen Durchschnitte für Klein-, Mittel- und Großbetriebe in Großbritannien

Für FMS dürfte demnach ein "economic return" nur längerfristig, dann aber in beachtlicher Höhe, realisiert werden können. Nach zwei Jahren gemessen ist der "cash flow" in allen drei Fällen noch negativ. Für Klein- und Mittelbetriebe ermutigend ist ein Hinweis, daß nicht primär die FMS-Technologie diese Ergebnisse bringen kann, sondern das gesunde Wissen und Können der Mitarbeiter der in Betracht kommenden Unternehmen. Branchenkenntisse und Produktionserfahrung die es erlauben, mögliche Anwendungen von FMS zu erkennen und ihre Einführung mit der notwendigen

Gründlichkeit vorzubereiten.

5. Anwendungsbereiche flexibler Fertigungssysteme

Die Mehrzahl der in der Industrie installierten FMS sind für Zerspanungsarbeiten eingesetzt. Der Grund, weshalb FMS zur Zeit ihre hauptsächliche Anwendung in der zerspanenden Fertigung findet ist, daß die Charakteristika dieser Produktionsprozesse, in bezug auf Stückzeit, Größe und Form der Werkstücke, Losgrößen usw., besonders für eine flexible automatisierte Fertigung geeignet sind.

Das Konzept der Flexibilität wird unausgesprochen für ein abgeschlossenes System verstanden, das sich leicht und mehr oder weniger automatisch umstellen läßt, um eine große Vielfalt von Teilen zu bearbeiten. Offenkundig ist ein System mit einem hohen Anteil manueller Operationen jetzt noch am meisten flexibel. Zwischen Flexibilität und Jahresproduktion pro Werkstück, Vielfalt der Teile und Leistungsfähigkeit gibt es Zusammenhänge, die in Abb. 3 zu erkennen sind. In Systemen für hohe Jahresproduktion mit einem hohen Maß an Automation ist die Flexibilität eher gering. Umgekehrt sind weniger automatisierte Systeme flexibler. Das führt zu dem Schluß, daß eine große Vielfalt von Teilen hochautomatisiert fertigen zu wollen, einen hohen Investitionsaufwand zur Bewerkstelligung der dazu erforderlichen Flexibilität voraussetzen würde.

6. Errichtung flexibler Fertigungssysteme

Ein Unternehmen, das den Gedanken trägt in FMS oder ähnlichem zu investieren, ist zunächst nicht mit Entscheidungen über bestimmte Teile der Fertigungsausrüstung und den Begleitumständen befaßt, sondern mehr mit Entscheidungen über längerfristige technologische, organisatorische und Führungsstrukturen. Eine Entscheidunq zu Gunsten des Investierens in ein FMS[11] bildet normalerweise den Startpunkt eines Prozesses

11 oder allgemein computergeprägte Produktionsstrukturen

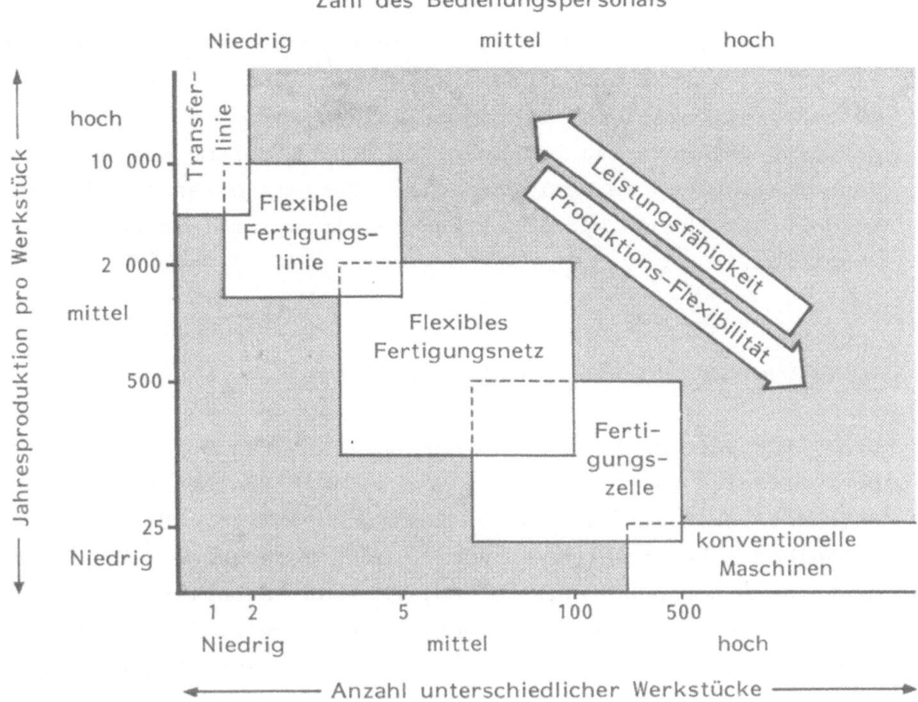

Abb. 3: Beziehungen zwischen Flexibilität und Jahresproduktion pro Werkstück, Anzahl unterschiedlicher Teile und Leistungsfähigkeit

kontinuierlicher und weitreichender Veränderungen, die die Wettbewerbsfähigkeit und die industrielle Zukunft des Unternehmens berühren. Wesentlichen möglichen Vorteilen stehen beachtliche technische und kommerzielle Risken gegenüber.

Wenn z.B. bei Errichtung des FMS größere Verzögerungen eintreten oder das System nicht so effektiv, wie angenommen, arbeitet, werden Schwierigkeiten nicht nur im Produktionsbereich, in dem das FMS installiert wurde, auftreten, sondern im gesamten Unternehmen infolge verminderter Einnahmen und Gewinne. Im schlimmsten Fall ist das Überleben des Unternehmens aufs Spiel gesetzt, besonders im Fall kleinerer Unternehmen, in welchen ein FMS einen großen Kapitalaufwand repräsentiert. Ein anderes Risiko ist, wie schon früher angesprochen, der Grad der

Auslastung abhängig von der Situation auf dem Markt[12].

Während der zwei bis drei Jahre die normalerweise zwischen der Planung eines FMS und seinem vollen Betrieb verstreichen, müssen eine Unzahl von Problemen gelöst werden; nicht alle davon werden vorhersehbar sein. Je mehr Probleme vor der Konstruktion und der Errichtung des Systems erkannt und gelöst werden, umso höher sind die Chancen eines Erfolges der Investition.

7. Verbreitung flexibler Fertigungssysteme

Die ECE Studie enthält wenig bekanntes statisches Material über die weltweite Verbreitung von FMS und Schätzungen über den beträchtlichen Zuwachs in den kommenden Jahren. Für Klein- und Mittelbetriebe interessant dürfte eine Vorhersage[13] über das künftige Eindringen von CAD/CAM, FMS und "Robotics" in amerikanische Unternehmen verschiedener Größe sein. Die wichtigsten Ergebnisse sind in der folgenden Tabelle 1 zusammengefaßt.

Den Vorhersagen gemäß wird die Verbreitung computer-geprägter Produktionsstrukturen nicht nur in Großbetrieben rasch zunehmen, sondern auch in mittleren und kleineren Unternehmen. Innerhalb von 10 Jahren werden fast alle Unternehmen in den USA mit 500 und mehr Beschäftigten eine technisch-wirtschaftliche Rechtfertigung für den Gebrauch von FMS haben und in FMS investieren. Die entsprechenden Zahlen für amerikanische Mittel- und Kleinbetriebe sind 25 - 35 % beziehungsweise 10 - 20 %. Wenn diese Vorhersagen zutreffen, dann werden in der ersten Hälfte der 90er Jahre allein schon viele Tausend FMS weltweit installiert sein.

---

12 Ein weiteres Risiko liegt in der Verfügbarkeit, die laut Hersteller z.B für NC-Maschinen bei 85 % liegen soll. Sie sinkt zwangsläufig mit der Verkettung mehrerer Subsysteme.

13 Committee on Computer-Aided Manufacturing (COCAM), USA

Tab. 1: Geschätzte gegenwärtige und zukünftige Verbreitung von CAD/CAM, FMS und Industrie-Roboter in den USA

Prozente der Unternehmen		Zahl der Beschäftigten im Unternehmen		
		1-99	100-499	500-
CAD/CAM Anwendung	jetzt	2	8	50
	innerhalb von 5 bis 10 Jahren	15	35	90
DNC/FMS Anwendung	jetzt	0	4	65
	innerhalb von 5 bis 10 Jahren	10	25	96
Industrie-Roboter Anwendung	jetzt	5	12	45
	innerhalb von 5 bis 10 Jahren	20	35	83

8. Zusammenfassung

Die FMS haben begonnen, sich in der Industrie auszubreiten. Dazu trägt die internationale Zusammenarbeit auf dem Gebiet der industriellen Automation wesentlich bei. Die Struktur dieser Zusammenarbeit ist in der ECE Studie auf 10 Seiten graphisch dargestellt. Jede laufende NC-Maschine oder Bemühung ein CAD-System aufzubauen signalisiert einen Einstieg in die computer-geprägte Fertigung. Diese Einrichtungen sollen als Inseln zu einem Gesamtkonzept betrachtet und entsprechend geplant werden. Das Hauptziel der Einführung der neuen Technologien ist der voll integrierte Informations- und Materialfluß durch alle Abteilungen des Unternehmens. Dieses, nicht auf einen Schlag einzuführende, Gesamtkonzept ist die Verbindung der oben genannten Subsysteme zum computerintegrierten Fertigungssystem (CIM).

Liste der Abkürzungen[14]

AGV	Automated guided vehicle
AIP	Advanced information processing
APC	Automatic pallet changer
APT	Automatically-programmed tool (programming language for NC-machines)
ASRS	Automated storage and retrieval system (warehousing system)
CAD	Computer-aided design
CAE	Computer-aided engineering
CAL	Computer-aided logistics
CAM	Computer-aided manufacturing
CAP	Computer-aided planning
CAT	Computer-aided testing
CFP	Computer-aided financial planning
CIE	Computer-integrated engineering
CIM	Computer-integrated manufacturing
CMM	Co-ordiante measuring machine
CNC	Computerized numerical machine
DNC	Direct numerical control
DNC-BTR	Direct numerical control - behind-the-tape reader
DNC-MTC	Direct numerical control - machine-tool controller
EXAPT	Extended APT
FAS	Flexible assembly system
FIS	Flexible inspection system
FMC	Flexible manufacturing cell
FMF	Flexible manufacturing factory
FML	Flexible manufacturing line
FMS	Flexible manufacturing system(s)
FMU	Flexible manufacturing unit
HDTV	High-definition television
IMS	Integrated manufacturing system
IC	Integrated circuit
IRB	Industrial robot
ISDN	Integrated services digital network
ISO/OSI	International Organization for Standardization/Open systems interconnections
IT	Information technology
MAP	Manufacturing automation protocol
MC	Machining centre
MRP	Material-requirement planning
MT	Machine tool
NC	Numerical control
PCB	Printed-circuit board
PRM	Industrial robot and manipulator (Czechoslovakia)
ROI	Return on investment
VMM	Variable-mission manufacturing
W-I-P	Work-in-progress

14 Die Liste wurde nicht übersetzt, weil viele Begriffe auch im Deutschen verwendet werden.

Flexible Automation in der Betriebsgestaltung - ein Forschungsprojekt

Helmut Detter
Österreichisches Forschungszentrum Seibersdorf

1. Die wirtschaftlichen Rahmenbedingungen

Klein- und Mittelbetriebe übernehmen in der industriell-gewerblichen Szene immer mehr die Aufgabe der Speerspitze bei der Anwendung und Integration neuer Technologien in Produkten oder Verfahren. Gerade für ein kleines, aber exportorientiertes Industrieland wie Österreich ist daher diese Applikationsfähigkeit von großer Bedeutung.

Die wirtschaftlich tragende Rolle der klein- und mittelständischen Industrie Österreichs wird in den nächsten 5 - 1o Jahren weiter zunehmen. Weiters wird diese Industrie nach wie vor ihre Wertschöpfung in den hochtechnologischen Exportmärkten, vorwiegend der EWG, finden müssen. Ausgangspunkte sind also in den meisten Fällen ein fehlender Heimmarkt, kleinere Stückzahlen im Vergleich zu ausländischen Mitbewerbern, Ankämpfen gegen Exportrestriktionen und härteste internationale Konkurrenz und vieles mehr.

Gelingt es nicht, in Produkten und Verfahren Hochtechnologien anzuwenden, ein optimales Potential an qualifizierten

Mitarbeitern zu nutzen sowie entsprechend moderne Fertigungs- u. Montagetechnologien einzusetzen, wird es in Zukunft nicht möglich sein, sich in dieser internationalen Wirtschaftsszene zu behaupten.

Ein wichtiger Ansatz für Verbesserungen in der österr.Industrie liegt im Bereich der gesamten Fertigungs- und Montagetechnik. Laufend sinkende Stückzahlen und Losgrößen bei laufender Verkürzung der Lebensdauer von Produkten bei gleichzeitig ständiger Steigerung der Typenvielfalt, erlauben vielfach auch bei optimal konzipierten Produkten keine wirtschaftliche Herstellung solcher Produkte. In Bild 1 ist der Zusammenhang zwischen Produktivität und Flexibilität für verschiedene Fertigungstechnologien dargestellt, wie er derzeit international in etwa vorliegt. Bezüglich des Trends ist festzustellen, daß sich flexible Fertigungssysteme sowie flexible Automation in Richtung sinkender Stückzahl und Erhöhung der Typenvielfalt verschieben wird, gleichzeitig wird durch Erhöhung des Prozentsatzes an wieder verwendbaren Komponenten dieser Technologie eine rasche und vielfältige Umrüstbarkeit auf neue Produkte in ähnlicher Struktur möglich sein. Auf die österreichische Situation bezogen findet man derzeit im Produktionsbereich hauptsächlich die konventionelle Werkzeugmaschine sowie bei größeren Stückzahlen bestenfalls Inselsysteme im Sinne der Integrierung einzelner Bearbeitungsschritte. Anlagen mit Verknüpfung der einzelnen Fertigungs- und Montageschritte sind de facto in der österreichischen Industrie vor allem unter Einbeziehung des Rechnerverbundes und Leitrechners nicht in Betrieb. Dies bedeutet, daß für die vorwiegend mitteltändische Industrie mangels vorliegender Stückzahlen konventionelle flexible Fertigungsstraßen für Serienfertigungen nicht wirtschaftlich sind, andererseits die Produktion auf konventionellen Werkzeugmaschinen bis hin zur losen Aneinanderreihung von Inselsystemen hinsichtlich Kostenstruktur und Qualität sowohl von Stückzahlen als auch Flexibilität den heutigen Produktionsstrukturen nach internationalem

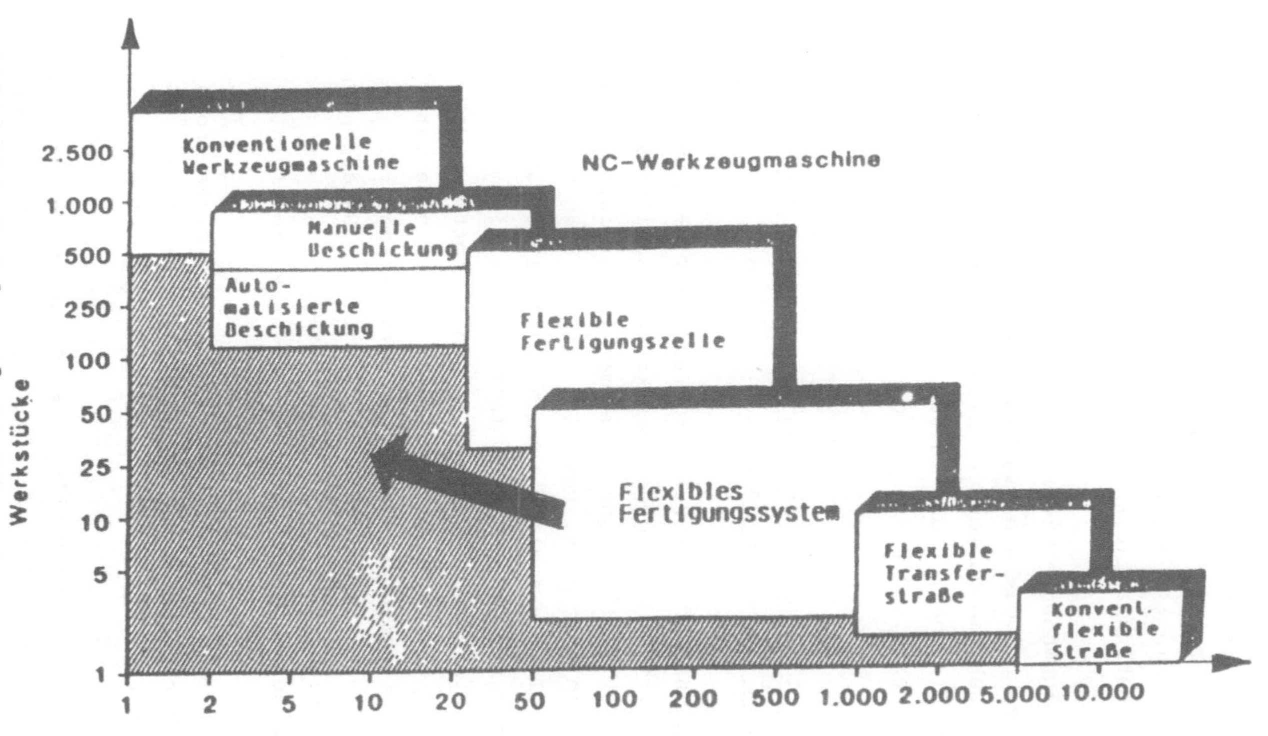

BILD 1.

Produktivität u. Flexibilität der verschiedenen hochentwickelten Anlagen u. Systeme

Standard nicht mehr entsprechen. Die Tatsache, daß die Finalproduktstruktur der österreichischen Wirtschaft im Durchschnitt einen zu niedrigen Technologiegrad aufweist, ist in vielen Fällen auf die derzeit in Österreich eingesetzten Fertigungsverfahren und Montagetechnologien zurückzuführen, die ein durchschnittliches Technologiealter von 1o - 2o Jahren aufweisen.

Die laufend zunehmende Diskrepanz zwischen eingesetzter Fertigungstechnologie und Stückzahl sowie die damit verbundenen nicht mehr adäquaten Organisations- und Planungsstrukturen, sind Ursache für die in der Regel zu hohen Fertigungs kosten österreichischer Industrieprodukte.

2. Die Technologie der flexiblen Automation als Basis für ein expansives Marketingkonzept

Eine Wirtschaftlichkeitsrechnung für die Einführung dieser Technologie ergibt sich gegenüber konventionellen Investitionen und Rationalisierungsmaßnahmen im Fertigungs- und Montagebereich erst dann, wenn die eigentlichen Vorzüge dieser Technologie, nämlich ihre hohe Flexibilität und Anpassungsfähigkeit der Produkte am Markt mit einem entsprechenden Marketingkonzept voll ausgeschöpft werden. bedeutet, daß als Zielstrategie gemäß Bild 2 eine integrale Betrachtungsweise von Produktentwicklung, Produktionsstrategie und Marketingstrategie als Unternehmensstrategie vorliegen muß. Die gesamte Einbindung hat durch ein entsprechendes Technologiemanagement zu erfolgen.

Die Technologie der Flexiblen Automation in dieser Form ganzheitlich betrachtet ist daher die Chance für die Zukunft. Durch rasche Umrüstbarkeit von flexiblen Fertigungs- und Montagesystemen, vielfach nur mehr durch Umprogrammieren der Software, wird es punktuell schon in der Gegenwart, aber sicher in naher Zukunft möglich, rasch auf wechselnde Stückzahlen, Typenvielfalt und kurzfristige Marktschwankungen einzugehen. In Bild 3 sind die Komponenten der integrierten flexiblen Automation dargestellt.

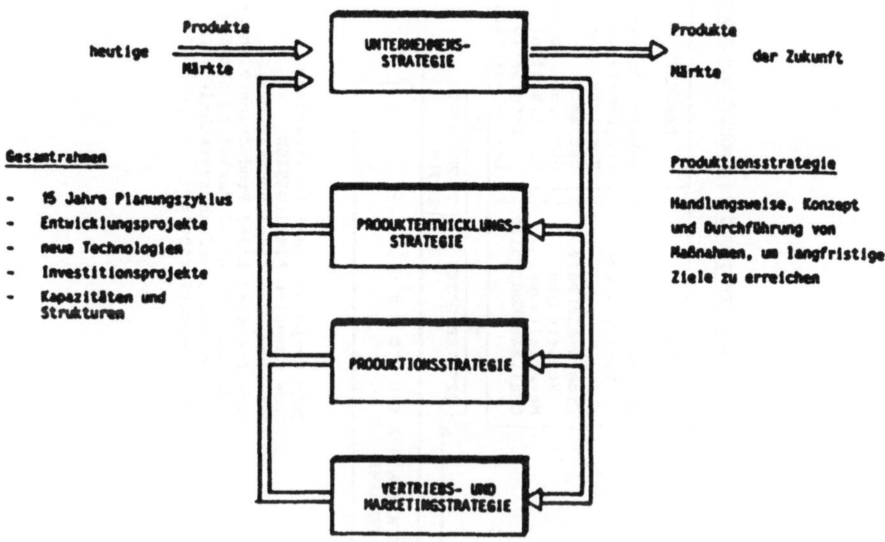

BILD 2.
Erforderliche Strategie für die erfolgreiche Einführung flexibler Automation
Quelle: Prof. Horst Wildemann, Universität Passau

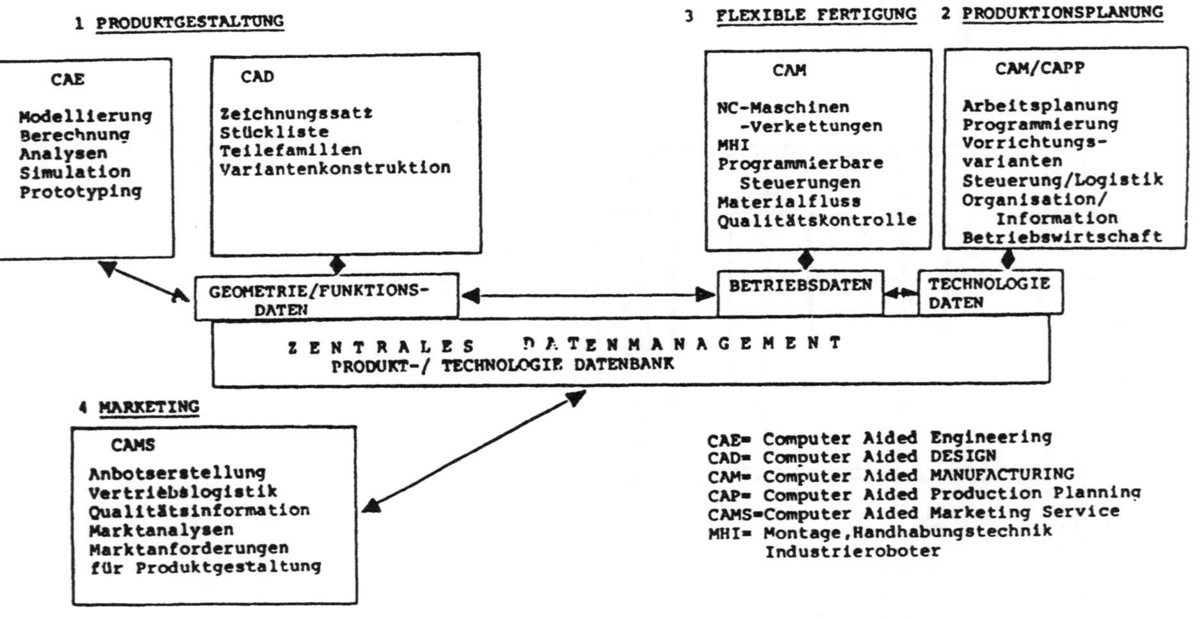

BILD 3.
Komponenten der integrierten flexiblen Automation

Die Produktion kleiner Losgrößen zu Kosten, wie sie aus der Massenproduktion bekannt sind, wird damit Realität werden. Diese Art der Flexiblen Automation ermöglicht nicht nur die rasche Anpassung an Marktschwankungen, sondern auch die mannarme Bedienung und Produktion, wobei sich zusätzlich erheblich günstige Auswirkungen auf Produktionskosten bei gleichzeitiger Steigerung der Qualität und Reduktion der Fertigungsdurchlaufzeiten ergeben werden. Mannarme Bedienung und Verringerung der Lagerbestände werden in Zukunft somit eine neue Basis der Rentabilitätsrechnung von Investitionen im Bereich der flexiblen Automation sein müssen. Bisherige Berechnungsinstrumentarien, wie sie für konventionelle Fertigungs- und Montageinvestitionen herangezogen wurden, sind untaugliche Mittel für die Bewertung dieser neuen Technologien.

Sollen neue Technologien rasch in Produkte integriert werden, ist es erforderlich, neue Technologien auch bei der Erzeugung solcher Produkte einzusetzen. Neue Produkte mit alten Fertigungstechnologien und Organisationsstrukturen erzeugt , in alte Marketingkonzepte gepreßt oder ohne Marketingkonzept verkaufen zu wollen, sind vorprogrammierte Flops par excellence.

Das rasch steigende Risiko von Fehlinvestitionen, insbesonders für neue Fertigungs- und Montagetechnologien, erfordert speziell bei der Planung von flexibler Automation das Aufstellen und Entwickeln eines ganzheitlichen Rahmenkonzeptes. In diesem Rahmenkonzept müssen sowohl Fragen der Technologie, der Organisation sowie der Qualifikationsstrukturen der Mitarbeiter festgelegt sein. Je nach Art des Produktionsbetriebes und Art der Produkte wird ein solches Rahmenkonzept unterschiedlich detailliert zu erarbeiten sein. Die hohe Komplexität solcher Konzepte und die Investitionskosten bewirken, daß in der Praxis mit hoher Wahrscheinlichkeit vorerst nur bestimmte Teil- oder Insellösungen realisierbar sein werden. Die hohe Wiederverwendbarkeit der Hardwarekomponenten solcher Systeme und damit die hohe Flexibilität wird aber einen späteren Vollausbau erlauben. Ohne eine ganzheitliche Gesamtkonzeption besteht jedoch die Gefahr größerer Fehlinvestitionen, die mit Sicherheit in Zukunft rasch zunehmen werden. In Bild 4 sind in vereinfachter Form generelle Chancen und Risken unterschiedlicher Einsatzzeitpunkte neuer Produktionstechnologien dargestellt.

Spätestens bei Inangriffnahme eines neuen Produktprogrammes wird es erforderlich sein, die Philosophie der flexiblen Automation ernsthaft zu berücksichtigen. Bei bestehenden Produktpaletten wird es als Einstiegsphase sinnvoll sein, im Bereich der Konstruktion jene Änderungen vorzunehmen, die Basisvoraussetzung für eine nachfolgende kostengünstige Fertigung und Montage nach dem System der flexiblen Automation sind.

Im Bild 5 sind im Schema die vorhandenen Integrationsstufen und Einzellösungen für flexible Automation dargestellt.

Die bedeutenden Auswirkungen dieser Technologie, die von optimierten und angepaßten Konstruktionsmethoden bis hin zu neu erforderlichen Organisations- und Qualifikationsstrukturen reichen, bringen zum Teil völlig neue Arbeitstechniken mit sich. Insbesondere werden sich erhebliche Auswirkungen auf den Qualifikationsgrad und den Arbeitsinhalt der Mitarbeiter eines Betriebes mit flexibler Automation ergeben. Das Anforderungsprofil wird insgesamt erhöht, die Einzelverantwortung erweitert, eine verstärkte interdisziplinäre Gruppenarbeit wird erforderlich. Im Bild 6 ist im Schema ein Beispiel für Gruppenarbeit und Teamzusammensetzung für eine Aufgabenstellung im Bereich der automatischen Montage erstellt.

	FRÜHER EINSTIEG	STRATEGIE DES ABWARTENS
CHANCEN	AUSBAU EINES WETTBEWERBSVORSPRUNGS BESSERES IMAGE DURCH EINSATZ NEUER VERFAHREN AUFBAU EINES KNOW-HOW-VORSPRUNGS ANWENDERSPEZIFISCHE TECHNOLOGIE HOHE MOTIVATION DER MITARBEITER BEI PILOTPROJEKTEN INTENSIVE UNTERSTÜTZUNG DURCH HERSTELLER (REFERENZOBJEKT)	GÜNSTIGERES PREIS/LEISTUNGSVERHÄLTNIS SICHERE ERFOLGSPROGNOSE SPRUNGHAFTE TECHNOLOGIEVERBESSERUNG KANN ABGEWARTET WERDEN BESSERE KOMPATIBILITÄT NUTZUNG DER ERFAHRUNG EXTERNER (HERSTELLER ODER BERATER)
RISIKEN	SCHLECHTES PREIS/LEISTUNGSVERHÄLTNIS EINFÜHRUNGSERFOLG UNSICHER FRÜHERE TECHNOLOGIEFIXIERUNG KOMPATIBILITÄT NICHT GEWÄHRLEISTET (FEHLENDE SCHNITTSTELLENNORMUNG) UNSICHERHEIT DER TECHNOLOGIEENTWICKLUNG	STANDARDISIERUNG DER VERFAHREN VERSCHLECHTERUNG DER RELATIVEN WETTBEWERBSPOSITION GERINGERER KNOW-HOW-GEWINN GERINGERE IMAGEWIRKUNGEN

BILD 4. Chancen und Risiken alternativer Einsatzzeitpunkte neuer Produktionstechnologien

Quelle: Prof.Horst Wildemann
Universität Passau

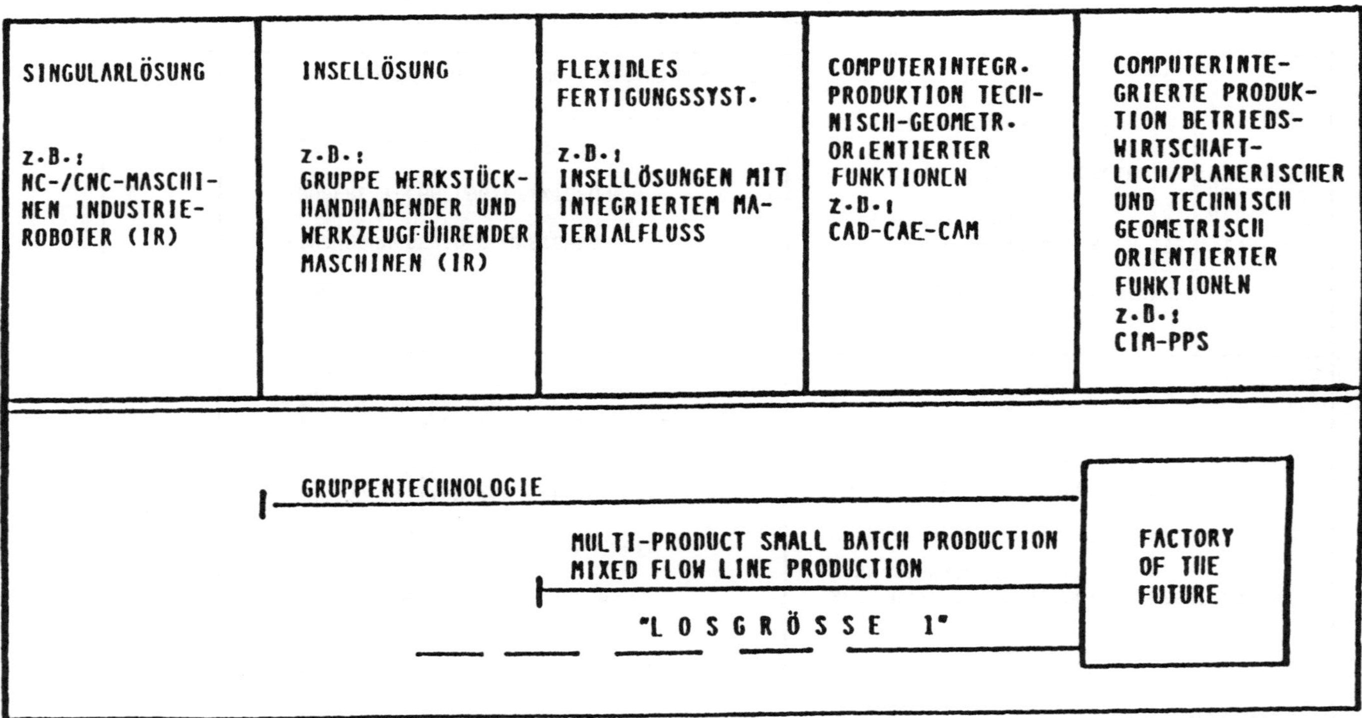

Quelle: Prof. Wojda

BILD 5. **Automatisierungsstufen Flexibler Automation**

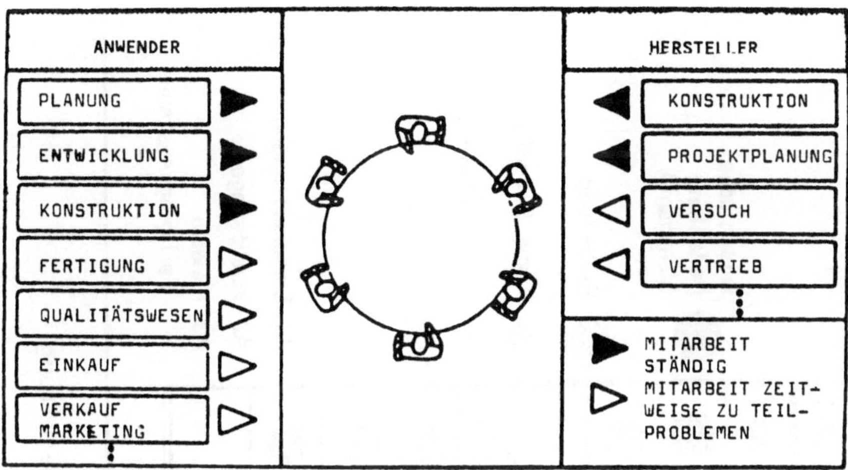

BILD 6. Projektteam zur Bearbeitung automatischer Montagesysteme

Quelle: Siemens AG, München

Schulung und Weiterbildung werden daher im Prinzip den tatsächlichen Engpaß bei der Integration der Technologie der flexiblen Automation, vor allem in klein- und mittelbetrieblichen Strukturen, darstellen. Es erscheint daher wichtig, neben der Lösung technischer, betriebswirtschaftlicher und organisatorischer Probleme vordringlich Aktivitäten im Bereich der Schulung in allen Mitarbeiterebenen und Bereichen des Betriebes zu starten. Der Stand der Technologie der flexiblen Automation ist heute soweit fortgeschritten, daß daraus unmittelbar konkrete Schulungs- und Ausbildungsprogramme ableitbar sind. Ziel aller dieser Programme muß es sein, jenen Bildungsstand an Ausbildung zu erreichen, der eine Weiterbildung auf eigendynamischer Basis ermöglicht. Letztlich muß jener Ausbildungsgrad erreicht werden, der eine optimale Nutzung flexibler Automationssysteme im betrieblichen Alltag garantiert. In Bild 7 ist als Beispiel die Verschiebung der Anforderungsstrukturen im Aufgabenbereich der Arbeitsvorbereitung dargestellt.

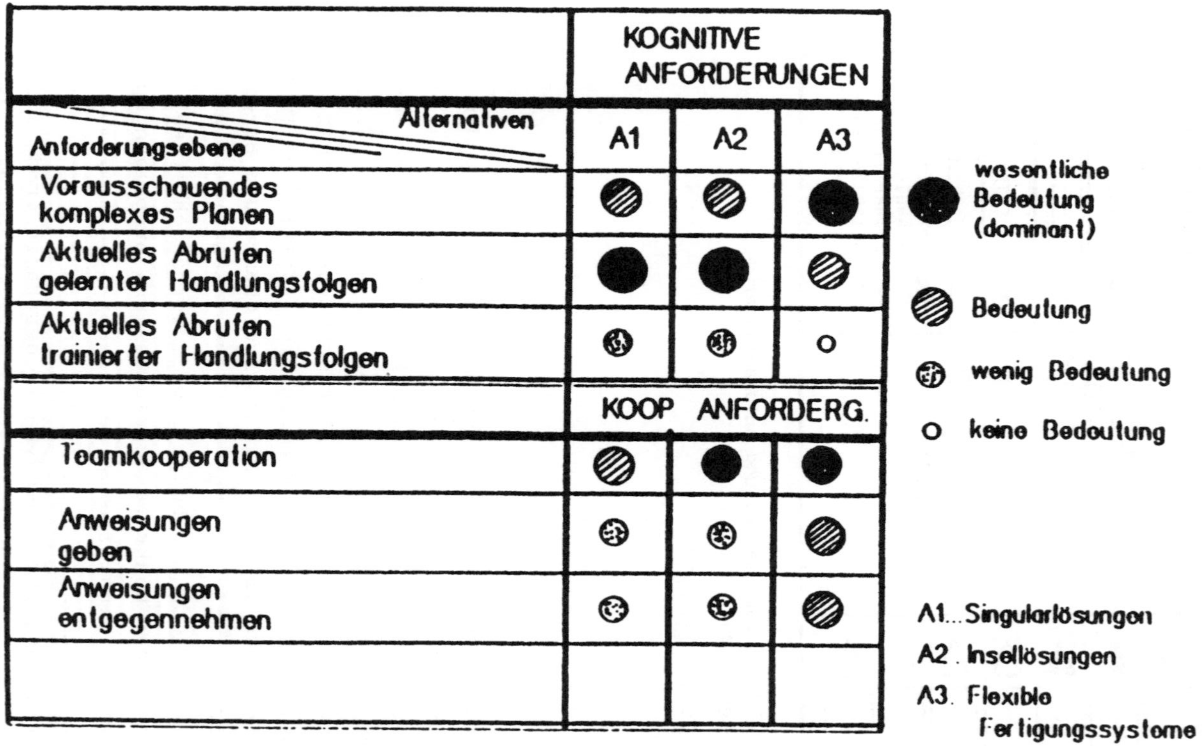

Anforderungsebene \ Alternativen	KOGNITIVE ANFORDERUNGEN		
	A1	A2	A3
Vorausschauendes komplexes Planen	◍	◍	●
Aktuelles Abrufen gelernter Handlungsfolgen	●	●	◍
Aktuelles Abrufen trainierter Handlungsfolgen	⊛	⊛	o
	KOOP ANFORDERG.		
Teamkooperation	◍	●	●
Anweisungen geben	⊛	⊛	◍
Anweisungen entgegennehmen	⊛	⊛	◍

● wesentliche Bedeutung (dominant)

◍ Bedeutung

⊛ wenig Bedeutung

o keine Bedeutung

A1... Singularlösungen

A2. Insellösungen

A3. Flexible Fertigungssysteme

BILD 7.
Anforderungsstrukturen im Aufgabenbereich Arbeitsvorbereitung
Quelle: Prof. Wojda

3. Die technologische Ausgangssituation für flexible Automation in Österreich

In der FOKO 8o wurde das Themengebiet flexible Automation, entsprechend der internationalen Bedeutung dieser Technologie aber auch wegen ihrer branchenübergreifenden strukturverbessernden Wirkung auf die mittelständische österreichische Industrie, als Schwerpunkt festgelegt. Ein gleichlautender Schwerpunkt wurde auch im Rahmen des Schwerpunktprogrammes Mikroelektronik der Bundesregierung festgelegt.

Werden die seit Zeitpunkt der Wirksamkeit dieses Schwerpunktes in der österreichischen Industrie geförderten Projekte betrachtet, so muß leider festgestellt werden, daß bisher kein einziges Projekt im Sinne des Gesamtsystembegriffes flexible Automation in Angriff genommen wurde. Die meisten Aufgaben beschränken sich auf punktuelle Teilrealisierungen von Aufgabenstellungen im Gesamtthemengebiet und es muß befürchtet werden, daß dies in vielen Fällen ohne eine ganzheitliche Rahmenkonzeption erfolgte. Ein Erklärungsversuch für das Fehlen ganzheitlicher Realisierungskonzepte kann darin gesehen werden, daß entsprechende Fachexpertenteams in der österr. Industrie, aber auch mit wenigen Ausnahmen auf universitärem Boden, in Österreich nicht existieren. Ein weiteres Manko zeigt sich in der bei fast allen Projekten fehlenden ausreichenden Kooperation zwischen Wissenschaft und Industrie. Dies ist im gegenständlichen Thema allerdings weitgehend damit zu erklären, daß eine entsprechend wissenschaftlich fundierte Expertise derzeit auf der Forschungsebene nur punktuell existiert und erst im Aufbau begriffen ist. Insgesamt ist festzustellen, daß für die österr. spezifische Problemstellung mit extrem kleinen Stückzahlen in wichtigen Teilgebieten dieser Technologie noch keine industriell-wirtschaftlich einsetzbaren Lösungen existieren. Soll daher diese Technologie der österr. Wirtschaft zeitgerecht zur Verfügung stehen, erscheint es zwingend notwendig, über formale Schwerpunktsetzungen und entsprechende Förderungsprogramme hinaus, vor allem im Forschungs- und Ausbildungssektor rasch und zielstrebig entsprechende Maßnahmen zu setzen.

4. Das Forschungsprojekt "Entwicklung von Integrationsmodellen betrieblicher Funktionen zur flexiblen Automation in der Betriebsgestaltung"

Mit internationaler F+E-Abstimmung und internationaler Bewertung wurde beim FWF im Jahr 1984 ein integrales, auf die Bedürfnisse der österr. Industrie abgestimmtes Forschungs- und Entwicklungsprogramm, eingereicht. Philosophie dieses Projektes ist die integrale Problembetrachtung von technologischen Lösungen, organisatorischen Lösungen und entsprechenden Schulungs- und Trainingsprogrammen. Das Projekt enthält dementsprechend neben F+E-Aufgaben auch einen methodischen Schulungs- und Versuchsteil. Bei einem Gesamtfinanzierungsbedarf von ca. 4o Mio. öS innerhalb von 5 Jahren würde es die Projektrealisierung in der Arbeitsgemeinschaft des Ordinariats f. flexible Automation der TU Wien, des Institutes für Arbeits- und Betriebswissenschaften der TU Wien und dem ÖFZS ermöglichen, jene Expertise aufzubauen, die als Minimum für die österr. Industrie im eigenen Land verfügbar sein müßte. Durch entsprechend geplante unmittelbare firmenspezifische Kooperation im Themengebiet, weiters durch enge informative Zusammenarbeit mit internationalen Know-how-Trägern wie Siemens, IBM, ASEA, ist geplant, parallel zu diesem Projekt sehr rasch eine Vielzahl von industriellen Anwendungen dieser Technologie in Österreich zu erreichen.

Das wegen der angestrebten Integrationslösung sehr umfassende Forschungsprojekt ist wegen der effizienten interdisziplinären Abstimmung parallel in vier Teilprojekte gegliedert worden. Es sind dies:

Teilprojekt 1:
Entwicklung von technologie- und betriebsspezifischen Implementierungsstrategien und Integrationsmodellen

Teilprojekt 2:
Flexibilitätsorientierte Produktgestaltung und Abstimmung auf zugehörige Fertigungsautomatisierung

Teilprojekt 3:
Arbeitsorganisation und Qualifikationsentwicklung für flexible Automation

Teilprojekt 4:
Branchenspezifische Neuentwicklung von Systemkomponenten und Applikation in entsprechenden Versuchs-, Demonstrations- und Schulungslabors.

Bild 8 zeigt den Zusammenhang dieser Teilprojekte.

Das gesamte mittelfristige Konzept zur Abwicklung des Schwerpunkts flexible Automation hat folgende Forschungsergebnisse zum Ziel:

- Entwicklung von zeitraffenden Implementationsstrategien
- Schaffung von Modellen für kürzere Produktentstehungszeiten
- Entwicklung von Methoden zur schnelleren Reaktion bei notwendigen Produktveränderungen
- Schaffung menschengerechter Arbeitsbedingungen bei hohen Flexibilitäts- und Automatisierungsgraden
- Schaffung geeigneter Qualifizierungsmaßnahmen durch entsprechende themenspezifische Aus- und Weiterbildungsprogramme

In der ersten Startphase dieses Mittelfristkonzeptes wurde ein Zweijahresprojekt erstellt, in dessen Rahmen Projekte, die vorwiegend der Grundlagenforschung zugeordnet werden können, abgewickelt werden.

Seit Dezember 1985 liegt für dieses Teilprojekt eine Finanzierung des FWF über den Fonds der Nationalbank zur Förderung volkswirtschaftlich relevanter Technologieverbesserungen vor.

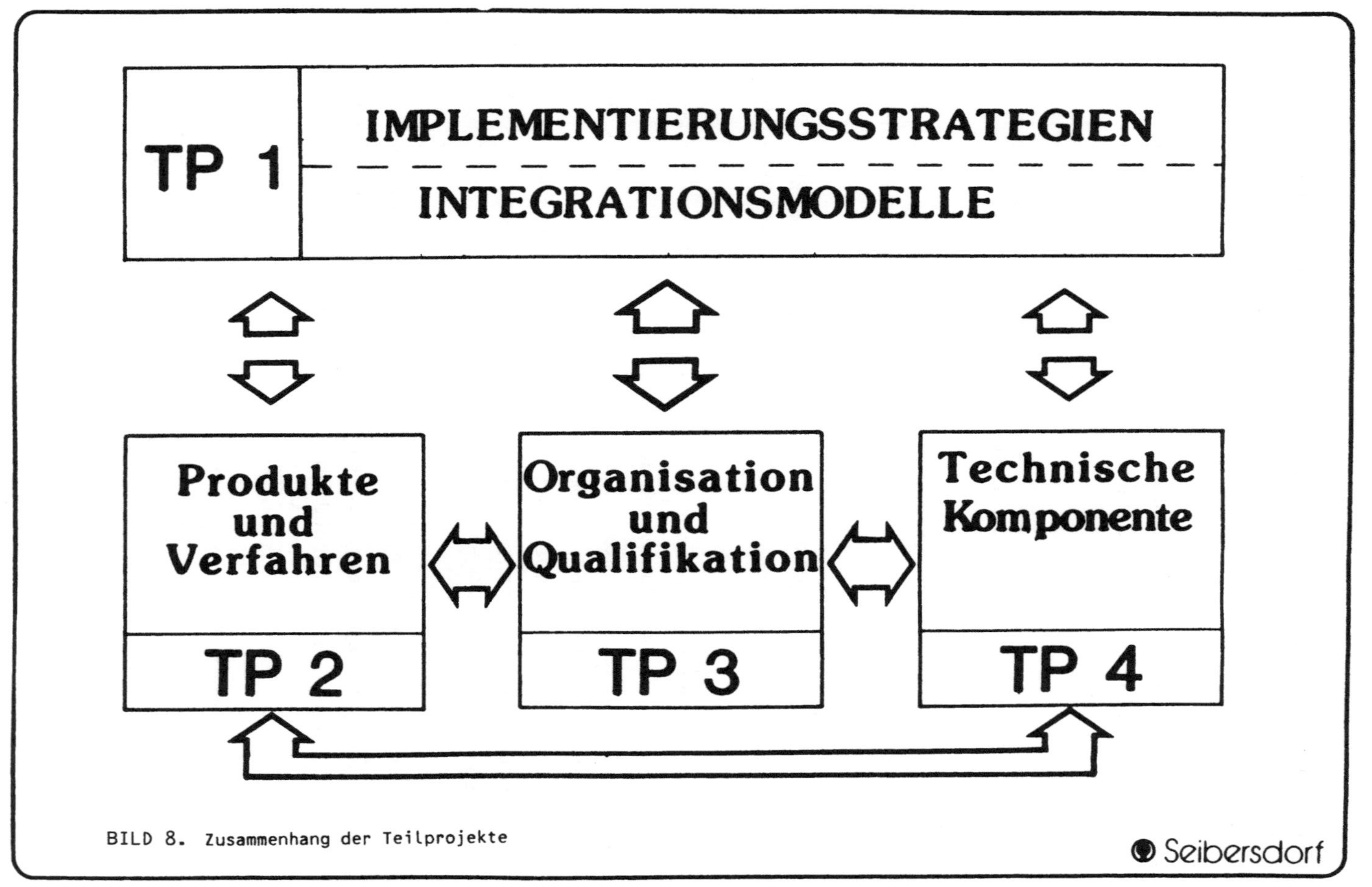

BILD 8. Zusammenhang der Teilprojekte

Das Zweijahresteilprojekt, welches als Startphase für das gesamte mittelfristig durchzuführende Forschungsprojekt angesehen werden muß, besteht, aus den Teilprojekten TP 2.1, TP 4.1 und TP 4.4 und hat im wesentlichen folgende Zielsetzungen zu erbringen:

TP 2.1 Konstruktionssystematik und rechnergestützte Verfahren der Produktgestaltung im Hinblick auf flexible Automation

Ziel des Projektes ist es, unter Berücksichtigung bereits existierender Arbeiten erste Verfahren einer automationsorientierten Konstruktionssystematik zu entwickeln, zugehörige Beschreibungsverfahren und Informationsmodelle, gegebenenfalls eingeschränkt auf geeignete Produktverfahren zu erstellen und praktikable Softwareprototypen exemplarisch zu realisieren.

TP 4.1 Errichtung eines Versuchs-, Demonstrations- und Schulungslabors für flexible Automation in der Fertigungstechnik im ÖFZS

Bei der Errichtung eines Labors für flexible Automation im ÖFZS sind im wesentlichen drei Schwerpunkte wahrzunehmen:

- Versuchsstation
- Demonstrationsanlage
- Schulungsstelle.

Dieses VDS-Labor stellt eine entscheidende Voraussetzung zur Verbesserung der Umsetzung und Verbreitung moderner Fertigungstechniken dar. Es dient der Orientierung der potentiellen Anwender und ist außerdem unabdingbar für Versuche im Zusammenhang mit Grundlagenprojekten.

Zur kurzfristigen Zurverfügungstellung von fachlicher Expertise in der österreichischen Industrie verbleibt bis zum Wirksamwerden entsprechender Ausbildungskonzeptionen auf HTL-Ebene und universitärer Ebene (mindestens 5 - 7 Jahre) nur der Weg einer praxisorientierten Zusatzausbildung in den unterschiedlichsten Qualifikationsebenen. Über Auftrag des WIFIs (BIME) hat das ÖFZS auf Basis des FWF-Projektes und insbesonders auf Basis von TP 4.1 ein Ausbildungsprogramm erstellt, das im Schema in Bild 9 dargestellt ist. Zum gegenwärtigen Zeitpunkt (April 1986) läuft der Kurs Grundlagen der flexiblen Automation als Mangementinformation. Ziel dieses Ausbildungsprogrammes ist es, zumindest eine Teilautonomie an Expertise durch Mitarbeiterschulung in einem Zeitraum von 2 - 3 Jahren in der mittelständischen österr. Industrie zu etablieren. Die fehlende Expertise zur Bildung eines einheitlichen Projektteams kann im gleichen Zeitraum im ÖFZS und in den entsprechenden unversitären Partnerinstituten aufgebaut und angeboten werden. Bild 1o zeigt im Schema das Qualifikationsprofil einer Projektgruppe im Themengebiet.

TP 4.4 Entwicklung von Softwarewerkzeugen zur Unterstützung der Offline-Programmierung und Simulation komplexer flexibler Fertigungssysteme (Entwurfs- und Programmiertools)

Es handelt sich um die Startphase des Gesamtprojektes, in welcher der Prototyp eines einfachen, interaktiven Benutzer interfaces mit Grafikunterstützung für Offlfine-Programmierung, Simulation und Debugging unter Vernachlässigung der Dynamik realisiert werden soll. Untersuchungen von Sprachinterfces und die Integration geräteabhängiger Schnittstellen unter Einbeziehung neuer Kofnzepte (objektorientiertes Arbeiten, nicht prozedurale Sprache) werden durchgeführt.

LEHRANGEBOT	ANSPRECHGRUPPE				
	Geschäftsinhaber, Geschäftsführer leitende Angestellte, Betriebsleiter Dipl.Ing. MB HTL MB	Konstrukteur, Entwicklungs-konstrukteur HTL MB Dipl.Ing. MB	Feinmechaniker, Werkzeugmacher, Vorrichtungsbauer Mechaniker-ausbildung	Steuer- und Regeltechniker Dipl.Ing. ET	Elektroinstallations-fachmann Facharbeiter Meister Elektriker-ausbildung
Grundlagen der Flexiblen Automation	■				
Einführung in die Grundlagen der Flexiblen Automation		■	■	■	■
Grundlagen der Planung flexibler Fertigungssysteme	■	■		■	
Konstruktionssystematik für flexible Fertigungssysteme		■			
Bauelemente und Baugruppen der Flexiblen Automation		■	■	■	■
Sensortechnik				■	
CAD/CAM-Technologie für Flexible Automation		■		■	
Installationstechnik für Flexible Automation					■

BILD 9. Ausbildungsangebot Flexible Automation Seibersdorf

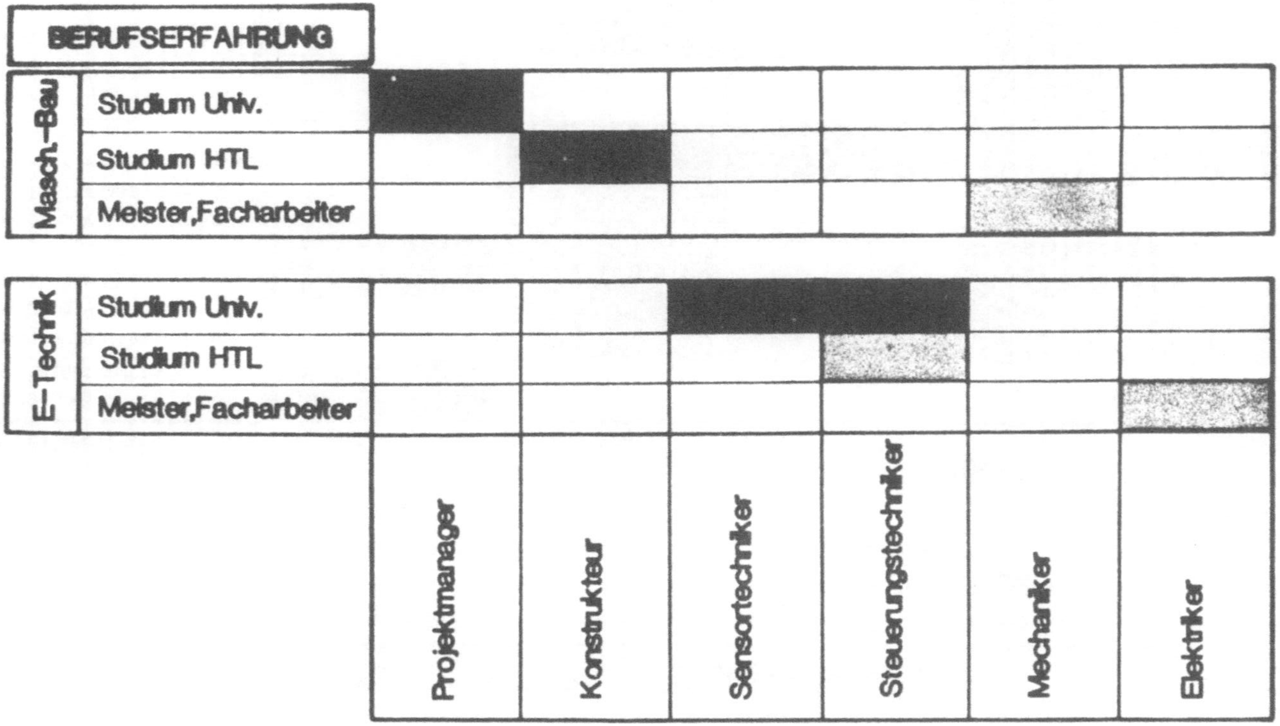

BERUFSERFAHRUNG		Projektmanager	Konstrukteur	Sensortechniker	Steuerungstechniker	Mechaniker	Elektriker
Masch.-Bau	Studium Univ.						
	Studium HTL						
	Meister,Facharbeiter						
E-Technik	Studium Univ.						
	Studium HTL						
	Meister,Facharbeiter						

BILD 10. Qualifikationsprofil einer Arbeitsgruppe Flexible Automation

ZUSAMMENFASSUNG

Die Einführung der Technologie der flexiblen Automation würde es der mittelständischen österr. Industrie erlauben entsprechend expansive Marketingstrategien zu entwickeln. Neben einer insgesamt damit verbundenen Strukturverbesserung würde vor allem die langfristige Überlebensfähigkeit des Unternehmens verbessert werden. Im internationalen Vergleich ist der Know-how-Rückstand der österr. Szene im Forschungsbereich mit etwa 5 - 1o Jahren anzunehmen. Im Applikationsbereich gibt es derzeit noch keine einzige volle industrielle Lösung in der österr. Industrie.

Da die Integrationsgeschwindigkeit dieser Technologie von jenen Hochtechnologieländern bestimmt wird, die zugleich auch Hauptexportländer Österreichs darstellen, wie z.B. Deutschland, Frankreich, Schweden, diese wiederum unter dem Technologiedruck der Japaner stehen, ist anzunehmen, daß in diesen Ländern diese Technologie je nach Branche und Produktstruktur in 5 - 15 Jahren voll industriell integriert vorliegt. Das bedeutet, daß ab ca. Mitte der 9oer Jahre Konkurrenzfähigkeit nur unter jenen Firmen gegeben sein wird, die technologisch gleichwertig agieren. Das derzeitige Fehlen entsprechend österr. spezifischer umfassender Know-how-Zentren sowie das Fehlen nahezu aller in dieser Technologie ausgebildeter Qualifikationsebenen wie z.B. Dipl.Ing. HTL,(ET, MB) Betriebswissenschaftler, Meister usw. ergibt allein aus Sicht des Qualifikationsengpasses Applikationsverzögerungen für diese Technologie von mindestens 3 - 5 Jahren. Da der Nachhang im F+E-Bereich mindestens gleich groß ist, muß befürchtet werden, daß in den nächsten 3 - 5 Jahren nur eine geringe Zahl an Realisierungen dieser Technologie in der österr. Industrie erwartet werden kann. Der eingangs festgestellte Know-how-Rückstand gegenüber der internationalen Konkurrenz weist somit mit Sicherheit einen Mindestrückstand an österr. Expertise von etwa 5 Jahren auf. Gelingt es nicht in nächster Zeit sowohl personell als auch finanziell eine auf die österr. Industriebedürfnisse zugeschnittene Schwerpunktpolitik in dieser Technologie durchzuziehen, dürfen somit ab 199o entsprechend negative Wettbewerbsauswirkungen für die österr. Industrie erwartet werden.

Anwendungskonzepte flexibler Automation in Klein- und Mittelbetrieben - ein Forschungsprojekt

Peter Fleissner und Wolfgang Hofkirchner, Institut für sozio-ökonomische Entwicklungsforschung und Technikbewertung der Österreichischen Akademie der Wissenschaften

Auf Initiative von Prof. Dipl.-Ing. Fred Margulies, der durch seinen plötzlichen und unerwarteten Tod seine Vorstellungen nun nicht mehr verwirklichen kann, wurde am Institut für sozio-ökonomische Entwicklungsforschung und Technikbewertung (ISET) eine Vorstudie "Anwendungskonzepte flexibler Automation in Klein- und Mittelbetrieben" /1/ durchgeführt, die das Bundesministerium für Wissenschaft und Forschung finanzierte. Die Arbeiten daran begannen Mitte 1984 und wurden im Juli 1985 abgeschlossen.[1] Die Studie hatte folgende dreifache Zielsetzung:

- Sie sollte an Hand internationaler Erfahrungen Anwendungskonzepte flexibler Automatisierung analysieren,
- darauf aufbauend eine Konzept für Österreich entwerfen und
- anders als die meisten sozialwissenschaftlichen Studien das Konzept an der österreichischen Praxis testen, indem Vorgespräche zur Realisierung des Konzepts mit den möglichen Benützern, Besitzern, Interessenvertretungen, Förderern, Financiers und öffentlichen Stellen geführt werden.

Leitender Gesichtspunkt war die Entwicklung eines österreichischen Modells, das sowohl auf der "Arbeitgeberseite" den Klein- und Mittelbetrieben den Einstieg in die neue Technik als auch den "Arbeitnehmern" auf der anderen Seite gestattet, mit Nutznießer des wissenschaftlich-technischen Fortschritts zu sein.

[1] Das Projekt leiteten F. Margulies, W. Schenk, P. Fleissner, es arbeiteten W. Hofkirchner (ISET), P. Kolm (GPA) und F. Ofner (UNI-Klagenfurt) daran mit. Ergänzende Beiträge kamen von K. Ozlsberger, H. Exner und L. Riepl (alle VOEST-Alpine), dem Regionalbeauftragten des Bundes, W. Schrenk, A. Stepan (TU-Wien), R. Dell'mour und P. P. Sint (beide ISET).

1. Rationalisierung und Humanisierung

In der komprimierenden Sprache der Philosophie heißt dies: Die Geschichte der Produktion ist ***abstrakt*** betrachtet eine Geschichte der Steigerung der Macht der Menschen zur Umgestaltung der Welt und (als Ergebnis davon und Voraussetzung für die weitere Steigerung der Umgestaltungsmacht) der Erhöhung des Ausmaßes der Umgestaltetheit der Welt nach menschlichen Zwecken, wobei Technik und Wissenschaft immer mehr Bedeutung zukommt. ***Konkret*** aber sind diese Tendenzen zur ***Wirkungssteigerung*** bei der Einwirkung auf die Wirklichkeit und zur ***Vermenschlichung*** der Natur, zum Freiheitsgewinn durch die immer weiter gehende Befreiung von den Notwendigkeiten der Daseinssicherung, von der jeweiligen Wirtschaftsordnung der Gesellschaft abhängig.

Unter den Bedingungen einer Erwerbsgesellschaft wie in Österreich wird a) ***effektiviert*** nur, insoweit ***rationalisiert*** werden kann, d.h. insoweit die Unternehmungen die Lohnkosten senken, Investitionsmittel und Umlaufkapital minimieren, die Kapazitätsauslastung erweitern, die Durchlaufzeiten verkürzen, die Flexibilität heben können.

Was aber, wenn der einzelne Kleinbetrieb sich außerstande sieht, die fortgeschrittene Technik bei sich einzuführen, die er braucht, um im Konkurrenzkampf um die Absatzmärkte zu bestehen? Hier fällt der öffentlichen Hand eine wichtige Aufgabe zu. Da die überwiegende Mehrheit der Lohnabhängigen in Klein- und Mittelbetrieben beschäftigt ist, deren rascher Ruin zu hohen Arbeitslosenraten führen würde, die das Wirtschaftssystem nur schwer bewältigen könnte, andererseits aber viele dieser Betriebe auf handwerklichem Niveau produzieren, das den Anforderungen der Großkonzerne hinsichtlich Outputmengen und -qualität nicht immer entspricht, werden in vielen Ländern staatliche, regionale oder kommunale Förderungsprogramme mit dem Ziel aufgestellt, den Modernisierungsengpaß in diesem Bereich zu überwinden.

Erfahrungen, die das Projektteam auf Studienreisen in die USA, nach Großbritannien, Italien und Ungarn gewinnen konnte, zeigen doch äußerst unterschiedliche "Technologiepolitiken". Während z.B. die Gesetzgebung der Linkskoalition in der Emilia-Romagna mit der Politik der Kleinunternehmerverbände konform geht, die sonst typische Abhängigkeit kleiner Zulieferer von der Großindustrie durch ein "flexibles" Geflecht multilateraler Beziehungen zwischen zahlreichen Kleinbetrieben ersetzt worden und die Region zu einer der dynamischsten Italiens aufgestiegen ist, die sich auch in Zeiten wirtschaftlicher Einbrüche behaupten kann, und während z.B. die

Wirtschaftsstrategie des Greater London Enterprise Board eine Hilfe für das industrielle Kapital gegenüber dem Finanzkapital darstellt, scheint die Förderung der "Großen" in den USA wenig beispielgebend.

Und b) bedeutet ***Rationalisierung*** allein nicht automatisch ***Lebensqualität*** und ***Humanisierung des Arbeitslebens***, sondern sehr oft das Gegenteil. Kriterien wären auf der Ebene der ***Gesellschaft*** v.a.

• die Befriedigung der Bedürfnisse ihrer Mitglieder, was

• die Erzeugung sozial nützlicher Produkte[2] und zum mindesten

• die Gewährleistung der Wiederherstellung der Arbeitskraft bedeutet, u.a. durch

• die Kompensierung von Freisetzungseffekten;

auf der Ebene des ***Betriebs*** v.a.

• die Einräumung von Mitbestimmungsmöglichkeiten, was die Arbeitsmotivation erhöht, denn "arbeiten" heißt auch "sich selbst verwirklichen", wenn auch letztlich das Weisungsrecht des Unternehmers unter erwerbswirtschaftlichen Bedingungen außer Diskussion steht, sowie

• die Angemessenheit des Entgelts für die Beschäftigten, die Arbeit nicht um der Bewältigung der Arbeitsaufgaben willen leisten, sondern weil sie Mittel ist zur Erzielung ihres Einkommens;

auf der Ebene des ***Arbeitsplatzes*** v.a. eine derartige Verknüpfung von Arbeitskraft, Arbeitsmittel und Arbeitsgegenstand, die

• die Erweiterung oder Bereicherung der Arbeitsinhalte erlaubt, entsprechend

• die Verbreiterung oder Anhebung der Qualifikationsprofile zur Persönlichkeitsentwicklung, sowie

• die Gestaltbarkeit der Arbeitsorganisation und

• die Gestaltbarkeit der Technik, damit

• das Fehlen von Belastungen (körperliche, geistige, Unfalls- und gesundheitliche Gefährdungen) die Arbeitsbedingungen kennzeichnet.

---

[2] Hier könnte etwa nach der Sinnhaftigkeit der Rüstungsproduktion gefragt werden /2/.

Aufgrund der bei den Studienreisen gemachten Erfahrungen wurden die folgenden Dimensionen zur qualitativen Beurteilung der "Arbeitnehmerorientiertheit" der gesellschaftspolitischen Modelle der Anwendung neuer Techniken ausgewählt:

- die Beschäftigungseffekte,
- die Gebrauchswertausrichtung,
- die Mitbestimmung,
- die Eigentumsform,
- die Benutzerfreundlichkeit,
- die Qualifikationsanforderungen,
- die Kontrolle der Arbeitsbedingen durch die Belegschaft.

Auch hier stellen sich große Unterschiede heraus (siehe Tabelle). Eine um zwei Prozent niedrigere Arbeitslosenrate als im Landesdurchschnitt erscheint als ein Erfolg der *italienischen* regionalpolitischen Aktivitaten beim Auffangen der Arbeitslosigkeit. Beeindruckend sind die *ungarischen* Anstrengungen zur Demokratisierung der Wirtschaft durch die Wahl von Unternehmensräten, wiewohl festzuhalten bleibt, daß auch unter geänderten gesamtgesellschaftlichen Rahmenbedingungen negative Auswirkungen fur die Beschäftigten bezuglich der Arbeitsbedingungen infolge fehlerhafter arbeitsorganisatorischer Lösungen oder technologischer Entscheidungen nicht auszuschließen sind. Am *britischen* Konzept schließlich besticht die strikte Bindung der Unternehmensförderung an Auflagen, die die Einbeziehung der Belegschaft in alle Angelegenheiten des Betriebs insbesondere durch das Mittel einer demokratischen Unternehmensplanung betreffen, die auf Zeit drittelparitätisch zwischen Management, Beschaftigten (vertreten durch die Gewerkschaft) und der Arbeitsplatzbeschaffungs- und Unternehmensforderungsbehörde zu erfolgen hat.

Fur das Design eines an den osterreichischen Besonderheiten orientierten Anwendungskonzepts flexibler Automatisierung sind die Trends einzuschätzen, die sich aus der veränderten Technologie für die Unternehmung, die Belegschaft und die Konsumenten ergeben.

Aus diesen Tendenzen lassen sich neue Wettbewerbsstrategien ableiten, die den Konkurrenzerfordernissen der Unternehmungen auf stagnierenden Märkten entsprechen /3/. Neue Marktchancen können nicht nur durch weitere Speziali-

	Das US-amerikanische Modell	Das italienische Modell	Das ungarische Modell	Das britische Modell
BESCHÄFTIGUNGSEFFEKTE	negativ	positiv	positiv	positiv
GEBRAUCHSWERTAUSRICHTUNG	nein	eher nein	eher ja	ja
MITBESTIMMUNG	wenig	so gut wie keine	möglich	in großem Umfang gegeben
EIGENTUMSFORM	privat (evtl. staatl. unterstützt)	privat, genossenschaftl.	staatl., privat, genossenschaftl.	genossenschaftl., privat, öffentl.
BENUTZERFREUNDLICHKEIT	sehr gering	gering	gering	groß
QUALIFIKATIONS-ANFORDERUNGEN	polarisierend	konservierend	konservierend bis erweiternd	erweiternd
KONTROLLE	wenig	so gut wie keine	möglich	stark
TRÄGER	Großunternehmen u. Staat	Linksparteien u. Verbände i.d. Region	Partei u. Staat	Gewerkschaften u. Stadtverwaltung

Tabelle: ANWENDUNGSKONZEPTE NEUER TECHNIKEN IM INTERNATIONALEN VERGLEICH

sierung auf Marktnischen globalen Ausmaßes wahrgenommen werden, sondern auch durch die "Individualisierung" der Produktion mit der Orientierung auf die Vielfalt rasch wechselnden Bedarfs eines regionalen Markts. Der Wettbewerb über den Preis kann daher durch das Angebot besserer Qualität, neuer Ideen, höherer Termintreue, größerer Kundennähe usw. ergänzt bzw. ersetzt werden, Eigenschaften, die gerade die Stärke und Überlegenheit der österreichischen Klein- und Mittelbetriebe ausmachen. Steht den Klein- und Mittelbetrieben aber die neue Technologie nicht zur Verfügung, ist zu erwarten, daß sie von großen Industrieunternehmungen, die neueste Fertigungssysteme anwenden, aus dem Markt geworfen werden, da die Kleinen weder in bezug auf kurze Lieferzeiten noch in bezug auf hohe Qualität mit den Großen konkurrieren werden können.

Marktforscher, Psychologen und Soziologen bestätigen die Tendenz der Konsumenten, individueller Gestaltung der Produkte höheren Stellenwert zuzuordnen und der "Maßarbeit" gegenüber der "Konfektionsware" - nicht nur bei der Bekleidung, sondern in vielen Bereichen der industriellen Fertigung - den Vorrang zu geben. Die neue "industrielle Maßarbeit" könnte zur verstärkten Befriedigung individueller und spezifisch lokaler Kundenwünsche beitragen. Hinsichtlich der Arbeiter und Angestellten hat der Widerstand gegen die Monotonie der Arbeit in der Massenproduktion (Fließband etc.) schon vor 20 Jahren eingesetzt.[3] Mittels der auf der Grundlage der Arbeitsverfassung von Gewerkschaft, Betriebsrat und Belegschaft entsprechend gestalteten Arbeitsbedingungen ließe sich die Humanisierung des Arbeitslebens auch und gerade bei flexibler Automation weiter vorantreiben.

2. Das österreichische Modell

Das insbesondere von Prof. Margulies vertretene Konzept für die Anwendung flexibler Automation in Klein- und Mittelbetrieben stellt einen Versuch dar, den oben angeführten Bedürfnissen (der Flexibilisierung durch Technik, Regionalisierung der Betriebsstrategien, Individualisierung der Konsumentenwünsche und Humanisierung der Arbeit) Rechnung zu tragen und ein Modell zu entwickeln, das sich zu einer neuen technischen, ökonomischen und sozialen Qualität entfalten könnte. Da sich ferner zeigt, daß im Zeitalter der flexiblen Automatisierung ein Kleinbetrieb kaum mehr in der Lage sein dürfte, sich den nötigen Maschinenpark anzuschaffen und die damit geschaffenen Kapazitäten

[3] Die Bestrebungen nach einer Humanisierung der Arbeit beziehen sich auf eine Bereicherung des Arbeitsinhalts, auf größere Möglichkeiten für jeden, über seine persönliche Qualifikation und Kreativitätsreserven am Arbeitsplatz weitgehender als bisher selbst zu bestimmen, sie zu entfalten und einsetzen zu können (vgl. /4/).

alleine auszulasten, wurde der weiteren Arbeit am gegenständlichen Forschungsprojekt ein *Modell zur gemeinsamen Nutzung flexibler Fertigungseinrichtungen* zugrunde gelegt. Dieses Modell erfordert die Kooperation von Klein- und Mittelbetrieben, die sich in Zeiten härteren internationalen Wettbewerbs Konkurrenzierung und Zersplitterung der Aktivitäten kaum werden leisten können. Diese Strategie zielt anstelle des strukturerhaltenden Credos des "Gießkannenprinzips" vieler Regionalförderungsprogramme auf gemeinsam organisierte Formen der Zusammenarbeit durch die gemeinsame Nutzung eines Maschinenparks und entsprechender Software. Die Rechtsform (Genossenschaft, Leasingmodell, Aktiengesellschaft o.ä.) soll von den Nutzern des Zentrums einvernehmlich gewählt werden können.

Nach Analyse der Möglichkeiten sowohl auf Seite potentieller Anbieter wie auch potentieller Benützer eines solchen flexiblen Fertigungszentrums orientierte sich das Projektteam auf den Bereich der *spanabhebenden Fertigung* Die Kapazität des Zentrums sollte für die Benutzung durch 20 bis 25 Klein- oder Mittelbetriebe ausreichen, die aus Gründen der leichten physischen Zugänglichkeit (Material- und Fertigwarentransport) in einem Einzugsgebiet von rund 25 km Radius angesiedelt sind. Die Betriebe behalten natürlich ihre volle Selbständigkeit in allen Fragen, die nicht die Benützung des Zentrums betreffen.

In *technischer Hinsicht* könnte ein Zentrum dieser Art u.a. enthalten:

- Computerunterstützte numerisch gesteuerte Werkzeugmaschinen zur Durchführung von Dreh- und Fräsarbeiten

- Computerunterstützung für Entwurf, Konstruktion und Fertigung (CAD/CAM); eine spätere Erweiterung durch Fernverarbeitungsstationen bei den Benützern sollte möglich sein.

Das Zentrum ist *personell* so auszustatten, daß die erforderlichen administrativen Tätigkeiten (Vergabe von Arbeitszeit, Verrechnung von Leistungen, Buchhaltung, Instandhaltung der Maschinen und Werkzeuge, Beratung und Schulung der Benützer, auf Wunsch auch Erstellung von Plänen, Entwürfen, Programmen, Vorbereitung der Werkzeuge usw.) im eigenen Wirkungsbereich durchgeführt werden können. Demnach waren im Zentrum neben einem Geschäftsführer vier bis fünf Personen erforderlich, deren Fachwissen die Bereiche

Administration und Organisation
CAD/CAM-Konstruktion
Fertigung
Werkzeugvorbereitung

Instandhaltung (Maschinen und Werkzeuge)

abdecken sollte. Möglichst weitgehende Allround-Einsatzfähigkeit ist anzustreben.

Ein Teil der Zentrumskapazitat könnte fur *Aus- und Weiterbildungszwecke* benützt werden. Dies könnte durch Veranstaltung eigener Kurse (unter besonderer Berücksichtigung der Beschäftigten der Benutzerbetriebe) sowie durch Vereinbarung mit Hochschulen, HTL, Berufsschulen und anderen Bildungsinstitutionen im Einzugsgebiet erfolgen.

In ähnlicher Weise sollen auch die Angestellten der Mitgliedsbetriebe im Laufe der Zeit moglichst *umfassend ausgebildet* werden, sodaß sie einen Auftrag von der ursprunglichen Idee des Kunden bis zur Auslieferung begeleiten und ausführen konnen. Die Gestaltung der Arbeitsorganisation in den Benützerbetrieben stellt ein kompliziertes Problem dar, weil es sich einerseits um sehr unterschiedliche Strukturen handelt und weil uberdies in jedem Fall bestehende und gewohnte Strukturen geändert werden müßten, was vermutlich einer längerfristigen Uberzeugungs- und Vorbereitungsarbeit bedarf.

Im Zentrum selbst sollte die Tatsache berücksichtigt werden, daß die volle Leistung nur mit hochqualifizierten und verantwortungsbewußten Mitarbeitern erreicht werden kann. Solche Charaktereigenschaften lassen sich langerfristig nur in einem Betriebsklima erwerben und erhalten, in dem *weitgehende Mitwirkungs- und Mitentscheidungsrechte* nicht die Ausnahme, sondern die Regel darstellen. In dem geplanten Zentrum müßten sich die Mitbestimmungsrechte über die Rechte, die das Arbeitsverfassungsgesetz vorsieht, hinaus auf die Auswahl der Hardware, auf die Gestaltung des Mensch-Maschine-Dialogs und damit der Software und auf die Arbeitsorganisation erstrecken. Diese Rechte könnten in Form einer Betriebsvereinbarung festgeschrieben werden. Humanisierung der Arbeit erfordert aber auch einen offenen und honorierten Zugang zur Weiterbildung, eine Minimierung der Belastungen (keine Ausweitung der Schichtarbeit, keine 1-Personen-Schichten, keine Betriebs- bzw. Personaldatenerfassung durch EDV usw.) und die Vermeidung von Akkord- oder akkordähnlichen Lohnformen.

Die Beschäftigungsausweitung durch die Errichtung des flexiblen Fertigungszentrums ist auf *wenige Arbeitsplätze* beschränkt. Sind die Betriebe nicht in der Lage, die gestiegene Produktivität durch steigenden Absatz (über)zu kompensieren, ist mit mittelfristigem Beschäftigtenabbau zu rechnen. Allerdings ist auch zu bedenken, daß die Schließung von Betrieben bei Verzicht auf eine Modernisierung ebenfalls nicht unwahrscheinlich ist. Die Gesamtbilanz der Arbeitsplätze wird eher negativ eingeschätzt, da einerseits mittelfristig ein

Rationalisierungseffekt (zur Einsparung von Kosten und durch die erhöhte Produktivität des Zentrums) angestrebt ist, andererseits könnte das Zentrum bei vorhandenen Überkapazitäten als Konkurrent zu einschlägigen, aber nicht am Zentrum beteiligten Unternehmen auftreten. Diese mittelfristig negative Bilanz kann kaum innerhalb des Einzelbetriebes, ja höchstwahrscheinlich auch nicht innerhalb einer einzigen Branche ausgeglichen, sondern nur durch gesamtgesellschaftliche Maßnahmen wie z.B. durch Arbeitszeitverkürzung bei vollem Lohn erreicht werden. Eine Möglichkeit auf kürzere Frist wäre eine spezielle Betriebsvereinbarung über eine an den Produktivitätsfortschritt gebundene Arbeitszeitverkürzung unabhängig von kollektivvertraglichen oder gesetzlichen Regelungen bzw. allenfalls darüber hinaus.

3. Realisierungsversuch

Alle Informationen und Eindrücke bestätigten, daß flexible Automation derzeit vorwiegend in *Großbetrieben* und fast ausschließlich für die "Flexibilisierung" von *Serienfertigungen* eingesetzt wird. Für die Anwendung in Klein- und Mittelbetrieben fanden sich nur insoferne Beispiele, als diese Betriebe als *Zulieferer* der Großindustrie fungierten.

Da in Österreich nur ein einziger *Hersteller* derartiger Anlagen existiert, wurde dieser, die VOEST-Alpine AG, ersucht, als technische Berater in dem Projekt mitzuarbeiten. Nach einem ersten Konzeptentwurf, der im ersten Zwischenbericht zu dieser Studie enthalten ist, wurde bei Besuchen in 27 potentiellen Benützerfirmen das mögliche Fertigungsspektrum erhoben und das Konfigurationskonzept entsprechend modifiziert. Es diente als Diskussionsgrundlage für diesbezügliche Entscheidungen.

Die Suche nach einem geeigneten *Standort* ging davon aus, daß zumindest die folgenden Voraussetzungen erfullt sein sollten:

- angemessene Infrastruktur,
- fachlich verwandtes "Hinterland" zur Unterstützung in der Aufbau phase,
- ausreichendes Potential möglicher Benutzer in nicht zu weitem Einzugsgebiet,
- mäßige Kosten.

Die Einsätze des Projektteams beschränkten sich auf drei mögliche Plätze, die sich aus eher zufälligen persönlichen Kontakten mit den zuständigen Institutionen ergaben und zwar:

- ECO PLUS für den Raum *Wiener Neudorf*,[4]

- ÖIAG für den Raum *Ternitz*[5] und

- GBI (Gesellschaft für Bundesbeteiligungen an Industriebetrieben) für den Raum *Aichfeld-Murboden*.

Die weiteren Untersuchungen konzentrierten sich auf den Raum *Aichfeld-Murboden*, wo eine Reihe bestehender Metallverarbeitungsbetriebe, das Schulungszentrum Fohnsdorf sowie die Unterstützung des Projektes durch die Geschäftsführung der Austria Antriebstechnik bzw. durch deren Eigentümer "Gesellschaft für Bundesbeteiligungen an Industriebetrieben" und den zuständigen Regionalbeauftragten des Bundes eine grundsätzlich gute Ausgangslage für die Konkretisierung des Projektes boten. Nicht zuletzt schien in dieser Region der Bedarf an langfristig strukturverbessernden Maßnahmen besonders groß zu sein. Um den tatsächlichen Bedarf an einem gemeinschaftlich zu benützenden flexiblen Fertigungszentrum in der Region Aichfeld-Murboden bzw. der Obersteiermark abschätzen zu können, wurden insgesamt 27 metallverarbeitende Betriebe (mit spanabhebender Bearbeitung) von Mitgliedern des Projektteams besucht und entweder die Geschäftsleitungen oder die zuständigen Betriebsleiter interviewt. In einer späteren Phase wurden auch einschlägige Betriebe aus dem Raum Leoben, Karpfenberg und Bruck/Mur in die Erhebung aufgenommen, da das Benutzerpotential im Raum Knittelfeld/ Judenburg nicht ausreichte.

Insgesamt waren in den 27 befragten Unternehmen rd. 4000 Personen beschäftigt, die 1984 einen Umsatz von rd. 3.1 Mrd. Schilling erwirtschafteten. Die Betriebsbesuche wurden in der Zeit von März bis Mai1985 durchgeführt. Von den befragten Unternehmensvertretern wurden zunächst insgesamt 18 grundsätzlich positive Stellungnahmen zum Projekt eines flexiblen Fertigungszentrums abgegeben. Bei einer Präsentation des Projektes[6] in der Obersteiermark waren die Bedenken gegen die gemeinsame Beteiligung am Fertigungszentrum nicht zu überhören. Insbesondere schienen dem noch verbleibenden Rest der potentiellen Benützer des Zentrums die Kosten im

---

[4] In der Zwischenzeit haben ECO PLUS und das österreichische Forschungszentrum Seibersdorf ECO-TECH, ein niederösterreichisches Technologiezentrum, gegründet.

[5] Der Regionalbeauftragte des Bundes für Niederösterreich-Süd erarbeitet unter Berücksichtigung der Ergebnisse der vorliegenden Studie ein Konzept für ein flexibles Fertigungszentrum in Ternitz.

[6] Von 22 eingeladenen Firmen waren bei der Präsentation des Projekts am 5. Juni 1985 nur 8 Firmen verteten.

Vergleich zu Investitionen im eigenen Betrieb zu hoch. In einer Ende Juni 1985 durchgefuhrten abschließenden Befragung aller mit dem Projekt konfrontierten Firmen reduzierte sich die Zahl der möglichen Betriebe des Zentrums aus dem ursprünglich ins Auge gefaßten Firmenkreis auf drei Unternehmen, eine Zahl, die für eine vernünftige Auslastung des Zentrums nicht mehr hinreichend war.

Das Projektteam hat sich eingehend mit dieser Situation befaßt und sowohl die Grundlagen des Projekts, wie auch die Vorgangsweise kritisch zu analysieren versucht. Im folgenden werden die wichtigsten dieser *Kritikpunkte* in Stichworten angeführt:

• zu geringe Zahl von potentiellen Benützern mit ahnlicher Teilefamilie im ausgewählten Standort;

• zu hohe Maschinenstundenkosten von S 1500.- bis S 1900.-. Stundensatze über S 1000.- seien nicht verkaufbar (üblich sind S 200.- bis S 400.-, bei Robotern und anderen Spezialmaschinen bis maximal S 900.-);

• CAD/CAM-Einsatz stellt einen derzeit und auf Sicht nicht nutzbaren Kostenfaktor dar, der zu teuer und nicht notwendig ist. Kleinere Investitionen in CNC-Maschinen wären für den Kleinbetrieb wichtiger;

• es besteht eher Interesse an Einzelkomponenten als an integrierter Lösung der Produktionstechnik;

• da die Mehrheit der Betriebe keine eigenen Produkte herstellt, sondern als Auftragsfertiger oder spezialisierte Zulieferer arbeitet, ist das Interesse an Produktentwicklung, Forschung, Konstruktion, Marktforschung etc. kaum vorhanden;

• der vorhandene Maschinenpark reicht weitgehend hin, die vorhandenen Aufträge zu erledigen;

• es besteht eine Kluft zwischen der derzeitigen Produktionspalette und den über den gegenwärtigen Bedarf weit hinausgehenden Möglichkeiten des Zentrums (bezüglich Konstruktionserfordernissen, Präzision, Flexibilitat usw.).

Selbstkritisch ist anzumerken, daß das Projektteam die Möglichkeiten des Zentrums, neue Produkte herzustellen, den Unternehmern gegenüber nur unzureichend herausgearbeitet hat. So wurde die geplante Errichtung eines gemeinschaftlichen flexiblen Fertigungszentrums von den potentiellen Benützern lediglich aus ihrer gegenwärtigen Kapazitäts- und Auftragslage beurteilt. In Rechnung gestellt wurden vor allem der Einsparungseffekt (Kosten, Arbeitszeit, Durchlaufzeit), kaum aber der Erweiterungseffekt, d.h. die Dynamik der neuen Technologie hinsichtlich besserer Fertigungskapazitäten, besserer Nutzung der

Qualifikations- und Kreativitätsreserven der Mitarbeiter, besserer Berücksichtigung individueller Qualitäts- und Terminwünsche der Kunden usw.

Im Falle einer Fortsetzung dieser Studie mit dem Ziel der Errichtung eines flexiblen Fertigungszentrums am geplanten oder an einem anderen Standort wäre daher eine modifizierte Vorgangsweise erforderlich:

• Die Gespräche mit den potentiellen Benützern müßten viel gründlicher sein und ausführlich auf die oben beschriebenen Aspekte der flexiblen Automation vom Standpunkt der Chancen eines kleinen Betriebs eingehen.

• Das gegenwärtige Produktions- und Leistungsspektrum und die Richtung einer allfälligen Erweiterung ware gründlich zu analysieren und der mögliche Nutzeffekt des Zentrums nach mehreren Varianten durchzurechnen.

• In die Vorarbeiten für das Zentrum wäre auch eine umfassende Marktanalyse einzubeziehen; ebenso ist eine ständige Marketinghilfe zusätzlich zu den technischen Hilfen vorzusehen.

• Die technische Konzeption des Zentrums muß praziser auf den gegenwärtigen bzw. den kurzfristig zu erwartenden Bedarf abgestimmt werden, um eine Minimierung der Anfangskosten zu erreichen.

• In den Vorgesprächen ist dem Gedanken gemeinschaftlichen (genossenschaftlichen) Arbeitens mit einem hohen Ausmaß an Mitbestimmungsmöglichkeiten in den Bereichen Technik, Ausbildung, Entwicklung und Marketing bereiterer Raum zu geben.

Literatur

1. Margulies, F. et al.: Anwendungskonzepte flexibler Automation in Klein- und Mittelbetrieben - Im Auftrag des Bundesministeriums für Wissenschaft und Forschung. Wien: 1985.

2. van der Bellen, A. et al.: Rüstungskonversion in Österreich - Im Auftrag des Bundesministeriums für Wissenschaft und Forschung. Wien: 1985.

3. Shah, R.: Flexible Fertigungssysteme in Europa: Erfahrungen der Anwender. VDI-Z 17, 639-648 (1985).

4. Ebel, K.-H.: Social and labour implications of flexible manufacturing systems. International Labour Review 2, 135-145 (1985)

Eigensicherheit als Grundlage für die Automatisierung in explosionsgefährdeter Umgebung

Hans Leopold, TU Graz

Das Risiko einer Katastrophe ausgelöst durch einen elektrischen Funken hat in der Vergangenheit dazu geführt, daß in explosionsgefährdeter Umgebung praktisch keine elektrischen Geräte und Anlagen betrieben wurden. Der Verzicht auf die elektrische (Fern-) Messung nichtelektrischer Größen in explosionsgefährdeter Umgebung bringt große betriebliche Nachteile, sodaß seit Beginn dieses Jahrhunderts Bestrebungen im Gange sind, zumindest im Bereich der Informationstechnik Methoden zu entwickeln, welche es gestatten, Stromkreise und Schaltungen in einer Weise zu errichten, daß sie auch im Fall von Gebrechen keine Explosion verursachen können. Derartige elektrische Betriebsmittel für explosionsgefährdete Bereiche sind Gegenstand der europäischen Norm EN 50014 bis EN 50020. Darin kommt der Schutzart Eigensicherheit besondere Bedeutung zu. Im Gegensatz zu den älteren und aufwendigen Schutzarten wie druckfeste Kapselung oder Fremdbelüftung zeichnet sich die Schutzart Eigensicherheit dadurch aus, daß in einem eigensicheren Stromkreis weder ein thermischer Effekt noch ein elektrischer Funke auftreten können, die die Zündung der explosionsfähigen Atmosphäre verursachen. Diese Schutzart ist nur für Informationssysteme anwendbar, weil die beiden genannten Kriterien eine rigorose Beschränkung der im System verfügbaren (auch gespeicherten) elektrischen Energie erfordern. Bis vor wenigen Jahren war daher die Schutzart Eigensicherheit auf einfache Meßstromkreise beschränkt. Größere Systeme für die Informationsverarbeitung konnten mit den kleinen verfügbaren Strömen und Spannungen nicht betrieben werden. Durch die Einführung leistungssparender integrierter Schaltungen der elektrischen Analog- und Digitaltechnik ist es möglich geworden, Prozeßdatensysteme zu entwickeln, die ganz oder zumindest was ihre Peripherie betrifft in explosionsgefährdeter Umgebung betrieben werden können und eigensicher sind. Die Möglichkeiten der Optoelektronik schaffen überdies eine potentialfreie Datenübertragung über die Grenze zwischen gefährdeter und sicherer Zone. Dadurch ergeben sich grundsätzlich neue Aspekte für die Automatisierung von Prozessen, bei denen bis heute aus Sicherheitsgründen von einer elektrischen Instrumentierung Abstand genommen wurde. Beispiele finden sich im Bergbau, in der Energietechnik oder im Bereich der Petrochemie.

Aufgrund der intensiven Forschungstätigkeit in den letzten Jahrzehnten - wie z.B. von R.J. Redding /1/ beschrieben - ist es heute möglich, praktisch allen Gasen und Dämpfen (auch Kohlenstaub) eine Zündtemperatur für die thermische Zündung und einen Mindestzündstrom für die Funkenzündung verläßlich zuzuordnen und damit Richtlinien für die Entwicklung eigensicherer Betriebsmittel für die verschiedenen Anwendungsgebiete zur Verfügung zu stellen /2/. Der Verschiedenheit wird Rechnung getragen durch die Einteilung der Betriebsmittel in die beiden Gruppen I (Schlagwetter im Bergbau) oder II (Explosionsgefahr überall sonst). Daneben werden bezüglich der thermischen Zündung sechs Temperaturklassen (T1 bis T6) und für die Möglichkeit der Funkenzündung drei Zündklassen (A, B, C) unterschieden. Diese Zündklassen sind durch das Mindestzündstromverhältnis der betreffenden Substanz bezogen auf Methan definiert. Die elektrische Zuverlässigkeit eines eigensicheren Betriebsmittels wird durch die Kategorien ia oder ib angegeben. Solche nach ib dürfen im Normalbetrieb und bei Auftreten eines elektrischen Fehlers keine Zündung verursachen. Für die Kategorie ia kommt noch die Kombination von zwei beliebigen Fehlern hinzu, die auch zu keiner Zündung führen darf. Die Kategorie ia ist daher dann vorgeschrieben, wenn das elektrische Betriebsmittel im normalen Betriebsfall vom explosiven Gas umgeben ist. Die Kategorie ib genügt, wenn die explosive Substanz erst nach einem außerhalb des elektrischen Systems liegenden Gebrechen in Kontakt mit dem elektrischen Betriebsmittel gerät (z.B. Leck in einem Behälter).

Die Beschränkungen der Ströme, Spannungen, Induktivitäten und Kapazitäten für eigensichere Stromkreise, die in Knallgas bei Anwesenheit aller Metalle (Katalysatoren) betrieben werden können, sind in den nachfolgenden Abbildungen ersichtlich.

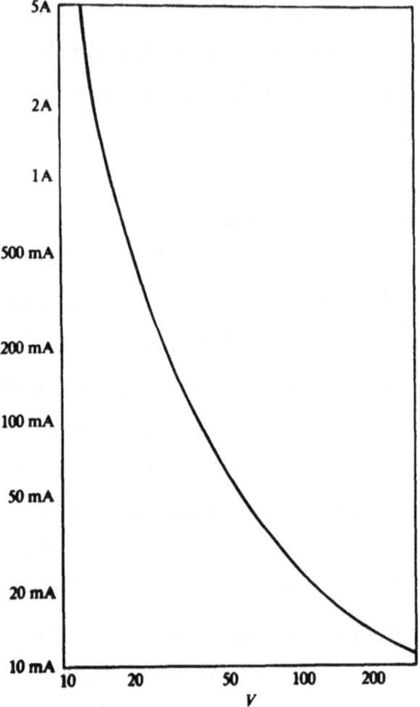

Abb. 1. Mindestzündstrom für Knallgas, nichtinduktive Stromkreise

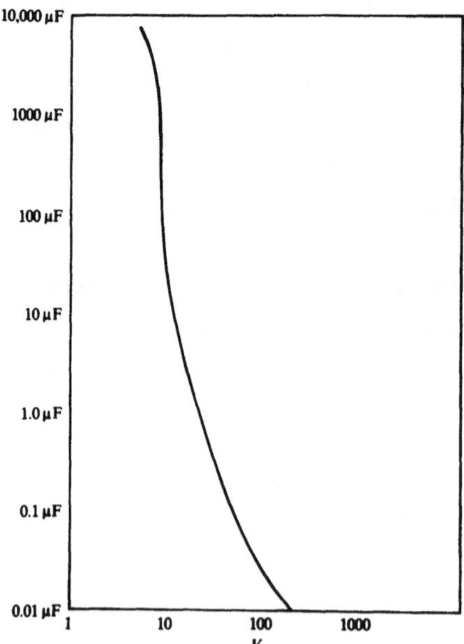

Abb. 2. Mindestzündspannung für Knallgas, kapazitive Stromkreise

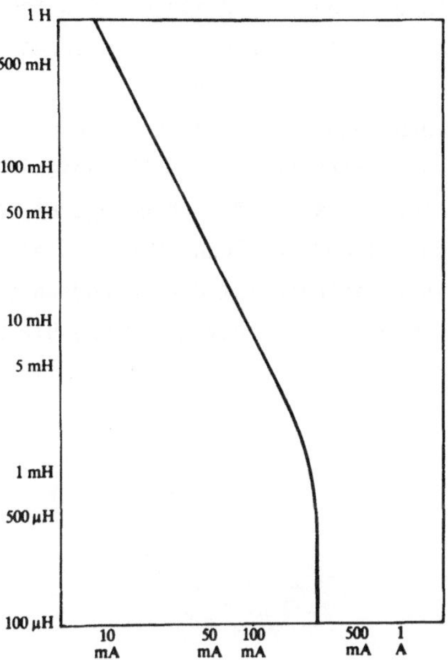

Abb. 3. Mindestzündstrom für Knallgas, induktive Stromkreise

Ein derartiges Betriebsmittel (gekennzeichnet durch EEx ia IIC T6) ist zusätzlich folgenden Bedingungen unterworfen: Kein Bauelement darf sich auch im Fehlerfall um mehr als 40° C erwärmen. Die notwendige Spannungsbegrenzung muß mit drei parallel geschalteten Zenerdioden vorgenommen werden. Für die Strombegrenzung sind nur Widerstände zulässig, weil von diesen angenommen werden darf, daß ihr Widerstand im Falle eines Gebrechens nicht wesentlich kleiner wird. Der eigensichere Stromkreis muß gegenüber dem Gehäuse, welches geerdet sein kann so isoliert sein, daß die Isolation 500 V standhält. Diese Isolationspflicht impliziert auch entsprechende Luftstrecken und Kriechwege.

Für den Entwickler eines Informationssystems, das den dargelegten Bedingungen entsprechen soll, bedeuten die Abbildungen 1 bis 3, daß für sein System eine Betriebsspannung von ca. 12 V und ein Strom von ca. 30 mA zur Verfügung stehen, wenn auf Induktivitäten und Kapazitäten nicht verzichtet werden kann und Sicherheitsabstände eingehalten werden sollen. Die im Stromkreis vorhandenen Induktivitäten dürfen in der Summe einige mH ausmachen, die verfügbaren Kapazitäten einige Zehntel µF. Die Leitungsinduktivität und -kapazität ist in diesen Werten mit zu berücksichtigen. Man sieht, daß viele Sensoren, deren Interfaces, A/D-Wandler, D/A-Wandler und CMOS Digitalsysteme (Mikroprozessoren) mit diesen Beschränkungen verträglich sind. Es liegt also nahe, kleine Systeme zur Gänze in der explosionsgefährdeten Umgebung anzuordnen. Da es neuerdings auch Trockenbatterien mit eingebautem Strombegrenzungswiderstand gibt, die den Eigensicherheitsvorschriften genügen, kann ein derartiges System ohne weitere Verbindung zu einer Energiequelle außerhalb des explosionsgefährdeten Raumes errichtet werden. Als Beispiel für ein derartiges System sei ein digitales Flüssigkeitsdichtemeßgerät nach der Biegeschwingermethode /3/ in Abbildung 4 und Abbildung 5 vorgestellt, welches batteriebetrieben ist und in einem Batterieraum die Säuredichte in Akkumulatoren gefahrlos messen kann, obwohl beim Ladevorgang den Bleibatterien Knallgas entströmt.

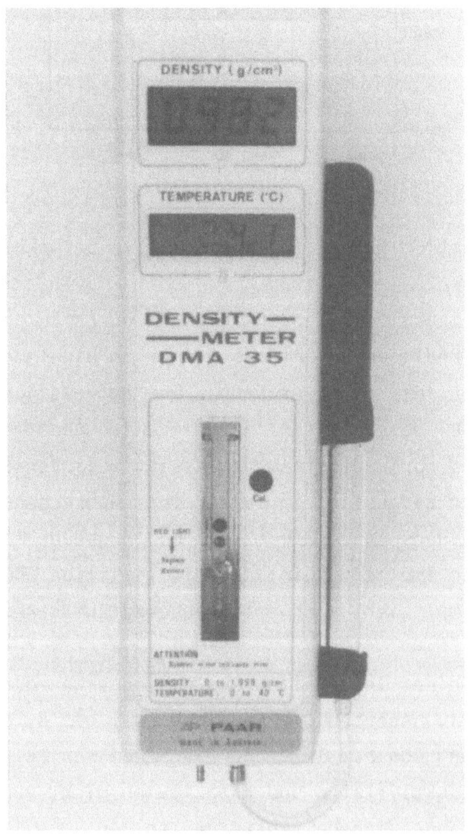

Abb. 4. Eigensicheres, batteriegespeistes Meßgerät für die Dichte von Flüssigkeiten

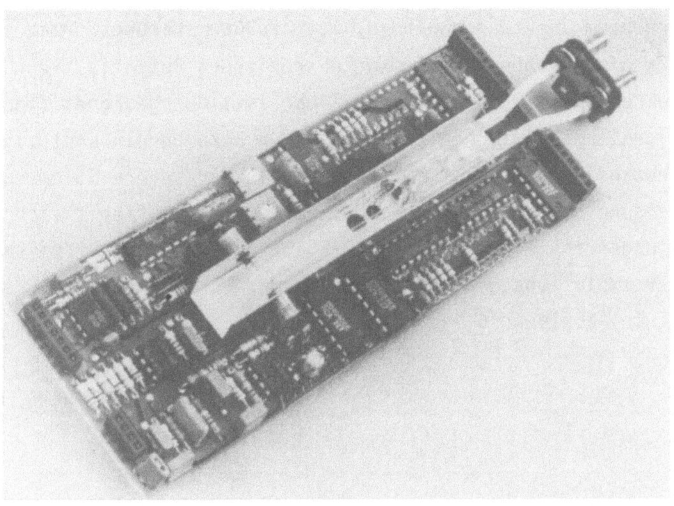

Abb. 5. Sensorplatine des Gerätes aus Abb. 4

Von besonderer Bedeutung ist die Eigensicherheit bei derartigen Messungen im getauchten Unterseeboot und in unbelüfteten Notstromanlagen. Das gezeigte Gerät verwendet als höchste Spannung 9 V; der Versorgungsstrom beträgt < 3 mA. Obwohl zwei Spulen mit eintauchenden Permanentmagneten zur mechanischen Erregung des Biegeschwingers für die Dichtemessung vorhanden sind (ca. 40 mH mit Strombegrenzungswiderstand $> 1000\ \Omega$) und die Summenkapazität der Schaltung bei etwa 10 μF liegt, werden die Grenzwerte aus den Abbildungen 1 bis 3 ohne weitere Maßnahmen mit Sicherheit eingehalten, wenn zur Stromversorgung eine Batterie verwendet wird, deren Innenwiderstand mit Sicherheit $> 12\ \Omega$ ist. Unter dieser Voraussetzung ist dieses Meßgerät eigensicher entsprechend der Bezeichnung EEx ia IIC T6 laut Bescheid Nr. ETI 83001 des elektrotechnischen Institutes der Bundesversuchs- und Forschungsanstalt Arsenal, Wien. Der Schlüssel zur Eigensicherheit dieses Gerätes ist die Verwendung von CMOS Linear- und Digitalschaltkreisen sowie von Flüssigkristallanzeigen. Der eingebaute Temperaturfühler samt Thermometerschaltung zur Temperaturkompensation der Dichtemessung benötigt etwa 0,5 mA, der digitale Rechner zur Lösung der quadratischen Beziehung zwischen Periode des Biegeschwingers und der Dichte des Präparates etwa 20 μA. Die Tatsache, daß dieses System über keinerlei elektrische Anschlüsse nach außen verfügt, löst alle Probleme der Potentialtrennung der Isolationsspannungen sowie der Kriechwege.

Aus dem gezeigten Beispiel geht allgemein hervor, daß auch für komplizierte sensorische Aufgaben die Beschränkungen der Eigensicherheit heute kein wirkliches Hindernis mehr darstellen. Soll das Sensorsignal in den nicht eigensicheren Raum übertragen werden, ist ein Übertragungsformat zu wählen, das sich für die Anwendung der optoelektronischen Potentialtrennung eignet und mit kleinem Energieaufwand darstellbar ist. Gut geeignet sind zweiwertige Stromsignale, die zwischen zwei diskreten Strompegeln unstetig abwechseln. Der konstant fließende Strom (kleiner als der untere Strompegel) kann dabei zur Speisung des Sensors verwendet werden. Es empfiehlt sich dabei, eine potentialgetrennte strombegrenzte Spannungsversorgung (Speisetrenner) außerhalb der explosionsgefährdeten Zone zum Zweck der Energieversorgung anzuordnen. In Abbildung 6 ist ein derartiger Sensorstromkreis dargestellt.

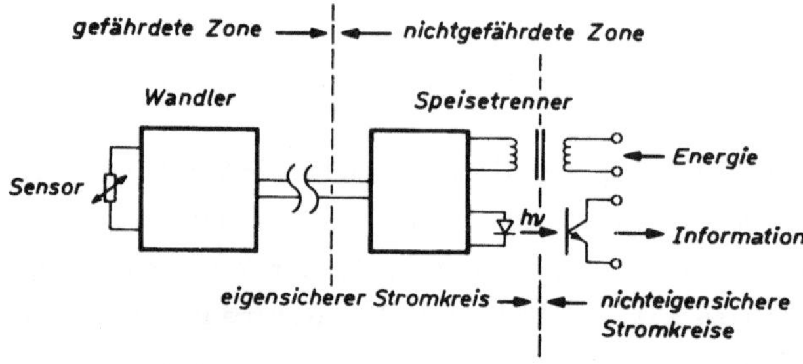

Abb. 6. Prinzipschaltbild eines eigensicheren Sensorinterfaces

In Zukunft wird es auch möglich sein, die Leitung zwischen Sensor und Datensenke durch einen Lichtwellenleiter zu ersetzen und die Energie zum Betrieb des Sensors vorort einer eigensicheren Batterie zu entnehmen. Ebenso erscheint es möglich, sehr stromsparende Sensoren aus dem optischen Kabel mit Energie zu versorgen. Dies ist jedoch ein Vorgriff auf eine Technologie, die heute noch nicht verfügbar ist. Auch optischen Sensoren kommt in dieser Hinsicht zunehmende Bedeutung zu.

Im Falle von Aktoren im explosionsgefährdeten Raum ist die energetische Beschränkung wesentlich störender. Man kann sagen, daß Befehlsgeräte, elektrisch bediente Ventile, Stellmotoren und Hubmagnete nur in Ausnahmefällen entsprechend der Schutzart Eigensicherheit gebaut werden können. Hier zeigt sich, daß eine Kooperation mit der pneumatischen und fluidischen Informationstechnik von Vorteil ist. Die verschiedenen, heute bereits verfügbaren Wandler zwischen diesen Systemen beweisen die Notwendigkeit eines derartigen Überganges. Es soll nicht verschwiegen werden, daß der Mangel an eigensicheren elektrischen Aktoren verhindert, daß die heute möglichen sensorischen Fähigkeiten im explosionsgefährdeten Raum vollständig ausgenützt werden.

Als Beispiel für eine eigensichere, drahtgebundene Instrumentierung soll ein Meßwertaufnehmer für die Dichte und die Temperatur von strömenden Flüssigkeiten beschrieben werden, der in Zusammenarbeit mit dem Institut für Meßtechnik der Forschungsgesellschaft Joanneum, Graz, entwickelt wurde. Eine größere Zahl dieser Aufnehmer sind zur Automatisierung einer Großanlage für die Herstellung von Biosprit eingesetzt (Nordbrand VEB, Nordhausen, DDR). Aus der Dichte und der Temperatur einer strömenden (0 - 3000 l/h) Äthanol-Wassermischung wird die Volumenkonzentration des Äthanol auf ± 0,1 % berechnet und für die Steuerung der Destillationskolonnen herangezogen. Daneben wird mit Hilfe von Volumenzählern der Massenfluß (auf feste Temperatur bezogene Volumenfluß) an reinem Äthanol zur Verrechnung des Produktes ermittelt. In diesem Aufnehmer wird die Dichte als Periode eines vom Präparat durchströmten Biegeschwingers, die Temperatur als quantisiertes Tastverhältnis abgebildet. Ein Erregerverstärker erzeugt die mechanische Schwingung von etwa 500 Hz in der Art eines Stimmgabelgenerators. Er benötigt dazu 6 V und 1,5 mA. Ein Platindünnfilmwiderstand nimmt die Temperatur auf. Ein A/D-Wandler nach dem Ladungsausgleichsverfahren, der von dem Erregerverstärker getaktet wird, erzeugt ein der Temperatur proportionales an die Schwingerperiode zeitlich gebundenes Tastverhältnis. Für Thermometer und A/D-Wandler wird zusätzlich 1 mA verbraucht. Wie aus Abbildung 7 ersichtlich, wird zum positiven Nulldurchgang des Biegeschwingers immer ein Impuls ausgelöst, der entsprechend der Temperatur kurz (logische Null) oder lang (logische Eins) ist.

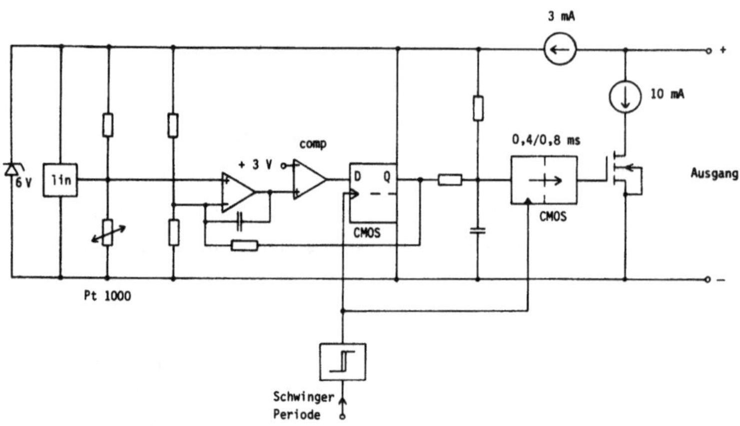

Abb. 7. Prinzipschaltbild des Meßwertaufnehmers

Dieser Impuls steuert die Stromaufnahme des als 2 drähtige Stromsenke ausgebildeten Meßwertaufnehmers. In Abbildung 8 ist das Datenformat an der 2 drähtigen Verbindung zum Speisetrenner zu erkennen.

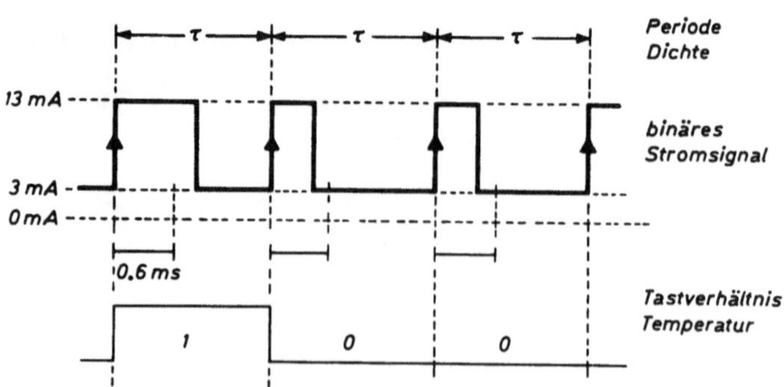

Abb. 8. Informationsdarstellung im Sensorsignal

Die Auswertung erfolgt in einem Prozeßdatensystem durch Auszählen der Periode für die Dichte und Tiefpaßfilterung (digital) für die Temperatur. Es wird eine Auflösung von 10^{-5} g/cm^3 bzw. 0,01^0 C erreicht.

Zwischen dem Meßwertaufnehmer im explosionsgefährdeten Raum und dem Prozeßdatensystem ist im nichtexplosionsgefährdeten Bereich ein Speisetrenner angeordnet, der entsprechend Bild 9 aufgebaut ist.

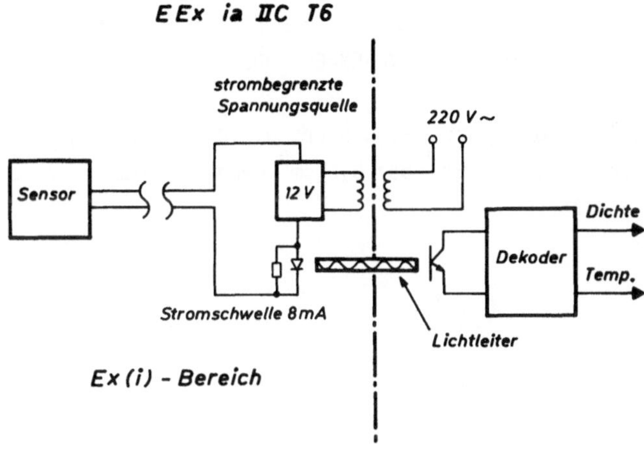

Abb. 9. Potentialfreie Energie- und Signalübertragung

Ein für diese Anwendung zugelassener Stromversorgungsbaustein liefert eine potentialfreie Gleichspannung, die den Meßwertaufnehmer speist. Ein ebenfalls bereits bescheinigter Optokoppler mit 10 kV Isolationsspannung überträgt das Meandersignal nach Abbildung 8. Die digitale Kodierung der Temperatur ist tolerant gegenüber den ungleichen Übertragungszeiten der positiven und negativen Flanken im Phototransistor.

Die Physikalisch-Technische Bundesanstalt, Braunschweig, BRD, hat Meßwertaufnehmer und Speisetrenner entsprechend den Richtlinien des Rates der Europäischen Gemeinschaften geprüft und für eigensicher erklärt, wenn garantiert ist, daß die Induktivität der 2-Drahtleitung < 1 mH, deren Kapazität < 240 nF bleibt.

Aus dem gezeigten Beispiel geht hervor, daß auch komplexe Aufgaben der Automatisierungstechnik unter den Bedingungen der Eigensicherheit lösbar sind. Elektrische Signale und explosive Gase bzw. Dämpfe sollen daher nicht a priori als einander ausschließend betrachtet werden. Ein eigensicher instrumentierter Prozeß bietet mehr Sicherheit für Personen und Sachwerte, er ist leichter zu steuern als einer ohne Meßgeräte und er bietet betriebswirtschaftliche Vorteile auch bei der Bemessung des zu versichernden Risikos.

Literatur

/1/ Redding, R.J.: Intrinsic Safety, S. 3 - 25. London: McGraw-Hill. 1971.

/2/ Österreichische Vorschriften für die Elektrotechnik: ÖVE-EX/EN 50014/1980 und ÖVE-EX/EN 50020/1980

/3/ Kratky, O., Leopold, H., Stabinger, H.: Dichtemessung an Flüssigkeiten und Gasen auf 10^{-6} g/cm^3 bei 0,6 cm^3 Präparatvolumen. Z. angew. Physik 4, 273 - 277 (1969)

Handhabungsgeräte oder Roboter in der Fertigung für Klein- und Mittelbetriebe

Ernst Miesbauer
Epple-Buxbaum Werke, OÖ

HANDHABUNGSGERÄTE ODER ROBOTER IN DER FERTIGUNG FÜR KLEIN- UND MITTELBETRIEBE

In Österreich, wo Klein- und Mittelbetriebe die industrielle Struktur beherrschen, taucht immer wieder die Frage auf:

"Automatisierung"

Wir wissen, daß wir automatisieren müssen, weil uns sonst die Kosten erdrücken. Wir wollen automatisieren, aber wie? Und wo anfangen? Ein Großbetrieb dagegen hat Geld, hat große Serien."

Wollen wir uns zuerst die Erfordernisse von Klein- und Mittelbetrieben, speziell in der Produktion, ansehen:

Der Trend geht eindeutig, bedingt durch ein sehr differenziertes Käuferverhalten zu

- sinkenden Gesamtstückzahlen
- steigender Variantenvielfalt
- steigender Qualität
- sinkenden Lieferfristen
- rasch abfallenden Gebrauchswert (kurzer Lebenszyklus)

und das alles bei steigenden Lohn- und Lohnnebenkosten und immer komplizierteren und teureren Maschinen.

Da einerseits die Maschinen im 8 bzw. 16-Stunden-Tag nicht wirtschaftlich genützt werden können, andererseits für zusätzliche Schichten, speziell für die Nachtschicht kaum oder nur unausgebildetes Personal zu bekommen ist, ist es erforderlich die Nutzungsdauer der Maschinen und gleichzeitig auch die Produktivität durch Automatisation zu steigern (Durcharbeiten der Pausen, Hineinarbeiten in die bzw. Durcharbeiten der unbemannten oder verdünnten Schichten).
So bieten sich eben zur Automatisation verschiedene Möglichkeiten an (Manipulatoren, Handhabungsgeräte, Portallader und Roboter).

Vorerst einige kurze Definitionen:

Manipulatoren: Dienen zur Unterstützung der menschlichen Tätigkeit und funktionieren nur auf Befehl für einen ganz bestimmten Bewegungsablauf (z.B. Angreifen von heißen Teilen in einer Schmiede).

Roboter: (es gibt zwei Definitionen)

Die japanische: Wo sich alles Roboter nennt was selbstständig, flexible Bewegungen analog denen des menschlichen Armes ausführen kann.

Die deutsche: Industrieroboter ist ein in mehreren Bewegungsachsen frei programmierbares, mit Greifern oder Werkzeugen ausgerüstetes mechanisches Handhabungsgerät, das für den industriellen Einsatz konzipiert ist.

Handhabungsgeräte: Geräte, die Bewegungen nach einem fixen Bewegungszyklus ausführen, wobei das Bewegungsprogramm (zumeist in einem Epromspeicher) gewisse flexible Bewegungsabläufe zulässt. Die Wege vom Punkt A nach B oder C können der Reihenfolge nach verändert werden, jedoch nicht der Bewegungsrichtung nach.

Wie wir gesehen haben fällt das Handhabungsgerät gemäß japanischer Definition unter die Roboter, gemäß deutscher Definition nicht. Dies erklärt auch die sehr hohen Zahlenangaben über die in Japan verwendeten Roboter.

Wir wollen im folgenden die deutsche Version verwenden.

Portallader: Werden häufig unter der Bezeichnung Portalroboter (d.h. Roboter die frei verfahrbar in ein oder zwei Achsen an einer Führung aufgehängt sind) unter die Roboter eingereiht.

Wo ergibt sich nun die Frage Handhabungsgerät oder Roboter in der Fertigung?

Überall dort, wo sich die Möglichkeiten ergeben ein Handhabungsgerät einzusetzen. Das klingt banal, aber alles was Handhabungsgeräte können, können Roboter auch.
Damit fallen alle Tätigkeiten und Maschinen, welche komplexe Bewegungsabläufe erfordern automatisch in das Einsatzgebiet der Roboter.
Dies sind hauptsächlich: Schweißen
Farbspritzen
Montieren
Zuführeinrichtungen werden aber auch hier von Handhabungsgeräten durchgeführt. (Häufig "Pick and Place-Geräte" genannt).

Das Haupteinsatzgebiet der Handhabungsgeräte liegt zumeist bei der Werkzeugmaschine, und hier vor allem beim Drehen und Schleifen. Hier finden sich genügend hohe Losgrößen mit verhältnismäßig einfach zu spannenden Teilen (im Drei- oder Zweibackenfutter). Auch der Bewegungsablauf des eigentlichen Ladens läßt sich auf 2, 3 oder 4 Achsen reduzieren. (Achse: vereinfacht eine Bewegung, die ein Gerät ausführen kann, z.B. Auf- und Abfahren oder Drehen oder Schwenken). Um Bewegungsachsen zu sparen, werden oft auch zusätzliche Achsen in die Peripherie (= das "Rundherum" wie Magazine, Paletten....etc.) gelegt.

Nach diesen Definitionen und Einschränkungen zurück zu den Enfordernissen der Klein- und Mittelbetriebe, ausgehend von den Parametern: Losgröße
Teilevarianz
Preis
möchte ich ihnen einige Diagramme zeigen.

Das erste Diagramm zeigt, bezogen auf die Parameter Losgröße und Teilevarianz, jeweils die optimale Produktionseinheit bezogen auf eine Werkzeugmaschine. Eingezeichnet sehen Sie die typische Losgröße für Klein- und Mittelbetriebe die bei ca. 50 - 200 Stück liegt.

Hohe Losgrößen und nur ein bis zwei Teile werden oder wurden hauptsächlich auf Transferstraßen bzw. Spezialmaschinen gefertigt. Als klassisches Beispiel dient hier die Automobilindustrie. Wobei es vor allem darauf ankommt, daß die Teile mit sehr hoher Geschwindigkeit gehandhabt werden.

Mittlere bis hohe Losgrößen bei geringer Teilevarianz bis 10 Stück - hier wird zumeist das Ladeportal oder ein freistehender Industrieroboter eingesetzt. Die Maschinen werden alle zwei bis drei Tage umgerüstet. Die Geschwindigkeit des Handhabungsgerätes ist wichtiger als die Rüstzeit. Als Beispiel sei hier ein Ladeportal für eine Drehmaschine genannt mit Magazin, Palettenspeicher oder Transportwagen.

Kleine und mittlere Losgrößen bei einer Teilevarianz von 10 bis 200. Hier geschieht das Umrüsten teilweise zwei bis dreimal pro Schicht. Hauptsächlich sind Handhabungssysteme vertreten mit kurzen Umrüstzeiten, welche wichtiger sind als hohe Einlegegeschwindigkeiten.

Kleine Losgrößen mit sehr hohen Varianzen bis herunter zu Losgröße 1. Hier wird vor allem der Mensch zur Bedienung eingesetzt bzw. in Zukunft verstärkt der Industrieroboter mit Sensor, d.h. er erkennt schon von vornherein von welcher Art das Teil ist bzw. wie es bearbeitet werden muß (an einer vorgegebenen Teilenummer oder durch optische Erkennungsmerkmale). Weiters wechselt er selbständig die Werkzeuge und auch die Spannvorrichtungen.

Ein Einflußfaktor auf das Automatisierungsgerät ist auch noch die Bearbeitungszeit. Sie sehen hier eine kurze Zusammenstellung. (Tabelle 2)

Wir sprechen immer wieder von Losgrößen 50 - 200. Sehr häufig taucht die Frage auf, ab welcher Losgröße lohnt sich denn zu automatisieren?

Hiefür gibt es komplizierte Berechnungen, die sich aber in den meisten Fällen auf eine einfache Faustformel reduzieren lassen (Ausgangspunkt ist eine Umrüstzeit des Handhabungssystems von ca. 10 Minuten).

"Automatisieren lohnt sich dann, wenn die Nettobearbeitungszeit eines Loses bei ca. 60 min. liegt", d.h. bei einer Bearbeitungszeit von 1 min. liegt die wirtschaftliche Losgröße bei 60 Stück, wobei sich bei Zeiten bis zu 5 min. eine untere Losgröße von etwa 30 Stück ergibt. Erfahrungen aus der Praxis zeigen aber eben einen Hauptanteil von 50 - 200 Stück.

Wenn wir einmal die Bearbeitungszeit außer acht lassen so stellen wir fest, daß nicht nur die Produktivität steigen muß, sondern der zunehmende Konkurrenzdruck zwingt auch dazu, zu rationalisieren. D.h. die Kosten nicht nur auf der Maschinenseite sondern auch auf der Bedienungsseite zu senken.

Dafür gibt es mehrere Möglichkeiten:

1. Mehrmaschinenbedienung, d.h. ein Mann bedient zwei oder mehrere Maschinen.
2. Die Geisterschicht oder praxisnäher ausgedrückt die sehr verdünnte Schicht.

Wir haben nun für Sie ein Beispiel einer Wirtschaftlichkeitsrechnung, bezogen auf Mehrmaschinenbedienung, nachvollzogen. (Diagramm 3)

Der Ausgangspunkt war:

2 Maschinen werden von 2 Mann bedient. Nach Anbau eines Automatisierungsgerätes an einer Maschine wird 1 Mann eingespart. Das ganze gilt für Zweischichtbetrieb. Bearbeitungszeit ca. 2 - 3 Minuten. Die Ausnützung der Maschine beträgt bei 1 Mannbetrieb ca. 70 - 75 %, die Produktivität steigt durch die Automatisierung um ca. 15 %, wenn ein Hineinarbeiten in die mannlose Schicht gelingt um ca. 25 %.

Im Diagramm 4 wurde die Amortisationszeit über der täglichen Arbeitszeit aufgetragen. Bei 24 Monaten Amortisationszeit - bei der Kurzlebigkeit der heutigen Produkte gehen die meisten Firmen schon auf diese kurze Amortisationszeit über - sehen wir nach dieser kurzen überschlägigen Rechnung schon, daß sich Automatisierungseinrichtungen nur bis zu einer Preisgrenze von öS 700.000,-- bis öS 1,300.000,-- bezahlt machen. Unberücksichtigt bleiben Berechnungen die durch Personalknappheit (Ausfall von Produktion und deren Folgewirkungen) sowie einer beschleunigten Durchlaufzeit entstehen. Diese können bei optimaler Auslegung die Amortisationszeit auf die Hälfte bzw. den dafür einzusetzenden Preis auf das Doppelte steigern.

Im fünftem Diagramm haben wir zusätzlich die Preise für die einzelnen Automatisierungstufen eingezeichnet. Der Maßstab wurde dabei so gewählt, daß sich die eben vorhin genannten Preise ungefähr mit Losgröße 50 - 200 decken. Wie Sie dem Diagramm entnehmen können, liegen die Handhabungssysteme als einzige preislich in denjenigem Rahmen, wo eine relativ rasche Amortisationszeit erzielt wird. Natürlich darf nicht vergessen werden, daß wie schon erwähnt, wenn andere Kriterien Vorrang haben (ständiger Materialfluß, komplexe Bewegungen des Arms) die Investitionssumme auch höher liegen kann. Hiefür spielen aber andere Berechnungsgrundlagen eine Rolle, deren Voraussetzungen aber schwerlich von Klein- und Mittelbetrieben erreicht werden.

Eine weitere Frage, die öfter auftaucht:

"Bis zu welchem Grad sollen wir automatisieren?"

Tabelle 6 zeigt auf der einen Seite den Automatisierungsgrad, auf der anderen Seite den Investitionsbedarf dafür. Daraus ist ersichtlich, daß z.B. für 70 % Automatisierung ein Finanzbedarf von 45 % notwendig ist.

Weitere Vorteile von Handhabungsgeräten gegenüber Robotern:
- Kurze Umrüstzeiten
  es ist zumeist kein Programmieren erforderlich (geschultes Personal mit hoher Qualifikation)
- Spezialist
  für eine Maschine und ihre Bearbeitungsweise zugeschnitten
- Geringer Platzbedarf
  die Peripherie wird zumeist zugeschnitten mitangeboten und mitgeliefert, steht nicht zentral im Raum.
- Preisgünstig
  vor allem wenn komplette Installation inkl. Montage und Aufbau betrachtet werden.

Als letztes Diagramm (7) möchte ich nocheinmal eine Studie der Vereinten Nationen vom Herbst 83 erwähnen, in der untersucht wird, wo hauptsächlich NC-Maschinen und wo Roboter eingesetzt werden. Schon daraus können Sie ersehen, daß sich wesentliche Unterschiede im Anwendungsbereich ergeben. Es klingt paradox, aber das flexibleste aller Automationsgeräte der Roboter wird hauptsächlich dort eingesetzt, wo am wenigsten gerüstet wird.

Zusammenfassend läßt sich sagen, daß derzeit Handhabungsgeräte ,wo sie sich als Alternative anbieten, für Klein- und Mittelbetriebe in den meisten Fällen eher geeignet sind als Roboter. Ausnahmen nur dort, wo der komplexe Bewegungsablauf kein Handhabungsgerät zulässt (Spritzen, Schweißen oder komplexe Montageaufgaben). Abzusehen ist aber in Zukunft, das durch die Spezialisierung der Roboter, durch die immer einfacher zu bedienenden Steuerungen und durch einen angepaßten Preis der Trend in Zukunft sicherlich vermehrt zum Einsatz von Robotern bzw. Geräten mit NC-gesteuerten Achsen dort führen wird, wo heute vorwiegend reine Handhabungsgeräte eingesetzt werden.

EINSATZBEREICH VERSCH. FERTIGUNGSKONZEPTE
TRANSFERLINIE
FLEXIBILITÄT
PRODUKTIVITÄT
15000
PORTAL
2000
EINLEGER
500
FERTIGUNGSZELLE
MIT I.R.
(ev. SENSOR)
25
NC - MASCHINE
HANDBEDIENT
JAHRESPRODUKTION PRO WERKSTÜCK
ANZAHL UNTERSCHIEDLICHER WERKSTÜCKE

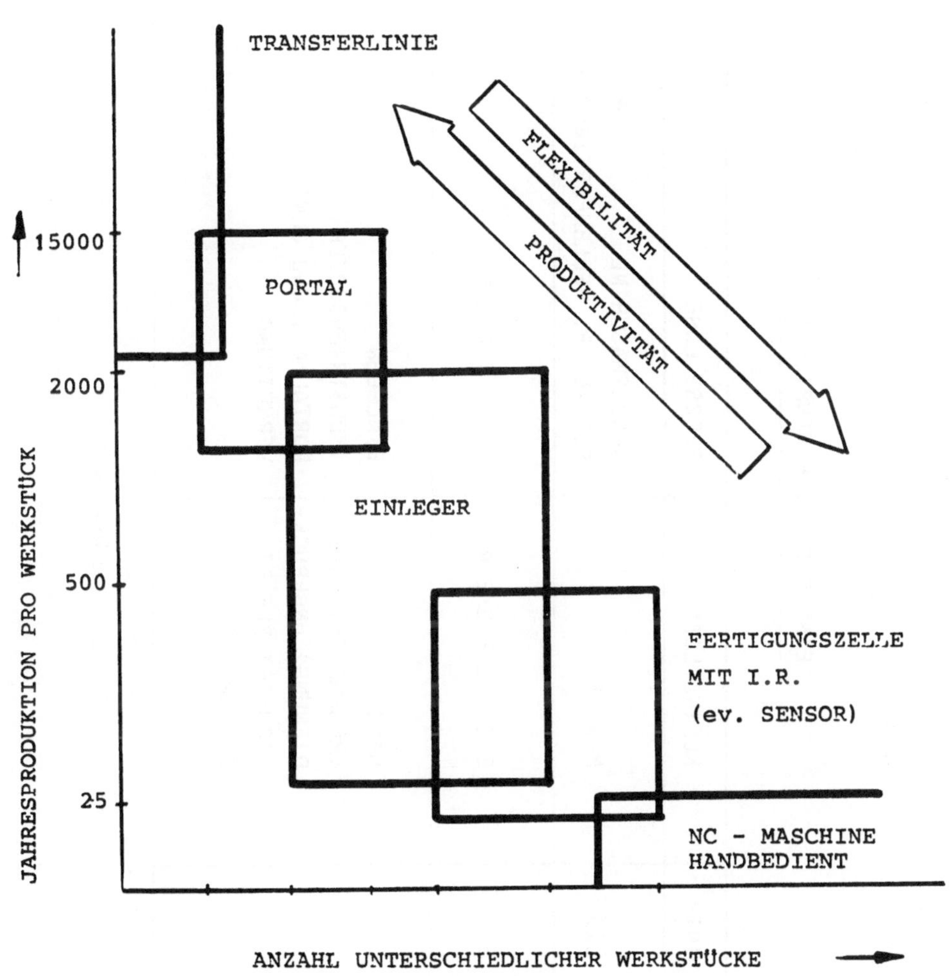

Diagramm 1

EINFLUSSFAKTOR HAUPTZEIT

T_H (MIN)	KLEINE LOSE	GROSSE LOSE
0 - 0,5	MENSCH	SONDERMASCHINE PORTAL (F. WELLENFERTIGUNG)
0,5 - 5	E I N L E G E R +	P O R T A L E
5 -	MENSCH (MEHRMASCHINENBE- DIENUNG) UNBERÜCK- SICHTIGT BLEIBT DIE DRITTE SCHICHT	EINLEGER INDUSTRIEROBOTER PORTAL MIT UND OHNE VERKETTUNG

Tabelle 2

ARBEITSPLATZNUTZUNG
1JAHR = 8760 STUNDEN
SA, SO, FEIERTAGE
2740 h
VERFÜGBARE ZEIT
4000 h= 100 %
3.SCHICHT
2740 h
-4% PAUSEN
-5% PERS. VERTEILZEIT
-5% ORGANIS. STÖRUNGEN
-14% TECHN. STÖRUNGEN
GENÜTZTE ZEIT 1
2880 h= 72 %
2-SCHICHT-BETRIEB
+4% PAUSENÜBERLAPPUNGEN
+5% PERS. VERTEILZEIT
+6% MITTAGSPAUSEN
+12% FERTIGUNG ÜBER
SCHICHTENDE = 2,5 h
GENÜTZTE ZEIT 2
3480 h= 87 %
GENÜTZTE ZEIT 3
3960 h= 99%

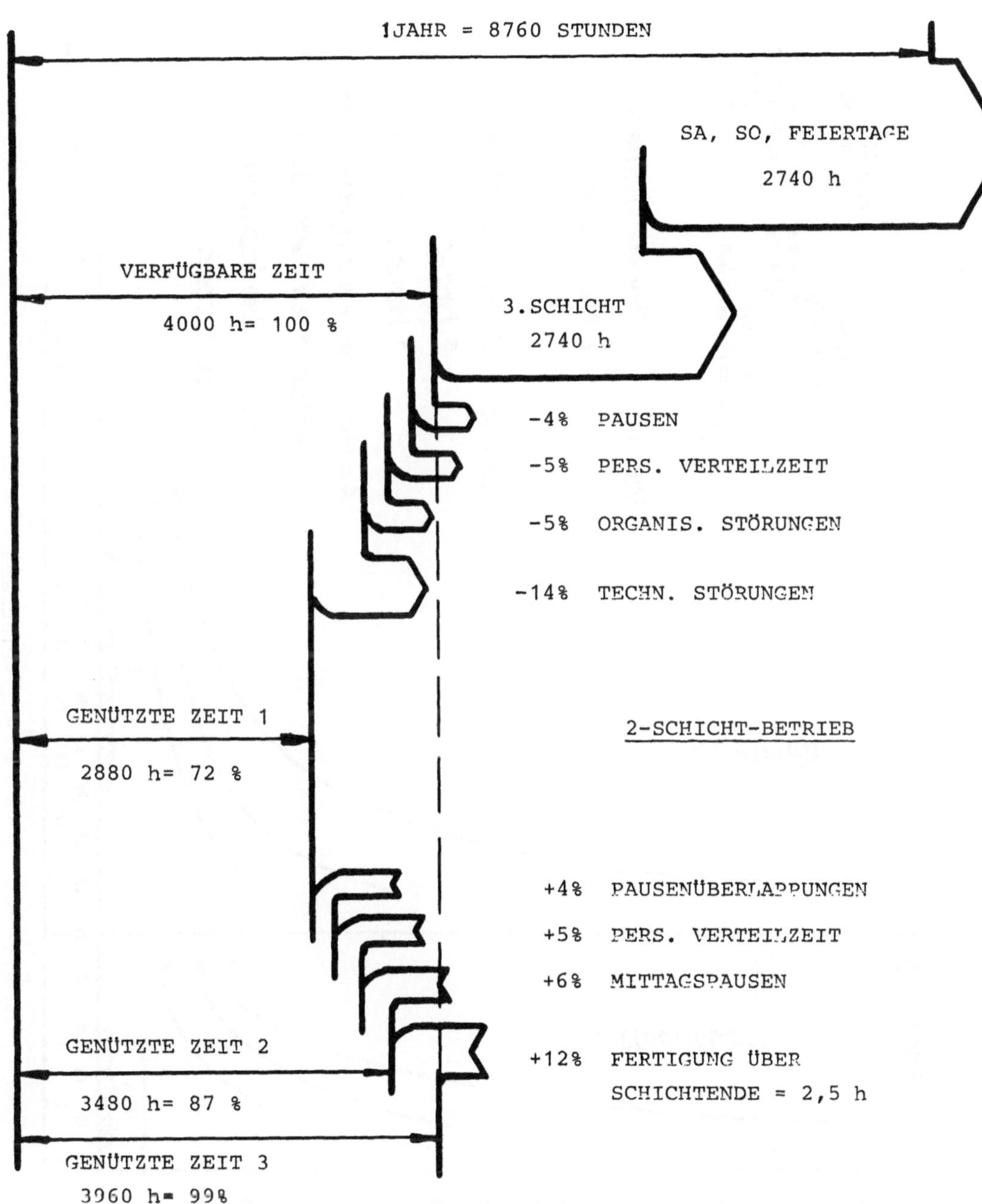

Diagramm 3

Anlagennutzung
RoJ
[Monate]
1. Schichtbetrieb
2. Schichtbetrieb
Grundmaschine 250.000
Verzinsung 10 %
Abschreibung 5 J
Nutzung: a) Hand 1500 h/J • Schicht
b) Auto 1800 h/J • Schicht
Lohnkosten : 18 DM/h
Lohnnebenkosten 50 %
Vorher : 2 Drehmaschinen
2 Mann / Schicht
Nachher: 2 Drehmaschinen
1 Lader
1 Mann / Schicht
A = Mögliche Verlängerung der
Anlagennutzung durch
Pausenüberlappung und
Auslaufschicht.
A
130
100
80
Anlagenutzung (h/J)
(x 100)
(h/ TAG)

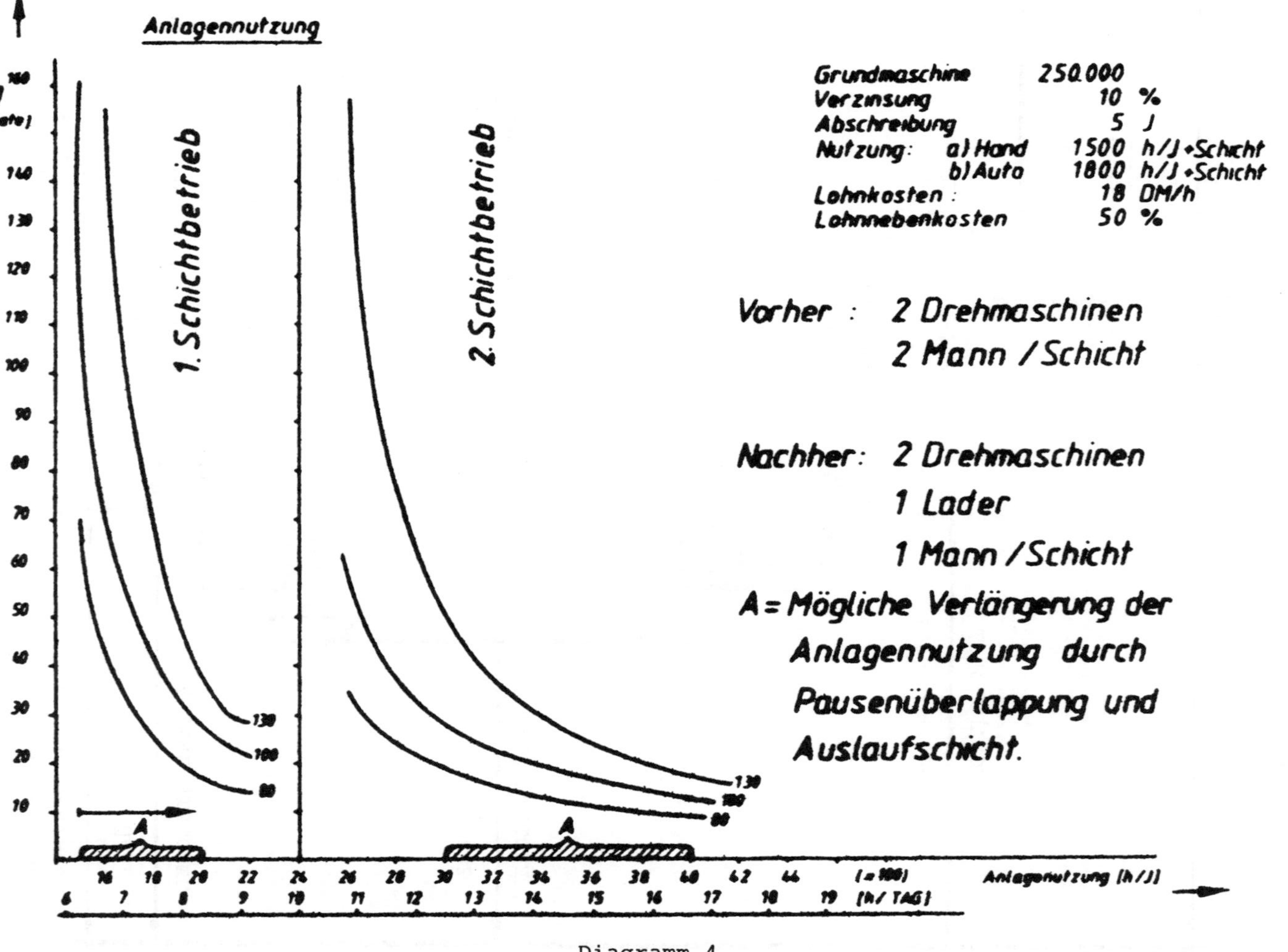

Diagramm 4

EINSATZBEREICH VERSCH. FERTIGUNGSKONZEPTE

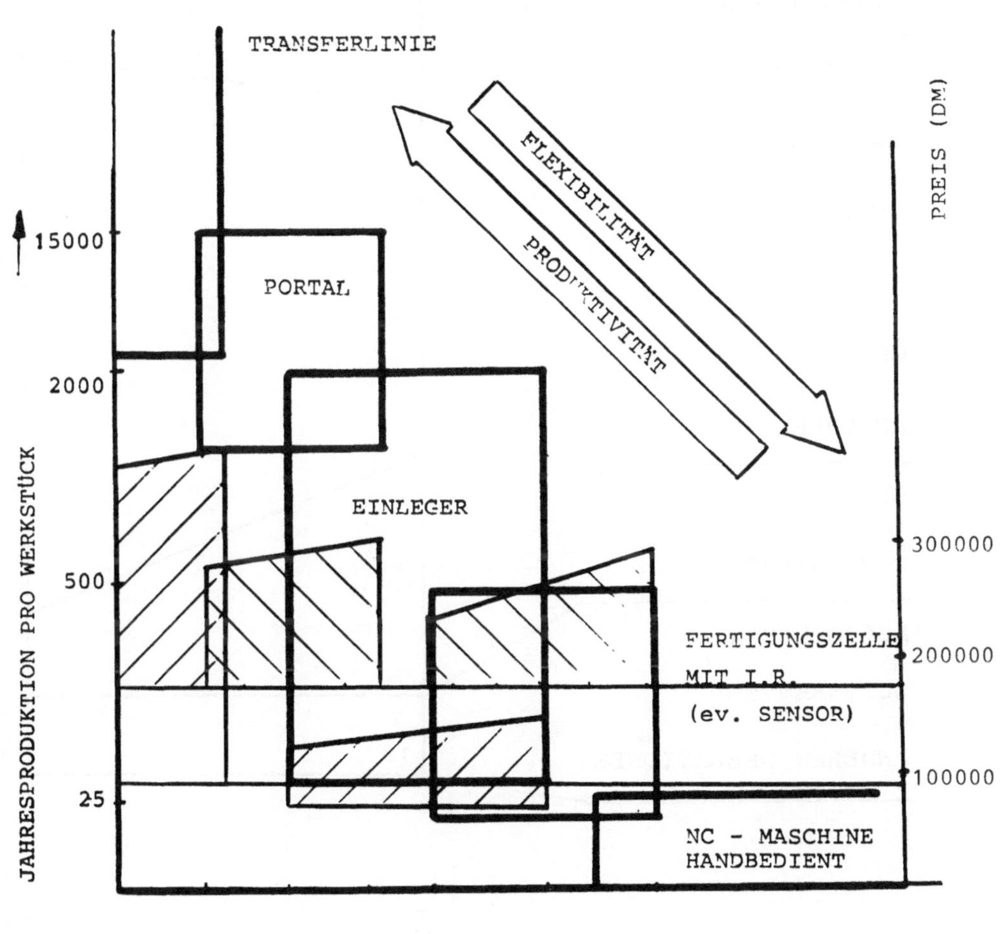

Diagramm 5

AUTOMATISIEREN DER NEBENZEIT

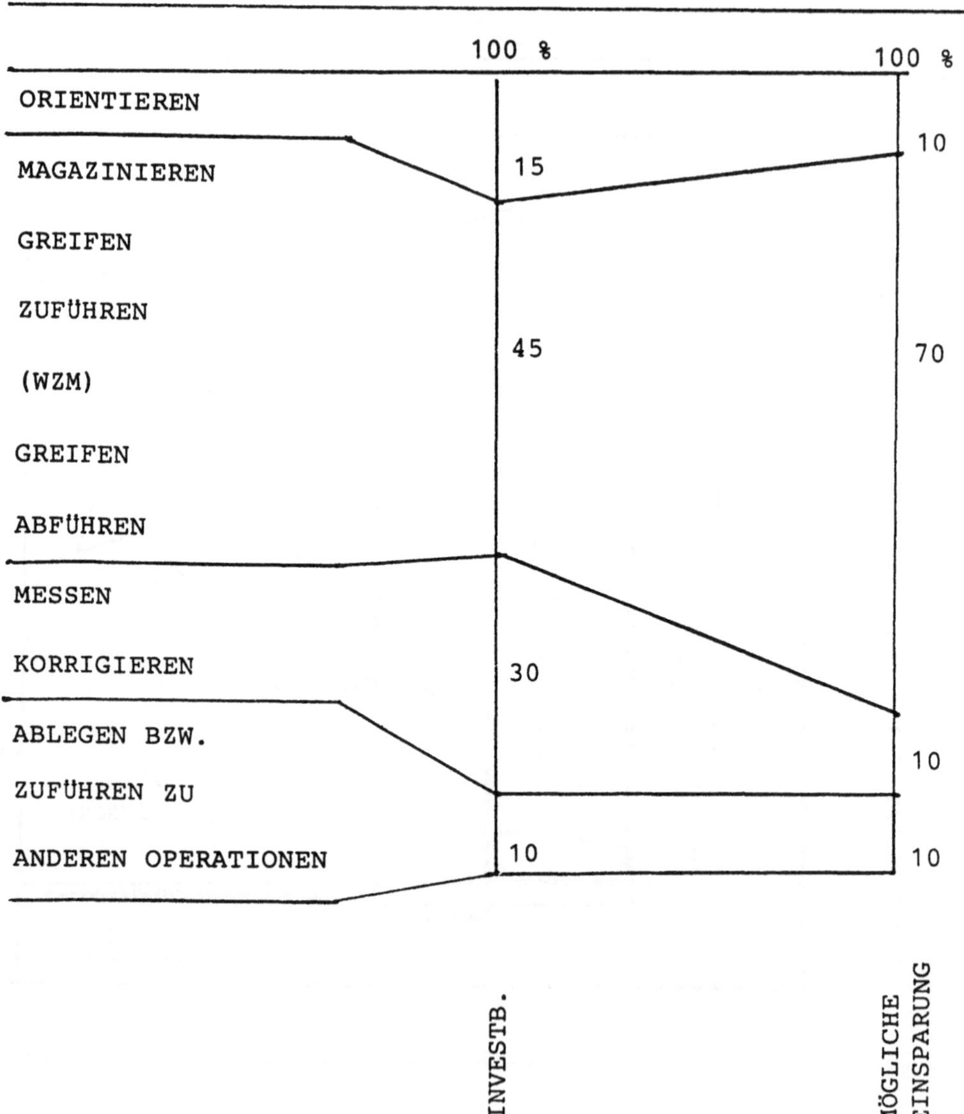

Tabelle 6

	NC-MASCHINE	INDUSTRIEROBOTER
PRODUKTIONSVOLUMEN (STÜCK / JAHR)	< 10.000	> 10.000
BEARBEITUNGSZEIT (MINUTEN / STÜCK)	> 5	< 5
TEILEVARIANZ	> 10	1 - 5
PROGRAMMFREQUENZ (ÄNDERUNG / WOCHE)	2 - 10	- 1
LOSGRÖSSE	< 100	> 1.000

ZUSAMMENFASSUNG: VERGLEICH INDUSTRIEROBOTER UND NC-MASCHINEN

Tabelle 7

Moderne Qualitätsstrategien durch fertigungsbegleitende Meßtechnik

Adolf Frank, TU Graz

1. Die Qualität als Wettbewerbskriterium

Es besteht kein Zweifel darüber, daß in den Industriestaaten die Produktqualität zu einem entscheidenden, in vielen Fällen zum allein entscheidenden Wettbewerbskriterium geworden ist. Das Überleben eines Betriebes im Verdrängungswettbewerb kann davon abhängen, ob die stete Hebung und langfristige Sicherung der Qualität als strategische Aufgabe gesehen oder bloß mit taktischen Maßnahmen verfolgt wird. Ein Zufriedengeben mit einem erreichten, akzeptierten Qualitätsniveau bedeutet über kurz oder lang den Verlust der Wettbewerbsfähigkeit gegenüber jenen Konkurrenten, welche die Qualitätsverbesserung analog zur technischen Entwicklung als einen kumulativen Prozeß erkannt haben. Ich möchte an dieser Stelle nur andeutungsweise vermerken, daß seit dem letzten Weltkrieg die Fertigungstoleranzen in einem Zeitraum von jeweils 10 Jahren um eine ISO-Qualität eingeengt wurden und daß sich dieser Trend erkennbar fortsetzt. Dies bedeutet, daß wir in 10 Jahren im allgemeinen Maschinenbau mit Toleranzen arbeiten müssen, die heute dem Lehrenbau vorbehalten sind. Es besteht kein Zweifel daran, daß diese Forderungen von der Großindustrie mit dem entsprechenden apparativen Aufwand erfüllt werden können. Die Frage bleibt indes, wie weit die Klein- und Mittelbetriebe dieser Herausforderung gewachsen sind.

2. Die Verantwortung der Geschäftsleitung

Wenn die Qualitätsfrage als eine strategische Aufgabe verstanden wird, dann muß sie von jenen Leuten getragen werden, die ein Höchstmaß an Überblick und ein Maximum an Befehlsgewalt besitzen. Kurz gesagt: alle Maßnahmen im Sinne einer aktiven, ich möchte sagen "offensiven", Qualitätsstrategie müssen direkt von der Geschäftsleitung initiiert, getragen und verantwortet werden.

Zum Wirksamwerden qualitätsverbessernder Maßnahmen ist es notwendig, eine klare Prioritätenordnung zu definieren:

Qualität geht vor Kosten und Terminen

Diese Prioritätenfolge muß für alle Bereiche des Betriebes bindend sein. Insbesondere der Geschäftsleitung muß es stets bewußt sein, daß alle Bemühungen vergeblich sind, wenn sie selbst die einmal aufgestellten Maxime unterläuft.

Genau dies ist aber ein Vorgang, der vor allem in sehr autoritär geführten Klein- und Mittelbetrieben immer wieder zu beobachten ist und sich folgendermaßen abspielt:

Ein Gerät bleibt in der Endkontrolle hängen, weil es Mängel aufweist. Natürlich keine gravierenden, welche die Funktionstüchtigkeit gefährden, aber immerhin Mängel, die eine positive Endabnahme ausschließen. Wenn man die Kontrolle als Sieb auffaßt, welches nur die guten Geräte passieren läßt, so bleibt das fehlerbehaftete Exemplar im Sieb hängen.

Nun muß man sich dieses Sieb aber als ein nachgiebiges Netzwerk vorstellen. Gerät die Firma unter massiven Termindruck, so wird die Versuchung auf die Geschäftsleitung, die Endkontrolle zu beeinflussen, so groß, daß sie dank ihrer Autorität das mangelhafte Gerät durch das Sieb "durchdrückt". "Wir m ü s s e n liefern" heißt die Argumentation.

Dabei geht die Geschäftsleitung von der Wunschvorstellung aus, daß sich das Sieb elastisch verhalten möge, das heißt, daß sich dieses solcherart aufgeweitete Loch sofort wieder auf die ursprüngliche Größe verengt. Dies ist der entscheidende Trugschluß. In der Kontrolle sitzen auch nur Menschen mit allen Stärken und Schwächen und letzere bewirken, daß das Sieb sich nicht wie ein elastisches Netz verhält, sondern wie ein plastisches. Das aufgeweitete Loch bleibt als aufgeweitetes Loch bestehen, durch das in der Folge weitere fehlerhafte Geräte schlüpfen. Mehr noch: basierend auf der Erfahrung, daß das Sieb nicht starr, sondern nachgiebig ist, werden weitere Löcher unauffällig aufgeweitet. Die Geschäftsleitung merkt davon nichts, weil sie immer noch an ein elastisches Sieb glaubt. Das untrügliche Alarmsignal, welches diesen Irrtum aufdeckt, sind zunehmende Reklamationen und Mangelfeststellungen. Dabei muß noch von Glück gesprochen werden, wenn bis zu diesem Zeitpunkt das Qualitätsimage nicht bereits einen schweren Knacks bekommen hat.

3. Die Rückkopplung in den Fertigungsprozeß als Zielvorgabe

Obwohl die Produktqualität durch das Zusammenwirken vieler Einflußgrößen bestimmt wird, bleibt doch die Fertigungsgenauigkeit unbestreitbar eine der Voraussetzungen für jede Qualitätsstrategie. Die modernen CNC-Maschinen liefern die Basis hiezu, das Kontroll- und Meßwesen fungiert als Garant für die einwandfreie Beschaffenheit der Teile.

Die ursprüngliche Funktion der Kontrolle ist die einer Siebfunktion. Je nach Aufgabenbereich als Eingangskontrolle, Fertigungs- oder Endkontrolle hat sie sicherzustellen, daß nur einwandfreie Materialien zur Verarbeitung gelangen, toleranzhaltige Teile von der Fertigung an die Montage weitergegeben werden und funktionstüchtige Aggregate den Betrieb verlassen. Insbesondere in Bezug auf die Fertigungskontrolle unterliegt es heute keinem Zweifel, daß Qualität nicht "erprüft" werden kann, sondern schon in der Fertigung durch gezielte Eingriffe gesteuert werden muß. Die Fertigungskontrolle muß über ihre Siebfunktion hinausgehend als Teil eines Regelkreises mit Rückkopplung in die Fertigung verstanden werden.

Für die Realiserung dieses Regelkreises erscheint die CNC-Maschine geradezu prädestiniert, indem eine direkte Verbindung zwischen der Maschinensteuerung und einer nachgeschalteten Meßstation hergestellt wird, sodaß eine an einem Werkstück gemessene Soll-Istabweichung eines geometrischen Merkmals eine Korrektur des NC-Programms für die nachfolgenden Teile auslöst. Allein die Verwirklichung dieses Regelkreises mit direkter Rückkopplung von der Messung in die Maschinensteuerung bleibt meist ein Wunschtraum. Wird nicht bereits vom Hersteller der CNC-Maschine die Werkstückmessung als integrierender Bestandteil der Maschine mitgeliefert, so ist die nachträgliche Herstellung des feedback in die Maschinensteuerung äußerst schwierig. Klein- und Mittelbetriebe sind hier meist überfordert.

Ein Ausweg besteht in der Off-line-Lösung, d. h. in der indirekten Rückkopplung. Aufgrund von Meßergebnissen wird manuell in den Fertigungsprozeß eingegriffen und einem Trendverlauf gegengesteuert. Dies bedingt meist keinen meßtechnischen Mehraufwand, wohl aber eine sorgfältige und gezielte Auswertung der Meßergebnisse. Hiefür werden heute zahlreiche hardware- und software-Pakete angeboten, sodaß keine Eigenentwicklungen notwendig sind.

Die Basis für alle regelnden Eingriffe in den Fertigungsprozeß ist die Analyse der Meßergebnisse hinsichtlich "Streuung" und "Trend". Die Streuung eines Qualitätsmerkmals ist einem zufälligen Fehler zuzuordnen, der Trend entspricht einem systematischen Fehler. Die Relation beider zueinander und in Bezug auf die einzuhaltenden Toleranzgrenzen erlauben eine Beurteilung des vorliegenden Fertigungsprozesses.
In Abb. 1a ist ein nahzu idealer Prozeß mit enger Streuung und ohne Trend dargestellt, während Abbildung 1c den praxiskonformen Fall, nämlich die Überlagerung von Trend und Streuung zeigt. Über der Zeitachse dargestellt, sind die Annäherung an eine Toleranzgrenze und ihre Überschreitung zu erkennen.

Es ist natürlich nicht sinnvoll, abzuwarten bis Ausschuß entsteht, vielmehr muß dem Trend schon vorher gegengesteuert und der Prozeß wieder an die Nullinie zurückgeführt werden. Entsprechende software-Pakete beinhalten daher auch Warngrenzen innerhalb der Tolanzgrenzen. Aus den Schaubildern ist weiters erkennbar, daß regelnde Eingriffe umso häufiger erforderlich sind, je größer die Streuung ist, d. h. je größer der Anteil des Toleranzfeldes ist, der durch die Streuung weggenommen wird. In Abb. 1b ist schließlich der Fall wiedergegeben, daß die Werkzeugmaschine für die geforderte Fertigungsgenauigkeit von vornherein unbrauchbar ist.

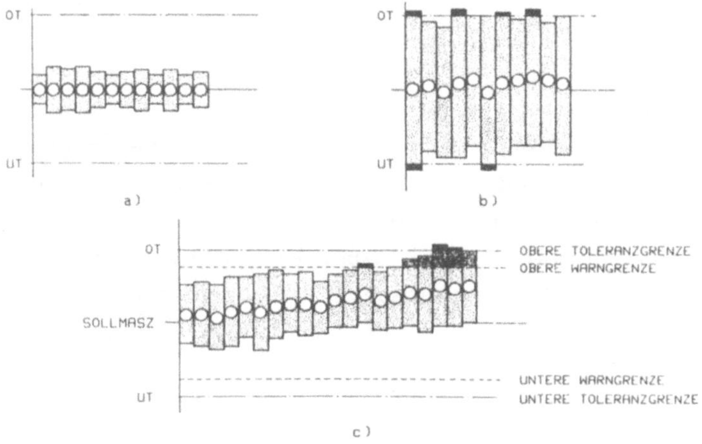

Abb. 1: Streuung und Trend

Die meßtechnische Seite der Problematik betrifft vor allem die Diskrepanz zwischen Flexibilität und Meßgeschwindigkeit. Die moderne 3D-Koordinatenmeßtechnik vereint zwar in eindrucksvoller Weise die der CNC-Maschine äquivalente Flexibilität mit der Aussagekraft software-gestützter Auswertemethoden, allein die Meßgeschwindigkeit steht in krassem Widerspruch zu den Taktzeiten der Fertigung. Auf der anderen Seite sind fertigungsintegrierte, taktgebunde Meßsysteme nur stark werkstückbezogen zu realisieren, sodaß Einbußen an Flexibilität in Kauf genommen werden müssen.

Als Idealfall kann eine Kombination beider Meßmethoden angesehen werden; an kritschen Qualitätsmerkmalen die automatische 100 %-Messung mit direkter Rückkopplung, zur Ausregelung längerperiodischer Trends die Koordinatenmeßtechnik mit indirektem feedback.

Ein Punkt erscheint mir nun vor allem für die Klein- und Mittelbetriebe von besonderer Wichtigkeit. Es ist ein gemeinsames Merkmal fast aller Publikationen, Lehrgänge und Richtlinien zur Thematik Qualitätssicherung, daß mit der Trendanalyse und dem Aufbau eines Regelkreises der Schlußpunkt gesetzt und das Ziel als erreicht betrachtet wird. Ich vertrete jedoch die Auffassung, daß hier noch ein wirkungsvolles Instrument ungenützt bleibt, nämlich die Einkreisung und Aufdeckung der Fehler-Ursachen. Es sind die Fragen zu beantworten: warum ist die Streuung so groß und wo liegt die Fehlerquelle? Warum zeigt sich dieser Trendverlauf und welches sind die Ursachen? Für die Streuung ist oftmals Spiel in Führungen und Lagerungen verantwortlich, der Trend ist auf thermische Verformungen der Maschine und auf Werkzeugabnützung zurückzuführen.

Wenn die Fehlerquellen lokalisiert sind, sollte der Versuch, sie zu beseitigen, die logische Konsequenz sein. Indem ich diesen Schritt besonders hervorhebe, bin ich mir gleichzeitig aber auch der Schwierigkeiten in der Praxis bewußt. Die geschilderte Vorgangsweise setzt nämlich sehr sorgfältige Messungen und Schwachstellenanalysen voraus. Vor allem aber auch fundiertes theoretisches Wissen um die physikalischen Phänomene der Wärmeübertragung, der mechanischen Reibung und des Verformungsverhaltens von Maschinenkörpern.

4. Das Betriebsverhalten der Maschine im Brennpunkt

Das eigentliche Dilemma für Klein- und Mittelbetriebe beginnt aber dort, wo die Fertigung stark auftragsbezogen ist und die Einzelfertigung vorherrscht. Die zuvor beschriebene Vorgangsweise, nämlich die Rückkopplung in den Fertigungsprozeß aufgrund einer Trendanalyse von Werkstückmessungen setzt eine Serienfertigung mit gewissen Losgrößen voraus.

Im Falle von Einzel- oder Kleinserienfertigung muß daher eine andere Strategie gewählt werden. Diese kann sich nur auf die Werkzeugmaschine selbst beziehen und eine Steigerung der Arbeitsgenauigkeit der Maschine zum Ziel haben. Die Messung hat nicht am Werkstück sondern an der Maschine zu erfolgen. Die Trendanalyse geschieht nicht an Werkstücken eines Loses, also innerhalb einer relativ kurzen Zeitspanne, sondern basiert auf regelmäßigen Maschinenvermessungen mit dem Laser-Interferometer und überdeckt einen Zeitraum von mehreren Jahren, ja konsequenterweise die gesamte Lebensdauer der Werkzeugmaschine.

Das Ziel der Qualitätsstrategie muß in diesem Fall die genaue Kenntnis des geometrischen Verhaltens der Maschine unter allen auftretenden Belastungszuständen und Umgebungseinflüssen sein. Um darüberhinaus eine Aussage über das Langzeitverhalten etwa im Bezug auf Verschleiß oder Fundamentsetzungen treffen zu können, muß diese "Momentaufnahme" in regelmäßigen Zeitabständen wiederholt werden, sodaß aufgrund des so entstehenden Histogramms wiederum eine Trend- und Streuungsanalyse möglich wird.

Jede CNC-Werkzeugmaschine wird heute bei der Endabnahme mit dem Laser-Interferometer nach VDI/DGQ 3441 geprüft. Eine spätere Maschinenvermessung nach denselben Regeln wird aber meist erst dann durchgeführt, wenn die Maschine erkennbar Ausschuß produziert. Dabei könnte bei Vorliegen des erwähnten Histogramms ganz analog zu der unter Punkt 3 beschriebenen Vorgangsweise verfahren werden, indem der Maßstab auf der Zeitachse etwa die Skalierung "Jahre" bekommt. Die Eintragung von Warngrenzen und die Extrapolation der Meßgrößen über den momentanen Zeitpunkt hinaus sind wichtige Anhalte für eine präventive Instandhaltung. Genauso können bei Beobachtung des Verschleißfortschrittes auch bei einer alten Maschinen Arbeitsbereiche aufgedeckt werden, innerhalb derer die Maschine noch mit der geforderten Genauigkeit arbeitet.

5. Die Forschungsarbeiten am Institut für Fertigungstechnik der TU Graz

Die Thematik der fertigungsbegleitenden Maschinenvermessung mit Analyse und Dokumentation der Ergebnisse zur Beherrschung und Verbesserung des geometrischen Betriebsverhaltens von CNC-Maschinen ist ein vorrangiger Forschungsschwerpunkt am Institut für Fertigungstechnik der TU Graz.

Den Kernpunkt der meßtechnischen Ausrüstung bildet das Laser-Interferometer mit sämtlichen optischen Komponenten für Positions-, Geradheits- und Winkelmessungen. Zur rechnergestützten Meßauswertung dient ein Tischrechner mit 4-Farben-Plotter. Der Schwerpunkt der eigenen Entwicklungsarbeiten war zunächst die Erstellung einer leistungsfähigen Meß-software. Wenn neben der reinen Meßaufgabe die Fehleranalyse an Werkzeugmaschinen als Ziel angepeilt wird, kommt nur die on-line-Verarbeitung der Meßwerte im Rechner in Frage, wobei der unmittelbaren Ausgabe anschaulicher und aussagekräftiger Diagramme zweifellos die größte Bedeutung zukommt. Als Beispiel für ein derartiges Meßdiagramm möge Abb. 2 dienen, in der die Positionsab-

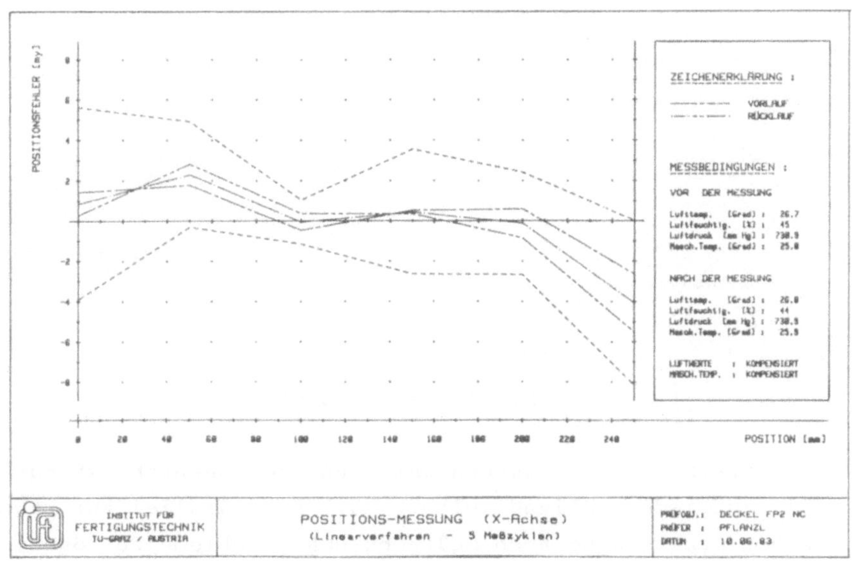

Abb. 2: Meßdiagramm

weichungen der X-Achse einer kleinen Konsolfräsmaschine ausgeplottet und nach VDI 3441 ausgewertet sind. Die Fehlerkurven für Vor- und Rücklauf geben die Mittelwerte von jeweils 5 Meßzyklen wieder, die äußeren strichlierten Linien stellen den $\pm$ 3σ-Bereich dar.

Die Realität ist aber weit komplexer. Bekanntlich setzt sich die Positionsabweichung an einem Punkt im Arbeitsbereich einer 3-achsigen CNC-Maschine aus 21 Einzelkomponenten zusammen. Wie Abb. 3 veranschaulicht summieren sich 3 Achs-Positionsabweichungen, 6 Geradheitsabweichungen, 9 Winkel- und 3 Rechtwinkeligkeitsfehler.

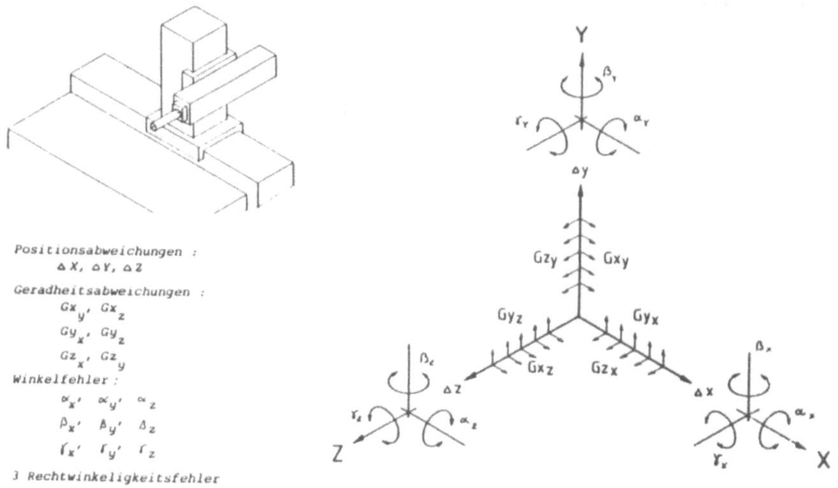

Abb. 3: Maschinenfehler

Die meßtechnische Erfassung der Einzelkomponenten ist nur zum Teil zufriedenstellend gelöst, d. h. parallel zur theoretischen Arbeit sind noch meßtechnische Probleme zu lösen.

Als nächster Schritt wurde die Integration von 2 Winkelmessungen in das Gesamtsystem vollzogen. Wie die Abb. 4 zeigt, werden zwei digitale elektronische Neigungsmeßgeräte zur Messung von 2 Winkelverkippungen eingesetzt, durch den Rechner angesteuert und die Meßwerte softwaremäßig mit den Laser-Messungen verknüpft.

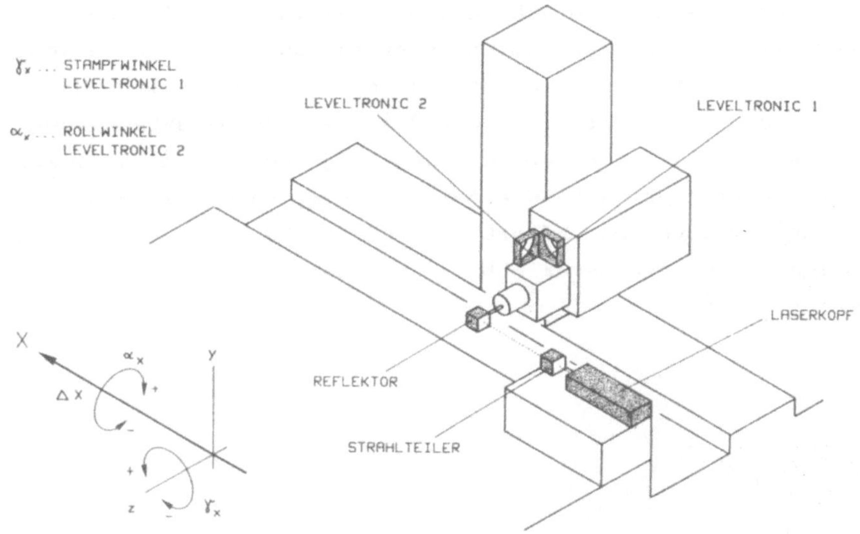

Abb. 4: Simultane Positions- und Winkelmessung

Die größten Probleme wirft die Geradheitsmessung auf, zumal das sogenannte "Straightness-Interferometer", d. h. die Geradheitsmessung mit dem Laser-Interferometer nur bei Meßlängen bis zu 3 m zufriedenstellende, reproduzierbare Ergebnisse liefert.

Ein erster Ansatzpunkt war eine umfangreiche Versuchsserie, in der die Einflußfaktoren auf die Genauigkeit der Straightness-Interferometer-Messung durchleuchtet wurden. Diese Untersuchung, welche teilweise auf Ergebnisse der TH Aachen aufbaut, wurden eben abgeschlossen.

Gleichzeitig laufen aber intensive Entwicklungsarbeiten zur Schaffung eines gänzlich neuen Geradheitsmeßverfahrens, sowie eines Meßgerätes zur Erfassung der dritten Winkelverkippung. Damit ist nun auch das Endziel dieser Forschungsarbeit erkennbar, nämlich die meßtechnische Erfassung alle. Einzelfehlergrößen und ihre softwaremäßige Verknüpfung. Das Ziel ist die rechnergestützte Erstellung der kompletten Fehlermatrix einer mehrachsigen Werkzeugmaschine.

Die bedeutsamste Forschungsarbeit am Institut für Fertigungstechnik der TU Graz zum Themenkreis Qualitätssteigerung ist jedoch zweifellos die Entwicklung eines digitalen Maßstabsinterpolators, der zwischen das Positionsmeßsytem einer NC-Achse und die Maschinensteuerung eingefügt, eine automatische Fehlerkorrektur anhand einer in einem EAROM abgespeicherten Korrekturkurve durchführt, welche mittels einer Laser-Interferometermessung gemäß Abb. 5 aufgenommen wurde.

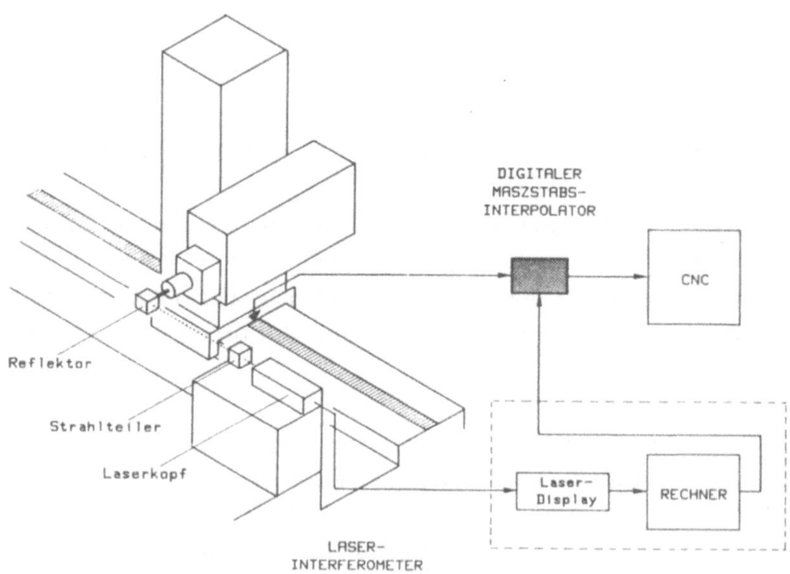

Abb. 5: Digitaler Maßstabsinterpolator

6. Schlußbetrachtungen

Eine Qualitätsstrategie, welche in Klein- und Mittelbetrieben wirkungsvoll eingesetzt werden kann, sollte darauf abzielen, die Fertigungsprozesse so sicher in den Griff zu bekommen und zu beherrschen, daß die Siebfunktion der Kontrolle in den Hintergrund treten kann.

In diesem Zusammenhang verliert die oftmals sosehr propagierte statistische Qualitätskontrolle und die attributive Stichprobenprüfung stark an Bedeutung. Einerseits ist sie bei Einzelfertigung von vornherein nicht anwendbar, andererseits muß bedacht werden, daß im Zuge der fortschreitenden Automatisierung und hochflexibler automatischer Fertigungssysteme ein einziger fehlerhafter Teil Werkzeugbruch und stundenlangen Maschinenstillstand bewirken kann. Der statistischen Qualitätskontrolle liegt aber die Annahme zugrunde, daß eine gewisse Fehlerquote akzeptiert wird. Diese Erkenntnis sollte endlich auch in Schulungskonzepten und Lehrgängen Eingang finden. Nicht das Durchexerzieren statistischer Methoden ist in Zukunft wichtig, sondern das Verständnis für die Technologie des Bearbeitungsprozesses und für die oftmals komplexen Zusammenhänge zwischen Fehlerursache und Fehlerauswirkung. Dem Qualitätsingenieur der Zukunft sollte primär ein solides technologisches Grundwissen vermittelt werden, welches auf der richtigen Deutung physikalischer Vorgänge aufbaut. Vornehmlich in Klein- und Mittelbetrieben sollte er in der Lage sein, zusammen mit dem Fertigungstechniker Fehlerursachen durch logische Überlegungen einzukreisen, die zu ihrer Beseitigung nötigen Schlüsse zu ziehen und damit aktiv zur Hebung des Qualitätsniveaus beizutragen.

Literatur

1. Frank, A.: Das Laser-Interferometer im Dienste der Fertigungsgenauigkeit. Der Wirtschaftsingenieur 15(1983)3
2. Pflanzl, M.: Genauigkeitsmessungen mit dem Laser-Interferometer. Fachtagung: Koordinatenmeßtechnik in der Fertigung, Maribor 1982
3. Frank, A.: Erfahrungen bei der Vermessung großer Werkzeugmaschinen mit dem Laser-Interferometer. Fachtagung: Innovation und Automation in der Fertigungsmeßtechnik, Maribor 1984
4. Danzer, H.: Zeitgemäße Qualitätssicherung im Automobilbau. Werkstatt und Betrieb 117(1984)3
5 Danzer, H.: Umdenken. NC-Fertigung (1984)6
6. Swatek, H.: Längenmessung im Submikronbereich mit Hilfe neuentwickelter digitaler Maßstabsinterpolatoren. Internationale Fachtagung: Moderne Fertigung und Fertigungsmeßtechnik, Wien 1986

Arbeitskreis 1:

Organisation

Leitung:

Univ.-Prof. Dr. Franz Wojda

Betriebs- und Arbeitsorganisation für die Automatisierung in Klein- und Mittelbetrieben

Franz Wojda, TU Wien

1 Entwicklungstendenzen

Betrachtet man die Entwicklungstendenzen in der Wirtschaft, so sind diese insbesonders durch eine zunehmende Automatisierung der industriellen Produktion und des Bürobereiches gekennzeichnet.

Im Produktionsbereich werden eine weitgehende Automatisierung der Teilefertigung und Montage, aber auch von Transport, Qualitätskontrolle und Lagerung erfolgen. Im Büro-, bzw. Verwaltungsbereich werden die derzeit getrennt eingesetzten Daten- und Textverarbeitungssysteme sowie Graphik- und audiovisuellen Systeme zu Büroinformations- und Kommunikationssystemen integriert werden. Diese können zunehmend auch Funktionen der Managementunterstützung übernehmen, so etwa Terminverwaltung, Herstellung von Telefonverbindungen, Übermittlung von Nachrichten etc.
Systeme dieser Art existieren bereits in Form von Prototypen und Pilotinstallationen, können jedoch erst bei Vorhandensein von entsprechenden Terminals an allen betroffenen Arbeitsplätzen sowie inner- und zwischenbetrieblichen Leitungsnetzen wirtschaftlich effektiv genutzt werden.
Wesentliche Veränderungen werden sich auch an der Schnittstelle zwischen Produktion und Bürobereich ergeben, da eine lückenlose elektronische Datenübermittlung und -ver-

arbeitung von der Konstruktion bis zur Fertigung an automatischen Maschinen oder Robotern einerseits, zwischen Verkauf, Produktion und Einkauf andererseits, geräte- und programmtechnisch bereits jetzt sowie organisatorisch in absehbarer Zeit auf breiter Basis realisierbar sind.

Diese Entwicklungen werden in den kleineren Unternehmen wahrscheinlich später einsetzen und langsamer verlaufen als in den industriellen Grossunternehmen, was die eingesetzte Technik anbelangt, letztlich aber auch dort zu ähnlichen Resultaten führen. In vielen Fällen könnte aber die Automatisierung in Kleinbetrieben sogar schneller und erfolgreicher vor sich gehen, wenn es gelingt, die dort gegebenen organisatorischen Flexibilitätsvorteile zu nutzen. Dies hängt in beträchtlichem Masse von der Verfügbarkeit von Kapital und entsprechend qualifizierten Mitarbeitern für kleinere Unternehmen ab.

Die vielfach als modulare Bausteine verfügbaren Technologien, verbunden mit einer zunehmenden wissenschaftlichen Durchdringung komplexer betrieblicher Abläufe (z.B. unterstützt durch Steuer- und Regelungstechnik, Operations Research), ermöglichen sowohl im Produktions- als auch Bürobereich die Konzeption alternativer Systeme bei im wesentlichen gleichem sachlich-technischem Leistungsergebnis. Allerdings unterscheiden sich diese alternativen Systeme durch eine Reihe von Auswirkungen auf menschliche, betriebs- und volkswirtschaftliche sowie gesellschaftliche Zielaspekte.

2 Multiple Zielsetzung und deren Einfluss auf die Organisation

Zur zukunftsorientierten Automatisierung in Klein- und Mittelbetrieben gilt es daher, eine multiple Zielsetzung zu verfolgen, die gleichermassen sachlich-leistungsmässige (funktionelle), betriebswirtschaftliche und personelle (menschliche) Ziele beinhaltet sowie zusätzlich auch unternehmensexterne Effekte in Form von volkswirtschaftlichen und gesellschaftlichen Zielaspekten berücksichtigt.

Für ein flexibles Fertigungssystem ist ein Beispiel eines derartigen Zielsystems in der nachfolgenden Tabelle wiedergegeben.

Zielaspekte	Mögliche Zielsetzungen
Funktionale Gegebenheiten	- Zuverlässigkeit der Leistungserbringung - Erhöhte Qualitätsanforderungen - Störungsarmut - Hohe Flexibilität gegenüber . Produktänderungen und Neuentwicklungen . Stückzahlschwankungen . Losgrössenschwankungen . Personelle Schwankungen - Kurze Durchlaufzeit
Menschliche Gegebenheiten und Entwicklungen	- Guter Gesundheitszustand (psychisch/physisch) - Hohes Wohlbefinden, Zufriedenheit - Erhaltung und Ausbau der Berufsqualifikation - Effektive, menschlich befriedigende Zusammenarbeit der Mitarbeiter - Sicherheit des Arbeitsplatzes
Betriebswirtschaftliche Gegebenheiten und Entwicklungen	- Hohe Wirtschaftlichkeit der Leistungserbringung - Geringe Eigen- und Fremdkapitalbindung - Weitestmögliche Nutzung der im Unternehmen vorhandenen Ressourcen
Volkswirtschaftliche Gegebenheiten und Entwicklungen	- Substantieller Beitrag zur Deckung des Bedarfes an Gütern und Dienstleistungen - Geringe Belastung der Zahlungsbilanz (z.B. durch Verwendung inländischer Betriebsmittel) - Geringe externe Kosten durch Unfälle sowie arbeitsbedingte Erkrankungen - Umweltverträglichkeit
Gesellschaftliche Gegebenheiten und Entwicklungen	- Nutzung und Erweiterung der vom Bildungssystem bereitgestellten Qualifikationen - Positive Beeinflussung des sozialen Klimas

Unter Zugrundelegung dieser Zielsetzung wird die Betriebs- und Arbeitsorganisation unter Berücksichtigung der gewählten Automatisierungsalternativen und den damit verbundenen technischen Komponenten der Automatisierung - im Sinne eines situativen Gestaltungsansatzes - durch drei Gestaltungsrichtungen wesentlich bestimmt:

- die zur Anwendung kommenden Arbeitsstrukturen,
- die Qualifizierung der Mitarbeiter,
- die gewählte Einführungsstrategie.

Es ist zwar nicht möglich, allgemein gültige Modelle für die Gestaltung der Arbeit zu entwickeln, sondern ausgehend von den jeweiligen betrieblichen Gegebenheiten sind unter Berücksichtigung der definierten Ziele optimale gestalterische Lösungen zu erarbeiten. Allerdings kann und muss diese Aufgabe durch entsprechende Hilfsmittel unterstützt werden; dies sind Instrumente zur Analyse der Ist-Situation, zur Darstellung der Zielvorstellungen und zur Überprüfung der Zielerfüllung, EDV-gestützte Datenbanken zur Erschliessung des in der Literatur vorhandenen Planungswissens, eine Systematik der für die Planung relevanten Merkmale usw.

Wesentliche, allgemeingültige Gestaltungsmassnahmen zur Umsetzung der vorhin ausgeführten Gestaltungsrichtungen sollen jedoch nachfolgend dargelegt werden.

3 Zur Anwendung kommende Arbeitsstrukturen

Die Effizienz des Einsatzes der neuen Automationstechniken wird wesentlich durch die zur Anwendung kommenden Arbeitsstrukturen bestimmt. Nachfolgend werden hierzu relevante Gestaltungsfaktoren beschrieben:

1) Arbeitsbereicherung im Sinne des Zusammenfügens unterschiedlicher Grundfunktionen, bzw. -tätigkeiten zu einer inhaltsreichen Arbeitsaufgabe mit Identifikationsmöglichkeiten für den Mitarbeiter. Dies bezieht sich im Produktionsbereich sowohl auf das eigentliche Produzieren, d.h. Be- und Verarbeiten, als auch auf Konstruktion und Qualitätswesen.

   Beim Be- und Verarbeiten bedeutet dies die Integration planender, steuernder, ausführender und kontrollierender Funktion; in der Konstruktion das Zusammenführen der Zeichnungserstellung, Festlegung der Arbeitsabläufe und Fertigungsverfahren samt Betriebsmittel und Zeiten sowie der damit verbundenen Kalkulationen.

   Im Qualitätswesen bedeutet dies die Abkehr von einer kontrollierenden und Zuwendung zu einer produzierenden Qualitätssicherung, bei der den ausführenden Mitarbeitern mehr Verantwortung und Kompetenz hinsichtlich Qualitätsfragen übertragen werden.

2) Teamarbeit in den verschiedensten betrieblichen Bereichen zur Lösung der komplexen und mannigfaltigen Problemstellungen. In der Fertigung selbst ergeben sich hierbei z.B. Möglichkeiten der Bildung von

Qualitätszirkeln sowie teilautonomen Arbeitsgruppen.

3) Partizipation zur Förderung der Entfaltungsmöglichkeiten des Einzelnen, aber auch zur Nutzung dessen Leistungspotentials.

Partizipation kann dabei jedoch in sehr unterschiedlicher Form gesehen werden und zwar je nachdem in welchem Ausmass, welcher Form, zu welchem Zeitpunkt die nachfolgend angeführten Funktionen von Mitarbeitern übernommen werden können und sollen.

Derartige Funktionen sind (dargelegt in Anlehnung an Begriffe des Arbeitsverfassungsgesetzes):

- Information, Anhörung, Bearbeitung, Vorschlagsrecht, Vetorecht, Zustimmung, Planung (Analyse, Entwurf, Bewertung), Entscheidung, Kontrolle.

Aus Betroffenen Beteiligte zu machen ist die Zielrichtung des Bemühens nach Partizipation. Dabei schliesst Partizipation Mitbestimmung im Sinne des Arbeitsverfassungsgesetzes ein.
Sie kann hinsichtlich der Gestaltung initiativ im Sinne der Mitarbeit an der Planung oder reaktiv im Sinne der Stellungnahme zu Planungsergebnissen gesehen werden.

4) Arbeitswechsel bei einer vorliegenden hohen Flexibilität der eingesetzten Arbeitssysteme und der Mitarbeiter.

Durch kürzer werdende Lebenszyklen der Produkte und Dienstleistungen, steigende Anforderungen des Marktes hinsichtlich individueller Kundenwünsche, Qualität und Lieferbereitschaft ergeben sich einerseits zeitlich unterschiedliche Kapazitätserfordernisse an die eingesetzten Arbeitssysteme inkl. Betriebsmittel und damit auch das Erfordernis vom Arbeitswechsel der

Mitarbeiter mit der gleichzeitigen Chance, Tätigkeiten unterschiedlicher Arbeitsinhalte zu verrichten. Daraus resultierend ist jedoch für diese Mitarbeiter der Erwerb der nachfolgend ausgeführten neuen Qualifikationen erforderlich.

5) Dezentralisation zur Schaffung überschaubarer Einheiten.

Neue Technologien, insbesonders Informationstechnologien, begünstigen in hohem Masse die Schaffung dezentraler, überschaubarer Einheiten, die bei hoher Effizienz und Produktivität mehr Identifikationsmöglichkeit für den Einzelnen bieten. Klein- und Mittelbetriebe kommen hinsichtlich dieses Gestaltungsfaktors zwar in Konkurrenz zu Grossunternehmen, doch sollte ihre höhere und leichter zu realisierende Flexibilität insgesamt dazu beitragen, Marktvorteile gegenüber diesen zu erlangen.

6) Gruppen- und Matrixorganisation als Koordinationsinstrumente zur Bewältigung laufender betrieblicher Aufgaben, aber auch bei der Durchführung von Projekten.

Damit soll neben Effizienzsteigerungen eine hohe Motivation aufgrund des besseren Einblickes der Mitarbeiter aus unterschiedlichen Bereichen und Fachdisziplinen zustande kommen, umfangreiche und komplexe Aufgabenstellungen besser gelöst sowie eine Erweiterung des Spezialwissens durch den Einblick in Tätigkeitsbereiche anderer Mitarbeiter vermittelt werden.

Darüberhinaus werden neue Formen der

7) Arbeitszeitregelung und zwar in Richtung einer branchenweisen, betrieblichen und individuell differenzierten Arbeitszeit,

8) Lohn- und Gehaltsgestaltung bei gleichzeitigem Ausbau tätigkeitsbezogener Motivierung

laufend an Wichtigkeit gewinnen.

4 Die Qualifikation der Mitarbeiter

Betrieblicher Aus- und Weiterbildung zur Entwicklung und zum Ausbau der aus den nachfolgend dargelegten Anforderungen resultierenden Qualifikationen kommt ein hoher Stellenwert zu.

1) Die technologischen Entwicklungen führen zu einer wesentlichen Verringerung des Anteils an Routinetätigkeiten, aber auch zu einer Verringerung jener Arbeitsaufgaben, die manuelle Geschicklichkeit, genaues Wahrnehmungsvermögen, besondere körperliche Kraft u.ä. erfordern. Der Anteil von Planungs-, Überwachungs-, Wartungs- und Optimierungsaufgaben wird hingegen zunehmen.

2) Ein gewisser Prozentanteil von sogenannten Resttätigkeiten mit ausgeprägtem Routinecharakter, die aus technischen - häufiger noch aus wirtschaftlichen - Gründen nicht automatisiert werden, wird zwar noch verbleiben, absolut jedoch ebenfalls abnehmen.

3) Zur Automatisierung müssen Programme entwickelt werden, und zwar durch Personen, die die entsprechende Tätigkeit sowohl praktisch kennen als auch theoretisch beherrschen.

4) Mit diesen komplexen Arbeitsaufgaben sind erhöhte Anforderungen an die kognitive und emotionale Kompetenz der Mitarbeiter erforderlich.
Kognitive Kompetenz bedeutet hierbei vorausplanen, neue Ideen entwickeln und entscheiden zu können mit dem Ziel, die mannigfaltigen Problemstellungen des

beruflichen Alltages in kreativer Weise zu lösen.

Die emotionale Kompetenz dagegen umfasst das individuelle und soziale Handeln der Mitarbeiter. Das individuelle Handeln erfordert hierbei sich selbst zu erkennen, seine Fähigkeiten und andere richtig einzuschätzen, sich selbst und andere motivieren zu können. Das soziale Handeln erfordert dagegen, mit anderen reden, zuhören, überzeugen sowie Konflikte lösen zu können, abschätzen zu können, was anderen zumutbar ist und somit insgesamt in Teams agieren zu können.

5) Durch Gruppenbildung, Matrix-Organisation und Partizipation wird die Notwendigkeit von bisher typischen Führungsqualifikationen im zwischenmenschlichen Bereich sich auf Bereiche ausdehnen, in denen bislang sogenanntes fachliches Wissen und Können ausschlaggebend und ausreichend waren.

6) Betrieblicher Aus- und Weiterbildung zur Erwerbung und den Ausbau der aus obgenannten Anforderungen abzuleitenden Qualifikationen kommt daher ein hoher Stellenwert zu.

5 Die gewählte Einführungsstrategie

Die gewählte Einführungsstrategie bei neuen Technologien und Automationstechniken beeinflusst wesentlich das Ergebnis. Hierbei sind folgende Faktoren zu beachten:

1) Eine systematische Strukturierung der Planung ist unbedingt erforderlich.

   Sollen in der Planung eine multiple Zielsetzung verfolgt, unterschiedliche Systemumfänge und Planungsphasen bewältigt sowie die Mitwirkung der betroffenen Arbeitnehmer gewährleistet werden, so reicht eine improvisierende Vorgangsweise bei der Durchführung von Gestaltungsprojekten im Bereich der Automation nicht aus. Eine klar geregelte Projektorganisation, Zielvorgaben und der systematische Einsatz erprobter Planungsmethoden und -instrumente ist unumgänglich notwendig.

2) Planungsinhalt und -methodik der Planung stehen im Gestaltungsprozess in enger Wechselwirkung und beeinflussen gleichermassen das Planungsergebnis.

   So wird es z.B. neben einer systematischen Vorgehensweise wesentlich von der Zusammensetzung des Projektteams abhängen,
   - welche Zielkriterien in ein Zielsystem aufgenommen werden und welche Ausprägungen ihnen im Zuge der Zielplanung zuerkannt werden,
   - welche Gestaltungsfaktoren im Unternehmen als Randbedingungen zu betrachten sind und welche

Faktoren somit einer Gestaltung unterzogen werden sollen,
- welche Methoden und Techniken für die Problemlösung herangezogen und
- welche Gestaltungsvarianten für die Realisierung ausgewählt werden.

3) Die Arbeitssystemgestaltung muss bereits bei der Investitionsplanung einsetzen.

Das Arbeitssystem wird bereits in frühen Planungsphasen wesentlich bestimmt, in Phasen in denen heute nahezu ausschliesslich nach funktionellen und betriebswirtschaftlichen Kriterien entschieden wird. Die Verfolgung eines multiplen Zielsystems muss jedoch in allen Planungsphasen (z.B. Feasibility-Studie, Vorprojekte, Detailprojekt) und allen Systemumfängen (Gesamtunternehmen, Abteilung, Arbeitsgruppe, Einzelarbeitsplatz) angestrebt werden.

4) Die Mitwirkung der Arbeitnehmer bei Einführung neuer Technologie und Automationstechnik sollte in differenzierter Form erfolgen.

Sowohl aus der Forderung nach Qualifikationsentwicklung als auch aufgrund wirtschaftlicher und funktioneller Zielsetzungen kommt der Mitwirkung der Arbeitnehmer in der Arbeitsgestaltung grosse Bedeutung zu. Wenn diese Mitwirkung in der betrieblichen Praxis umgesetzt werden soll, ist eine nach Planungsphase und Systemumfang differenzierte Art der Mitwirkung vorzusehen.

Eine Beschränkung auf die direkte Mitwirkung der betroffenen Arbeitnehmer reduziert die Partizipation im wesentlichen auf Detailplanungen bei kleinen Systemumfängen, wo wesentliche Vorentscheidungen bereits getroffen wurden und den Gestaltungsspielraum enorm einengen. Eine ausschliesslich indirekte Mitwirkung durch gewählte Interessensvertreter wiederum schliesst den einzelnen Arbeitnehmer von der Mitgestaltung in den von ihm überschaubaren Bereichen aus und führt sowohl zu nur beschränkt umsetzbaren Planungsergebnissen als auch zu Motivationsproblemen.

6 Resumee

Die vorhergehenden Ausführungen sollten veranschaulichen, welche Auswirkungen durch den Einsatz neuer Technologien im betrieblichen Bereich zum Tragen kommen werden, aber auch, welche Chancen für die arbeitenden Menschen gegeben sind. Neue Technologien sind von Menschen in hohem Mass gestaltbar und zum Nutzen des Menschen einsetzbar.

Es gilt daher, wünschenswerte Entwicklungen durch klare Zielformulierungen zu definieren und rechtzeitig auf ihre Realisierung hinzuwirken. Dabei werden neben technischen auch organisatorische Weiterentwicklungen und Innovationen notwendig sein.

Gelingt es, einerseits die aus den Rationalisierungseffekten resultierenden Arbeitsmarktprobleme volkswirtschaftlich und gesellschaftspolitisch zu lösen und andererseits innerbetrieblich die sich ergebenden Möglichkeiten neuer Technologien bei der Gestaltung der Arbeit zu nutzen, ist eine optimistische Einschätzung hinsichtlich ihres Einsatzes durchaus berechtigt.

Arbeitnehmererfahrungen beim Einsatz von Automatisierungstechnik

Werner Amon, Wertheim-Werke, Wien

1. Allgemeine Erfahrungen

Wie die Erfahrung zeigt, bringt die Einführung neuer Automatisierungstechniken für die Arbeitnehmer sowohl Verbesserungen als auch Verschlechterungen der Arbeitsbedingungen. Welche Auswirkungen überwiegen - die positiven oder die negativen - hängt jeweils im Einzelfall davon ab, wie und auf welche Weise die Organisation der Arbeit erstellt und praktiziert wird. Das in menschlicher und auch in wirtschaftlicher Hinsicht beste Ergebnis ist nur bei aktiver Mitwirkung und Mitbestimmung der betroffenen Arbeitnehmer erzielbar.

Der Grund für die Einführung neuer Automatisierungstechniken ist der Wunsch nach Rationalisierung:

- Die Kosten sollen gesenkt werden,
- die Qualität gesteigert,
- die Zeit für den Auftragsdurchlauf verringert
- und die Absatzchancen verbessert werden.

Die Erleichterung der Arbeitsbedingungen für die Arbeitnehmer ist dagegen kein Motiv für die Einführung. Diese Auswirkung ergibt sich nur indirekt. Der in der Regel beträchtliche Anschaffungspreis und das sich daraus ergebende Bestreben einen möglichst hohen Nutzungsgrad zu erreichen, führen dazu, daß auch verschiedene Hilfseinrichtungen installiert werden. Dazu gehören vor allem Hebezeuge aller Art. Dies bringt für die Arbeitnehmer eine deutliche Erleichterung durch geringere körperliche Anstrengung.

Gespart wird jedoch vielfach bei der Humanisierung des Arbeitsplatzes. Dies führt zu Belastungen und sogar zu gesundheitlichen Schädigungen des Bedienungspersonals, aber auch der in der unmittelbaren Umgebung Arbeitenden.

Der Grad der geistigen Belastung hängt stark von der Art der Ausbildung und Einschulung ab. Facharbeiter und Hilfsarbeiter, bzw. angelernte Arbeiter, beurteilen die Anforderungen, die an sie gestellt werden, sehr unterschiedlich. Dazu kommt noch, daß sich die Anforderungen während der Einführungsphase grundlegend vom anschließenden Dauerbetrieb unterscheiden.

Die Einführungsphase ist gekennzeichnet von einer sehr hohen Anforderung. Neben dem Erlernen einer Unzahl von neuen Begriffen und Bedienungsabläufen kommt es zumeist zu organisatorischen Umstellungen, die für die Betroffenen zusätzliche Anpassungsanstrengungen bedeuten. Auch wird gern bei der Einschulung gespart. Diese erfolgt in der Regel durch die Lieferfirma und ist meistens zu kurz und unzureichend. Erschwert wird die Situation zumeist noch durch das Auftreten diverser technischer Anfangsschwierigkeiten. Trotzdem verlangt man von den Arbeitnehmern, bereits vom Start weg eine möglichst hohe Leistung zu erbringen.

In der Folge kommt es zu einer grundlegenden Veränderung der Arbeitssituation. Nachdem einmal die notwendigen Daten gespeichert sind, verbleiben für das Bedienungspersonal nur mehr Resttätigkeiten wie Beschickung und Kontrolle der Anlage. Das heißt im Dauerbetrieb überwiegen monotone Überwachungstätigkeiten, die jedoch durch überraschend auftretende Störungen unregelmäßig unterbrochen werden.

2. Fallbeispiele

2.1 Schweißroboter

(Zweiarmig, je Arm 6 programmierbare Achsen, Teach - in - Verfahren).

Die Einführung des Roboters war mit großen Problemen verbunden. Ursprünglich war er organisatorisch einer Produktionsabteilung zugeordnet, später wurde er in die Verantwortung der Schweißabteilung übergeben. Die Überwindung der Anfangsschwierigkeiten dauerte fast ein Jahr und war nur möglich durch die fachliche Qualifikation und das Engagement des Bedienungspersonales.

Die Einschulung zur Führung und Programmierung des Roboters erfolgte durch den Hersteller und dauerte drei Tage. Die tatsächliche Anlernzeit, die Ausbildung der Fähigkeit, Fehlprogrammierungen zu vermeiden, dauerte einige Monate.

Es wurde mit dem derzeit am Roboter beschäftigten Arbeiter ein Mann mit hoher

Schweißqualifikation gefunden, der sich mit seiner Arbeitsaufgabe identifiziert und aktiv an der Nutzung des Roboters arbeitet. Diese Arbeit ist relativ vielfältig: Er ist an der Auswahl jener Teile beteiligt, die mit dem Roboter geschweißt werden sollen, er entwickelt einfache Vorrichtungen zum Einlegen der Teile selbst, er programmiert Bewegungsablauf und Schweißparameter des Roboters und er spannt die Teile ein und aus.

Die Programmierung des Roboters erfordert Schweißqualifikation und "Schweißgefühl". Anfänglich waren etwa 25 Prozent der Arbeitszeit für die Programmierung notwendig, doch nahm der Anteil dieser Arbeitsaufgaben ab, je mehr Programme auf Band gespeichert wurden. Einlege- und Überwachungstätigkeiten nahmen daher zu. Natürlich gibt es immer wieder neue Produkte oder Änderungswünsche. Doch kann der Schweißer sowohl seine Schweißqualifikation als auch seine Fähigkeit des Programmierens immer seltener nutzen, immer größere Anteile seiner Tätigkeit sind reine Hilfsarbeit.

Die körperlichen Belastungen haben eindeutig abgenommen. Das gilt vor allem für die Handhabung schwerer Teile und für Schweißarbeiten bei ungünstiger Körperhaltung. Das Wegfallen des Handschweißens brachte eine weitere Verbesserung der Arbeitsbedingungen, weil keine Schweißdämpfe mehr direkt eingeatmet werden müssen. Andererseits bringt das gleichzeitige Schweißen mit zwei Brennern, bei Teilen mit kurzer Schweißzeit eine Steigerung des Arbeitsdruckes beim Einlegen der Teile. Auch die Gefahr des "Verblitzens", das zu Augenschäden führt, ist dadurch größer geworden. (Die Schutzbrillen sind für die Kontrollaufgaben zu dunkel und werden daher nicht dauernd getragen.)

Die nervliche Belastung empfindet der Arbeiter als gestiegen, weil Überwachungsaufgaben und Fehlersuche mehr Konzentration erfordern.

2.2 CNC-Stanze

(Zwei Maschinen mit Werkzeugrevolver und Koordinatentisch zur Bearbeitung von Blechtafeln.)

Die Maschinen werden in arbeitsteiliger Organisationsform betrieben. Die Erstellung der Programme erfolgt durch eigene Programmierer im Rahmen der Arbeitsvorbereitung. Die Herstellung der Stanzwerkzeuge und deren Instandhaltung obliegt dem Werkzeugbau. Die Arbeitseinteilung und Auftragsfolge, sowie die Kontrolle, erfolgt durch Meister und Vorarbeiter. Die Maschinenarbeiter sind auf die Bedienerfunktion reduziert.

Die Maschinenarbeiter sind angelernte Arbeiter, bzw. fachfremde Facharbeiter (z.B. Schneider), die jedoch vom Meister aufgrund ihrer Geschicklichkeit besonders ausgewählt wurden. Sie empfanden ihre Arbeit in der Einführungsphase als Überforderung. Jetzt im Dauerbetrieb sind sie aber relativ zufrieden damit. Sie haben inzwischen mehr oder weniger Spezialkenntnisse in bezug auf Programm-Notwendigkeiten und Werkzeugverschleiß erworben. Dadurch können sie bei auftretenden Schwierigkeiten durch ihre Beobachtungen und Hinweise hilfreich sein.

Auch hier haben die körperlichen Belastungen durch den Einsatz von Hebezeugen für das Ein- und Ausspannen der Blechtafeln abgenommen. Die Lärmbelastung ist gestiegen.Das dadurch bedingte Tragen von schwerem Gehörschutz führt zu einer Abkapselung des Arbeiters von seiner Umwelt.

Die maschinengewehrartige Geräuschentwicklung beim Stanzen stärkerer Bleche hat in der Einführungsphase zu einem regelrechten Aufstand der in der Umgebung arbeitenden Leute geführt. Es mußten nachträglich umfangreiche Schallschutzwände aufgestellt werden um den Lärm auf ein erträgliches Ausmaß zu verringern. Auch dies hat zu der Abkapselung des Maschinenarbeiters beigetragen.

3. Ergänzende Beobachtungen

Beim Einsatz von CNC-Maschinen nimmt die Schichtarbeit stark zu. Daraus ergeben sich für die Arbeitnehmer zusätzliche Belastungen.

Arbeitsteilige Organisationsformen, die den Maschinenarbeitern nur mehr Resttätigkeiten belassen, führen zu Desinteresse an der Arbeit und im weiteren zu einem Absinken der Qualität, sowie zu einem Verlust an Flexibilität beim Auftragsdurchlauf.

Die Tätigkeit auf einem total fremdbestimmten Arbeitsplatz - d.h. auf die Art und Ausstattung des Arbeitsplatzes hat der Arbeitnehmer keinen Einfluß, seine Tätigkeit ergibt sich aus einer strengen Trennung von denken und tun, die Arbeitsfolge wird ihm von "oben" vorgegeben - führt zu einer "inneren Kündigung". Der Betroffene macht nur, was ihm angeschafft wird, ohne viel über das Ergebnis seiner Arbeit nachzudenken. Er ist mit seiner Arbeit auch nicht sonderlich zufrieden. Dabei kommt der Arbeitszufriedenheit eine hohe Bedeutung zu, denn es besteht eindeutig ein Zusammenhang zwischen Zufriedenheit und Leistung. Dies kann man in Gesprächen mit Arbeitnehmern immer wieder feststellen. Planen können, sich die Arbeit einteilen können, mitwirken an Entscheidungen, mitbestimmen, wird als etwas sehr Wichtiges empfunden.

Aus all diesen Gründen ist eine menschengerechte Arbeitsgestaltung erforderlich. Dies bedeutet, daß die Verhältnisse und Umstände am Arbeitsplatz dem Menschen die Chance bieten sollen sich weiter zu entwickeln und zusätzliche Qualifikationen zu erwerben. Der Arbeitnehmer ist verstärkt in den Gestaltungsprozeß einzubeziehen und eine Mitwirkung bei Einführung neuer Technologien zu gewährleisten. Der einzelne Mensch soll Möglichkeiten haben, seinen unmittelbaren Arbeitsbereich direkt mitzugestalten.

Der optimale Einsatz neuer Automatisierungstechniken hängt entscheidend von einer menschengerechten Organisation ab. Die Vorstellung vom knöpfedrückendem "intelligenten Affen" ist grundsätzlich falsch. Nur mitdenkende und positiv motivierte Mitarbeiter ermöglichen einen wirtschaftlichen Erfolg.

Kundenorientierte Maßarbeit im Klein- und Mittelbetrieb - erfolgreiche Kooperationsstrategien mit Betrieben und Hochschulen

Bernhard Baumgartner, Fa. Matec/Delvotec, Kufstein

1. Einleitung:

Zuerst möchte ich unser Unternehmen kurz vorstellen.
Wir beschäftigen uns mit der Entwicklung, Herstellung und Vertrieb von microprozessorgesteuerten Maschinen für die Halbleiterindustrie.

- Chip/Die Bonder
- Wire Bonder
- Vergußmaschinen
- Verzinnmaschinen

und Sondermaschinen

Unsere Kunden sind einerseits Großbetriebe als auch Unternehmen mittlerer Größe.

- Siemens
- Telefunken
- AEG
- Motorola
- Leitz
- Amkor

Unsere Mitarbeiter bilden ein hochqualifiziertes Team, das sehr kundenorientiert arbeitet. Durch diese Kundennähe ergibt sich automatisch eine applikationsorientierte Forschung bzw. Entwicklung. Um die verschiedenen Probleme lösen zu können, besteht ein enger Kontakt zu verschiedenen Universitäten, weniger im Inland als im Ausland, z.B. Universität Lausanne (EPL), IMEDE Managementinstitut, Universität Berlin (BAM), Universität Graz (seit kurzem).

Wir bedienen uns im wesentlichen neuer Technologien

- Ultraschallschweißen
- Pick und Place mit höchster Genauigkeit
- Elektronisches Erkennungssystem (Pattern Recognition, Kantenerkennungssystem)

Den Zusammenbau der Maschinen machen wir selbst, damit ist eine Qualitätssicherung und die Zuverlässigkeit des Produktes gegeben.

Entscheidend in dieser Industrie ist die Servicebereitschaft. Wir garantieren ein 12 Stunden Service.

Das Bonden repräsentiert 5% der gesamten Waferproduktion.

Waferprozess	49%	
Test	42%	Dicing
Assembly	9%	Bonden 5%
		Verpacken

Wir haben uns auf einen Teilbereich spezialisiert und sind in diesem Segment wieder äußerst kundenorientiert, d.h. wir sind ein "Nischen-Nischen-Player".

2. Die Industriestruktur:

In der Industriestruktur vollzieht sich eine Konzentration auf 4 Hauptgebiete:

F + E	Einkauf	Assembly + SW	Distribution + Service
15	35	35	15

Für die verschiedenen "Spieler" in diesem Marktsegment ist eine Konzentration auf ein oder mehrere Gebiete unbedingt erforderlich. Die Halbleiterhersteller brauchen bzw. fordern einerseits

- Zuverlässigkeit
- Flexibilität
- Produktivität

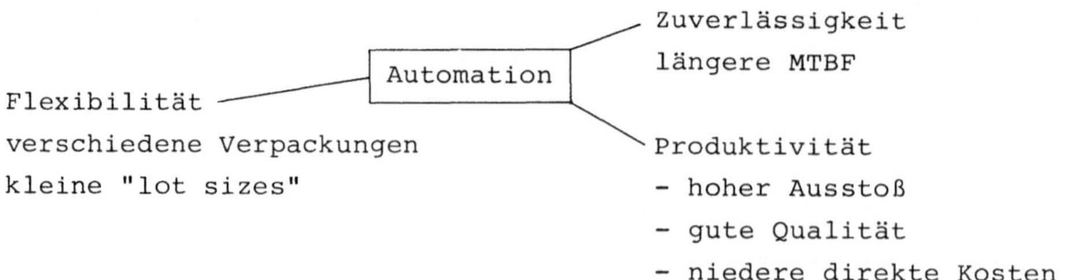

andererseits

- die bestmögliche Qualität
- Zuverlässigkeit
- Bereitschaft der intensiven Zusammenarbeit

Daraus ergeben sich 2 verschiedene Strategien, die sich im Gesamten betrachtet, ergänzen

- Volumenstrategie
- Nichenstrategie

Voraussetzung für den Erfolg ist ein Auseinanderhalten der beiden, in den Startphasen einer Produktentwicklung. Wir konnten durch eine konsequente Konzentrierung auf unsere Stärken eine weitgehende Deckung mit den Anforderungen der Industrie erzielen, z.B. wir haben im F + E Bereich Vorteile gegenüber der Konkurrenten aufgebaut,
- enge Zusammenarbeit mit verschiedenen Herstellern von Halbleitern
- gemeinsames Design von Chips
- Einfluß auf kommerzielles Design
- Teilung von F + E Kosten
- gemeinsame Projektteams
- Service, SW-Unterstützung

konkret sind das
- Entwicklung von Microprozessor-Inspektstationen mit der Firma Leitz, Wetzlar
- Ultraschallschweißen mit 15μ Draht, Firma Siemens, Regensburg
- Test von Wafern, Firma Telefunken
- US-Generatoren und Transducer, BAM, Berlin.

Weiters arbeiten wir im Zuge dieser Projekt- Produktentwicklung mit Universitäten zusammen:
- Universität Lausanne (EPL)
- Universität Neuchatel.

Auch im Bereich des allgemeinen Managementes suchen wir die Zusammenarbeit mit führenden Instituten z.B. Unternehmensanalyse, Strategieempfehlung und Ausarbeitung eines Marketingkonzeptes durch Imede, Managementinstitut, Lausanne.
Das Entscheidende in dieser wechselseitigen Beziehung ist das "Miteinander Können". Das ist die Rücksichtnahme auf die verschiedenen Ziele der Beteiligten - Unternehmen - Kunde - Universität.
Obwohl die Koordination, das "Ausrichten" auf ein gemeinsames Ziel wohl die schwierigste Aufgabe darstellt und nicht ohne Reibungsverluste abläuft, wird das Erreichen eines Projektzieles oft zum Ausgangspunkt eines Anschlußprojektes. Dadurch verstärken sich die Fähigkeiten miteinander, gemeinsam im Dreieck -

Firma, Kunde, Universität arbeiten zu können. Vor allem schafft man den Übergang Theorie - Praxis im Team, wobei auch die Komponente "Markt" im gleichen Maße vertreten ist.

Die Erfahrung aus Vergangenheit sind heute Erfolge der Gegenwart und Zukunft.

Arbeitsformen im Umbruch

Gerlinde W. Dörr, Wissenschaftszentrum Berlin

Produkt- und Fertigungsstrukturen in Klein- und Mittelbetrieben der deutschen Maschinenbauindustrie zeichnen sich, vor allem in Bereichen der auftragsgebundenen Kleinserien- und Einzelfertigung, durch eine hohe Komplexität aus. Verursacht wird dies zum wesentlichen dadurch, daß die zufertigenden Aufträge weder vom Produkt noch vom Fertigungsablauf her vollständig vorherplanbar sind, so wie dies z. B. in der Großserienfertigung der Fall ist. Der beschränkten Plan- und Steuerbarkeit von Produkten mit hohem know-how-Niveau und einem Produktionsablaufgeschehen mit vielfältigem Organisationswissen ist es wesentlich geschuldet, warum Innovations- und Rationalisierungsprozesse gerade in diesen Bereichen den Produktions- und Organisationsfaktor Arbeit nicht zu einer periphären Größe des Arbeits- und Produktionsprozesses haben werden lassen und dies obwohl das Rationalisierungsziel vorherrschend auf den Ersatz menschlicher Arbeit durch Technik gerichtet war. Die "maßgeschneiderten" industriellen Produkte mit ihren anspruchsvollen Fertigungsmethoden und Organisationsstrukturen haben dazu geführt, daß im historischen Prozeß der Rationalisierung, trotz der enormen technologischen Umwälzung der Fertigungstechnik, hier eine arbeits- und qualifikationsintensive Organisationsform vorherrschend blieb.

Strukturiert nach dem Werkstatt- und Verrichtungsprinzip ist hier eine Arbeits- und Produktionsorganisation herangewachsen und in dieser Form bislang in ihren Grundzügen wesentlich erhalten geblieben, die der Produktionsfacharbeit den Einsatz ihrer qualifikatorischen Kompetenz ermöglichte. In diesen Produktionsstätten herrschen deshalb i. d. R. noch Arbeitsformen vor und werden Qualifikationen abgefordert, die sich auf ein fach- und sachspezifisches sowie organisatorisches Erfahrungswissen der Produktionsarbeiter stützen.

Mit dem fortschreitenden Vordringen der Automatisierungs- und Informatisierungstechniken auch in diese Bereiche, die der Automatisierung lange Zeit nicht oder nur beschränkt zugänglich waren, werden nun neue technologische

Innovationen "erprobt", die Umbrüche in den vorherrschenden Arbeitsformen hervorbringen. Die zentralen Ursachen dafür liegen in den neuen Marktanforderungen nach genereller Erhöhung der Produktqualität und -vielfalt bei der Herstellung industrieller Güter. Sie haben letztlich die großen Entwicklungsanstrengungen in der Rechnertechnologie angestoßen, die sich sodann nicht nur auf die Flexibilisierung der Massenfertigung beschränkt haben. Sie richteten sich auch auf die arbeits- und zeitintensive Einzel- und Kleinserienfertigung, um hier Produktions- und Organisationsprozesse flexibel zu automatisieren.

Beobachtet werden kann mittlerweile ein verstärkter Einsatz flexibler Automations- und Informationstechniken in den Mittel- und Kleinbetrieben der deutschen Maschinenbauindustrie. Vorherrschendes Ziel der technologischen Reorganisation ist hier die Verbesserung der Planung, Steuerung und Kontrolle des gesamtbetrieblichen Produktionsgeschehens. Hier kommt dem neuen Rationalisierungstyp, seiner integrativen, gesamtarbeitsprozeßorientierten Konzeption eine wichtige Funktion zu. Denn dieser Konzeption liegt die Zielvorstellung zugrunde, die von den neuen Technologien bislang nur vereinzelt und bruchstückhaft erfaßten Funktionen und Teilbereiche aus ihrem Inseldasein zu entlassen und die verschiedenen Arbeitssysteme informationstechnologisch, betriebsumfassend (und auch zwischenbetrieblich) miteinander zu integrieren. Die empirischen Befunde zeigen hier, daß dies zwar eine allgemein anzutreffende betriebliche Zielvorstellung ist, daß aber die Umsetzung dieser Zielvorstellung sich nur sehr zögernd, in einem langsamen, sehr bedächtigen und sehr vorsichtigen Prozeß in diese Richtung vollzieht.

Nach meinen Recherchen sind die Betriebe, nach anfänglichen Negativerfahrungen mit euphorischen technisch-organisatorischen Vollständigkeitslösungen, sensibler geworden für die dabei auftretenden betrieblichen Hindernisse. Sie sind vor allem mit zwei unterschiedlichen, aber miteinander eng verschränkten Problemlösungsanforderungen konfrontiert, denen gegenwärtig ihre Hauptaufmerksamkeit gilt.

1. Der Herstellung technisch-organisatorischer Kompatibilität zwischen Rechnertechnologie und software - in der ingenieurwissenschaftlichen Debatte diskutiert als "Schnittstellenproblematik" - und
2. der Herstellung von betriebs- und arbeitspolitischer Kompatibilität zwischen dem technisch-organisatorischen System und den gewachsenen, objektiv z. T. unverzichtbaren Organisations-, Kooperations- und Arbeitsstrukturen.

Die Notwendigkeit, gleichzeitig beide Kompatibilitätsanforderungen berücksichtigen zu müssen, stellt nicht nur technisch-organisatorische Anstrengungen an den Reorganisationsprozeß, sondern erfordert auch "intime" Kenntnisse über den Betrieb als ein System mit historisch gewachsenen, in Konflikt- und Konsensprozessen erprobten und durchgesetzten Machtstrukturen. Die "soziale Einschließung" dieser Dimension in den neuen Entwicklungen erklärt, warum der neue Rationalisierungstyp mit seinem umfassenden Integrationsanspruch - der in dem Schlagwort CIM (computer integrated manufacturing) zum Ausdruck gebracht wird - in den Betrieben sich nach einem anderen zeitlichen Rhythmus und sachlichen Vollständigkeitsanspruch vollzieht als dies Hersteller von hard- und software als zwingend notwendig beschwören.

Beobachtet werden kann, daß die Betriebe in die technisch-organisatorische Nutzenmaximierung des betrieblichen Geschehens zusätzlich eine "soziale Logik" einlagern, ohne daß dies im alltäglichen Arbeits- und Produktionsprozeß von den verschiedenen sozialen Gruppen gegenüber den technisch-organisatorischen Neuerungen gleichsam zweck- und interessenbezogen expliziert wird.

Aufgrund der hohen Flexibilität der neuen Technologien (bedingt durch ihren Modellcharakter) und ihre tendenziell universellen Anwendung gilt die Annahme des Technikdeterminismus nicht mehr nur theoretisch, sondern auch als empirisch widerlegt. Die hohe arbeitsorganisatorische Gestaltbarkeit bei der Nutzung und Anwendung der Systemtechniken eröffnet den Betrieben die Chance, verschiedene technisch-organisatorische Entwicklungspfade der Innovation und Rationalisierung einzuschlagen. Damit können sie ihre betrieblichen und arbeitspolitischen Besonderheiten aus ihrer Perspektive berücksichtigen, ohne ihre ökonomischen Zielsetzungen dadurch einschränken zu müssen.

In der Diskussion um die Einsatz- und Nutzungsmodalitäten der neuen technologischen Systeme wird oftmals von einem Dualismus, zentraler und dezentraler Einsatzformen, gesprochen. Diese Sichtweise begründet und unterscheidet den groben Gegensatz, der die Macht- und Entscheidungskultur dieser Oppositionspaare in den Betrieben in zwei Welten teilt. Die konkreten Einsatzformen der neuen Techniken - so zeigen meine Recherchen in den Klein- und Mittelbetrieben - enthüllen eher die "feinen Unterschiede" der Einsatz- und Nutzungsformen. Die empirischen Erfahrungen deuten darauf hin, daß im strikten Wortsinn weder von einer dezentralen noch von einer zentralen Anwendung als breite Tendenz der Einführung von neuen Technologien gesprochen werden kann. Beide Formen scheinen gerade in Klein- und Mittelbetrieben die Ausnahme zu sein. Die technologische Reorganisation stellt in diesen Betrieben eher den Versuch dar, eine Anwendungsform der technologischen Systeme zu praktizieren, die eine Mischung aus Elementen des Oppositionspaares dezentral und zentral beinhaltet. Mehr als auf das Auffinden der reinen Formen von dezentral und zentral kommt es hier jedoch darauf an, die Formen der Kombination, das Paradigma des Zuschnitts des Mensch-Maschine-Systems zu ermitteln, das bereits in die Planung des Systementwicklungsprozesses Eingang findet. Offensichtlich ist, daß die Betriebe versuchen (müssen) mit diesen Technologien den komplexen Arbeits- und Produktionsprozeß transparenter zu machen, um seinen Ablauf systematischer zu gestalten. Die Verfolgung dieses Ziels ist für die Betriebe von zwingender Voraussetzung, wenn sie am Markt weiterhin bestehen wollen. Diese Entwicklung ermöglicht jedoch Zugriffs- und Interventionsmöglichkeiten in vormals abgeschirmte Arbeitsprozesse und bietet dem betrieblichen Management damit die Chance zu deren Ökonomisierung durch eine Abspaltung und Neuzusammenlegung von Funktionen und Aufgaben. So gesehen beinhaltet die technische Reorganisation mit Hilfe flexibler Automatisierung und Informatisierung Rigidisierungselemente und Flexibilitätselemente, mit denen ehemalige Rigidisierungen sich aufheben aber auch neue Rigidisierungen entstehen lassen. Welches der beiden Potentiale zum Tragen kommt, ist nicht zuletzt auch abhängig von der sozialen/politischen Kultur der Betriebe.

Deutlich wird in den Betrieben das "Rationalisierungsdilemma", das sich niederschlägt in Inflexibilität, Rückgang produktiver Innovationen und Problemlösungsaktivitäten von Seiten der Produktionsintelligenz, insbesondere dann, wenn die beabsichtigte Systematisierung des Fertigungsablaufs der Systemlogik subsumiert wird. Erfahrungen dazu finden sich in den meisten Betrieben. Sie erklären sich m. E. aus der lange und weitverbreiteten Ansicht der vollständigen Ausleuchtung und systematischen Erfassung sowie umfassenden technologischen Integration von Teilarbeitsprozessen, die unge- und unverplante Gestaltungsspielräume in technisch-organisatorisch hochentwickelten Arbeitssysteme als mangelhaft und unvollständig begreift. Die verschiedenen Erfahrungen mit der Nutzung und Anwendung von technologischen Systemen haben zu unterschiedlichen Lösungswegen geführt, deren Konsequenzen für die Produktionsarbeit gerade in Klein- und Mittelbetrieben noch nicht absehbar ist. Hinweise liegen vor zu graduellen Veränderungen in der betrieblichen Kontrollstruktur, deren Entwicklungstrend mehrere Implikate aufweist:

- Straffung des Gesamtarbeitsprozesses durch prozeßnahe Informationen und deren Verknüpfungsmöglichkeiten
  (Schaffung neuer Kontrollpotentiale in der Produktion);
- Rationalisierung der Herstellung von sozialem Konsens durch neue Formen

des Involvements der Produktionsarbeiter
(Verfügbarmachung von produktionsbezogenem Kontrollinteresse);
- Minderung der Abhängigkeit bei Entscheidungsprozessen von der Produktion bei gleichzeitiger Aufwertung des Produktions- und Organisationswissens der Produktionsfacharbeit
(Um- und Neuverteilung produktionsbezogener Kontrollmacht).

Wie sich der Formwandel der Kontrolle, der sich mit der Nutzung und dem Einsatz neuer Technologien ankündigt, auswirkt, lassen sich noch keine gültigen Aussagen machen. Die empirischen Befunde sind teilweise von sehr gegensätzlicher Natur. Innerhalb eines bestimmten Rahmens müssen sie jedoch als durchaus miteinander vereinbar begriffen werden, auch wenn das analytische Erklärungsmodell dafür noch unzulänglich ist.

Ein Umbruch in den Arbeitsformen, der durch den Formenwandel der Kontrolle signalisiert wird, kündigt sich deutlich an. Auch wenn der neue Rationalisierungstyp auf qualifikatorische Arbeit und flexibles Produktions- und Organisationswissen zu seinem Gelingen angewiesen ist und Arbeit in dieser Form zum ökonomischen Faktor wird, kann jedoch nicht davon ausgegangen werden, daß aus diesem Grunde von einem Automatismus ausgegangen werden kann, der die Entwicklung in diese Richtung lenkt. Die dafür notwendigen arbeitspolitischen Aktivitäten zur Regulierung dieses neuen Rationalisierungstyps bleibt somit weiterhin eine gesellschaftspolitische Aufgabe, auch wenn hier eine gewisse Interessenidentität zwischen Kapital und Arbeit konstatiert werden kann.

Erfahrungen mit der Organisation autonomer Gruppen

Karl Rösler, Austria Antriebstechnik, Spielberg

1. Die Ausgangsbasis für die Einführung von autonomen Gruppen war, eine bessere Anpassung auf marktbedingte Stückzahlschwankungen zu erreichen.

   Gleichzeitig mit der Umstellung der herkömmlichen Fließ- und Taktbandsysteme auf Gruppenarbeitsplätze sollten Rationalisierungsmöglichkeiten konsequent ausgeschöpft werden.

2. Um Erfahrungen mit autonomen Gruppen zu sammeln, wurde ein Pilotprojekt für die Montage von Elektromotoren mit folgender Zielsetzung aufgebaut:

- Erhöhung der Flexibilität bei marktbedingten Stückzahlschwankungen

- Reduzierung der Manipulationszeiten, die nicht dem Arbeitsfortschritt dienen

- Ausführung der Arbeitsgänge im unmittelbaren Materialfluß

- Schaffung von Puffern zwischen den Montagestationen

- Integrierung teilautomatisierter Module

- Automatische Zuführung der Motorkomponenten an die einzelnen Montageplätze

Erfahrungen aus dem Pilotprojekt:

- der modulare Aufbau der Gruppenarbeitsplätze läßt Anwendungen in anderen Linien zu

- von den Mitarbeitern wird die Freiheit des jederzeit möglichen Arbeitsplatzwechsels innerhalb der Gruppe sofort angenommen und realisiert

- anatomisch einseitige Belastungen werden durch den Arbeitsplatzwechsel ausgeglichen

- das Zusammengehörigkeitsgefühl innerhalb der Gruppe und die Identifikation mit Qualität und Ausbringung steigt

- Mitarbeiter beherrschen innerhalb kurzer Zeit alle Arbeitsplätze

- bei Ausfall eines Mitarbeiters ist eine maximale Nutzung der Einrichtungen gegeben

- der Führungsaufwand verringert sich

3. Gegenüberstellung der ursprünglichen Montageorganisation zu autonomen Gruppenarbeitsplätzen

- Reaktion bei marktbedingten Stückzahlschwankungen aus wirtschaftlicher Sicht:

Fließbandsystem	Autonome Gruppe
Aufgetaktete Stückzahl kann nur durch zeitweise Stillsetzung oder Überzeit reguliert werden; Mitarbeiterzahl ist konstant.	Stückzahlveränderungen werden durch Veränderunq der Anzahl der Mitarbeiter ausgeglichen; Linie läuft kontinuierlich.

- Auswirkungen auf Montagezeiten:

Fließbandsystem	Autonome Gruppe
Unterschiedliche Taktzeiten müssen auf die höchste Zeit angepaßt werden; Verlust der Differenzzeiten.	Direkte Addition der Verrichtungszeiten ergibt Montagezeit.

- Ausgleich von Verlustzeiten durch Störungen an Betriebsmittel:

Fließbandsystem	Autonome Gruppe
Unterbrechungszeiten betreffen die ganze Linie und multiplizieren sich mit der Anzahl der Mitarbeiter.	Kurzfristige Unterbrechungen werden durch Puffer aufgefangen; Mitarbeiter wechseln auf einen anderen Arbeitsplatz innerhalb der Gruppe.

- Auswirkungen bei unvorhersehbarer Abwesenheit von Mitarbeitern:

Fließbandsystem	Autonome Gruppe
Einbringung eines Ersatz-Mitarbeiters erforderlich. Mangelnde Einarbeit erzwingt eine Absenkung der Taktzeit. Differenzzeit muß den übrigen Mitarbeitern bezahlt werden.	Gruppe arbeitet mit reduzierter Besetzung. Gruppe arbeitet ohne Verlustzeiten weiter.

4. Zusammenfassung der Erfahrung

Die gemachten Erfahrungen haben gezeigt, daß autonome Gruppen den Arbeitsausführenden attraktivere Arbeitsplätze mit mehr persönlichen Entscheidungsmöglichkeiten sowie andererseits dem Unternehmen höhere Flexibilität und Produktivität erbringen.

Einsatzerfahrungen mit NC- und CNC-Maschinen

Peter Samlicki, Arbeiterkammer Graz

Die steigende Zahl der in der österreichischen Wirtschaft eingesetzten NC- und CNC-Werkzeugmaschinen (1969: 73 Stück, 1978: ca. 360, 1980/81: ca. 700 Stück [1]) einerseits und die damit akuter werdenden Probleme der davon betroffenen Arbeitnehmer und Betriebsräte andererseits, veranlaßten das Institut für Gesellschaftspolitik, einen Forschungsauftrag des Bundesministeriums für Wissenschaft und Forschung über die "Sozialen Auswirkungen des Einsatzes von CNC-Werkzeugmaschinen" (WORK) zu übernehmen und durchzuführen.

Ein erstes Ziel der Forschung war, unter der spezifischen Ausgangslage der österreichischen Betriebsstruktur sowie des Berufsausbildungssystems, Qualifikationsaspekte in Zusammenhang mit dem CNC-Einsatz zu untersuchen. Schwerpunkt war hier vor allem die Frage, inwieweit das duale Ausbildungssystem diesen spezifischen Anforderungen entspricht und wie weit Weiterbildung sowie Ein- und Umschulung in diesem Zusammenhang wirksam werden.

Eine weitere Zielsetzung war, die Möglichkeiten alternativer Arbeitsorganisationen festzustellen. Dies vor allem deswegen, weil die für die Humanisierung der Arbeit wesentlichen Aspekte der Arbeitsbelastung, der betrieblichen Hierarchie und Kontrolle aber auch die schon genannten Qualifikationsanforderungen eng mit der Organisation der Arbeit verbunden sind.

Die Untersuchung gliederte sich in zwei Hauptteile: Einmal in eine gesamtösterreichische Fragebogenerhebung, bei der 1.164 Betriebe der Metallindustrie und des Metallgewerbes angeschrieben wurden und zum anderen in Fallbeispiele aus vier österreichischen Unternehmungen. Die Ergebnisse im einzelnen:

Im Jahre 1983 erhielten - wie schon erwähnt - 1.164 Betriebe der Metallindustrie (Fachverband der Bergwerke und eisenerzeugenden Industrie, Eisen- und Metallwarenindustrie, Elektroindustrie, Fahrzeugindustrie, Gießereiindustrie, Maschinen- und Stahlbauindustrie, Metallindustrie, Gas- und Wärmeversorgungsunternehmungen sowie Elektroversorgungsunternehmungen) und des Metallgewerbes einen umfangreichen Fragebogen übermittelt; 599 Bögen wurden retourniert.

Nach den Angaben der Betriebe gab es im Sommer 1983 in Österreich 1.289 numerisch

---

1 Wally, K.u.R. Wittek: NC-Technik in Österreich.
Präzision im Spiegel 2 u. 3/1981

gesteuerte Werkzeugmaschinen (566 NC-, und 723 CNC-Maschinen). Von den CNC-Maschinen waren zwei Fünftel (39,9 %) Drehmaschinen, je ein Fünftel Bohr- und Fräsmaschinen (20,6 %), Bearbeitungszentren (20,4 %) und sonstige Maschinen (19,1 %). Im Jahre 1986 sollten es nach Angaben der Betriebe insgesamt 1.747 numerisch gesteuerte Werkzeugmaschinen sein. Dies ergibt eine Zuwachsrate von jährlich 10,7 %. Bezieht man den Zuwachs allein auf den Bestand an CNC-Maschinen (ohne Berücksichtigung der bestehenden NC-Maschinen), ergibt sich eine Zuwachsrate von 17,8 % jährlich; der stärkste Zuwachs ist in den Kleinbetrieben mit 20 - 49 Beschäftigten zu erwarten: Die Zuwachsraten betragen hier 28,7 % bzw. 41 % jährlich (bezogen auf NC und CNC bzw. nur auf CNC).

Trotz des Eindringens der CNC-Maschinen bis in Kleinbetriebe bleiben die Groß- und Mittelbetriebe weiterhin dominant. Mehr als ein Drittel der numerisch gesteuerten Maschinen steht in Großbetrieben mit mindestens 1000 Beschäftigten (1983: 39,8 %; 1986: 36,5 %), weniger als 10 % in Betrieben mit bis zu 100 Beschäftigten (1983: 6,6 %, 1986: 9,6 %).

Bemerkenswert allerdings ist, daß der Grad an Innovation - gemessen am Anteil der numerisch gesteuerten Werkzeugmaschinen - in den Mittelbetrieben mit einem Beschäftigtenstand zwischen 100 und 1000 Arbeitnehmern höher ist als in Großbetrieben.

Betriebsorganisation

In der betrieblichen Praxis kommt eine Vielzahl von Arbeitsorganisationsformen beim Einsatz von numerisch gesteuerten Maschinen vor. Die einzelnen Formen unterscheiden sich dadurch voneinander, daß die für den CNC-Einsatz notwendigen Arbeitsfunktionen (Programmierung, Programmkorrektur und -optimierung, Einrichten, Maschinenbedienung und Überwachung, etc.) in unterschiedlicher Weise kombiniert und arbeitsteilig organisiert werden.

Bei der Kategorisierung der in den Betrieben vorherrschenden Arbeitsorganisation wurde das Schema von Kern/Schumann [2] verwendet.

Büroprogrammierung bzw. Maschinenbedienung- und Überwachung:

Das Charakteristikum dieser Organisationsform besteht darin, daß einerseits die Arbeit an den Maschinen die Funktionen der Zuführung und Entnahme der Werkstücke

---

2 Kern, H.u.M. Schumann: Neue Produktionskonzepte haben Chancen. Soziale Welt 1-2/1984.

sowie der Beobachtung und Kontrolle des automatisierten Fertigungsprozesses umfaßt, daß aber andererseits Programmierung sowie Programmkorrektur und -optimierung außerhalb der Kompetenz derer fallen, die die Maschinen bedienen. Die Organisation der programmbezogenen Arbeiten kann dabei verschiedene Lösungen aufweisen; sie können von einem Programmbüro außerhalb der Werkstatt und/oder von Meistern oder Vorarbeitern erledigt werden. Ebenso bestehen für das Einstellen der Werkzeuge und das Rüsten der Maschinen unterschiedliche arbeitsteilige Möglichkeiten; diese Arbeiten können ganz oder teilweise von den Maschinenbedienern übernommen werden oder eigenständige Aufgabenbereiche für Einrichter oder Voreinsteller darstellen. Aufgrund der Ergebnisse der Breitenerhebung ist rund die Hälfte der Arbeitnehmer an numerisch gesteuerten Werkzeugmaschinen von dieser Arbeitsorganisationsform betroffen.

Maschinenführung mit Optimierungskompetenz:
Im Unterschied zur Organisationsform "Werkstattprogrammierung" werden zwar die Programme aufgrund der Fertigungsunterlagen in einem Programmbüro erstellt, die Testung, Korrektur und Optimierung der Programme sowie Modifikationen an bereits vorhandenen Programmen werden jedoch vom Personal an den Maschinen durchgeführt. In der Werkstatt selbst kann es verschiedene Formen der Arbeitsteilung zwischen Maschinenrüstung, Werkzeugeinstellung und Maschinenbedienung geben. Rund ein Viertel der Maschinenbediener ist in den Prozeß der Optimierung und Korrektur einbezogen.

Werkstattprogrammierung:
Alle für den Betrieb einer CNC-Maschine wesentlichen Arbeitsfunktionen werden von einer Person erfüllt, insbesondere Programmierung, Programmkorrektur und Werkzeugeinstellung sowie Maschinenbeschickung und Kontrolle. Auch dabei können einzelne Detailfunktionen ausgelagert sein (z.B. Werkzeugvoreinstellung oder Unterstützung durch Maschinenbeschickungshilfskräfte). Charakteristisch für diese Organisationsform ist jedoch, daß alle den Fertigungsprozeß bestimmende Arbeiten (programmbezogene Arbeiten, Maschinenrüstung) sowie Kontrolle und Verantwortung über den Fertigungsprozeß im Kompetenzbereich einer Person liegen. Nur bei knapp einem Viertel der Maschinenbediener gehört zur Arbeitsaufgabe auch die Programmerstellung für die CNC-Maschinen.

Bei diesen Ergebnissen handelt es sich um die Werte einer Momentaufnahme, aus der keine Tendenzaussagen über künftige Entwicklungen und Veränderungen abgeleitet werden können. Diese Einschränkung ist vor allem aus zwei Gründen notwendig: Erstens ist die Entwicklung der Automatisierungstechnik noch keineswegs abgeschlossen. Im Gegenteil, die Weiterentwicklung und Automation verschiedener Systeme (z.B. CNCTechnik mit computerunterstützten Konstruktions- und

Arbeitsplanungssystemen) können daraus zu einer Veränderung der Organisations- und Arbeitsstruktur führen. Zweitens muß in den kommenden Jahren mit einer weiteren Verbreitung von CNC-Maschinen gerechnet werden, wobei durch neue Anwenderbetriebe und durch den steigenden Einsatz von CNC-Maschinen pro Betrieb die qualitative Verteilung der unterschiedlichen Arbeitsorganisationsformen nicht unbeträchtlich beeinflußt werden kann.

Auffällig ist, daß mit zunehmender Betriebsgröße (gemessen an der Zahl der Beschäftigten) der Anteil der Arbeitnehmer mit Werkstattprogrammierungskompetenz sinkt und der Anteil der Arbeitnehmer mit reiner Maschinenbedienungskompetenz steigt.

Ebenfalls auffällig ist die Tatsache, daß jene Betriebe, die erst in den letzten drei Jahren mit dem CNC-Einsatz begonnen haben, mit 41 % einen relativ hohen Anteil an Werkstattprogrammierung aufweisen; der Anteil der "Frühanwender" hingegen ist mit 22 % nur halb so groß.

Qualifikation und Ausbildung

Bei den Arbeitnehmern, die Werkstattprogrammierung vornehmen, weisen 80 % eine Facharbeiterausbildung auf; bei den NC-Maschinenbedienern sind es 70 % und bei den Arbeitnehmern ohne Werkstattprogrammierung sinkt der Anteil der Facharbeiter auf 60 %.

Bei einer Unterscheidung nach Maschinentypen zeigt sich folgendes Bild:

Maschinentyp:	Facharbeiteranteil:
Bearbeitungszentren	82 %
Bohr- und Fräsmaschinen	74 %
Drehmaschinen	64 %
sonstige CNC-Maschinen	41 %

Diese Werte weisen darauf hin, daß die Qualifikationsanforderungen von programmbezogenen Tätigkeiten und von der Komplexität der Programme abhängen.

In dieselbe Richtung weisen die Ergebnisse der Befragung über die Zusatzausbildung. Vom Großteil der CNC-Arbeiter wird die Ausbildung als zu kurz und ungenügend bezeichnet. Weiters wird kritisch bemerkt, daß es außer den Herstellerkursen nur wenig Angebote an CNC-Kursen für Fortgeschrittene in öffentlichen oder halböffentlichen Institutionen gibt und daß die wenigen angebotenen Kurse ziemlich teuer sind.

Dauer der Ausbildung	NC-Arbeiter	CNC-Arbeiter ohne Werkstatt-programmierung	CNC-Arbeiter mit Werkstatt-programmierung
unter 1 Woche	39 %	30 %	12 %
1 - 2 Wochen	33 %	29 %	41 %
über 2 Wochen	22 %	33 %	46 %
keine	6 %	8 %	1 %
	100 %	100 %	100 %

Bei der Ausbildung der Lehrlinge wird die CNC-Technik nur am Rande behandelt. Zum Zeitpunkt der Erhebung wurde kein einziger Lehrling in den vier untersuchten Betrieben mit der CNC-Technik vertraut gemacht. Überlegungen über eine Aufnahme von CNC-Kenntnissen wurden auch nur in zwei Betrieben angestellt. Alle interviewten Facharbeiter sind sich jedoch darüber einig, daß die Ausbildungsvorschriften zu ändern wären: Das extensive Üben traditioneller handwerklicher Fertigkeiten sollte zugunsten von CNC- und Elektronikkenntnissen reduziert werden. Widersprüchliche Meinungen gibt es nur darüber, ob dabei die Theorie oder die Praxis zu forcieren wäre. Verwunderung wird jedenfalls darüber geäußert, daß die Anwendung der CNC-Technik bereits seit einigen Jahren erfolgt (in den untersuchten Betrieben) und eine Ausweitung des CNC-Einsatzes für die Zukunft geplant sei, wobei trotzdem - ihren Informationen zufolge - keine Änderung der Lehrlingsausbildung durchgeführt wird.

Arbeitszufriedenheit

Für die Arbeitsqualität an den CNC-Maschinen kommt den programmbezogenen Arbeiten eine zentrale Bedeutung zu, in erster Linie der Programmerstellung und in zweiter Linie der Korrektur und Optimierung von Programmen, falls dabei der CNC-Maschinenarbeiter nicht von einem Programmierer dominiert wird. Die programmbezogenen Arbeiten sind für die Erhaltung der vorhandenen Kenntnisse und praktischen Erfahrung von Facharbeitern, für eine Verbindung von geistiger und körperlicher Arbeit sowie für eine durch Abwechslungsreichtum und herausfordernde Problemstellung befriedigende Arbeitssituation von Wichtigkeit. Der Kompetenzzuwachs, den CNC-Maschinenarbeiter durch programmbezogene Arbeiten erhalten, stärkt ihr Selbstbewußtsein, verbessert ihre soziale Stellung vor allem gegenüber den Angestellten und trägt zur Versachlichung kooperativer Beziehungen bei.

Auch jene CNC-Arbeiter, die zwar nicht Programme erstellen, aber selbständig Programme testen, korrigieren und optimieren, haben die Möglichkeit, Wissen und Erfahrung aus ihrer Berufsausbildung und -praxis einzubringen, wenn auch nicht in demselben Umfang, wie dies bei der Programmerstellung der Fall wäre. Ziemlich reduziert sind allerdings die Eingriffs- und Gestaltungsmöglichkeiten, wenn Probelauf und Programmkorrektur zusammen mit einem Arbeitsvorbereiter durchgeführt werden, da dieser den Maschinenarbeiter dominiert und die programmbezogenen Arbeiten an sich zieht. Von diesen CNC-Arbeitern wird aber immerhin noch als positiv hervorgehoben, daß die Möglichkeit zur Aneignung von Programmkenntnissen besteht.

Die Maschinenrüstung und -einstellung allein wird nur bei Bearbeitungszentren als qualifizierte Arbeit dargestellt, da an diesen Maschinen komplexere Bearbeitungsprozesse mit einer größeren Anzahl von Arbeitsgängen und unter Verwendung einer größeren Anzahl von Werkzeugen durchgeführt werden und somit umfassende Rüstvorgänge notwendig sind.

Facharbeiter, die keine programmbezogenen Arbeiten erledigen, sprechen von ihrer Arbeit als Angelerntentätigkeit, Handlangertätigkeit und Dequalifizierung, insbesondere dann, wenn sie bloße Maschinenbediener sind. Diese Arbeit sei weniger interessant und abwechslungsreich als an konventionellen Maschinen, Denkanforderungen werden nicht gestellt, das Produzieren von Ideen verkümmere. Das in der Berufsausbildung erlernte Wissen werde nicht gebraucht.

Ein guter Kontakt konnte zwischen jenen CNC-Arbeitern festgestellt werden, in deren Kompetenz programmbezogene Arbeiten fallen, also bei Werkstattprogrammierung und Maschinenführung mit Optimierungskompetenz; schließlich unterstützen Arbeiter einander bei Unklarheiten und Schwierigkeiten, sie diskutieren über Programmierprobleme und tauschen Erfahrungen aus. Konkurrenzprobleme und "Geheimniskrämerei" konnte bei ihnen nicht festgestellt werden.

Die höheren Anforderungen an das Denken, die Konzentration und die Verantwortung aufgrund der Programmiertätigkeit werden im allgemeinen nicht als belastend empfunden, sondern als interessant, abwechslungsreich und herausfordernd bezeichnet. Als belastend wird allerdings angegeben, wenn die programmbezogenen Arbeiten unter Zeitdruck stattfinden.

Als belastend wird ferner die Einführungsphase und die Umstellung auf die CNC-Technik geschildert. Schwierigkeiten bereiten das Umdenken in ein Koordinatensystem, also das Denken in logischen Verbindungen. In dieser Phase haben sich die Facharbeiter auch in der Freizeit mit Programmierproblemen beschäftigt, manche litten unter Schlafstörungen. Besonders schwierig war diese Zeit für jene, die keine gründliche Einschulung und keine Gelegenheit zur Einarbeitung erhalten hatten.

Erfahrungen bei der Zusammenarbeit eines mittelständischen Unternehmens auf dem Gebiet der Mikroelektronik mit außerbetrieblichen Know-How-Quellen

Ulrich Santner, Fa. Anton Paar, Graz

Ein optimaler Technologie-Transfer ist dann möglich, wenn eine Reihe von Voraussetzungen an den Technologie-Nehmer sowie -Geber gegeben sind.

Voraussetzungen an den Technologie-Nehmer:

1. Unternehmer - (nicht Unterlasser)
   - risikobereit
   - innovationsbereit
   - netzwerkdenkend

2. Risikokapital
   - f (von Unternehmensgröße)
   - f (von Projektgröße)

3. Realisierbarkeit
   - technisch
   - organisatorisch
   - vertriebsmäßig
   - servicemäßig
   - rechtzeitig

4. Kooperationsbereitschaft
   Lernbereitschaft
   Teambereitschaft

Voraussetzungen an den Know-How-Geber:

1. Fachwissen und deren Umsetzbarkeit
   - Risiko des Gelingens
   - Angewandte Forschung
   - Technology Assessment

2. Durchhaltevermögen (ideell und finanziell)

3. Realisierbarkeit
   - technisch (geprüfter Prototyp)
   - Organisationsverständnis
   - marktgerechte Konstruktion
   - servicegerechte Konstruktion
   - rechtzeitigte Projektreife

4. Kooperationsbereitschaft
   Lehrbereitschaft
   Identifikation mit dem Projekt

Eine Reihe außerbetrieblicher Faktoren wirken sich hinderlich auf den erfolgreichen Technologie-Transfer aus. Mangelndes Leistungsdenken, Technikfeindlichkeit, zu geringe steuerliche Berücksichtigung von Forschungs- und Entwicklungsausgaben, mangelnde Ausbildung auf dem Gebiet der Organisation sowie des Marketing sowie Bürokratie sind vorrangig zu nennen. Der Ursprung dieser Mängel liegt vorallem in unserem Bildungs- und Mediensystem.

Die Abwicklung des Technologietransfers unter Berücksichtigung des Projektfortschrittes ist in der folgenden Darstellung gezeigt.

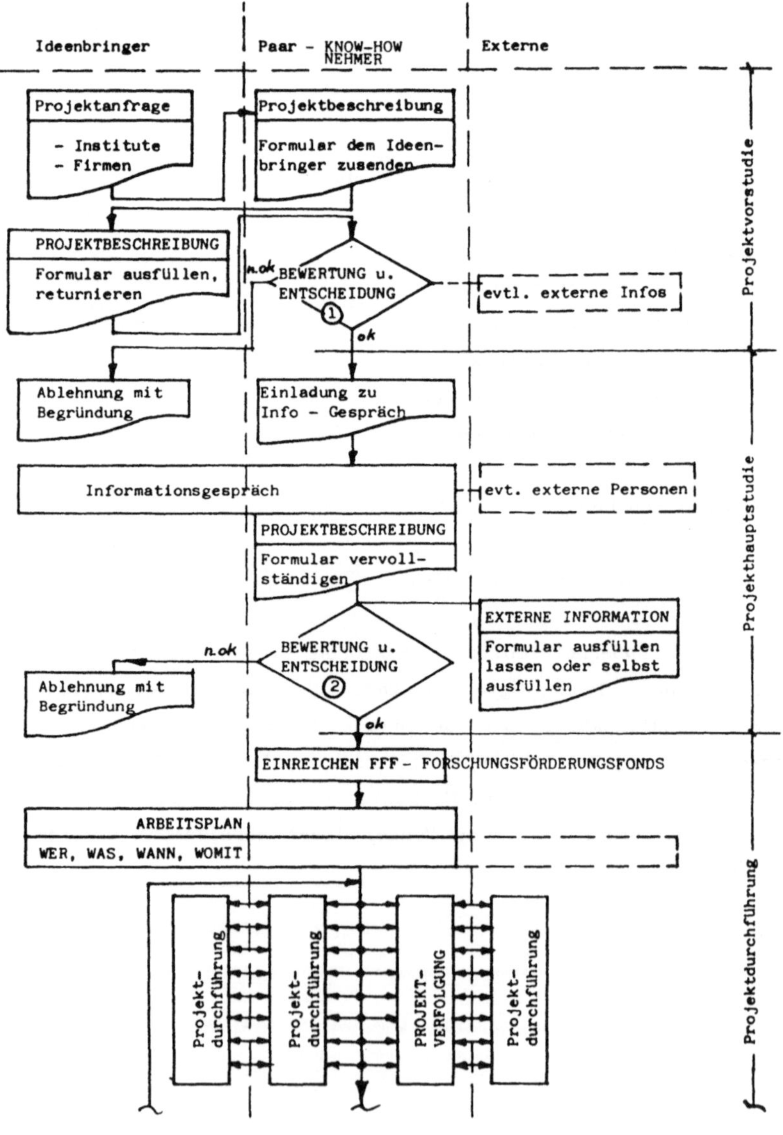

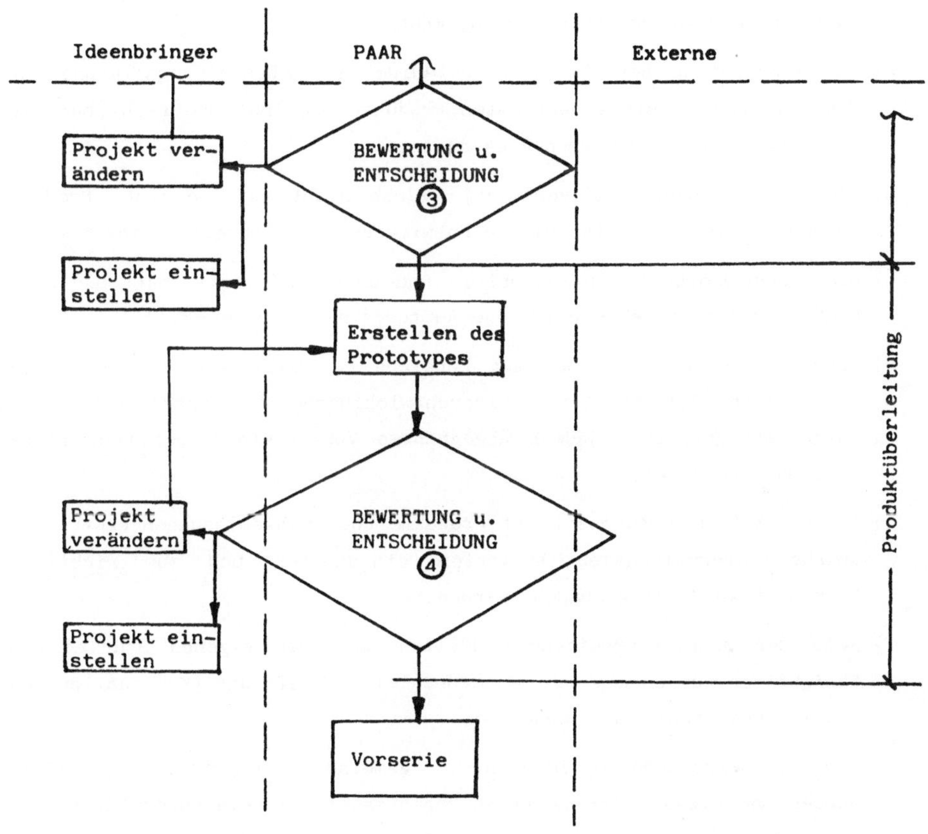
Ideenbringer
PAAR
Externe
Projekt verändern
BEWERTUNG u. ENTSCHEIDUNG
3
Projekt einstellen
Erstellen des Prototypes
Projekt verändern
BEWERTUNG u. ENTSCHEIDUNG
4
Projekt einstellen
Vorserie
Produktüberleitung

Diese systematische Vorgangsweise wurde auf Grund organisatorischer Überlegungen und einer Erfahrung von zwei Jahrzehnten erarbeitet.

Der Technologie-Transfer erscheint vorallem für technologisch hochwertige Produkte dann besonders erfolgreich, wenn

a) die Kooperation bereits im Frühstadium der Entscheidungsfindung für die Herstellung eines bestimmten Produktes beginnt und sich über die ganze Lebensdauer des Produktes erstreckt,

b) eine lose Kooperation vorliegt, welche nicht auf e i n Produkt beschränkt ist, sondern weitere Entwicklungsmöglichkeiten einschließt,

c) die Zusammenarbeit kontinuierlich und umfassend stattfindet und sich nicht nur auf projektspezifische Aufträge allein beschränkt,

d) sich die Kooperation auch auf Bereiche der Qualitätssicherung, neue Applikationsmöglichkeiten, Weiterentwicklungen für spezifische Einsätze und gezielte, jedoch abgegrenzte Verkaufsförderung und Unterstützung erstreckt,

e) sich diese Zusammenarbeit auf Produkte und Problemlösungen erstreckt, welche internationalen Kriterien standhalten und zum richtigen Zeitpunkt am Markt gebraucht werden,

f) jede der zusammenarbeitenden Stellen nach den eigenen Stärken und Fähigkeiten zur Lösung der Gesamtproblematik beiträgt (Kombination von Stärken und nicht von Schwächen),

g) laufend Zwischenentscheidungen in gemeinsamer Absprache getroffen werden und diese - von modernen Organisationsmitteln unterstützt - in die Gesamtprojektplanung optimal paßen und

h) vor Beginn der Zusammenarbeit eine möglichst genaue Beschreibung des Projektes sowie der Möglichkeiten des Technologiegebers und Technologienehmers vorliegt und die Projektbeschreibung (Pflichtenheft, Spezifikationen) während der Entwicklungsarbeiten laufend den neuesten Erkenntnissen auch seitens des Marktes angepaßt werden.

Beispiel: Entwicklung einer elektronischen Ersatzschaltung für eine Schaltung, welche mit einem nicht mehr produzierten Mikroprozessor ausgestattet war.

Situation: Trotz Auftragsbestätigung wurde ein bestimmter Mikroprozessor nicht mehr geliefert, da das Erzeugerwerk überraschend geschlossen wurde. Eine Ersatzschaltung mittels eines gängigen Mikroprozessors mußte rasch auf den Markt gebracht werden. Die ursprüngliche Schaltung stammte von einem Know-How-Geber, der zum aktuellen Zeitpunkt nicht über die notwendige Entwicklungskapazität verfügte.

Zielsetzung

1. rascher Ersatz
2. vollkommene Kompatibilität
3. modernste Technologie
   3.1 Verwendung neuester Bausteine mit langer Lieferbarkeit
   3.2 neueste technologische Kenntnisse
4. Zuverlässige Lieferung - second source - womöglich im Land
5. billige Lösung
   - geringe Entwicklungskosten
   - geringe Erzeugungskosten

Dieses Ziel wurde erreicht

- durch die Verwendung eines neuen CAD-Systems und das erarbeitete Know-How im Bereich des Know-How-Nehmers
- durch intensive und kontinuierliche Kooperation mit dem Know-How-Geber und Lieferanten neuer Mikroprozessoren sowie
- durch den Umstand, daß anstelle von früher drei gedruckten Schaltungen nunmehr eine Lösung mit einer gefunden werden konnte, die obendrein noch mit wesentlich billigeren elektronischen Bausteinen bestückt wird.

Die Leistungen des Know-How-Gebers bestanden in der

1) Mitarbeit bei der Entscheidungsfindung beim Projektbeginn, der Überprüfung von Zwischenlösungen sowie der Gesamtlösung inklusive der Dokumentation.
2) Einbeziehung von Überlegungen der optimalen Fertigung und Qualitätssicherung.
3) Einbringung einer verbesserten Erregerverstärker-Schaltung, die auf Grund neuester elektronischer Bausteine möglich war.

Die Leistungen des Know-How-Nehmers bestanden im

1) Entwurf und der Perfektion der neuen Schaltung durch Verwendung eines neues CAD-Systems
2) Aufbau von Prototypen und deren Test
3) Perfektionierung hinsichtlich Funktion und Fertigungstechnik
4) Entwicklung und Fertigung von Prüfeinrichtungen
5) Erstellung der Dokumentation und Kundeninformation
6) Serienfertigung

Arbeitskreis 2:

Wirtschaft

Leitung:

Dipl.-Ing. Helmut Bousek

Kostenentwicklung und Wirtschaftlichkeitsnachweis für Automatisationsprojekte

Helmut Bousek
Österreichische Investitionskredit AG

Einleitung

Im Jänner 1986 erschien im "Blick durch die Wirtschaft", dem Wirtschaftsdienst der Frankfurter Allgemeinen Zeitung, eine kurze Notiz über das Vordringen flexibler Fertigungssysteme in den USA. Allen Entscheidungsträgern im Wirtschaftsleben sollte dieser kleine Artikel zu denken geben, da die Eindrücke, die der Besucher internationaler Maschinenbaumessen wie der EMO ´85, K ´83 und ITMA gewinnen mußte, in konkrete Investitionsvolumina und Prognosen umgesetzt wurden. Der Markt für flexible Fertigungssysteme in den USA wird für 1985 mit ca. US $ 350 Mio. p.a. beziffert. Experten prognostizieren ein Wachstum auf US $ 2.000 Mio. p.a. bis zum Jahr 1990. Zum Vergleich dazu seien die gesamten österreichischen Industrieinvestitionen für 1985 mit ca. S 40 Mrd. herangezogen. An Hand dieser Größenordnung kann die hohe Bedeutung der Einführung flexibler Fertigungstechniken in allen Branchen ersehen werden. Zur Zeit entfallen in den USA ca. 85 % aller Aufträge auf große flexible Fertigungssysteme (FFS), in die mehr als drei Fertigungsmaschinen integriert sind und verschiedene Materialflußpfade durch die Konfiguration ermöglichen. Das Marktwachstum wird in Zukunft aber wesentlich von kleinen flexiblen Fertigungszentren (FFZ) bestimmt werden, deren Entwicklung für die mittelständisch organisierte österreichische Industrie von Bedeutung sein wird. Weiters wird in der Studie herausgearbeitet, daß FFS zur Zeit hautpsächlich für die Bearbeitung größerer und schwierig aufzuspannender Teile eingesetzt werden. Die Zuwachsraten für FFS und FFZ werden jedoch von Lösungen für kleinere Teile mit komplexen Bearbeitungen bestimmt werden. Dafür sind jedoch noch Aufspannungen, Teilevereinzelung und genormte Werkstückträger ("Shuttle-Systeme") maschinenbaulich zu lösen. Eine weitere Voraussetzung ist die Modularisierung der Systemsoftware, da die Bearbeitung von Spektren kleiner Teile die Flexibilitätsanforderungen und damit die Systemkomplexität noch wesentlich steigert. Die Begrenzung der im Vergleich zu den Gesamtsystemkosten rasant steigenden Softwarekosten kann nur durch eine Modularisierung mit standardisierten Schnittstellen und Protokollen wie z.B. MAP und genormten LAN´s wie ETHERNET oder TOKEN erfolgen.

Wie Professor Weseslindtner/TU-Wien in einem im Rahmen des von der Österreichischen Investitionskredit AG veranstalteten Symposiums "Strategien für den Strukturwandel" ausführte, stehen zur Zeit weltweit 250 flexible Systeme im Einsatz. 1986 sollten nach einer Prognose der Society of Manufacturing Engineers etwa 15 % aller in den USA ausgelieferten Werkzeugmaschinen Bestandteile eines flexiblen Systems sein.

Abb. 1

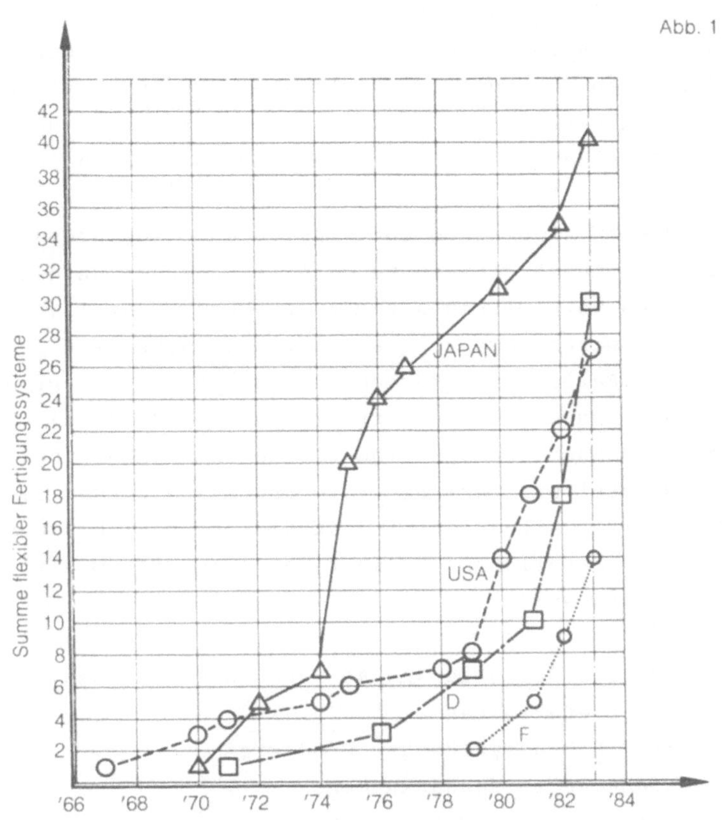

D: Bundesrepublik Deutschland
F: Frankreich
Realisierte FFS

Auswirkungen der Entwicklung auf österreichische Betriebe

Im Rahmen der Grundsatzkonferenz "Industrie 2000" anläßlich des österreichischen Nationalfeiertages 1985 stellten 300 in- und ausländische Unternehmer und Manager einhellig fest, die Zukunft der österreichischen Industrie liege in der Internationalisierung ihrer Vertriebsaktivitäten. Ihr "Home-Market" sei Europa, als Exporte könne man nur Lieferungen nach Übersee ansehen. Es bestand Übereinstimmung darin, daß der Wettbewerb auf dem technologisch anspruchsvollen Märkten der OECD mit Produkten hoher

Wertschöpfung und eigener technologischer Basis das Ziel für das Jahr 2000 sein müsse. "Me-too" Artikel und zugekaufte, nicht adaptierte Technologie, vertrieben über Exportförderungsmittel können nicht die Strategie für eine erfolgreiche Bewältigung der industriellen Probleme der Jahrtausendwende sein.

Aus diesem sicherlich nur grob gerasterten Szenario leitet sich die zunehmende Verzahnung österreichischer Unternehmen und der gesamten Volkswirtschaft mit den konjunkturellen Schwankungen der Weltwirtschaft ab. Da österreichische Betriebe in den seltensten Fällen eine Massenfertigung komplexer Produkte aufziehen werden können, müssen Marktnischen, in denen die Befriedigung der Kundenbedürfnisse eine rasche und kostengünstige Reaktion des Herstellers verlangt, die Operationsfelder der Zukunft sein. Diese Umfeldsituation wird an die österreichischen Mittelbetriebe Problemstellungen herantragen, die sich wie folgt schematisieren lassen:

- vermehrte Orientierung an Kundenbedürfnissen
- kurze Lieferzeiten
- kurzer Lebenszyklus der Produkte
- konjunkurelle Schwankungen
- internationaler Wettbewerb

Diese Liste der die zukünftige Entwicklung bestimmenden Marktfaktoren ließe sich beliebig verfeinern. Sie stellen aber an ein Unternehmen, dessen Produktphilosophie, seine Fertigungseinrichtungen und den Vertriebsapparat Anforderungen, die sich mit dem gängigen Schlagwort "Flexibilität" umschreiben lassen.

Die Flexibilität eines Unternehmens oder einer gewählten Fertigungslösung kann mehrdimensional definiert werden:

o Einsatzflexibilität
  - Vielseitigkeit des Systems
  - Verschiedene Arbeitszustände die das System annehmen kann

o Anpassungsflexibilität
  - Anpassungsfähigkeit des Systems
  - Umrüstaufwand

o Planungsflexibilität
  - Installierte Kapazität
  - Gewählte Fertigungsverfahren
  - Systematik der Maschinenaufstellung

o Nutzungsflexibilität
  - Abhängigkeit von Gesamtlogistik.

Neben den Flexibilitätsanforderungen an die technische Konzeption eines Unternehmens und seiner Produkte lassen sich noch wirtschaftliche Prämissen formulieren, die zu erfüllen sind:

o Reduktion der Durchlaufzeiten vom Auftragseingang bis zum Versand
o Erhöhte Nutzungszeiten der Maschinen bei teilweiser Entkoppelung der Arbeitszeit der Arbeitnehmer von der Nutzungszeit der Maschine
o Drastische Reduktion der Kapitalbindung im Umlaufvermögen, da die im Anlagevermögen langfristig gebundenen Kapitalteile stark zunehmen werden.

Die so lakonisch aufgestellten Postulate der Steigerung der Flexibilität bei Reduktion des Umlaufvermögens stellt an die Entscheidungsträger eines Unternehmens höchste Anforderungen da sie eine vollständig neue Denkweise in allen Unternehmensbereichen verlangt. Alleine die Erhöhung der Nutzungszeit einer Maschinengruppe im Auge zu haben - so eindrucksvoll die kurzfristig erzielbaren Ergebnisse auch sein mögen - kann nur ein Faktor der notwendigen Gesamtlösung sein.

Abb.2

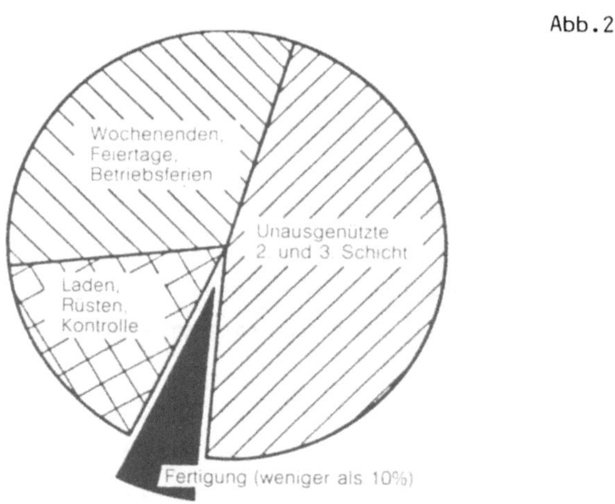

Die oben angeführten Kriterien verlangen bei der Planung flexibler Fertigungssysteme ein interaktives vernetztes Vorgehen um der komplexen Problemstellung genügen zu können.

Abb.3 **Kriterien und Einflussgrössen**

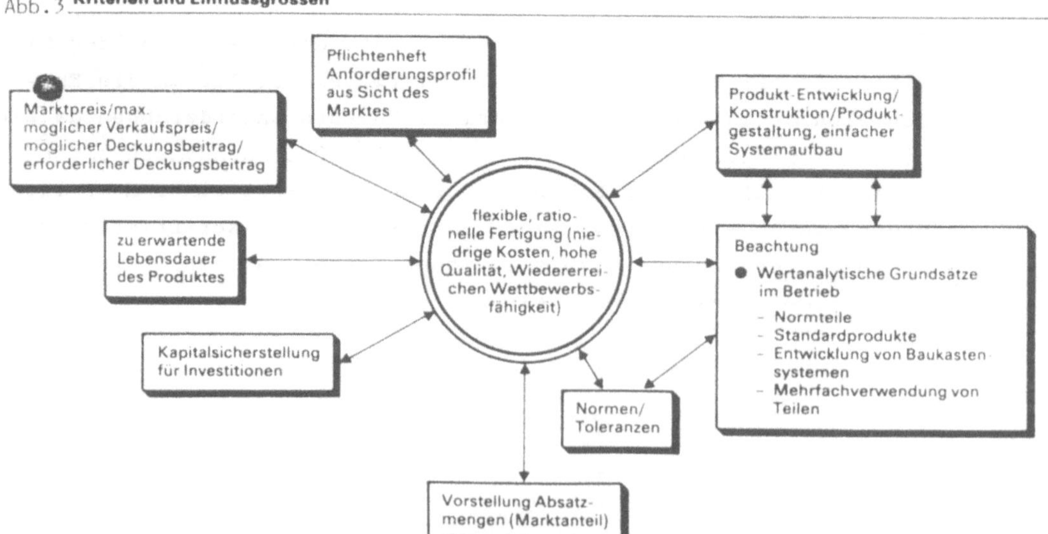

Bei der Konzeption flexibler Fertigungssysteme ist den Produktkonstruktionen besonders intensives Augenmerk zu widmen. Ohne im Detail hier den Beweis antreten zu wollen kann behauptet werden, daß bestehende Produkte, die für konventionelle Fertigung und Montage konzipiert sind, nicht oder nur mit großem Aufwand automatisiert gefertigt werden können. Es sei in Bild 4 auf die weitreichende Kostenverantwortung des Konstrukteurs verwiesen.

Abb.4 **Kostenverantwortung und Kostenbeeinflussung des Konstrukteurs** (nach *Bronner*)

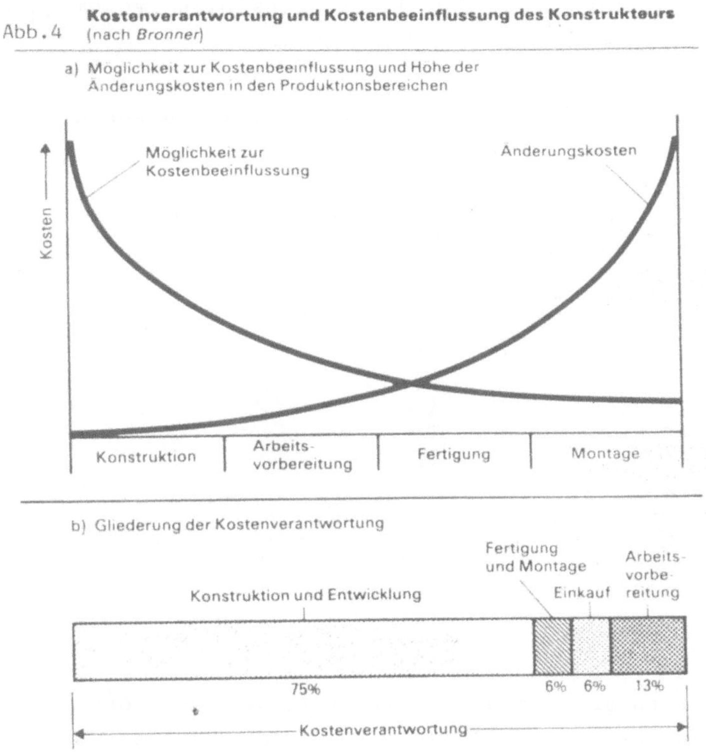

Ohne die grundsätzlichen organisatorischen Arbeiten, wie sie auch im Zusammenhang mit der Einführung eines CAD-Systems anfallen:

- Erarbeitung betriebsinterner verbindlicher Normen für die Teilekonstruktion

- Festlegung der Werkstoffe und Normalien nach wertanalytischen und Losgrößen-Überlegungen
- Definition von Baugruppen, die die Produktvariablen erhöhen, ohne daß der fertigungstechnische Aufwand erhöht wird
- Verbindung der Konstruktionsarbeitsplätze mit den Lager- und Lieferzeitdaten und
- fertigungs- und montagegerechte Konzeption der Produkte

sind die Erfordernisse die an ein flexibles System gestellt wer den NICHT erreichbar.

Als Beispiel zur Reduktion von Teilezahlen siehe Bild 5:

Abb.5 **Beispiele für die Reduktion der Teilezahl und die Vermeidung von Montagevorgängen**

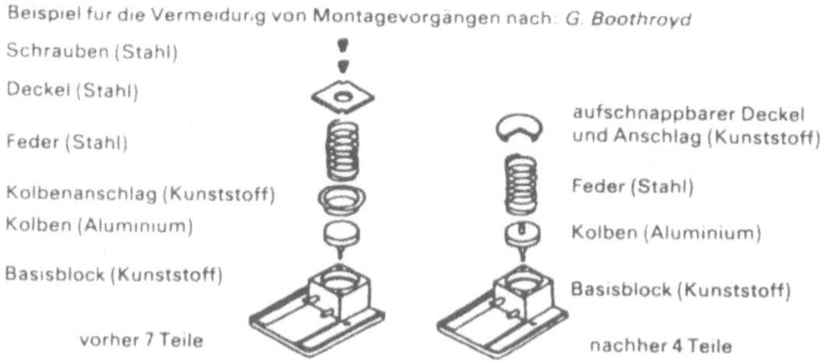

Weiters kann erst nach grundlegenden Analysen des Marktes und der Zielsegmente, der Produkte und ihrer Strukturen der Entwurf eines flexiblen Systems oder von erweiterbaren Teillösungen begonnen werden.

Das flexible Fertigungssystem umfaßt

- die Produktionsmaschinen
- die Logistikkonzeption vom Rohstoff- bis hin zum Versandlager

- das Informationsflußkonzept das alle Bereiche des Unternehmens verbindet, von der Auftragsverwaltung über die Produktionsplanung, Arbeitsvorbereitung und Logistik

und muß voll in die Datenflußstruktur des Unternehmens eingebaut sein.

Es ist daher festzuhalten, daß die Einführung flexibler Fertigungssysteme oder ihrer Teilkomponenten eine strategische Unternehmensentscheidung darstellt, die durch klassische Investitionsrechnungen nur in Teilbereichen nachvollziehbar ist. Investitionsrechnungsmodelle, die in den Betriebswirtschaftslehrbüchern angeboten werden, können nur den Vergleich tatsächlich vergleichbarer Alternativen bewerkstelligen und transparent machen. Die Auswahl zwischen unterschiedlichen Systemlösungen wird jedoch nach qualitativen Gewichtungsmodellen erfolgen müssen. Die finanziellen Auswirkungen des gewählten Konzeptes müssen in der strategischen Unternehmensplanung für das Gesamtunternehmen abgeschätzt werden.

Ein Bericht des international tätigen Unternehmensberaters Arthur D. Little bestätigt diese These. Ein namhafter japanischer Hersteller konnte durch die Einrichtung eines flexiblen Fertigungssystems

- die Anzahl der Maschinen von 68 auf 16
- die Durchlaufzeit von 35 Tage auf 36 Stunden und
- die benötigte Fläche von 10.000 m^2 auf 3.000 m^2

reduzieren. Zur Verwunderung von ADL ergab die klassische Investitionsrechnung des Projektes von US $ 18 Mio. eine pay-back-period von ca. 3 Jahren. Nach US-Vorstellungen hätte der Ertrag aus der Investition das langfristig im Anlagevermögen gebundene Kapital nicht gerechtfertigt. Dem japanischen Unternehmen ging es im gegenständlichen Fall nicht ausschließlich darum, die getätigte Investition kurzfristig amortisieren zu können. Die japanischen Manager sind überzeugt, nur dann langfristig am Weltmarkt bestehen zu können, wenn die Produkte zu geringstmöglichen Kosten in hoher Qualität produziert werden.

Konventionelle Techniken und alte Regeln alleine sind bei grundsätzlich neuen Systemansätzen nicht erfolgsversprechend anzuwenden.

Eine bei VDI-Z publizierte Analyse von R. Shah unterstreicht das Gewicht der Planung im Rahmen eines Projektes zur FFS Einführung. Sowohl Zeitbedarf als auch Kapazitäten in Mann-Monaten sind zwischen Planung und Realisierung gleichgewichtig verteilt. Die bei den Anwendern ermittelten Verbesserungen im Produktionsablauf nach der Einführung verketteter Fertigungssysteme sprechen für eine derart intensive Analyse:

Auswirkungen nach der Einführung von FFS in europäischen Betrieben	
- Durchlaufzeitenreduktion	68 %
- Nutzungszeiterhöhung der Maschinen	45 %
- Reduktion der eingesetzten Maschinenzahl	67 %
- Reduktion des Umlaufvermögens	46 %
- Reduktion der Bedienungskräfte je Schicht	60 %
- Reduktion des Aufwandes für Qualitätskontrolle	46 %
- Reduktion der Fertigungsstückkosten	25 %

Die unmittelbare Einführung so großer Systeme, wie sie in der o.a. Untersuchung analysiert worden sind, steht unseres Wissens in Österreich zur Zeit nur in wenigen Firmen zur Diskussion. Um das Potential für flexible Fertigungssysteme in Österreich abschätzen zu können, hat die Investkredit 1985 eine Studie beim Forschungszentrum Seibersdorf in Auftrag gegeben, deren erste, allerdings noch unveröffentlichte Ergebnisse, vorliegen. Von einer Grundgesamtheit von ca. 1.000 mittelständigen Industrieunternehmungen des privaten Sektors wurde ein Sample von 100 Firmen in detaillierten Interviews analysiert. Die Fragen umfaßten die Themenbereiche:

o Produkt
- Durchlaufzeit
- produktionsbestimmte Umstellungen
- Anzahl der Produkttypen
- zukünftige Entwicklung der Produkttypen

o Produktion
- Fertigungseinheiten
- Fertigungsarten
- Maschinenpark
- Montage
- Lager
- Personalverteilung

o Personal
- Personalanteile
- Arbeitsbedingungen
- Weiterbildung
- Fluktuation/Personalangebot

o Wirtschaftliche Fragen
- monetäre Aspekte
- Marktentwicklungen

o Planung und Organisation
- EDV-Anwendungsbereiche
- Planungsschwerpunkte
- Planungsform

o Forschung und Entwicklung

o Allgemeine Fragen zur Unternehmung

Die von den befragten Unternehmen erhaltenen qualitativen und quantitativen Aussagen wurden in ein vernetztes Modell zu Potentialprofilen verdichtet und führten zu folgenden, vorerst nur auf zwei Branchen der Grundgesamtheit hochgerechneten Aussagen.

Anzahl der Betriebe die kurz- oder mittelfristig die Einführung der flexiblen Automatisation beabsichtigen								
Anz. Betriebe	kurzfristige Erfolgswahrsch.				mittelfristige Erfolgswahrsch.			
	gesamt	hoch	mittel	gering	gesamt	hoch	mittel	gering
Maschinenbau u. Metallverarbeitung	47	20	20	7	100	27	46	27
Elektroindustrie	10	3	7	-	23	13	7	3
Summe beider Branchen	57	23	27	7	123	40	53	30

Wie aus der Feldanalyse herzuleiten ist, besteht mittelfristig, d.i. bis in die 90-er Jahre, bei ca. 18 % der österreichischen Industrieunternehmungen der Wunsch, flexible Systeme einzuführen, wobei gute Erfolgs- und Durchführungsaussichten bei der Hälfte der Vorhaben zu erwarten sind. Dies bedeutet ein mittelfristig kummulatives Investitionspotential von ca. S 2-3 Mrd.

Zum Vergleich mit den anfangs zitierten US-Prognosen müßte die österreichische Industrie die Thematik der flexiblen Fertigung intensiver bearbeiten um den internationalen technologischen Anschluß halten zu können.

Vier goldene Regeln der Automatisation lassen sich nach James E. Meeham, President der General Electric Industrial Automatisation-Europe zum Abschluß zusammenfassend formulieren:

- Nichts geht ohne gründliche Planung. Sie sollte alle für das Unternehmen wichtige Funktionen einbeziehen und auch die Unternehmensumwelt berücksichtigen. Ihr Ergebnis muß eine klare Zielsetzung und ein Bündel realistischer Maßnahmen sein. Erforderlich ist ein gut funktionierendes innerbetriebliches Informationssystem, das jeden Mitarbeiter einbezieht und Überraschungen ausschließt.

- Insellösungen müssen, sobald sie ausgereift sind, integriert werden, um sicherzustellen, daß jede Insel für sich und alle Inseln gemeinsam den größten Nutzen in bezug auf Produktivität, Qualität, Unternehmenswachstum und Wettbewerbsfähigkeit bringen.

- Um Investitionen in die Automatisierung rechtfertigen zu können, ist es notwendig, die Priorität neu zu überdenken, die Erwartungen hinsichtlich des wirtschaftlichen Nutzens anzupassen und auch einige Enscheidungsträger dazu zu bringen, sich umzustellen.

- Die personellen Ressourcen sind der Schlüssel zum Erfolg jedes Automatisierungsprojektes. Jeder an der Automatisierung Beteiligte, ob in der Unternehmensführung, im mittleren Management oder in der Werkstatt, hat seinen Anteil am Erfolg des Projekts und damit langfristig am Erfolg des Unternehmens. Es gilt, diese Ressource weise zu nutzen - sie sind das wertvollste "Kapital" des Unternehmens.

Schlußendlich sei festgehalten, daß Automatisation kein Thema für "flexible" Betriebe, die das "Durchwursteln" auf ihre Fahnen geheftet haben, ist. Nur strukturell intakte Unternehmen, deren

- Auftragsorganisation
- Ablauforganisation
- Produkt- und Vertriebskonzept und
- Produktionstechnik

dem Stand moderner Betriebswissenschaft entsprechen, haben Erfolgschancen.

Literatur

- "Innovation durch den Einsatz flexibler Technologien", Univ. Prof. Dr. H. Weseslindtner/TU-Wien
- "Flexible Automatisation vom Managementstandpunkt aus", Dr. Rupert Dollinger/Bundeskammer der gewerblichen Wirtschaft
- "Flexible Automatisation vom Arbeitnehmerstandpuntk aus", Paul Kolm/Gewerkschaft der Privatangestellten/TU-Wien
  Alle in "Strategie für den Strukturwandel", Symposium der Investkredit, Band 12

- "Flexible Fertigungssysteme dringen vor", Blick durch die Wirtschaft, 9.1.1986
- "Flexible Fertigung-wohin", Konrad Marti, IO Management Zeitschrift 55 (1986) Nr. 1
- "Vier goldene Regeln der Automatisierung", James E. Meeham, VDI-Z Bd. 127 (1985) Nr. 17
- "Die flexible Fertigung im Griff - eine rechnerische Produktion im Sinn, VDI-Z Bd. 127 (1985) Nr. 21
- "Informationsverteilung in integrierten Produktionssystemen", H.E. Hellwig und M. Paulus, VDI-Z Bd. 128 (1986) Nr. 1/2
- "Flexibilisieren heißt Automatisieren", G. Börnecke, VDI-Z Bd. 127 (1985) Nr. 17
- "Planungssicherheit durch Simulation", H.P. Roth, K.P. Zeh, VDI-Z Bd.126 (1984) Nr. 12
- "Planung und Einführung flexibler Fertigungssysteme", R.Steinhilper, IZ für Metallbearbeitung 78. Jahrgang (1984) Heft 6
- "Entwicklungstendenzen bei der automatisierten, flexiblen Produktion", R. Steinhilper, VDI-Bericht Nr. 520, 1984
- "Perspektiven der Werkzeugmaschinenproduktion in der EG und in Japan", H.J. Warnecke, Th. Zipse, VDI-Z Bd. 127 (1985), Nr. 10
- "Planung und Ablaufsimulation flexibler Fertigungssysteme", H.J. Warnecke, Th. Zipse, K.P. Zeh, Technische Rundschau 48/84
- "Leitlinien zum Einstieg in das computergestützte Produzieren", Th. Zipse, IO Managementzeitschrift 53 (84) Nr. 4

- "Wirtschaftliches Drehen in der Klein- und Mittelserie", W. Lehmann VDI-Z Bd. 127 (1985) Nr. 23/24
- "EMCO-Maier & Co. Emco Turen Drehzelle, Flexible Automatisierung von "EMCOTURN-Drehmaschine", Maschinenmarkt 87/1985
- "Wirtschaftlicher Einsatz eines Dreh-Fräs-Zentrums", R. Siegwart, E. Mungenast, VDI-Z Bd. 127 (1985) Nr. 17
- "Bearbeitungszentren-Basis integrierter Fertigungssysteme", K. Benzinger, A. Kirchlern, Z. Palmicic, VDI-Z Bd. 127 (85) Nr. 23/24
- "Flexible Fertigungssysteme in Europa: Erfahrungen der Anwender", R. Shah, VDI-Z Bd. 127 (1985) Nr. 17
- "Die europäische Industrie und die fortgeschrittene Fertigungstechnik", Kommission der europäischen Gemeinschaften, Mitteilung an den Rat, März 1985
- "Anwendungskonzepte flexibler Automatisation in Klein- und Mittelbetrieben (Vorstudie)", Institut für sozio-ökonomische Entwicklungforschung, Österreichische Akademie der Wissenschaften, P. Fleissner, W. Hofkircher, P. Kolm, F. Margulis, F. Ofner, W. Schenk
- "Anwendungspotential für flexible Automatisation in Österreichs mittelständischer Industrie", E. Schiebel, J. Fröhlich, P. Gheybi/ÖFZS
  Studie im Auftrag der Österreichischen Investitionskredit AG

Technologie- und Gründerzentren - Erfahrungen und Perspektiven

Günter Hillebrand
Österreichisches Forschungszentrum Seibersdorf
A - 2444 Seibersdorf

1. Einleitung

Die Umsetzung wissenschaftlich-technologischer Erkenntnisse erfordert in vielen Fällen den **Einsatz neuer Techniken.** Gerade die Verwendung neuer Fertigungsmethoden erlaubt es auch klein- betrieblichen Strukturen, im internationalen Wettbewerb zu bestehen.

Gerade im High-tech-Bereich haben Neugründungen von Betrieben dann Chancen, wenn sie ein gründungsfreundliches **Wirtschaftsumfeld** und **Innovationsklima** vorfinden, das ihnen das Wachsen und Überleben in der **risikoreichen Startphase** erleichtert.

Innovations- und Gründerzentren entstehen weltweit, um dem Prozeß der Betriebsstillegungen in den einzelnen Problemregionen entgegen zu wirken und Maßnahmen zur strukturellen Erneuerung dieser Wirtschaftsräume zu setzen. Technologiezentren stellen jedoch nur ein Instrument einer ganzen Reihe von wirtschaftspolitischen Maßnahmen dar und dürfen daher in ihrer Wirkung nicht überschätzt werden.

2. Was sind Technologie- und Gründerzentren?

Technologie- und Gründerzentren fallen unter den Begriff der Innovationszentren, die als neues strukturpolitisches Modell zur Förderung und Stimulierung eines technologieorientierten **"neuen Unternehmertums"** verstanden werden können.

Um begriffliche Unschärfen und die immer wieder auftretende Fehlinterpretation des Begriffes Technologiepark zu vermeiden, werden die **Aufgaben und Zielsetzungen** einzelner Innovationszentren, die vom Gründerzentrum über das Technologiezentrum bis zum Forschungs- und Technologiepark reichen, kurz umrissen.

Gewerbehöfe fallen im allgemeinen nicht unter diese Einrichtungen. Sie stellen die einfachste Form einer Standortgemeinschaft mehrerer Gewerbebetriebe in einem Gebäudekomplex dar, der von den Gemeinden zur Verfügung gestellt wird. Sie haben daher meist nur lokale Bedeutung und dienen der Nahversorgung einer Region.

Gründerzentren können als eine Standortgemeinschaft **neu gegründeter Betriebe** aller Wirtschaftsbranchen, vom Produktions- bis zum Dienstleistungsgewerbe, verstanden werden. Um die Überlebenschancen der Betriebe in der Startphase der Neugründungen zu erhöhen, werden spezielle Infrastrukturen und allgemeine Beratungsleistungen angeboten. Hier ist die Anbindung an eine technologieorientierte Forschungseinrichtung nicht erforderlich; der primäre Zweck liegt in der Stimulierung produktorientierter Neugründungen gewerblicher Produktionsbetriebe.

Technologiezentren stellen eine spezielle Art von Gründerzentren dar und können als eine Standortgemeinschaft von jungen, neu gegründeten Betrieben, die **technologisch hochwertige Produkte** und Verfahren entwickeln, angesehen werden. Eines der wesentlichen Unterscheidungsmerkmale zu den Betrieben in Gründerzentren stellt die **Technologieintensität** ihrer Produkte und Verfahren dar. Wegen des erhöhten Risikos bei der Entwicklung und Umsetzung von Hochtechnologie-Produkten müssen den Existenzgründern neben den üblichen Gemeinschaftseinrichtungen Beratungs- und Finanzierungshilfen angeboten werden. Darüber hinaus ist neben der Bereitstellung von Forschungs- und Entwicklungspotential die Benützung modernster Fertigungsstätten Voraussetzung für ein derartiges Innovationszentrum.

Während Gründerzentren in der Regel die Anbindung an Wirtschaftsräume voraussetzen, benötigen Technologiezentren zusätzlich die Anbindung an Forschungs- und Entwicklungseinrichtungen.

Technologieparks stellen gegenüber den Technologiezentren die nächsthöhere Stufe der räumlichen Dimension dar und haben auch meist überregionale Bedeutung. Sie bestehen meist aus einem **parkähnlich angelegten Industriegebiet**, in dem Produktions- und Dienstleistungsbetriebe, insbesondere aus zukunftsorientierten Branchen, angesiedelt werden. Dabei muß es sich nicht immer um Neugründungen handeln. Es werden kaum Gemeinschaftseinrichtungen und Beratungsleistungen angeboten; die Nähe zu Forschungseinrichtungen begünstigt jedoch die Entwicklung der Technologieparks. Derartige Technologieparks sind nur im Ausland bekannt (zum Beispiel Technologiepark ZIRST, Grenoble, Frankreich, oder der neu gegründete Technologiepark TIP in Berlin; in Österreich gibt es, bezogen auf die gegebene Klassifikation keine derartigen Technologieparks, wenn man von der Planung eines vom Bundesministerium für Bauten und Technik angestrebten "Bundestechnikzentrum-Arsenal" absieht, das eine Vielzahl von Institutionen integrieren möchte.

Industrieparks können als **Sonderform** der Technologieparks angesehen werden und dienen der räumlichen Zusammenfassung von Betrieben in aufgeschlossenen Anlagen zur gemeinsamen Nutzung der neu geschaffenen Infrastruktur und des vorhandenen Arbeitskräftepotentials. Sie sind den bereits existierenden **Betriebansiedlungszonen** ähnlich.

Forschungsparks, die im Ausland häufig als **Science Parks** bezeichnet werden, stellen parkähnliche Industriegelände in räumlicher Nähe zu Universitätsgebäuden oder Forschungseinrichtungen dar. Historisch nahmen alle Innovationszentren ihren Ausgang von der Stanford University, Kalifornien, wo Prof. Teermann 1948 den ersten Science Park gründete. Im Forschungspark werden hauptsächlich **grundlagenorientierte Forschungsabteilungen** bestehender Unternehmungen angesiedelt, um die Zusammenarbeit mit den universitären Einrichtungen zu verbessern. In Österreich müßte gerade dieses Modell als ein wirkungsvolles Instrument der Zusammenarbeit Wissenschaft-Wirtschaft näher in Betracht gezogen werden.

Technopolis werden als Technologieparks **größerer räumlicher Dimension** verstanden. Ein derartiges Konzept ist aus Japan bekannt, wo vom Japanischen Industrieministerium MITI koordiniert und geplant 19 Technopolis-Projekte entstehen. In einem Dreizonenmodell wird um ein neu geschaffenes Wissenschaftszentrum eine sogenannte Industriezone angelegt, um die modernste Wohngebiete mit hochwertiger Infrastruktur geschaffen werden.

Ein ähnliches Projekt existiert seit 1974 bei Antibes in Frankreich und ist als **SOPHIA ANTIPOLIS** bekannt.

3. Wirtschaftspolitischer Stellenwert von Technologiezentren

Wirtschaftspolitisch gesehen, verfolgen Technologiezentren folgende **Zielsetzungen**:

- Umsetzung des an Hochschulen und Forschungsinstituten befindlichen Know-hows und der Grundlagenforschungsergebnisse in industriell-gewerbliche Anwendungen
- Stimulierung und Förderung unternehmerischer Initiativen
- Hebung des Innovationsklimas in der Region
- Senkung des Startrisikos für Neugründer in der Aufbauphase
- Bereitstellung von Förderungen und Unterstützung bei der Kapitalbeschaffung in der Gründungsphase
- Bereitstellung von Expertisen und Gemeinschaftseinrichtungen in technologischen und betriebswirtschaftlichen Belangen.

Dabei stehen vor allem **2 Strategien** im Vordergrund:

- Technologiezentren fördern den Transfer von Hochtechnologien in die Wirtschaft
- Technologiezentren dienen der technologischen Erneuerung der regionalen Wirtschaft.

Aus diesen Zielsetzungen läßt sich folgende **Ansiedlungspolitik** für ein Technologiezentrum ableiten:

* Von primärem Interesse sind Neugründungen im Hochtechnologiebereich sowie Dienstleistungsbetriebe für den Hochtechnologiebereich.

* Weiters steht die Ansiedlung von Konzerntöchtern sowie die Ausgliederung kleiner hochspezifischer Betriebseinheiten im Interesse eines Technologiezentrums.

* In einigen Fällen haben ausländische Zentren auch Handelsbetriebe für Hochtechnologieprodukte in diesen Innovationszentren aufgenommen.

Der wirtschaftspolitische Stellenwert läßt sich an Hand der strukturpolitischen Zielsetzung der einzelnen Zentren abschätzen und ist in nachstehender Tabelle dargestellt. Danach weisen diese Zentren unterschiedliche Zielsetzungen in technologischer, wirtschaftspolitischer und unternehmerischer Sicht auf.

IZ Innovations-zentren	STRUKTURPOLITISCHE ZIELSETZUNG					
	Technologiepolitisch			Wirtschaftspolitisch		Unternehmenspol.
	hoch	mittel	niedrig	Beschäftigungspol.	Regionalpol. (Strukturverbess.)	(Existenzgründ.)
GH Gewerbehöfe			●	●	●	○
GZ Gründerzentrum		○	●	○	●	●
TZ Technologiezentrum	●	●		○	○	●
TP Technologiepark	●	○			○	○
FP Forschungspark	●					○

● zutreffend ○ nur teilweise zutreffend

Tabelle: Strukturpolitische Zielsetzungen von Innovationszentren

Da eine Reihe von Kritiken immer wieder auf die fehlende Arbeitsplatzbeschaffung hinweisen, muß zum Ausdruck gebracht werden, daß nicht die **Vermehrung der Arbeitsplätze** im Vordergrund steht, sondern

- Höherwertigkeit und Zukunftssicherheit des Arbeitsplatzes
- mittelfristig wirksame Spin-off-Effekte
- Hebung des regionalen Innovationsklimas.

TECHNOLOGIEZENTREN SCHAFFEN QUALIFIZIERTE UND ZUKUNFTSICHERE ARBEITSPLÄTZE
o TECHNOLOGIEZENTRUM BTC-TWENTE; NIEDERLANDE 50 Betriebe mit 250 qualifizierten Mitarbeitern in 4 Jahren
o GRÜNDERZENTRUM DEN HAAG I; NIEDERLANDE 300 Arbeitsplätze in 3 Jahren durch Firma "Job creation"
o TECHNOLOGIEPARK ZIRST-GRENOBLE; FRANKREICH 130 Betriebe mit 3300 Mitarbeitern in 12 Jahren Zuwachs 250 Beschäftigte pro Jahr !
o GRÜNDERZENTRUM BIG-BERILN; BRD 25 Betriebe mit 200 Mitarbeitern in 1 1/2 Jahren
o TECHNOLOGIEZENTRUM TZA-AACHEN; BRD 15 Betriebe in 2 Jahren mit ca. 40 Mitarbeitern
o HERIOT-WATT-SCIENCE-PARK; ENGLAND 18 Betriebe mit ca. 350 Beschäftigten in 12 Jahren (!)

Tabelle: Technologiezentren schaffen qualifizierte u. zukunftssichere Arbeitsplätze

Eine Beurteilung des Erfolgs von Technologiezentren sollte nach folgenden Kriterien erfolgen:

- nach dem volkswirtschaftlichen Nutzen
- nach der Zielerreichung bei den Trägern der Zentren
- nach dem Beitrag zur erfolgreichen Existenzgründung.

4. Internationaler Stand der Entwicklung

Während diese Art der Technologie- und Gründerzentren zu Beginn der fünfziger Jahre in den **USA** ihren Ausgang nahmen - der "Stanford-Research-Park" in Palo Alto mit heute 90 Firmen und ca. 25.000 Beschäftigten war der Beginn des sogenannten "Silicon Valley" - kamen die ersten derartigen Modelle erst Anfang der siebziger Jahre in etwas modifizierter Form nach Europa. Insbesondere die "Control Data Corporation" hat, ausgehend von den Städten St.Paul und Minneapolis 13 Business und Technology - Center BTC's in den USA, 4 derartige Zentren in den Niederlanden und eines in England gegründet. Allein in den letzten Jahren entstanden fast 200 dieser Einrichtungen in den USA, von denen 38 Zentren auf die Ansiedlung von High-tech-Betrieben spezialisiert sind.

In Europa haben die **Niederlande** frühzeitig begonnen, solche Zentren aufzubauen, von denen 55 als Mischform zwischen Gewerbehof und Gründerzentren und 5 als Technologiezentren bereits existieren. Auch in **England** und **Schottland** ist eine rasante Entwicklung zu beobachten; 1980 gab es 3, 1984 bereits 12 und derzeit sind mehr als 20 Innovationszentren in Betrieb bzw. im Aufbau. In der **Bundesrepublik Deutschland** hatte man relativ spät mit dem Aufbau derartiger Zentren begonnen. Das erste war das Berliner Innovations- und Gründerzentrum (BIG), das im November 1983 gegründet wurde. Mittlerweile sind mindestens 30 Innovationszentren in Betrieb oder in Aufbau und insgesamt ca. 70 Zentren geplant.

In **Japan** begann man bereits in den sechziger Jahren Technologiezentren größerer räumlicher Dimension aufzubauen (zum Beispiel in der 60 km nordöstlich von Tokio gelegenen Tsukuba Science City). Ein von MITI 1982 erarbeitetes Entwicklungskonzept umfaßt (wie bereits in Abschnitt 2 angeführt) ca. 19 Technopolis-Projekte. Diese Technopolis-Städte, die Technologieparks größerer Dimensionen darstellen, umfassen ein Wirtschaftszentrum, eine Industriezone und eine Wohnzone.

Zur Erarbeitung konkreter Maßnahmen und Schlußfolgerungen für die österreichische Situation wurde im Auftrag des BMWF eine Untersuchung über "Technologieparks, Gründerzentren, Wissenschaftsparks u.ä. Einrichtungen" durchgeführt, aus der auch nähere Details über ausländische Repräsentanten für die einzelnen Innovationstypen entnommen werden können[1].

5. Die österreichische Situation

Österreich steht, was die Errichtung von Innovationszentren anlangt, erst am Beginn dieser weltweiten Entwicklung. Berücksichtigt man die in Abschnitt 2 und 3 formulierten Voraussetzungen, so kommen als **Standorte für Technologiezentren** nur Wien, Graz und Seibersdorf in Frage. Wenn die notwendigen Voraussetzungen geschaffen werden, sind auch die Standorte Leoben, Linz und Salzburg als kombinierte Technologie- und Gründerzentren realisierbar. Dabei wäre am Standort Leoben ein Technologiezentrum für den Schwerpunktbereich Werkstofftechnologie und für den Standort Linz für den Bereich Informationstechnologie denkbar. Für den Standort Salzburg ist die Anbindung an geeignete Forschungs- und Technologieeinrichtungen noch fraglich.

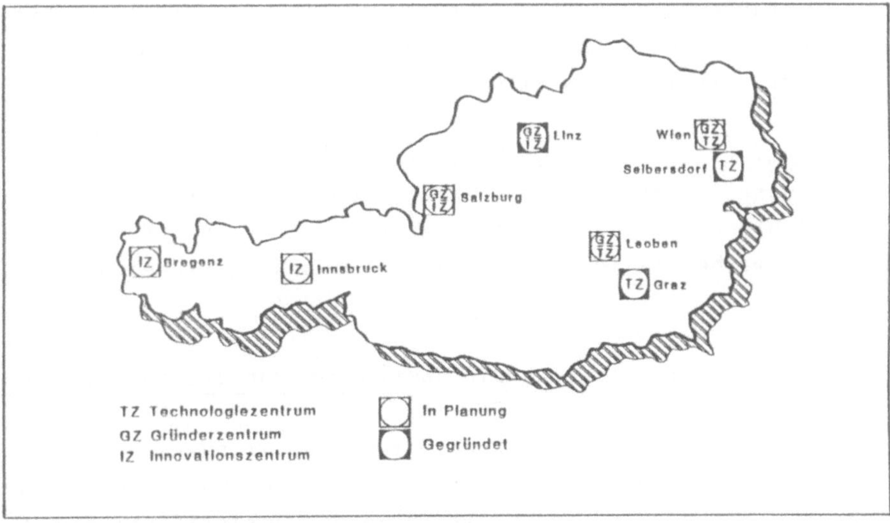

Innovationszentren in Österreich – Bestandsaufnahme, Jänner 86

Forschungsparks sind derzeit in Österreich noch nicht in Planung, können aber wegen der verhältnismäßig geringen Startinvestitionen als effiziente und wirkungsvolle Stätte der Zusammenarbeit zwischen Universitäten und Wirtschaft angesehen werden. Sie sollten überall dort errichtet werden, wo geeignete Forschungseinrichtungen existieren.

Technologieparks wird es in den nächsten Jahren in Österreich bei strenger Auslegung ihrer Zielsetzungen nicht geben, wenn man von der Initiative des BMBT absieht, das ein technologieparkähnliches Modell, das "Bundestechnikzentrum Arsenal", plant. Dort sollten neben Betriebsansiedlungen der Wirtschaft und von universitären Einrichtungen vor allem eine Reihe kooperativer Forschunginstitute, ein Gründerzentrum, ein internationales Büro und andere Institutionen angesiedelt oder eingegliedert werden.

Die Analyse der ausländischen Zentren (siehe BMWF-Studie Lit.1) hat eine Fehlbeurteilung des vorhandenen technologieorientierten **Gründerpotentials** im In- und Ausland aufgezeigt. In Österreich ist zwar qualifiziertes Personal vorhanden, es mangelt aber an erfolgreichen Umsetzern, an Financiers und erfahrenen Marketingexperten, also an jener Schicht des "neuen Unternehmertums", aus denen sich die Neu- und Existenzgründer rekrutieren sollten.

Es scheint daher, bezogen auf Österreich, sinnvoll, die Zahl der Technologiezentren mit "High-tech-Charakter" auf maximal 3 bis 4 Zentren zu beschränken und eher auf Gründerzentren bzw. Gewerbehöfe in den einzelnen Regionen auszuweichen.

6. Trägerschaft und Finanzierungsformen von Technologiezentren

Die Trägerschaft eines Technologie- bzw. Gründerzentrums sollte von einem **Träger- oder Förderverein** übernommen werden. Dazu sollte ein breiter Kreis an Förderungsinstitutionen wie Banken, Handelskammern, Betriebsansiedlungsgesellschaften und Institutionen der öffentlichen Hand mit einbezogen werden.

Als **Betriebsführungsgesellschaft** sollte eine privatwirtschaftlich nach einer Rechtsform organisierte Gesellschaft mit einem nach kommerziellen Gesichtspunkten effizient arbeitenden Management gewählt werden.

Da Technologie- und Gründerzentren nicht kostendeckend betrieben werden können, muß die **Verlustabdeckung** aus regionalen und überregionalen Finanzierungsquellen und über private Sponsoren erfolgen. Dabei unterscheidet man zwischen **Erstinvestitionen oder Gründungskosten**, die auch als Startkosten bezeichnet werden (Grundstück, Bau und Serviceeinrichtungen), und den sogenannten **Betriebs- und Betreuungskosten** (laufende Kosten aus dem Betrieb und der Betreuung der Unternehmen).

Nachstehend wird ein Kostenbeispiel für ein typisches Gründerzentrum, das BIG-Berlin, angegeben.

KOSTENBEISPIEL FÜR EIN GRÜNDERZENTRUM
BIG-BERLIN

* Erstinvestitionen:

Adaptierungskosten durch die Träger:

85% durch SENAT .... DM 3,400.000,--
15% TU Berlin .... DM 600.000,--

zuzüglich weiterer Infrastrukturinvestitionen .....ca.DM 5,000.000,--

* Ungedeckte Betriebskosten:

pro Jahr (Stand 84) für Personal- und Sachaufwendungen (ohne Sonderaktivitäten) .... DM 420.000,--

(85% Senat, 15% TU-Berlin)

Bild: Kostenbeispiel für ein Gründerzentrum

Verallgemeinern lassen sich diese Kostenangaben nicht, weil allein die Betriebskosten je nach Typ und Ausrichtung eines Innovationszentrums erheblich schwanken und die Erstinvestitionen von der Art und dem Umfang der baulichen Maßnahmen abhängen.

Als grober Richtwert können die Kosten pro angesiedeltem Betrieb, bezogen auf eine Verweildauer von 3 bis 5 Jahren, für das Zentrum mit ca. 3 Mio.öS angegeben werden.

Ein fiktives Fallbeispiel ermittelt die jährlich nicht gedeckten Betriebskosten (Verlustabdeckung) eines Technologie- bzw. Gründerzentrums in der BRD. Hier können gravierende Betriebskostensteigerungen mit fallendem Auslastungsgrad und steigendem Modernisierungsgrad beobachtet werden.

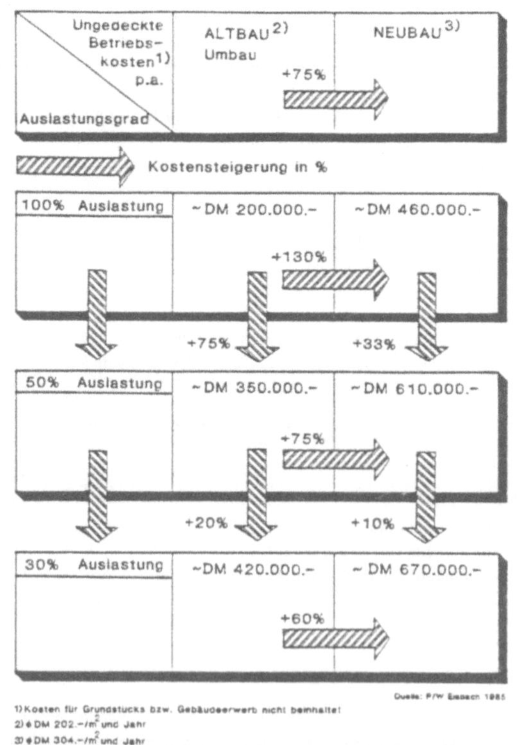

Bild: **Fiktives Fallbeispiel der jährlichen ungedeckten Betriebskosten (Verlustabdeckung) G/TZ, Beispiel BRD**

Neben der Verlustabdeckung der **ungedeckten Betriebskosten** derartiger Zentren sind auch Förderungsquellen für die im Zentrum angesiedelten Betriebe selbst zu erschließen. Sie sollten jedoch nur in jenem Umfang den Neugründern gewährt werden, als das Hauptrisiko für den Unternehmer erhalten bleibt. Das bedeutet, daß sinnvolle Förderungen an die Neugründer generell nur zeitlich befristet gegeben werden sollen.

Die in Österreich existierenden **Förderungsmaßnahmen** können bei Firmengründungen nur beschränkt in Anspruch genommen werden. Sowohl komplexe Antragstellung wie auch die erforderlichen Sicherstellungen bei der Vergabe von Investitionsmitteln verhindern den wirkungsvollen Einsatz derartiger Förderungsquellen für die Neugründungen.

Die Förderungsmaßnahmen der bestehenden **Technologieschwerpunktprogramme** des Bundes sollten daher Vorhaben der Unternehmensgründungen stärker berücksichtigen und über die üblichen Förderungsmöglichkeiten hinaus unterstützen.

7. Schlußfolgerungen

Technologie- und Gründerzentren haben sich , wie ausländische Beispiele zeigen, als ein **neues Modell** zur Durchführung eines strukturellen Erneuerungsprozesses bewährt.

Hinsichtlich der **Arbeitsplatzwirksamkeit** kann davon ausgegangen werden, daß in derartigen Zentren höherwertigere und zukunftssichere Arbeitsplätze geschaffen werden. Dabei ist ein sogenannter Spin-off-Effekt mittel- bzw. langfristig von großer Bedeutung.

Das Fehlen eines geeigneten **Gründerpotentials** wird sich in Österreich noch hemmender auf die Entwicklung derartiger Zentren auswirken als im Ausland. Zur **Motivation und Anregung** von Gründungswilligen sind daher sowohl im Bereich der Wissenschaft, insbesondere auf den Universitäten, aber auch innerhalb der Wirtschaft Informations- und Aufklärungsveranstaltungen durchzuführen.

Die teilweise in der Öffentlichkeit existierende **Technologiefeindlichkeit** sowie das kaum vorhandene positive **Gründungsklima** tragen ebenfalls zur Behinderung der Entwicklung von Technologie- und Gründerzentren bei.

Interessensvertretungen, die öffentliche Hand und Förderungseinrichtungen haben daher der Schaffung eines geeigneten **Gründungsklimas** in der Öffentlichkeit stärker Rechnung zu tragen.

Da technologisch orientierte Unternehmensgründungen mit einem höheren Startrisiko verbunden sind, müssen geeignete Förderungsmöglichkeiten sowie **gesamtösterreichische Rahmenbedingungen und Vergabekriterien** geschaffen werden (vergleiche TOU-Programm des BMFT für technologieorientierte Unternehmensgründungen).

In Österreich ergeben sich **Schwerpunktbildungen** sowohl in regionaler wie in fachlicher Hinsicht. Somit sind **Gründerzentren** nur in Verbindung mit potentiellen Wirtschaftsräumen, **Technologiezentren** nur in Anbindung an bestehende Forschungseinrichtungen sinnvoll.

Die wichtigsten **Zielsetzungen** bei Errichtung von Technologie- und Gründerzentren liegen in der Verbesserung und Förderung des Technologietransfers von der Wissenschaft in die Wirtschaft und in der technologischen Erneuerung der regionalen Wirtschaft.

Literatur:

1) Untersuchung über Technologieparks, Gründerzentren, Wissenschaftsparks und ähnliche Einrichtungen; Ausländische Erfahrungen und Schlußfolgerungen in Österreich; Studie im Auftrag des Bundesministeriums für Wissenschaft und Forschung; G.Hillebrand et.al.; 1985

Projektteam:
M.König, FJ
A.Urban, Technova
F.Ullmann, ÖIAG
E.Hagen, WU-Wien
J.Fröhlich, G.Hillebrand, ÖFZS

Koordination von Qualifikation und Innovation

Heinz Kaniowski, Wirtschaftsförderungsinstitut, Wien

Immer raschere Änderungen am Markt und der ständig steigende Wettbewerbsdruck zwingen jeden Unternehmer, sich mit der Frage der Existenzsicherung seines Unternehmens auseinanderzusetzen. Dabei müssen oft neue Produkte entwickelt, vorhandene verbessert, neue Technologien und neue Formen der Unternehmensführung berücksichtigt werden.

Innovation ist ein lebenswichtiger Prozeß für alles und jedes, für Produkte in gleicher Weise wie für Organisationen, für Verfahren wie auch für Planungen. Es sollen damit die Existenz und Entfaltung von Unternehmungen und der sie tragenden Menschen in der Zukunft gesichert werden.

Einer Innovation liegt immer die Lösung eines komplexen Problemes zugrunde, eines Problemes, das vorher mit dem greifbaren Wissen und Können nicht zu bewältigen war.

Aus der Sicht des internationalen Waren- und Dienstleistungsangebotes besteht jedoch kein Zweifel, daß sich unsere Wirtschaft in manchen Bereichen intensiver mit Innovationen beschäftigen muß.

Was gefordert werden muß ist ein

- höheres Innovationstempo
- besseres Innovationsniveau
- verstärktes Suchen nach dem "intelligenten" Produkt.

Solche Innovationsprozesse orientieren sich in einem Unternehmen heute immer an

- den Chancen des Marktes
- dem Know-how, welches im Unternehmen zur Verfügung steht.

Ausgehend von diesen Voraussetzungen wird im Innovationsprozeß "unternehmens-innovationsfremdes" Wissen beschafft bzw. zugekauft und eingesetzt. Diesen Prozeß der Innovationsarbeit kann man auch als umfassenden Lernprozeß am Innovationsprojekt definieren.

Dieses "IN-Lernen" erfolgt jedoch meist unter völlig anderen Bedingungen, als die sog. Normalarbeit, die in den Unternehmen zur Reproduktion von Leistungen ständig erfolgt. Diese "anderen Bedingungen" sind meist durch folgende Merkmale gekennzeichnet:

- von der Normalarbeit abweichende Aufgabenstellungen;
- Zusammenarbeit mit Führungskräften oder Kollegen, mit denen bisher nur wenig Arbeitserfahrung besteht;
- die Beschäftigung mit neuen Wissensinhalten, das Treffen von Entscheidungen im Zusammenhang mit noch nicht bekannten Einflüssen (Risiko);
- neue Arbeitsverhaltensweisen wie z.B. moderierte Gruppenarbeit, Wertanalyse, Quality Circle oder ähnliches.

Aus diesen Einflüssen auf die Innovationsarbeit ergeben sich in der Praxis völlig neue Anforderungen an die beteiligten Mitarbeiter und Führungskräfte. Diese Anforderungen können

- sachlicher Natur sein, oder
- Probleme, welche durch Beziehungen von Menschen entstehen.

Erfahrungsgemäß sind Schwierigkeiten in Bezug auf Fachkenntnisse leicht überbrückbar, es stehen uns heute unzählige Informationsmöglichkeiten zur Verfügung, vielfach können auch für den Erwerb neuer Fachkenntnisse einschlägige Aus- und

Weiterbildungsangebote in Anspruch genommen werden.

Schwieriger ist es, die Probleme, die sich von der Beziehungsebene durch die Bewältigung neuer Aufgaben ergeben, zu meistern. Haben doch Innovationsarbeiten unmittelbar zur Folge, daß sich Aufgaben, Kompetenzen und Verantwortung von Mitarbeitern und Führungskräften verändern, daß unter Umständen auch neue Rollenverteilungen erforderlich sind.

Solche Statusveränderungen, welche meist in den formalen hierarchischen Beziehungen nicht zum Ausdruck kommen, belasten oft das "Miteinander" sehr. Viele Menschen reagieren in solchen Situationen nicht bewußt mit Schutzhaltungen wie Abwehr oder Flucht. Aufgrund der Erfahrungen des Autors werden heute die meisten Innovationschancen durch die nicht gegebene Arbeitsfähigkeit, also das Beherrschen der neuen Arbeitssituation entweder unterdrückt, oder enden in einem Anfangs-Mißerfolg.

Erfolgreich innovieren heißt heute daher nicht nur die Fähigkeit, den Markt zu beobachten, und das Know-how zu besitzen, sondern auch die Voraussetzungen zu schaffen, um den beteiligten Mitarbeitern und Führungskräften jenes Maß an Arbeitsfähigkeit (Qualifikation) zu vermitteln, welches für das Innovationsprojekt erforderlich ist. Somit ist die Frage der Arbeitsfähigkeit - der Qualifikation miteinander erfolgreich zu sein - auch eine Frage der Wirtschaftlichkeit einer Vorgangsweise eines Unternehmens. Die Arbeitsfähigkeit bestimmt den Wirkungsgrad und damit den Erfolg, der mit der Bewältigung einer wirtschaftlichen Aufgabe verbunden ist. Um dieser ganzheitlichen Aufgabenstellung zu entsprechen, gibt es heute einige erfolgreiche Strategien.

Nachfolgend sollen zwei dieser Strategien - nämlich Wertanalyse und Quality Circle - vorgestellt werden.

Definitionen:

<u>Quality Circle</u> -
(QC)
"Verbesserung der Leistungsfähigkeit des Unternehmens durch

verstärkte Einbeziehung der Mitarbeiter". Im Vordergrund steht einerseits die Verbesserung der Arbeits- und Produktionsqualität, gleichzeitig liegt besonderer Nachdruck auf der Erhöhung der Mitarbeiter-Motivation. Qualitätszirkel zeichnen sich vor allem durch die verstärkte Einbeziehung der Mitarbeiter auf der untersten Organisations-Ebene aus. (Bild 1)

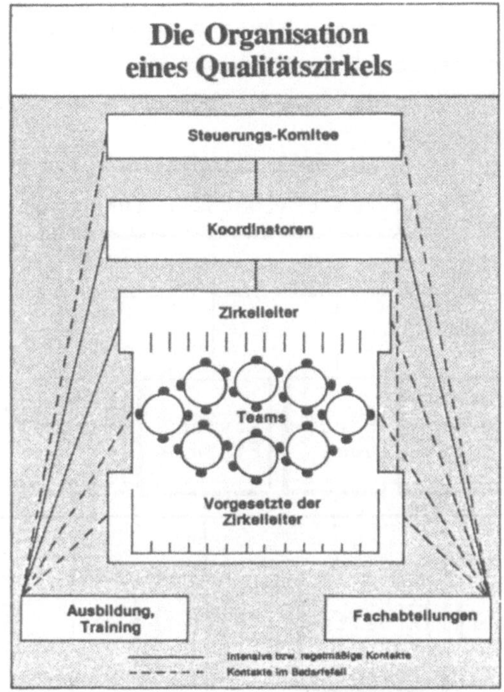

Bild 1

Wertanalyse -
(WA)

Bei der Anwendung der Methode Wertanalyse sind folgende Grundsätze wesentlich:

- Funktionsorientiertes Arbeiten
- ganzheitliche Betrachtungsweise durch Berücksichtigung der relevanten Wechselwirkungen und erforderlichen Informationen
- Eingehen auf vielschichtige und/oder unterschiedliche Einflußgrößen

- anwendungsneutraler Einsatz der WA
- Orientierung an einer definierten und quantifizierten Aufgabe und/oder Zielvorgabe
- eigenständige, unabhängig von der Organisationsform des Unternehmens durchgeführte Projektarbeit
- interdisziplinäre, fortschrittsorientierte, nach einem Arbeitsplan ausgerichtete Gruppenarbeit, die sich an einem herzustellenden Informationsgleichstand orientieren soll
- Lösungssuche mit system. Einsatz v. kreativen Methoden
- Eingehen auf menschliche Eigenarten.

Nachstehend die Darstellung der Position der WA-Arbeit im Unternehmen (Bild 2).

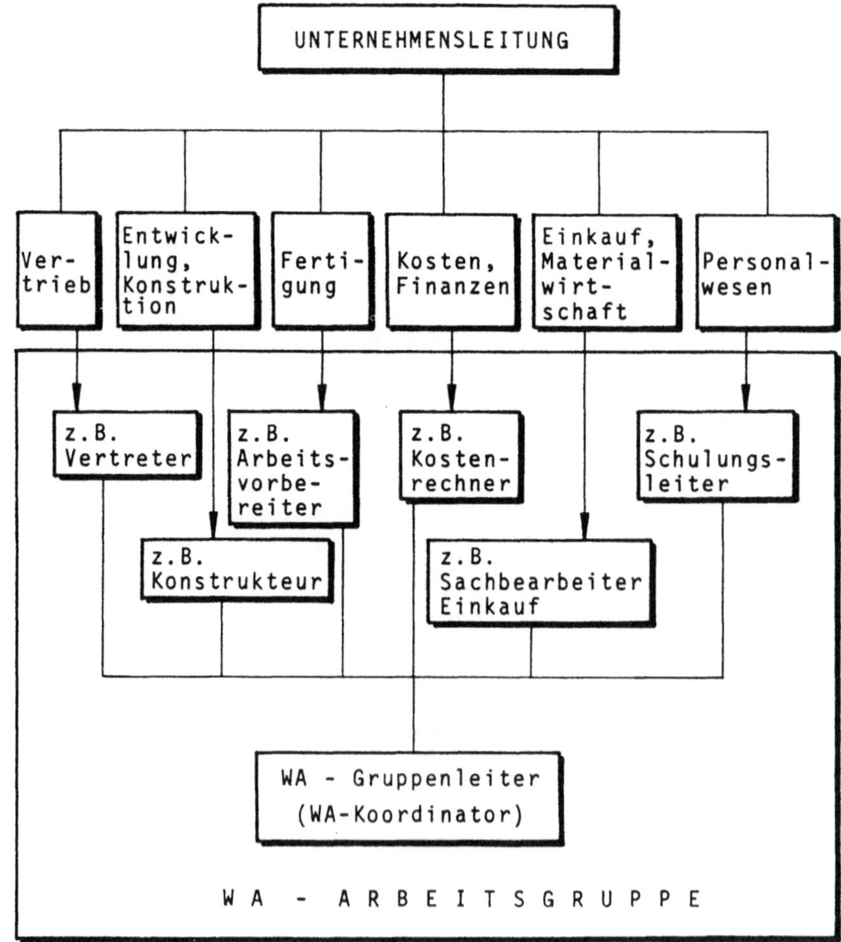

Bild 2

Wie aus der Tabelle zu ersehen ist, werden durch Strategien neben der fachlichen Arbeit auch Arbeitsfähigkeiten entwickelt, wo die fachliche Qualifikation über den Weg der Entwicklung von Arbeitsfähigkeit wirtschaftlich positiv umgesetzt wird. (Bild 3)

Nachfolgend eine Gegenüberstellung der Methoden WA und QC in Form einer Tabelle. (Bild 3)

QUALITÄTSZIRKEL	WERTANALYSE nach ÖNORM A 6750 oder DIN 69 910
AUSGANGSPOSITION	
Defizit an "Arbeitsqualität" im Betrieb (nicht quantifizierbar).	Betriebswirtschaftliche, technische und marktorientierte Aspekte der Zielsetzung (quantifizierbar).
ZUSAMMENSETZUNG DER ARBEITSGRUPPE	
Die Zusammensetzung der Arbeitsgruppe wird durch die täglichen Arbeitsbeziehungen bestimmt (z.B. eine Abteilung).	Die Arbeitsgruppen sind entsprechend der Aufgabenstellung fachlich orientiert zusammengesetzt.
INFORMATIONSBESCHAFFUNG	
Informationen werden meist intuitiv, am Arbeitsumfeld orientiert, ermittelt.	Die Informationsbeschaffung wird strukturiert, analytisch unter Ausschöpfung der Informationsfähigkeit aller Beteiligten an der Aufgaben- und Zielsetzung orientiert, durchgeführt.
PROBLEMSTELLUNG	
Die Problemstellung ist meist qualitativ am Arbeitsumfeld orientiert (aus der Sicht der Arbeitsgruppe).	Die Problemstellung ist quantitativ (Kosten) und qualitativ (funktional) ganzheitlich am Unternehmen und seinen Märkten orientiert.
IDEENSUCHE	
Ideensuche, Problementwicklung und Lösungsentmit entsprechenden Arbeitsmethoden vorwiegend orientiert am emotionalen Potential der Gruppe.	Ideensuche, Problementwicklung und Lösungsentwicklung an der ganzheitlichen Informationsbasis des Unternehmens orientiert (intuitiv, analytisch, funktional).
ERFOLGSGRÖSSEN	
Ergebnis: 1. Verbesserung der Arbeitsfähigkeit im Arbeitsumfeld 2. Positive Annahme der Problemlösungsvorschläge, die meist Aufgaben betreffen, die dem Bedürfnis der QC-Gruppe entsprechen	Ergebnis: 1. Lösung der Aufgabenstellung an Hand qualitativer und quantitativer Meßgrößen auf der Basis einer vorgegebenen Aufgabe 2. Verbesserung der Arbeitsfähigkeit der beteiligten Mitarbeiter und Fachbereiche 3. Konkurrenzfähigkeit des Unternehmens sichern

Bild 3

Gegenüberstellung Qualitätszirkel - Wertanalyse

Praktische Beispiele für die Wirtschaftlichkeitsbeurteilung von Automatisierungsprojekten

Günter Koch, Fa. Biomatik, Freiburg, BRD

Inhalt des Beitrags ist es, anhand von Fallbeispielen Wirtschaftlichkeitsüberlegungen beim Einsatz moderner Automatisierungstechnologien zu diskutieren.

Es werden zwei Fallbeispiele aus zwei verschiedenen Bereichen der Fertigungsindustrie behandelt, nämlich

1. aus der Arbeitsvorbereitung: die Programmvorbereitung, Programmierung und Austestung eines Robotersteuerungsablaufs
2. aus der Produktion: die programmierte Steuerung von Handhabungsvorgängen bei der Montage mittels Industrierobotern.

Anhand von Kosten-/Nutzen- sowie Amortisationskalkulationen soll beispielhaft erläutert werden, unter welchen Randbedingungen eine Automatisierung Vorteile bringt. In diesem Zusammenhang wird auch der Frage der Ersetzbarkeit menschlicher Arbeitskraft Aufmerksamkeit gewidmet.

Im abschließenden Teil werden Kriterien und Kalkulationsgrundsätze in einer für den Praktiker verwertbaren Übersicht zusammengefaßt.

Weiterführung von Krisenbetrieben im Eigentum der Belegschaft
Eine andere Art, Konflikte zu lösen

Hermann Leeb, Österr. Studien- u. Beratungsges. Wien

In vielen Stellenbeschreibungen werden heute eigenständig arbeitende, hoch motivierte Mitarbeiter gesucht, von denen gleichzeitig erwartet wird, daß sie sich in eine bestehende Hierarchie einordnen können. Gefunden werden dann häufig entweder Angestellte, die nicht selbständig arbeiten oder solche, die andauernde Konflikte mit ihren Vorgesetzten haben.

Diese Beobachtungen verdeutlichen einen Konflikt: Einerseits verlangt die immer komplexer werdende Organisations- und Entscheidungsstruktur selbständige Mitarbeiter, die nicht bei jeder Kleinigkeit rückfragen, denn das würde sehr bald zu einer Überbelastung der Vorgesetzten führen. Nun halten sich jedoch eigenständig arbeitende Mitarbeiter viel weniger an Weisungen. Andererseits verlangt die moderne Produktion immer feinere Abstimmungen der einzelnen Entscheidungen aufeinander.

Wie ist dieser Konflikt zu lösen?

Der folgende Beitrag versucht den Umgang mit strukturell ähnlichen Konflikten aus der Sicht eines Betriebsberater zu beschreiben.

Die Österreichische Studien- und Beratungsgesellschaft ist ein Betriebsberatungsbüro, das sich schwerpunktmäßig mit der betriebswirtschaftlichen und organisatorischen Beratung von Firmen beschäftigt, die sich im Eigentum der Belegschaft befinden. Diese selbstverwalteten Betriebe sind rechtlich als Genossenschaft oder als Gesellschaft mit beschränkter Haftung organisiert, wobei jeder Mitarbeiter gleiches Stimmrecht besitzt. Es gibt sie in den unterschiedlichsten Branchen, vom holz- und metallverarbeitenden Gewerbe, KFZ-Werkstätten, Elektro- und Textilindustrie, Druckereien, Verlage, Handelsfirmen etc.

Der Konflikt, bei dem es in allen diesen Betrieben geht, könnte so formuliert werden: Die Firma - sagt das Management -, muß um zu überleben erfolgreich sein, expandieren, investieren und Reserven bilden. Dazu ist eine qualitativ hochwertige termingerechte Arbeit, usw. notwendig. Die Belegschaft fordert anregende Arbeit, freie Zeiteinteilung, Kommunikationsmöglichkeiten, Weiterbildung, etc. Abstrakter gesprochen handelt es sich um die Pole Ordnung versus Freiheit.

Soweit ist das Scenario bekannt. Zum Unterschied von traditionell organisierten Unternehmen in denen die Vorgesetzen die ihnen notwendig erscheinende Ordnung durchsetzen können, kann sich in selbstverwalteten Betrieben keiner der beiden Konfiktparteien durchsetzen.

Reagiert das Management nicht auf die Wünsche der Mitarbeiter, wird es abgewählt, ignoriert die Belegschaft längerfristig das Managment ist wahrscheinlich die Existenz der Firma und damit der eigene Arbeitsplatz gefährdet. Es wird deutlich, daß es bei diesem Konfilkt keinen Sieger oder die Unterordnung einer Partei geben darf.

Im Laufe der Auseinandersetzung sollte deutlich werden, daß es die Funktion eines externen Beraters sein kann kenntlich zu machen, daß nicht einzelne betroffene Personen einen Konflikt haben, den es zu lösen gilt, sondern diese Personen unterschiedliche Prinzipien repräsentieren.

Der Betrieb findet als Übergangslösung einen Kompromiß.

Da beide Anliegen für sich gesehen logisch sind, kann es zu einer Verwässerung des Konflikts kommen. Der Gegensatz tritt innerhalb der streitenden Partner auf. Im Beispiel von Freiheit und Ordnung würden also einige der Vertreter der Freiheit angesichts des drohenden Chaos nach Ordnung rufen und Vertreter der Ordnung würden angesichts der total reglementierten Handlungen bestimmte Freiräume einräumen wollen.

Dieser Prozeß kommt irgendwann zu dem Punkt, an dem die Gegensätze entdecken, daß sie gar nicht mehr so verschieden sind. So könnten zum Beispiel die Mitarbeiter selbst Investitionsentscheidungen vorbereiten und der Vorgesetzte sich selbst von der Belegschaft beurteilen und seine Tätigkeit an Hand von Plänen kontrollierbar gestalten.

Eine solche Synthese als Resultat eines dialektischen Entwicklungsprozesses, den beide ursprünglich einander entgegengesetzte Standpunkte durchgemacht haben und daher etwas dazugewonnen haben bezeichnen wir als Konsens. Diese Art von Konsens ist die zur Zeit beste Lösung eines Konflikts.

Warum kommt diese Form in der Praxis so selten vor?

Dazu ist ein Blick in die Vergangenheit nützlich: Aus handwerklichen Kleinbetrieben entwickelten sich in der ersten Hälfte des zwanzigsten Jahrhunderts mechanisierte Mittel- und Großbetriebe mit industrieller Serien- und später Massenfertigung. Der Taylorismus mit seiner Zerlegung in kleinste Arbeitsschritte war eine logische Entwicklung und ermöglichte eine ungheure Entfaltung der Produktion.

Für den Unternehmenserfolg in der Wohlstandsgesellschaft ist es jedoch entscheidend, den Markt zu erschließen und Kunden zu gewinnen. Vielfach genügt es nicht mehr, wenn Betriebe reibungslos funktionieren, sie müssen dem Kunden auch Problemlösungs-Know-How und Kreativität anbieten.

Womit wir wieder bei der, am Beginn skizzierten, Fragestellung sind: Gesucht werden selbständige, hoch motivierte Mitarbeiter .....

Kostenoptimierung durch Einsatz neuer Technologien

Friedrich Reiter, Großlobming, Stmk.

Unser Betrieb zählt 14 Mitarbeiter, wir fertigen seit 14 Jahren Hydraulik-Zylinder. Die Fertigung stützt sich neben den üblichen konventionellen Werkzeugmaschinen auf 3 CNC gesteuerten Drehmaschinen und ein Bearbeitungszentrum. 2 CNC-Drehmaschinen sind mit automatischen Werkstück-Handhabungssystemen ausgerüstet.

Im ständigen Bemühen Kosten zu senken, prüfen wir neue Technologien und Organisationsformen auf ihre Verwendbarkeit für unsere Fertigung bez. die Möglichkeit, wenigstens Gedanken und Teillösungen daraus zu übernehmen. Die ständige Ausweitung der Produktion erfordert eine immer umfassendere Organisation. Unser Ziel ist es, trotzdem die bisherige Kostenstruktur zu erhalten. Im Bereich der Fertigung versuchen wir durch Einsatz neuer Technologien und einer immer besseren Arbeitsvorbereitung die Nutzung der vorhandenen Kapazitäten ständig zu verbessern und vor allem auch deren Flexibilität zu erhöhen.

Unsere erste und wohl wichtigste Maßnahme in dieser Richtung war die Umstellung der Fertigung auf CNC-gesteuerte Maschinen. Diese Umstellung hatte für unseren Betrieb eine bedeutende Ausweitung aller Geschäfte zu Folge, sodaß es zu Engpässen in der Verwaltung kam. Um zusätzliche Personalkosten in diesem Bereich zu vermeiden, wurde ein Personal-Computer angeschafft, über den nun die Finanzbuchhaltung, Lagerverwaltung und Fakturierung abgewickelt werden. Als nächstes verwirklichten wir die externe Programmierung der Werkzeugmaschinen und das Archivieren der Lochstreifen. Durch Verlagerung der Programmierzeiten von der Maschine ins Büro erreichten wir eine drastische Verringerung der Rüstzeiten, dadurch wiederum mehr Flexibilität durch kleinere Losgrößen. Lag früher die interessante Losgröße für die NC-

Fertigung je nach Werkstück bei ca. 40 Stück, so wurden nunmehr Losgrößen von 15-20 Stück interessant.

Diese Entwicklung zu größerer Flexibilität war sehr erfreulich und positiv. Durch den nun wesentlich rascheren Umschlag und die kürzeren Durchlaufzeiten der kleineren Losgrößen war die bisher mit manuellen Organisationsmitteln gemachte Arbeitsvorbereitung nicht mehr durchführbar. Die kleinen Losgrößen hatten das gesamte Formularwesen vervielfacht. Dabei sollte die Ausarbeitung noch kurzfristiger erfolgen, um nicht durch Verzögerung bei der Material-Disposition den nun sehr raschen Kreislauf zu stören.

Wir begegneten diesem Problem mit der Einführung einer rechnergestützten Arbeitsvorbereitung, Wir entwarfen einen Organisationsplan, integrierten dabei auch die Lagerverwaltung und ließen das Ganze von einem Softwearhaus in ein Programm umsetzen. Aufträge werden nun nach dem Erfassen über die Stücklisten- und Arbeitsplanverwaltung automatisch aufgelöst, alle Arbeits- und Materialscheine werden ausgedruckt und die erforderlichen Lagerbewegungen automatisch verbucht. Nebenbei sind auf Knopfdruck die Prüfung der Kapazitätsauslastung aller Kostenstellen, die Verfügbarkeit des Lagers und viele andere Auswertungen möglich, die bisher überhaupt nicht gemacht werden konnten.

Nachdem die innerbetriebliche Organisation für die Zukunft gelöst war, suchten wir nach weiteren Möglichkeiten, unsere Kapazitäten zu nützen und dabei Lohnkosten zu sparen. Neue Maschinen kosten sehr viel Geld, brauchen Platz, zudem stellt das notwendige Bedienungspersonal einen beträchtlichen Kostenfaktor dar. Daher überlegten wir Alternativen.

Am zielführendsten schien uns die automatische Werkstück-Handhabung durch""Einlege-Roboter". Ich habe es eingangs schon vorweggenommen, wir haben uns für diese Technik entschieden und zwei Systeme gekauft (eines für Stückgewicht bis 7.5 kg, ein weiteres für Stückgewichte von 2 x 15 kg bzw. 1 x 30 kg). Ich kann heute bereits aus Erfahrung sprechen, da es für uns bereits zwei Jahre danach ist. Beide Geräte stammen von einem österreichischen Hersteller, der uns in der Umstellungsphase auch vorbildlich unterstützte.

Ich möchte im folgenden die Probleme und Lösungen, wie wir sie sahen, kurz umreißen: Die Zielsetzung war ein "mannarmer" Betrieb der Maschinen, um Lohnkosten zu senken sowie die Nutzung von bisherigen Brachzeiten. Unsere Normal-Arbeitszeit war bisher von 6 - 14 Uhr. Nun machen wir mit der gleichen Anzahl von Mitarbeitern eine zweite Schicht von 14 - 22 Uhr, wenn notwendig und möglich nutzen wir im "mannlosen" Betrieb auch die Nachtstunden. Das Ganze haben wir wie folgt organisiert:

Werkstücke, die man nicht einlegen kann (z.B. aufgrund ihrer Form) oder solche, welche eine Laufzeit von ca. einer Stunde für das ganze Los nicht erreichen, werden der CNC-Maschine ohne Einleger zugewiesen.

Die kleinen Losgrößen werden während der Frühschicht gefertigt, wenn alle Mitarbeiter anwesend sind. So kann Hilfestellung gegeben werden, wenn z.B. zwei Maschinen gleichzeitig umzurüsten sind.

Noch vor Ende der Frühschicht werden Lose aufgerüstet, deren Gesamtlaufzeit acht Stunden oder mehr beträgt. Die Arbeit während der Nachmittagsschicht beschränkt sich auf das Überwachen der Fertigung. Die beiden Drehmaschinen mit Einleger betreut ein Mann, der - wenn möglich - das Bearbeitungszentrum mitbedienen kann.

Bei den kleinen Losgrößen bilden wir mit Hilfe des Arbeitsvorbereitungsrechners nach dem Kriterium des Rohmaterialdurchmessers Teilefamilien, sodaß das Umrüsten der Spannbacken, der Werkstückmagazine und des Greiferfingers weitgehend entfällt. Verbleibender Rüstaufwand für den Einleger ist die Bestimmung der Werkstücklänge, die ein motorischer Endschalter auf Tastendruck besorgt. Zu programmieren gibt es nichts, da der einfache, immer gleichbleibende Einlegervorgang durch ein Eprom fest vorgegeben ist.

Bedenkt man, daß für den Einleger kaum Rüstzeiten notwendig sind und daß 3 Minuten Stückzeit x 20 Stück eine Stunde ergibt, in der der Bedienungsmann für andere Aufgaben verfügbar ist, kann man feststellen, daß 20 Stück automatisch eingelegt eine Stunde Vorteil bringt. Bei uns nützt der Bedienungsmann diese Zeit, um für die nächste Einstellung Werkzeug und Meßzeuge vorzubereiten, eine andere Maschine umzurüsten oder einfache Folgebearbeitungen durchzuführen.

Für das Bedienungspersonal erwies sich diese Umstellung durchwegs als positiv: Die monotone und bei großen Werkstücken körperlich schwere Arbeit des Ein- und Ausspannens fiel weg. Die Mitarbeiter wurden zusätzlich geschult, sodaß nunmehr jeder in der Lage ist, alle gesteuerten Fertigungsmaschinen in unserem Betrieb zu bedienen. Dies macht die Tätigkeit interessanter und abwechslungsreicher und gestaltet die Fertigung noch flexibler.

Die abschließende Frage, hat das Ganze etwas gebracht, kann man nachdrücklich bejahen. Wir haben im Schilderungszeitraum unseren Mitarbeiterstand um 180 %, unsere Betriebsleistung um 450 % erhöht. Sämtliche neu eingestellten Mitarbeiter sind produktiv tätig. Unsere nunmehr sehr leistungsfähige Fertigung ermöglicht auch für das Ausland konkurrenzfähige Produktpreise, sodaß heute ein großer Teil unserer Fertigung in nahezu alle EG - Länder exportiert wird. Ohne den Einsatz neuer Technologien in Fertigung und Organisation und der damit verbundenen Kostenoptimierung wäre unser Konzept in dieser Form sicher nicht zu verwirklichen gewesen.

Verstaatlichte Industrie:
Führend in der Automatisierungstechnik

Beispiel Nr. 1:
Die Maschinensysteme der VOEST

Die VOEST-Alpine bietet Bohr- und Fräsmaschinen an, die von der internationalen Fachwelt mehr als nur bestaunt wurden: Die Millturn WNC 500S mit CNC-Steuerung ist Weltspitze. Dreh-, Bohr- und Fräsbearbeitungen können in nur einer Aufspannung verrichtet werden. Ein modulares Baukastensystem ermöglicht die Erweiterung der Anlage zum „Automillturn" mit automatischem Werkstückwechsel bis zu Anschlußmöglichkeiten an CAD/CAM-Leittechniken. Weitere Leistungen der VOEST: Das Industrierobotersystem VAROB mit automatischem Wechselsystem und vieles andere mehr . . .

VOEST-Schweißroboter VAROB

Rechnerraum Kraftwerk Voitsberg

Beispiel Nr. 2:
Die SAT-Systeme für Automatisierungstechnik

Die SAT, eine Tochtergesellschaft der ELIN, ist Österreichs führendes Unternehmen in der Prozeßautomation. Die SAT ist ihr Partner, wenn es um die Überwachung, Steuerung und Optimierung auch großräumig verteilter technischer Systeme geht. Etwa im Verkehrswesen, in der Energietechnik oder im Bereich der Wasserentsorgung und beim Umweltschutz. SAT-Rechnersysteme haben sich x-fach bewährt und sind auch international anerkannt. Selbstverständlich übernimmt die SAT auch die Schulung ihrer Mitarbeiter und die Wartung ihrer Systeme.

Beispiel Nr. 3:
Das Portalrobotersystem der SGP

Ein flexibles, modular aufgebautes Handling-Konzept, das bei einer Tragkraft von 250 kg Lasten auf eine Genauigkeit von weniger als 1 mm plazieren kann. Das System funktioniert mit einer Punkt-zu-Punkt-Steuerung mit Lagerregelkreisen für alle Achsen mit beliebiger Anzahl anzufahrender Positionen. Die Programmierung erfolgt durch einen eingebauten PC-Teil mit entsprechenden Schnittstellen, wodurch Rechnerkopplungen auch über größere Entfernungen möglich sind.

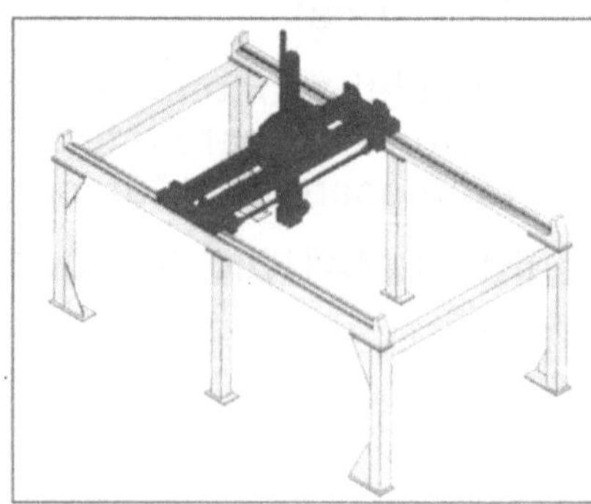

SGP-Portalrobotersystem

Eine Information der Arbeitsgemeinschaft der österreichischen Gemeinwirtschaft

Arbeitskreis 3:

Neue Technologien

Leitung:

Univ.-Prof. Dr. Gerfried Zeichen

Neue Technologien und ihre Auswirkungen auf Konstruktion, Fertigung und Montage

Gerfried Zeichen, TU Wien

Einleitung:

Die Frage, ob die stürmische Entwicklung zu Neuen Technologien auch in der Unternehmensplanung von Klein- und Mittelbetrieben zu chancenreichen Veränderungen führen kann, wird heute meist mit einem klaren "Ja" beantwortet. Als generelle Begründungen für diese Chancen werden angegeben:

- Kürzere Produktlebensdauer erfordert Flexibilität und gute Umrüstbarkeit (Bild 1)

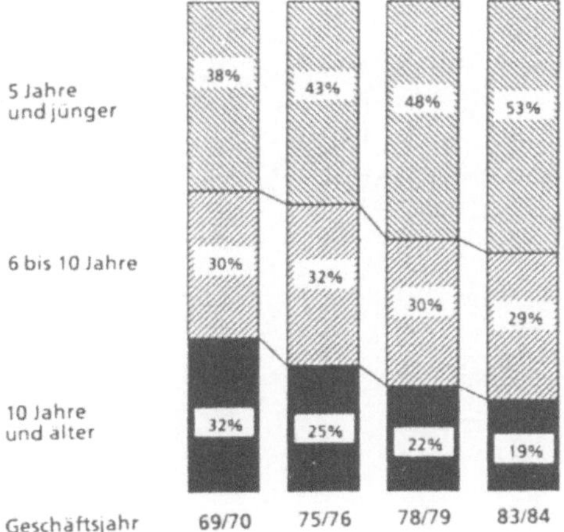

Bild 1

- Das Innovationsrisiko ist in Klein- und Mittelbetrieben überschaubar und steuerbar.

- Der ganzheitliche Unternehmenscharakter in kleineren Betriebseinheiten fördert die rasche Umsetzung kreativer Potentiale.

- Durch geschickte Kooperation können auch kleinere Unternehmen an internationalen Neuentwicklungen partizipieren.

- Der Verwaltungsaufwand kleinerer Einheiten kann kleiner gehalten werden.

- Der flexible Kleinserienbau wird durch FLEXIBLE AUTOMATION relativ wirtschaftlich. (Bild 2)

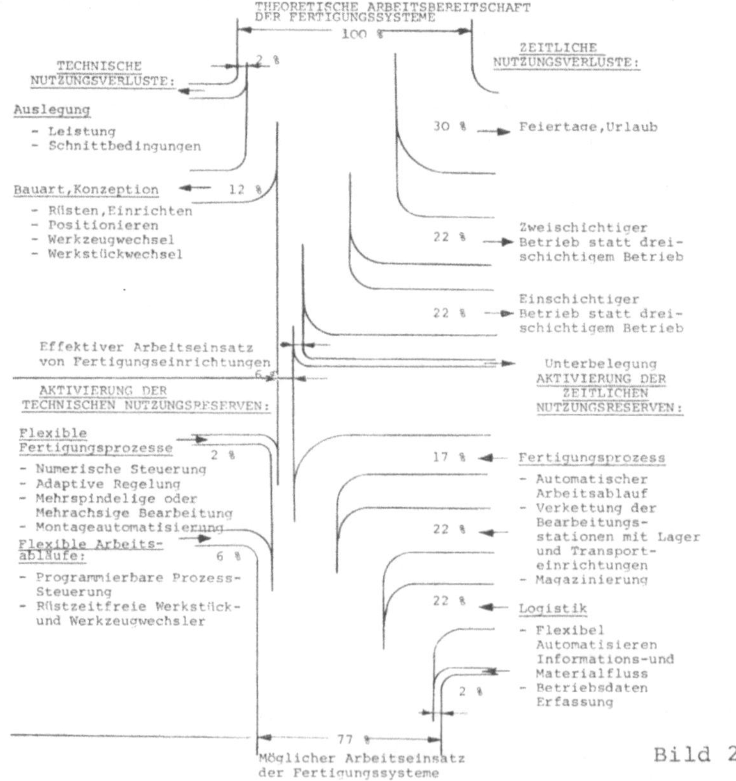

Bild 2

Für Österreichs Mittelindustrie können im internationalen Wettbewerb zusätzlich folgende Standortvorteile eingesetzt werden:

- Hohes Grund- und Universalausbildungsniveau auf den meisten betrieblichen Leitungs- und Arbeitsebenen bedeutet höhere Flexibilität.

- Hoher Softwarebedarf bei neuen Technologien fordert starke Zusammenarbeit von Wirtschaft und Wissenschaft, was sich in Österreich günstig realisieren läßt.

- Die Anwendung neuer Technologien (nicht deren Entwicklung und Erforschung) ist weltweit noch in der Aufbauphase, d.h. der Vorsprung anderer Länder erscheint noch nicht uneinholbar.

- Österreich hätte Zugang zu allen Anwendungsmärkten der Welt und zu fast allen neuen Technologien.

- Das Bildungsniveau aller österreichischen Berufsgruppen ist für positive Erneuerungen (noch immer) grundsätzlich aufgeschlossen.

Charakteristische Anwendungen Neuer Technologien in Österreich:

Von den weltweit als besonders zukunftsträchtig klassifizierten Neuen Technologien:

> Mikroprozessoren, Telekommunikation, CAD/CAM/CIM, Flexible Automation, neue Energietechnologien, Verbundwerkstoffe, Biotechnologien

können eine ganze Reihe chancenreicher Anwendungsgebiete abgeleitet werden:

- MECHATRONIK-PRODUKTE (Kombination Mechanik-Elektronik-EDV)
- FLEXIBLE PRODUKTIONSAUTOMATISIERUNG (für neue und konventionelle Produkte)
- SENSORIK UND AKTORIK IM UMWELTSCHUTZ
- TELEKOMMUNIKATION IM DIENSTLEISTUNGSBEREICH
- ERGONOMIE IN DER LANDWIRTSCHAFTSTECHNIK
- REDESIGN IM VERKEHRSWESEN UND GÜTERTRANSPORT

Aus Sicht der durchschnittlichen österreichischen Betriebsstruktur können vorallem die Anwendungsmöglichkeiten in der Flexiblen Produktionsautomatisierung von großer Bedeutung sein, weil es mit dieser Technik erstmals möglich ist, dem Gesetz der großen Stückzahl eine Alternative entgegenzusetzen.

Für Pionierunternehmen, auf der Suche nach neuen Produkten, bieten vor allem die Mechatronik, der Umweltschutz und die Informatik interessante Chancen.

Tatsächlich konnten sich in diesen Feldern bereits einige österreichische Betriebe trotz großen Forschungsrückstandes gegenüber den Forschungspionieren international profilieren. Als konkrete Beispiele für Neue Produkte im Rahmen Neuer Technologien seien genannt: Industrieroboter, Allradantriebe, elektronische Dieseleinspritzung, medizintechnische Sensoren, Meßgerätebau, Computerperipherie und -software, Verbundwerkstoffe, Sportartikelbau.

Die Beispiele in der Anwendung Neuer Produktionsverfahren und hier insbesondere der Einsatz der FLEXIBLEN AUTOMATION sind hingegen noch nicht so zahlreich anzufinden, obwohl sich bereits viele Unternehmen mit den Möglichkeiten näher beschäftigt haben und teilweise unmittelbar vor der Einführungsphase stehen. Vor allem Österreichs Klein- und Mittelbetriebe zögern aber noch immer bei der Realisierung. Es sind offensichtlich starke Hemmnisse vorhanden, die meist unter den folgenden Ursachen zu suchen sind:

- Finanzierbarkeit der Umstrukturierung
- Wenig Reserven und Alternativen bei Rückschlägen
- Pauschalierende Ängste vor den Auswirkungen Neuer Technologien
- Wenig Weltmarkt- und Technologieknowhow in Österreich, meist durch fehlende Absatzorganisationen
- Hohe endogene Reibungs- und Konfliktfelder in den konventionellen Betriebsorganisationen
- Mangelnde Qualifikation von Mitarbeitern und/oder fehlendes Projektmanagement.

Da derartige Ursachen aber schon aus "Überlebensgründen" der Industrie überwunden werden müssen soll im folgenden auf einige zentrale Aspekte der Modernisierung von Produktionsverfahren eingegangen werden.

INTEGRATION VON KONSTRUKTION UND PRODUKTION

Das Fertigungsverfahren und die Fertigungskosten werden zum überwiegenden Teil bereits in der Konstruktionsphase vorbestimmt. Die Verantwortung des Konstrukteurs für die Produktkosten muß deshalb deutlich herausgearbeitet werden. In Anbetracht der dadurch ständig steigenden Datenmengen im Entwicklungsbereich ist die Einführung der (graphischen) Datenverarbeitung in der Konstruktion unumgänglich notwendig. Die heute angebotenen Geräte erlauben bereits einen Einstieg mit relativ geringen Investitionskosten. Dem hohen Bedarf an Schulung wird von mehreren Ausbildungsinstituten aus Industrie und Bildungswirtschaft mit neuen CAD-Ausbildungen Rechnung getragen. Die Systemauswahl wird durch herstellerneutrale Beratung erleichtert. Daher gäbe es eigentlich für das Nichtanwenden von CAD auch in kleineren Betriebseinheiten keine Ausrede mehr. Bild 3 zeigt ein Beispiel für den Einfluß der Informations- und Kommunikationskosten ohne und mit computerunterstützten Arbeitsprozessen.

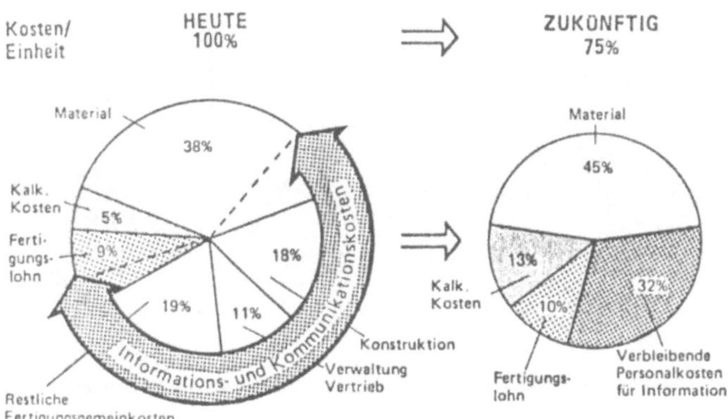

Bild 3

Der nächste logische Schritte, die Integration von CAD/CAM und CIM in den Datenaustausch eines Fertigungsunternehmens, ist bereits der noch wichtigere geworden. Der online-Einsatz der in der Konstruktion gewonnenenen und in der EDV gespeicherten geometrischen Daten für alle relevanten Aufgaben des Unternehmens ist technisch in vielfältiger Form lösbar und daher so schnell wie möglich in die Praxis umzusetzen. (Bild 4)

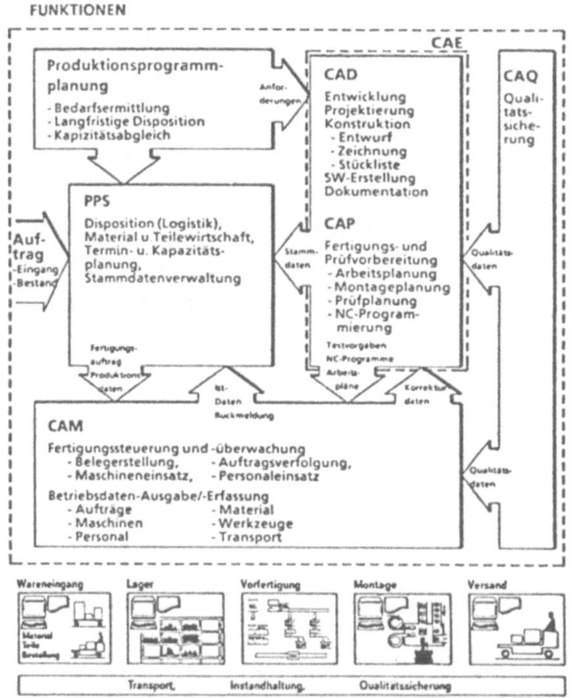

Bild 4

Dem Gesichtspunkt der Kompatibilität zwischen den Hard- und Softwarelösungen der beteiligten Funktionsbereiche kommt dabei natürlich erhöhte Bedeutung zu. Durch dementsprechende internationale Softwareentwicklungen und -standardisierungen wie z.B. dem MAP (Manufacturing Automation Protocol), werden bereits Lösungen für sehr komplexe Funktionsdiagramme (Bild 5) angepeilt.

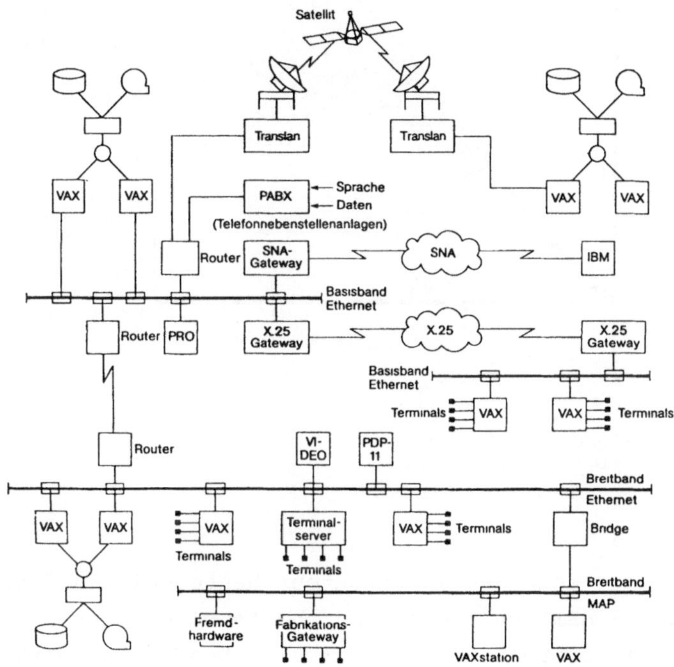

Bild 5

Für den Klein- und Mittelbetrieb bedeuten derartige Entwicklungen wesentliche Erleichterungen in der individuellen Systemauswahl, weil eine spätere Integration oder Kompatibilität auch zwischen verschiedenen Systemen darstellbar ist. Der Zusatznutzen durch Integration wird heute sehr hoch bewertet (Bild 6), weswegen für Mittelbetriebe, die solche Integrationen zunächst sogar halbautomatisch durchführen können, erhöhte Chancen bestehen.

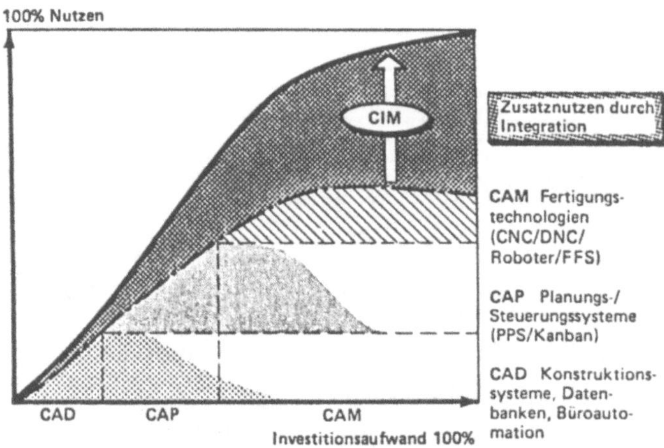

Bild 6

Jedenfalls kann der Konstrukteur heute seine umfassende Aufgabe - nämlich funktions- und fertigungsgerechte Konstruktionen zu erarbeiten - wieder viel besser und wirkungsvoller durchzuführen. Der erreichbare Produktivitätsfaktor allein in der Konstruktion leigt zwischen 2 bis 20, abhängig von der spezifischen Branche (Bild 7: Tabelle)

	Produktivitätsfaktor (Statistischer Mittelwert)
Elektronische Anwendung	
Schaltplanerstellung	3,0 - 5,0
Verdrahtungspläne	3,5 - 4,5
Leiterplattenentwurf	3,5 4,5
Integrierte Schaltungen	10,0 - 20,0
Mechanischer Entwurf	
Detailkonstruktion	2,0 - 3,0
Zusammenstellung, Zeichnung	2,0 - 4,0
Entwürfe	2,5 - 3,5
Blechabwicklung	3,5
Rohrleitungsentwurf	2,5 - 3,5
Angebotsunterlagen/Dokumentation	3,0 - 5,0
NC-Lochstreifenerstellung	4,0 - 6,0
Sonstige Bereiche	
Anlagenplanung	3,0 - 4,0
Datenaufbereitung, Berechnung, Auswertung	3,0 - 6,0

Bild 7

Durch den Einsatz von CAD erhält somit die Schlüsselfunktion jedes industriellen Prozesses, die schöpferische Produktgestaltung, außergewöhnliche Innovationsmöglichkeiten. Der Einsatz von CAD/CAM bedeutet die Chance zur schrittweisen Verwirklichung der Idealvorstellungen für konstruktive und technologiesche Elementfamilien (Bild 8).

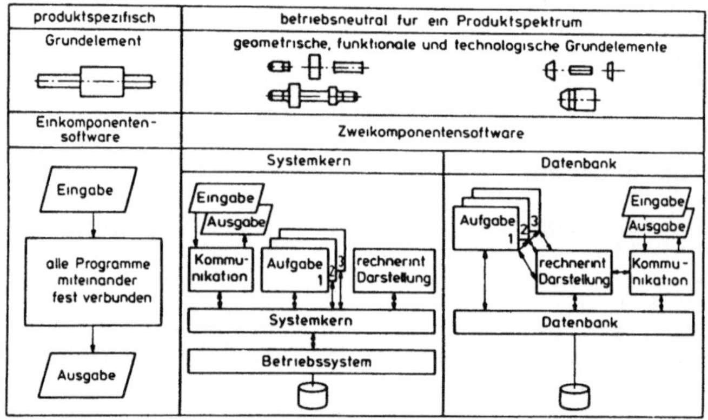

Bild 8

Das zukünftige Marktwachstum in der Anwendung von CAD/CAM wird in wichtigen Industrieländern mit über 50 % pro Jahr erwartet.

In der Fertigung werden die computergestützten Planungsmethoden ebenfalls eine erhebliche Entlastung von repetitiven Such- und/oder Abwicklungsarbeiten ermöglichen und den Engineering Abteilungen eine gezielte Konzentration auf die schöpferische Verfahrens- oder Montageplanung (Bild 9) erlauben.

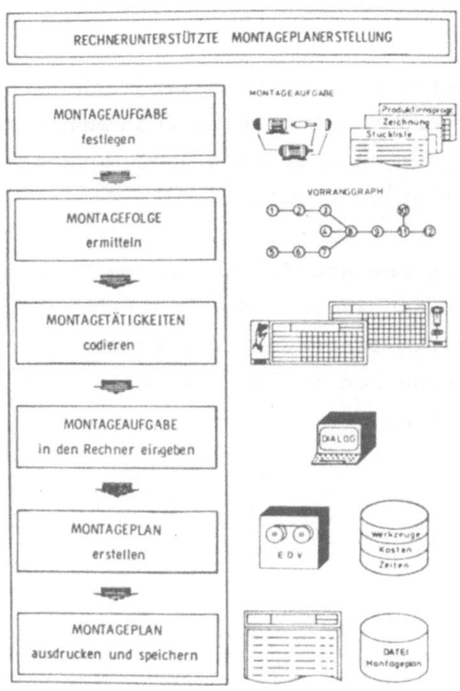

Bild 9

Je nach der von der Unternehmensleitung angestrebten Produktpolitik können dan die Schwerpunkte der Verfahrenserneuerung beispielsweise in die Kostensenkung oder/und die Qualitätsverbesserung investiert werden. Kosten- und Durchlaufzeitenreduktion von 20 bis 30 % gegenüber konventionellen Herstellmethoden sind dabei durchaus erreichbar.

Für den erfolgreichen Einsatz neuer Technologien sind aber gänzlich neue Verantwortungen im Zusammenwirken von EDV und Ingenieurstätigkeiten aber auch neue Methoden der Wirtschaftlichkeitsermittlungen notwendig.

Da viele Modelle der angeführten neuen Technologien in der Herstellung elektronischer oder elektromechanischer Produkte bereits pilotmäßig eingeführt worden sind verdient der gezielte Aufbau dieser Branchen in Österreich nicht nur in Großbetrieben, besondere Bedeutung.

Literatur:

- G. Spur, Berlin u.a. "CAD-Technik"
  Carl Hansen Verlag, München, Wien 1984

- W. Gutschke, München u.a. "Erfolgreich produzieren mit CIM" ZWF, 1985

- G. Zeichen, Wien, "Situation und Auswirkungen der Flexiblen Automation in der österr. Industrie"
  ÖIAZ 1985, Heft 12

- J. Kromberg, Wuppertal, "Mutiger Schritt, 11-Mann Werkzeugbetrieb installiert 200.000 - Mark CAD/CAM-System", NC Fertigung, Wuppertal, Sept.85

- J. Simon, München "Realisierte Fallbeispiele der flexiblen Automation"
  Wifi, Wien, Seminar, Nov. 85, Baden

- VDI, Düsseldorf, "Datenverarbeitung in der Konstruktion 1985"

- S. Waller, Erlangen: "Die automatisierte Fabrik"
  VDI Z 125 (1983) Nr. 20

Potentielle Anwender flexibler Automation - eine Befragung österreichischer Mittelbetriebe

Josef Fröhlich
Österreichisches Forschungszentrum Seibersdorf
A-2444 Seibersdorf

I. Positionierung der Studie und Skizzierung verwendeter Methoden

Das Österreichische Forschungszentrum Seibersdorf beschäftigt sich aus seiner Forschungstradition heraus - als größtes österreichisches Forschungszentrum, gegründet zur friedlichen Nutzung der Kernenergie - mit der Meß-, Regel- und Steuertechnik komplexer Vorgänge sowie mit der Handhabung, dem Transport und der Bearbeitung von radioaktivem Material in extremem Environment und mit Aufgaben des Sondermaschinenbaus. Basierend auf diesem Know how entwickelte sich im Zuge der verstärkten Bestrebung, wissenschaftliche Erkenntnisse in die industrielle Praxis zu transferieren, ein Themenschwerpunkt im Bereich der Flexiblen Automation.

Die vorliegende Studie, über deren Ergebnisse in der Folge berichtet wird, dient zur Klärung der Frage, ob in der österreichischen Industrie, und hier vor allem in der mittelständischen Industrie, mit einer Beschäftigtenzahl von 100 bis 1000, ein Empfänger für die Technologie der Flexiblen Automation gegeben ist und, wenn ja, welches Potential für die Anwendung der Flexiblen Automation in der mittelständischen Industrie vorhanden ist. Die Studie wurde von der Österreichischen Investitionskredit AG in Auftrag gegeben und von der Hauptabteilung Technologische Unternehmensplanung des Österreichischen Forschungszentrums Seibersdorf, welches Projektträger des Schwerpunktes Flexible Automation, CAD/CAM, sowie Meßtechnik und Datenverarbeitung im Technologie- und Forschungsschwerpunkt Mikroelektronik und Informationsverarbeitung der österreichischen Bundes-

regierung ist, durchgeführt.
Für die Analyse der österreichischen Industrie im Hinblick auf das Potential von Anwendern der Flexiblen Automation wurde Flexible Automation als eine Einrichtung der Verfahrenstechnik verstanden, bei der ein selbständig und zwangsläufig ablaufender Vorgang rasch und ohne erheblichen Zeitaufwand beliebig verändert werden kann, und wobei solche Änderungen im Vergleich zum Prozeßablauf relativ häufig vorkommen können.

Im Rahmen der vorliegenden Studie wurden 89 Betriebe aus einer Grundgesamtheit von 945 österreichischen produzierenden Industriebetrieben mit einer Beschäftigtenzahl zwischen 100 und 1000 analysiert, wobei einerseits interne Voraussetzungen zur Anwendung Flexibler Automation zu prüfen waren und andererseits Realisierungschancen der Flexiblen Automation abgeschätzt wurden.

Gemäß moderner Ansätze der Systemtheorie wurden die einzelnen Unternehmen der mittelständischen Industrie in einer ganzheitlichen Betrachtung erfaßt. Bei der Modellierung des Untersuchungsgegenstandes wurden dementsprechend sechs Dimensionen in Betracht gezogen:

- Produkt
- Produktion
- Personal
- wirtschaftliche Fragen
- Planung und Organisation
- Forschung und Entwicklung

sowie allgemeine Fragen zur Flexiblen Automation gestellt.
Die sechs Dimensionen wurden durch Deskriptoren und Indikatoren konkretisiert und in Einzelfragen operationalisiert. Da eine EDV-Auswertung vorgesehen war, wurden fast ausschließlich geschlossene Frageformulierungen gewählt. In zwei- bis vierstündigen Befragungen und Workshops wurden die Daten erhoben, welche aus über 100 Einzelfragen pro Unternehmen bestanden. Diese wurden in der Folge in einer geordneten Matrixstruktur positioniert, welche nach zwei Methoden der statistischen Auswertung analysiert wurden. Die eine Auswertungsart kann als globalstatistisch bezeichnet werden; hierbei werden alle Antworten zu einer Frage mit statistischen Größen oder in Tabellenform beschrieben. Die

andere Auswertungsart kann als individualstatistische Auswertung bezeichnet werden, d.h. hier betrachtet man einzelne Befragungsobjekte oder Gruppen von Befragungsobjekten.
Die methodische Vorgangsweise zur Datenerhebung zeigt Bild 1.

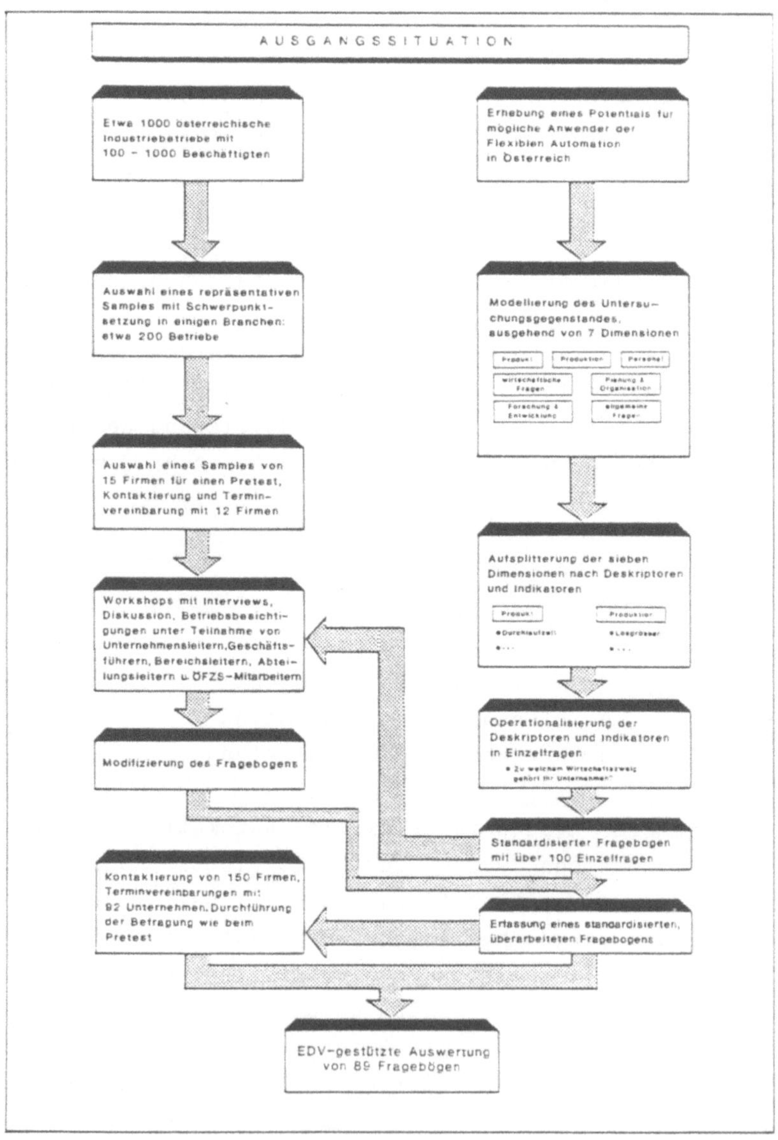

BILD 1: Methodische Vorgangsweise zur Datenerhebung

II. Anforderungen an Österreichs mittelständische Industrie

Für eine Analyse der Anforderungen an Österreichs mittelständische Industrie stellen die erzeugten Produkte eine wesentliche Informationsquelle dar. Sie bestimmen durch ihre Positionierung im Markt die Anforderungen an die Flexibilität im Hinblick auf rasches Reagieren am Markt oder charakteristische Auftragsabwicklung, Entwicklung der Losgröße und des Produktmix u.a.m. und legen damit die Einschränkungen an die Fertigungstechnologie fest.

Konventionelle Fertigungstechnologien mit starrer Automatisierund und damit begleitend eine Auslegung auf ein schmales Band wirtschaftlich produzierbarer Stückzahlen stellen für Industriebetriebe dann eine richtige Fertigungstechnologie dar, wenn die Regelmäßigkeit der Auftragseingänge gewährleistet ist. Bild 2 zeigt die Möglichkeiten des Reagierens von konventionellen Automatisierungen bei regelmäßigen Auftragseingängen mit hohen Spitzenbelastungen und kurzfristigen Einbrüchen von seiten der Auftragslage.

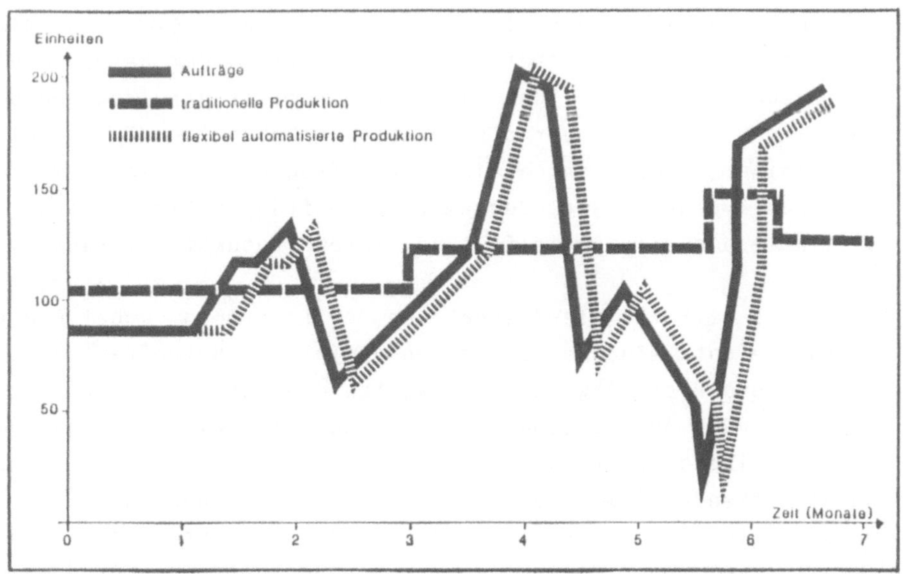

BILD 2
Gegenüberstellung von traditionellen und flexiblen Produktionen

Mit Hilfe dieser Fertigungstechnologien besteht keine genügende Flexibilität, auf Markterfordernisse adäquat zu reagieren, sodaß eine flexiblere Fertigung für derartige Auftragseingänge notwendig ist. Daß unregelmäßige Auftragseingänge auch bei Österreichs mittelständischer Industrie in vermehrtem Maße anzutreffen sind, zeigt die Aussage der befragten Firmen über die Entwicklung der Auftragseingänge. Dabei zeigt sich gemittelt über alle Firmen, daß 40% der Auftragseingänge über das ganze Jahr ausgeglichen eintreffen; 33% weisen leichte Schwankungen auf und 27% zeigen in der Regelmäßigkeit starke Schwankungen. Der insgesamt dominierende Anteil von Auftragseingängen (60%), die starken oder leichten Schwankungen unterliegen, zeigt die hohen Anforderungen an die Flexibilität auch bei Österreichs mittelständischer Industrie. Diese Forderungen betreffen die gesamte Auftragsabwicklung vom Auftragseingang bis zur Auslieferung an den Kunden. Die unregelmäßige Auftragssituation erzeugt einen hohen Druck auf die Unternehmen hinsichtlich der Termintreue und stellt daher, begleitet von immer kürzer geforderten Lieferzeiten, in zunehmendem Maße für die österreichischen Mittelbetriebe ein Problem dar.

Einen wichtigen Indikator für die Abschätzung etwaiger notwendiger Implementierung der Flexiblen Automation in Österreichs mittelständischer Industrie stellt die Einschätzung der Betriebe über die zukünftige Entwicklung ihres Produktmixes dar. Von den befragten Firmen erwarten mehr als 50% eine Erhöhung der Typenvielfalt. Ein kleiner Anteil von ca. 15% der befragten Betriebe erwartet sinkende Typenvielfalt, der Rest der befragten Firmen sieht gleichbleibende Typenvielfalt bei ihrem Produktmix voraus.

Ähnliches gilt für die Abschätzung der Losgrößen, wobei die Erwartung nichtsteigender Losgrößen dominiert. Betreffend der Kosten- und Preisentwicklung erwarten die befragten Firmen in überwiegender Anzahl eine steigende Kostenentwicklung und eher gleichbleibende oder fallende Preisentwicklungen mit der Konsequenz sinkender Gewinnmargen. Dies läßt auf zunehmende Wettbewerbsverstärkung schließen. Ein Ausweg aus verstärktem Wettbewerb ist in vielen Fällen in immer größer werdender Produktdiversifikation vorhersehbar; dies zeigte auch die Befragung bei Österreichs mittelständischer Industrie, die von einer deutlichen Erhöhung der Typenvielfalt in Zukunft ausgeht.

Die Verstärkung der Wettbewerbssituation drückt sich bereits und wird sich in Zukunft verstärkt durch kürzer werdende Lebenszyklen der Produkte ausdrücken, wobei neben dem Druck des Wettbewerbs der rasche Wandel der Technologien und die immer kürzer werdenden Technologiezyklen die Produktlebenszyklen zusätzlich verkürzen. Bild 3 zeigt die aus wirtschaftlichen und technologischen Entwicklungen aus der Sicht der befragten Betriebe feststellbaren externen und internen Anforderungen an die Produktionsbetriebe.

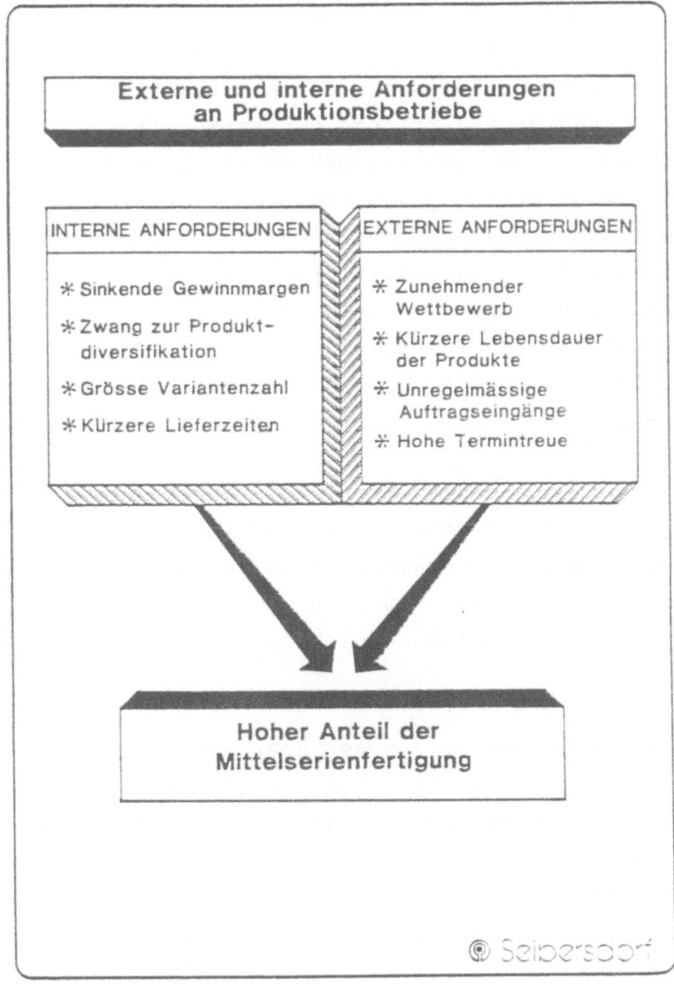

BILD 3

Aus wirtschaftlichen und technologischen Entwicklungen feststellbare externe und interne Anforderungen an Produktionsbetriebe

Die Anforderungen sind derart gelagert, daß die Bedeutung der Mittelserienfertigung sehr groß ist. Dies wird auch durch die Aussagen der befragten Betriebe untermauert. Die prozentuelle Aufteilung der über alle befragten Firmen gemittelten Anteile vorliegender Fertigungsarten zeigt auf, daß die Produktion zu 58% als Mittelserienfertigung, zu 22% als Einzelfertigung und zu 20% als Massenfertigung erfolgt. Damit treten die Einzel- und Massenfertigung gegenüber dem hohen Anteil der Mittelserienfertigung in den Hintergrund.

Analysiert man die Kostenanteile in den Betrieben der mittelständischen Industrie, so erkennt man, daß Materialkosten und Lohnkosten durchschnittlich den größten Anteil an den Gesamtkosten ausmachen. Notwendige Reduktionen der Personalkosten ergeben sich dementsprechend aus der gemeinsamen Betrachtung der bereits erwähnten Preis-/Kostenentwicklung und dem hohen Anteil an Personalkosten an den Gesamtkosten. Daher sehen 68,5% der Firmen spezifische Maßnahmen im Hinblick auf Automatisierung in Zukunft als vordringlich an. 62% der Firmen planen kurz- bis mittelfristig in neue Fertigungstechnologien zu investieren, um einerseits den Nutzungsgrad der Maschinen zu erhöhen und andererseits die Personalkosten zu reduzieren.

Die bereits angesprochene Unregelmäßigkeit der Auftragseingänge in Österreichs mittelständischer Industrie erfordert eine drastische Reduzierung der Gesamtdurchlaufzeit. Um alle Möglichkeiten der Gesamtdurchlaufzeitreduktion zu erhalten, ist es notwendig, die Anteile der einzelnen Abwicklungsschritte von Aufträgen zu analysieren.

Die prozentuelle Aufteilung der über alle Firmen gemittelten Anteile an der Gesamtdurchlaufzeit zeigt den hohen Anteil (45%) der Lagerung an der Gesamtdurchlaufzeit. Demgegenüber weist die Produktion nur einen 15%igen Anteil an der Gesamtdurchlaufzeit auf. Die restlichen Anteile an der Gesamtdurchlaufzeit teilen sich in 11% Auftragsbearbeitung, 11% Absatzabwicklung, 9% Arbeitsvorbereitung und 9% Entwicklung und Konstruktion. Der hohe Lageranteil an der Gesamtdurchlaufzeit ist nur dann eine betriebswirtschaftlich sinnvolle Strategie, wenn die erwartete Nachfrage in der Folge wie gewünscht eintritt. Die Unregelmäßigkeit der Auftragseingänge und die immer kürzer werdenden Innovationszyklen werden sicherlich viele Unternehmen zu einer Reduzierung der Lagerzeit zwingen. Da eine alleinige Minimierung der Lagerzeit ohne gleichzeitige Reduktion der Durchlaufzeit bezüglich fertigungs- und montagegerechter Produktgestaltung nur schwer möglich ist, wird in Zukunft in der Planungs- und Entwicklungsphase in vermehrtem Maße auf automatisierungsgerechte Fertigung und Montage Rücksicht genommen werden müssen. Bild 4 zeigt die aus den Ergebnissen der Studie resultierenden Anforderungen an die Fertigung und Montage. Aus diesen Anforderungen ergibt sich zwangsläufig, daß der Flexiblen Automation in Österreichs mittelständischer Industrie eine immer höhere Bedeutung zukommt, um auch mittel- bis langfristig eine hohe Wettbewerbsfähigkeit zu gewährleisten.

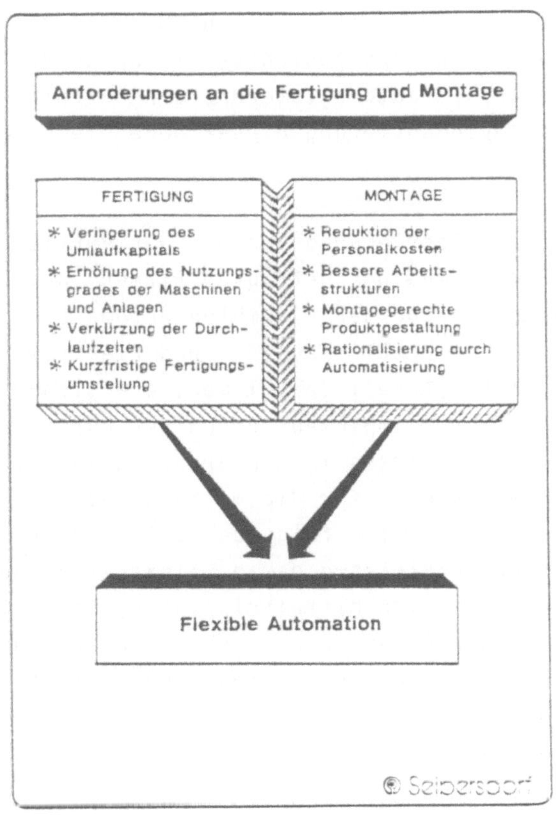

BILD 4
Aus den Ergebnissen der Studie resultierende Anforderungen an die Fertigung und Montage

III. Potential für Flexible Automation in Österreichs mittelständischer Industrie

Die Erfassung des Potentials für die Anwendung der Flexiblen Automation in Österreichs mittelständischer Industrie erfolgte in zwei Schritten. Eine erste Hochrechnung für die Branchen Maschinen/Metallindustrie sowie Elektrowirtschaft wurde anhand der Aussagen der befragten Betriebe durchgeführt, in denen die Betriebe ihre Absichten kurz- bis mittelfristig flexibel zu automatisieren darlegten. Diese Aussagen wurden in einem zweiten Schritt mit Hilfe der individualstatistischen Auswertung einer Vielzahl bei den befragten Betrieben erhobener Daten hinterlegt, welche in Form von Potentialprofilen der einzelnen Betriebe, sowie gemittelter Profile über die einzelnen Branchen, und gemittelter Profile über sämtliche befragten mittelständischen Industriebetriebe erarbeitet wurden. Dadurch konnte zusätzlich zur Hochrechnung aus den Absichtserklärungen der befragten Betriebe, flexibel zu automatisieren, eine Erfolgswahrscheinlichkeit für die Implementierung dieser neuen Technologie ermittelt werden.

Von 89 befragten Betrieben gaben bei der vorliegenden Studie 43 Betriebe, d.s. 48% der befragten Firmen, an, kurz- bis mittelfristig die Einführung der Flexiblen Automation zu planen. Die Branchen Maschinen/Metallindustrie und Elektrowirtschaft zeigten dabei den höchsten Anteil der Firmen, die sich mit Flexibler Automation und ihrer Implementierung beschäftigen. Eine Hochrechnung dieser Antworten in den Branchen Maschinen/Metallindustrie sowie Elektrowirtschaft für die mittelständische Industrie zeigt Bild 5. Dabei ergibt sich folgendes Bild: 57 Betriebe in den beiden Branchen denken kurzfristig daran, flexibel zu automatisieren und 123 Betriebe wollen mittelfristig an die Implementierung dieser Technologie herangehen. Diese Hochrechnung basiert auf den Aussagen der befragten Betriebe und bezieht sich ausschließlich auf jene österreichischen Produktionsunternehmen, die einen Beschäftigtenstand von 100 bis 1000 aufweisen.

	ERHEBUNG		HOCHRECHNUNG AUF DIE BRANCHE	
	kurzfristig	mittelfristig	kurzfristig	mittelfristig
Maschinen und Metallindustrie	7	15	47	100
Elektrowirtschaft	3	7	10	23

BILD 5
Anzahl der Betriebe, die kurz- und mittelfristig die Einführung der Flexiblen Automation beabsichtigen

Um eine differenziertere Darstellung der Hochrechnung zu erzielen, wurde zusätzlich zu dieser Hochrechnung der Predispositionsgrad sowie der Grad der Innovationserfordernisse im Hinblick auf Flexible Automation berücksichtigt. Dazu wurde ein Bewertungsmodell in Form von Potentialprofilen erarbeitet. Zur Erstellung dieses Potentialprofils wurde gemäß den Anforderungen der Flexiblen Automation ein Bewertungsmodell entwickelt. Die Bewertung einzelner Indikatoren und Deskriptoren, die in operationalisierter Form mit Hilfe eines standardisierten Fragebogens bei den befragten Betrieben erhoben wurde, erfolgte unter Berücksichtigung der in der Literatur üblichen Anforderungen für die Einführung flexibler Fertigungstechnologien. Beispielsweise wurden hohe Durchlaufzeiten, hoher Umrüstaufwand in der Produktion, sinkende Stückzahlen bei zunehmender Typenvielfalt, hohe Effizienz der Forschung und Entwicklung u.v.a.m. in den befragten Unternehmen als Indikator für ein hohes Potential für Flexible Automation angesehen.

Dieses Potential fand seine Darstellung in Form einer 100 Punkte-Skala im Potentialprofil. Bild 6 zeigt die Erstellung eines derartigen Potentialprofiles für ein durchschnittliches österreichisches mittelständisches Unternehmen. Dabei zeigt es sich, daß ein hohes Potential in der Dimension Produkt, bei den Durchlaufzeiten und der künftigen Entwicklung der Produkttypen erkennbar ist. Dies ist auf einen hohen Anteil der Arbeitsvorbereitung, Produktion und Lagerung an der Gesamtdurchlaufzeit zurückzuführen sowie auf die steigende Typenvielfalt mit der Erwartung nicht steigender Losgrößentendenzen bei gleichzeitig steigenden Kosten.

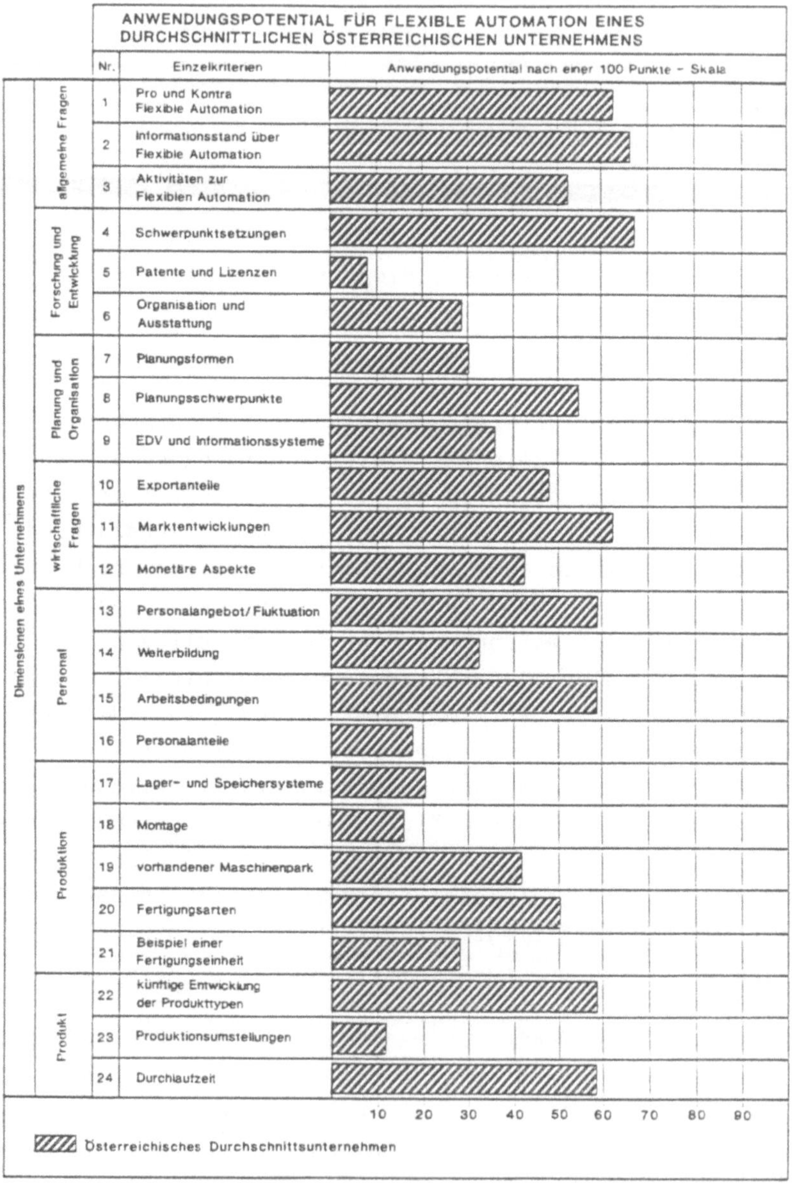

ANWENDUNGSPOTENTIAL FÜR FLEXIBLE AUTOMATION EINES DURCHSCHNITTLICHEN ÖSTERREICHISCHEN UNTERNEHMENS

Dimensionen eines Unternehmens	Nr.	Einzelkriterien	Anwendungspotential nach einer 100 Punkte - Skala
allgemeine Fragen	1	Pro und Kontra Flexible Automation	
	2	Informationsstand über Flexible Automation	
	3	Aktivitäten zur Flexiblen Automation	
Forschung und Entwicklung	4	Schwerpunktsetzungen	
	5	Patente und Lizenzen	
	6	Organisation und Ausstattung	
Planung und Organisation	7	Planungsformen	
	8	Planungsschwerpunkte	
	9	EDV und Informationssysteme	
wirtschaftliche Fragen	10	Exportanteile	
	11	Marktentwicklungen	
	12	Monetäre Aspekte	
Personal	13	Personalangebot/Fluktuation	
	14	Weiterbildung	
	15	Arbeitsbedingungen	
	16	Personalanteile	
Produktion	17	Lager- und Speichersysteme	
	18	Montage	
	19	vorhandener Maschinenpark	
	20	Fertigungsarten	
	21	Beispiel einer Fertigungseinheit	
Produkt	22	künftige Entwicklung der Produkttypen	
	23	Produktionsumstellungen	
	24	Durchlaufzeit	

10 20 30 40 50 60 70 80 90

Österreichisches Durchschnittsunternehmen

BILD 6

Im Schnitt über alle befragten Firmen vorhandenes Potential für Flexible Automation

Ein hohes Potential in der Dimension Produktion liegt vorwiegend im vorhandenen Maschinenpark aufgrund oft hohen Alters der Maschinen sowie bei den Fertigungsarten aufgrund des großen Anteils der Mittelserienfertigung vor.

Im Bereich Personal wurde eine hohe Punktezahl in den Kategorien Personalangebot/Fluktuation sowie Arbeitsbedingungen ermittelt. Bei 51% der Firmen wird der Personalbedarf vor allem an Facharbeitern nicht vom Angebot gedeckt.

Ein starkes Innovationserfordernis im Hinblick auf die Flexible Automation zeigt sich im Bereich wirtschaftliche Fragen durch die Marktentwicklung. Dabei spielt ein hoher Anteil von Produkten, die sich in der Einführungs-, Wachstums- oder auch Reifephase, d.h. nicht in der Entwicklungs- oder Sättigungsphase befinden, eine wesentliche Rolle. Derartige Produkte können vor allem dann auf dem Markt reüssieren, wenn eine hohe Flexibilität in der Produktgestaltung und Typenänderung vorliegt.

Aus der Befragung ging hervor, daß 62% der befragten Unternehmen eine Modifikation der vorhandenen Produkttypen oder auch eine Erweiterung der Produktpalette als notwendig ansehen. Die ständig steigenden Qualitätsanforderungen bei fallenden Einzelstückzahlen favorisieren zusätzlich die Implementierung der Flexiblen Automation.

Generell ist aus dem Potentialprofil ableitbar, daß eine hohe Predisposition der Unternehmen zum Thema Flexible Automation festzustellen ist. Im wesentlichen wurden von den Betrieben die Vorteile der Flexiblen Automation erkannt, wobei allerdings auch die Nachteile, die vor allem in hohen Anfangsinvestitionskosten liegen, gesehen werden.

Das so ermittelte Potentialprofil eines durchschnittlichen österreichischen Unternehmens im Hinblick auf seine Implementierung der Flexiblen Automation bietet die Möglichkeit, einerseits durchschnittliche Unternehmen der Branchen mit dem österreichischen Durchschnittsunternehmen zu vergleichen und andererseits Einzelunternehmen und deren Potentialprofil im Hinblick auf die Flexible Automation mit dem durchschnittlichen Potentialprofil der zugehörigen Branche oder mit dem österreichischen

Durchschnittsunternehmen zu vergleichen. Eine Korrelation der Potentialprofile jener Firmen, welche zur Frage "Planen Sie kurz-, mittel- oder langfristig die Einführung der Flexiblen Automation?" mit "JA" geantwortet hatten, erlaubt eine Abschätzung der Erfolgswahrscheinlichkeit für die entsprechenden Investitionen sowie eine Wahrscheinlichkeit für die tatsächliche Durchführung der Vorhaben. Bild 7 zeigt in den Branchen Maschinen/Metallindustrie sowie Elektrowirtschaft die Anzahl der Betriebe, die kurz- oder mittelfristig die Einführung der Flexiblen Automation beabsichtigen und die Erfolgs- und Einführungswahrscheinlichkeit für die Flexible Automation resultierend aus den ermittelten Potentialprofilen.

	kurzfristig	mittelfristig	Zeilensumme	in % der befragten Firmen
Elektro	3	7	10	55
Maschinen und Metall	7	15	22	55
Holz- und verw. Gewerbe	1	2	3	42
Lederindustrie	-	3	3	60
Chem. Industrie	3	1	-	50
Nahrungs- und Genussmittel	-	1	1	14
Spaltensumme	14	29	43	48

BILD 7
Verteilung der Unternehmen, die kurz- bzw. langfristig eine Einführung der Flexiblen Automation planen - aufgeschlüsselt in Branchen

Im Rahmen der Studie über das Anwendungspotential für Flexible Automation in Österreichs mittelständischer Industrie wurde im Österreichischen Forschugszentrum ein computergestütztes Gesamtmodell "GESMO" entwickelt, welches mittelständische Unternehmen ganzheitlich erfaßt und Unterstützung bei der Auffindung jener Bereiche der Unternehmen bietet, die die Einführung von Flexibler Automation fördern oder hemmen. Zusätzlich hilft dieses Computermodell bei der Beurteilung der Dringlichkeit für die

Einführung neuer Technologien in Einzelbereiche des mittelständischen Unternehmens. Eine derartige Analyse kann kurzfristig durchgeführt werden und bedarf eines Aufwandes von seiten des Österreichischen Forschungszentrums Seibersdorf von zwei bis drei Arbeitstagen.

Literatur

1. Schiebel, E., Fröhlich, J., Gheybi, P.: Ergebnisse und Hochrechnungen zur Studie ANWENDUNGSPOTENTIAL FÜR FLEXIBLE AUTOMATION IN ÖSTERREICHS MITTELSTÄNDISCHER INDUSTRIE. ÖFZS Ber.Nr. A0797, NT-8/86, März 1986
2. Schiebel, E., Fröhlich, J.: GESMO, ein Computermodell zur ganzheitlichen Analyse von Industrieunternehmen. ÖFZS-Bericht (in Druck)
3. Schiebel, E., Fröhlich, J.: Potentialprofile zum Anwendungspotential für Flexible Automation in Österreichs mittelständischer Industrie. ÖFZS-Bericht (in Druck)
4. Schiebel, E., Fröhlich, J., Gheybi, P.: Anwendungspotential für Flexible Automation in Österreichs mittelständischer Industrie. Gemeinsame Veröffentlichung ÖFZS - Österreichische Investitionskredit AG (in Druck).

Graphische Datenverarbeitung für Klein- und Mittelbetriebe am Personal Computer

Helmut Hofer, VOEST-Alpine AG, Linz

1. Einleitung

Die Entwicklung der vergangenen Jahre hin zu immer leistungsfähigeren und kostengünstigeren Computern ermöglicht in verstärktem Maße auch für Klein- und Mittelbetriebe einen Einstieg in diese neue Technologie. Außerdem waren es betriebliche Erfordernisse, die den Unternehmer zwangen, sich den verschiedensten Einsatzmöglichkeiten der Datenverarbeitung zuzuwenden.

Hand in Hand damit gestaltete sich der Softwaremarkt. Wurde zunächst Graphiksoftware nur im Rahmen eines Standardprogrammes für Tabellenkalkulation angeboten, so vergrößerte sich in den vergangenen Jahren das Angebot an speziellen Graphikprogrammen rapide. Der durch den Einsatz von Personal Computern am Arbeitsplatz erhöhte Anfall an numerischen Informationen erfordert eine Visualisierung der Daten. Soll-Ist-Vergleiche, Trends etc., die sich aus Tabellen nur sehr mühsam herauslesen lassen, sind graphisch viel schneller zu erfassen. In den USA beispielsweise rechnet man mit einem jährlichen 50%igen Wachstum. Zunächst handelte es sich um Programme im Bereich der Geschäftsgrafik (Business graphics); jetzt werden im Zeitalter der 16-bit PC's vermehrt sogenannte LOW COST CAD-Programme angeboten.

2. Business Graphik

Unter *Business Graphik* verstehen wir die graphische Darstellung von Unternehmensdaten bzw. -kennzahlen in Form von Balken-, Torten- bzw. Liniendiagrammen. Die meisten Tabellenkalkulationsprogramme wie LOTUS 1-2-3 verfügen zumeist über eine eigene

Graphikkomponente. Diese ermöglicht auf raschem Wege die Darstellung von Ergebnissen in Form von Diagrammen. Einfach Editierfunktionen erlauben zudem die Veränderung einer Standardskalierung oder das Hinzufügen von Beschriftungen.

Erweiterte Editiermöglichkeiten wie beispielsweise die Darstellung eines Firmenlogos oder etwa die stufenlose Vergrößerung oder Verkleinerung der Diagramme sind nicht oder nur sehr umständlich (z. B. unter Zuhilfenahme des Plotters) realisierbar.

Eine ausreichende Zahl an Treiberprogrammen ermöglicht die Ansteuerung praktisch der meisten Standardgeräte und eine problemlose Ausgabe über diese.

Für speziellere Anwendungen wird der PC-Benutzer verstärkt eine eigenständige Business Graphiksoftware einsetzen. Mit diesen menugesteuerten Programmen, die auch über eine ausreichende Hilfsfunktion verfügen, kann der Anwender rasch über eine Standardschnittstelle (z. B. DIF-Data Interchange Format) auf Spreadsheetdaten in seinem Tabellenkalkulationsprogramm zugreifen. Zudem erweitern sich die Optionen im Hinblick auf eine Darstellung seiner Graphik. Die Ausgabe der Zahlenwerte ist nun nicht mehr auf die drei Standardformen Balken-, Linien-, Tortendiagramm beschränkt. Es lassen sich beispielsweise Scattergramme oder auch Texte von verschiedener Schriftgröße und Schriftart (Fonts) erzeugen. Die Ausgabe auf ein entsprechendes Peripheriegerät wird reichlich unterstützt, was beispielsweise auch das Erstellen von Folien wesentlich erleichtert.

Da es sich bei all diesen Programmen um Endbenutzertools handelt, sind sie menuorientiert und verfügen gleichzeitig über ausreichende Helpfunktionen, die den Zugang erleichtern. Ich rechne im allgemeinen mit einer Einarbeitungszeit von zwei bis drei Tagen, wobei Vorkenntnisse des Betriebssystems (MS-DOS, etc.) von Vorteil sind. Ideal sind meines Erachtens ein 1-tägiges Seminar mit viel Praxis und anschließend ausreichend Übungsmöglichkeiten (ca, 2 Tage), da das Erarbeiten einer überzeugenden Graphik vor allem eine Sache der Routine des Anwenders ist. Als Investitionskosten müssen in der Regel nur die

die Kosten für die Beschaffung eines Ausgabegerätes (Drucker/ Plotter) in der Höhe von öS 20.000,-- bis öS 100.000,-- angesetzt werden, da der PC zumeist schon aus anderen Gründen beschafft wurde. Die Preise für die Software variieren zwischen öS 5.000,-- und öS 20.000,--. Hinzu kommen noch Ausbildungskosten in dem schon erwähnten Umfang.

Verfügt die Software über einen eigenen Editor, so ist es zumeist vorteilhaft, mit einem zusätzlichen Bildschirm bzw. einem Grafiktablett zu arbeiten. Diese schon sehr ausgereiften Programme der *Präsentationsgrafik* sind auf Grund ihrer Komplexität und Vielfalt etwas schwerer erlernbar. Mit einer Einarbeitungszeit von etwa einem Monat muß gerechnet werden.
Auch hier ist es von Vorteil, wenn die Arbeitsweise eines PC's dem Anwender bekannt ist.

Genügen für die einfachen Graphikprogramme Standardkonfigurationen der PC's, so bieten beim Einsatz von Präsentationsgraphiksoftware die Installation eines arithmetischen Co-Prozessors (z. B. INTEL 8087 oder 80287) bzw. eines speziellen Graphikbildschirmes einige qualitative Vorteile. Die Mehrkosten dafür sind je nach System mit ca. öS 50.000,-- bis öS 100.000,-- anzusetzen. Als Schulungskosten sollte ein 2-Tages Seminar veranschlagt werden.

3. Low Cost CAD Systeme

Wird Business- bzw. Präsentationsgraphik vornehmlich zusätzlich - also neben Datenbank, Textverarbeitung und Kalkulation - auf einem PC installiert, so zielen die PC-CAD Programme in Richtung Mini-CAD Arbeitsplatz.

In vielen Anwendungen konstruktiver (zeichnerischer) Tätigkeiten kommt man mit Zweidimensionalität aus. Als Beispiele seien hier nur Schaltkreise oder Baupläne genannt. Dieses Marktsegment nützen vermehrt Softwarehäuser mit sogenannten *Low Cost CAD Systemen.* Als Hardware wird ein 16 BIT PC mit Co-Prozessor in Verbindung mit einem Graphiktablett und Lichtstift oder Maus, und vor allem hochauflösenden Bildschirmen verwendet. Der PC wird zu 90% als Mini-CAD Arbeitsplatz eingesetzt.

FESTO
SELF — eine SPS für die Sie
keine Programmiersprache
lernen müssen!
Über das Anzeigefeld des Taschenpro-
grammiergerätes TAB werden Sie geführt.
Sie entscheiden, wie das Programm ab-
läuft, können dabei aber keine Program-
mierfehler machen. Automatisch ent-
steht dabei auch ein Schritt — und ein
Handprogramm.
Eine automatische Fehlerdiagnose
hilft Ihnen Störungen blitzschnell
zu erkennen und zu lokalisieren.
Mehr Informationen erhalten Sie
mit unserem Prospekt:
„Speicherprogrammierbare
Steuerungen — SELF“
FESTO Maschinenfabrik Ges.m.b.H.
1141 Wien, Lützowgasse 12—14,
Telefon: 02 22/94 75 01-0

Parallel zur Entwicklung auf dem Hardwaresektor stieg die Zahl der Mini-CAD Programme in den letzten beiden Jahren. Waren es 1984 nur rund ein halbes Dutzend einsatzfähiger Systeme, so stieg diese Zahl bis heute auf ca. 50 derartige Programme. Daraus resultieren in weiterer Folge die nächsten Schritte.

Diese Programme arbeiten mit Grundsymbolen wie Punkt, Strecke, Bogen bzw. Textelementen. Dazu lassen sich Strichart und -farbe, aber auch Linienbreite individuell definieren. Der Benutzer legte frei definierbare Symbole wie Rechteck, Polygon etc. in einer Symbolbibliothek ab, von wo aus diese jederzeit aufgerufen werden können. Plazierung, Häufigkeit und Maßstab werden dann ebenfalls individuell angegeben. Durch die Kombination von Grundsymbolen zu komplexeren Darstellungsformen lassen sich neue Symbole definieren, die ganz wesentlich zur Erhöhung der Konstruktionsgeschwindigkeit beitragen.

Weitere interessante Konstruktionshilfen sind u. a. Tangenten, Winkelhalbierende, Parallele. Für den Anwender bedeutend sind Editiermöglichkeiten in Form von Drehen, Verschieben oder Spiegeln. Das Zoomen - d. h. das Vergrößern oder Verkleinern eines bestimmten Details - gehört ebenfalls zu den Standardfunktionen. Manche dieser CAD-Programme bieten zudem die Möglichkeit, aus einer Zeichnung eine Stückliste abzuleiten. Diese Stückliste kann mit gängiger PC-Software weiterverarbeitet werden.

Das Verfahren der Variantenkonstruktion ermöglicht es, aufgrund bestimmter Abhängigkeiten der einzelnen Strecken und Winkel zueinander, aus sogenannten "Muttervarianten" Veränderungen der Konstruktion einfach durchzuführen. Die jeweiligen Größen werden als frei definierbare Variable angegeben. Der Vorteil dieses Verfahrens kommt vor allem bei der Konstruktion von Fertigteilen zum Tragen.

Der Datenaustausch erfolgt in der Regel über eine IGES-Schnittstelle (Initial Graphics Exchange Specification). Bestimmte Branchenmodule (Elektrotechnik, Maschinenbau, Bauwesen) verfügen über entsprechende Programmerweiterungen.

Die meisten Low Cost CAD Programme werden als System angeboten, wobei einerseits Hardwarekomponenten wie PC mit Co-Prozessor, Graphikkarte, Monitor, Graphiktablett mit Lichtstift, A3-Plotter enthalten sind und andererseits die je nach Bedarf notwendige Software installiert wird. Für einen Arbeitsplatz sind Investitionskosten in der Größenordnung von öS 350.000,-- bis öS 500.000,-- und mehr anzusetzen.

Allerdings gilt es auf eines zu achten: die Investition sollte erst nach einer gründlichen Analyse und Bedarfserhebung im Betrieb getätigt werden. Man darf sich freilich auch keine Wunderdinge erwarten. Die begrenzten Anwendungsmöglichkeiten, die im Vergleich mit speziellen CAD Systemen hohen Rechenzeiten und die doch lange Einarbeitungszeit sollten auf jeden Fall vor dem Kaufentscheid bekannt sein. Je nach Anwendung sind ca. drei bis fünf Monate Schulungs- und Praxiszeit zu veranschlagen.

CAD-Einsatz zur Mitbestimmung im Wohnbau

Franz Kuzmich
Paul Tavolato
Ottokar Uhl

Architekturbüro Ottokar Uhl
Maysedergasse 2
A - 1010 Wien

1. Einleitung

Durch zunehmendes Leistungsvermögen und rasanten Preisverfall gekennzeichnet, dringt die automatische Informationsverarbeitung heute in immer mehr Anwendungsbereiche ein. Durch die Fortschritte der grafischen Datenverarbeitung und des CAD wird eine Anwendung im Architekturbüro wirtschaftlich und arbeitstechnisch sinnvoll. Die Art des Einsatzes dieses neuen Werkzeugs hat allerdings bedeutende Auswirkungen auf das bearbeitete "Produkt". Hier wird eine CAD-Einsatzweise im Architekturbüro vorgeschlagen, die sich den bisherigen Rationalisierungsversuchen im Bauwesen mit ihrer Tendenz zur Monotonie insofern entgegenstellt, als eine größtmögliche Individualisierung zusammen mit rationellem Bauen angestrebt wird.

Der Einsatz des Systems erfolgt bei der individuellen Wohnungsplanung und Kostenberechnung im Bereich des geförderten Mehrfamilienwohnbaus (in Österreich). Es wird eine Planungs- und Vorgangsweise (Mitbestimmung und Selbsthilfe im Wohnbau) vorgestellt, die (ab einer gewissen Größenordnung) durch den CAD-Einsatz überhaupt erst ermöglicht wird.

2. Mitbestimmung und Selbsthilfe im Wohnbau

An Hand des Projekts "Wohnen morgen - Hollabrunn" soll die Vorgangsweise bei der partizipativen Planung veranschaulicht werden. Der erste Bauabschnitt (71 Wohnungen in 3 Baukörpern mit jeweils Erdgeschoß und zwei Stockwerken) wurde 1976 fertiggestellt (keine Selbsthilfe); der zweite Bauabschnitt (ca. 40 Wohnungen in zwei Baukörpern) ist zur Zeit in Planung.

Es wird streng zwischen der Primärstruktur (das sind tragende Bauteile, Stiegen, Ver- und Entsorgungsstränge) und der Sekundärstruktur (das sind nichttragende Teile, Zwischenwände, auch Fassaden, Einbauten) unterschieden, um flexible und variable Wohnstrukturen zu ermöglichen. Die Primärstruktur wird vom Architekten in Absprache mit den künftigen Bewohnern (soweit sie zu diesem Zeitpunkt schon bekannt sind) festgelegt. Dabei muß größtmögliche

Flexibilität im Hinblick auf die weitere Planung der Wohnungen angestrebt werden. (Diese Planung wird ja großteils durch die künftigen Bewohner selbst erfolgen und ist daher kaum vorhersehbar.)

Alle weiteren Planungen zur Sekundärstruktur erfolgen durch die künftigen Bewohner selbst, unter ständiger Anregung und Beratung durch den Architekten. Der künftige Bewohner kann seine Wohnung weitgehend frei bestimmen:

Die Wohnungsgröße ist (limitiert nur durch die Bestimmungen des Wohnbauförderungsgesetzes) frei wählbar; es besteht die Möglichkeit, eingeschossige oder mehrgeschossige Wohnungen (Maisonetten, Split-Level-Wohnungen) zu planen; unter gewissen Voraussetzungen sind auch die Raumhöhen variabel (bei "Wohnen morgen - Hollabrunn", 2. Bauteil nur im obersten Stockwerk, bei einem anderen Projekt - "Wohnen mit Kindern" in Wien 21, siehe dazu /3/ - war dies generell und für jeden einzelnen Raum möglich).

Weitere Planungen der künftigen Bewohner betreffen die Festlegung des Raumprogramms: Größe der Räume, ihre Lage zueinander, ihre Funktionen u.s.w. Hand in Hand damit gehen Entscheidungen über Einbauten, die zur Standardausstattung gehören (etwa sanitäre Einrichtungen, Kücheneinrichtungen u. ä.).

Außerdem müssen sich die künftigen Bewohner gemeinsam Gedanken über die Gestaltung von Freiflächen und Gemeinschaftseinrichtungen (Kinderwagenabstellraum, Gemeinschaftsraum, Sauna, Dachterrasse u. ä.) machen.

Das rationelle Bauen kann durch eine rigorose Kostenkontrolle und durch die Nutzung von Eigenleistungen (die im Einfamilienhausbau erwiesenermaßen kostensparend wirken) auch im Mehrfamilienhausbau angestrebt werden. Die Bewohner können dabei - in legaler und organisierter Form - ihre selbst geplanten Zwischenwände, wenn sie es wollen, auch selbst errichten; dasselbe gilt für das Stemmen von Leitungsschlitzen,das Verlegen von Fliesen und Bodenbelägen, Maler-, Anstreicher- und Tapeziererarbeiten. Dem Architekturbüro kommt dabei eine Beratungs- und Koordinationsfunktion (Materialbeschaffung, Terminabstimmung u. ä.) zu, die einen beträchtlichen und komplexen organisatorischen Mehraufwand darstellt.

3. CAD-Einsatz

Konkret ergibt sich also eine Situation, wo ein künftiger Bewohner selbst Pläne seiner Wohnung skizziert, vielleicht sogar ein Modell bastelt, Varianten erarbeitet, diese mit seiner Familie eingehend diskutiert, Beratungen und Anregungen des Architekten in Anspruch nimmt, dauernd Veränderungen und neue Varianten einbringt und gegeneinander abwägt. Diese prozeßorientierte Planung erfordert eine derart intensive Beratungs- und Bearbeitungstätigkeit von Seiten des Architekturbüros (z. B.: Kostenschätzungen für die einzelnen Varianten), daß ihr bei herkömmlicher Durchführung Grenzen gesetzt sind, die nur allzu bald errreicht werden (wie sich bei vergangenen Projekten gezeigt hat).

Zur Ermöglichung dieser Vorgangsweise der partizipativen Wohnbauplanung bieten sich zwei Hilfsmittel an, die beim zweiten Bauabschnitt des Projekts "Wohnen morgen - Hollabrunn" eingesetzt werden:

- Die SAR Planungsmethode entwickelt von der Stichting Architecten Research (Eindhoven, Niederlande): Unter Zuhilfenahme eines Maßrasters und einer Zonierung werden die Lage und Abmessungen von Bauteilen sowie deren Zuordnung untereinander geregelt. Auf sie soll hier nicht näher eingegangen werden; Informationen darüber findet man unter anderem in /1/, /2/ und /5/.

- CAD: Die Verwaltung aller Varianten und Änderungen, ihre Auswirkungen auf die Kosten sowie die rasche Erzeugung einfacher Bilder und Listen kann vom CAD-System teilweise bis ganz übernommen bzw.unterstützt werden.

Im Projekt Hollabrunn legt der Architekt die Primärstruktur des Baues fest und gibt sie ins System ein. (Dies könnte auch bereits durch die Bewohner erfolgen.) Abbildung 1 zeigt einen Ausschnitt aus dem Grundriß der Primärstruktur für den zweiten Bauabschnitt in Hollabrunn.

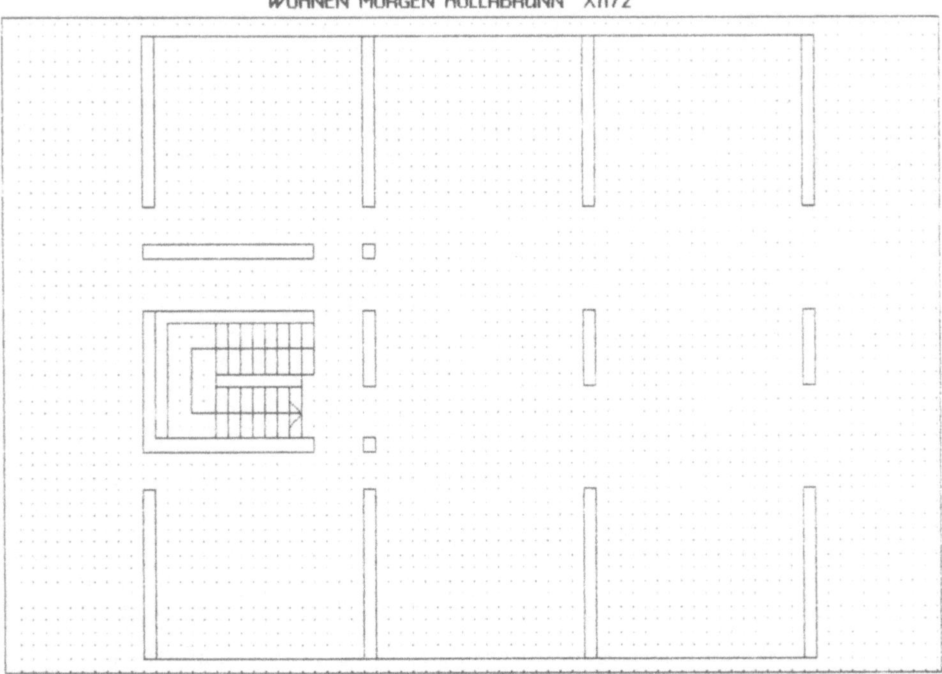

Abbildung 1

Anschließend kann jeder der künftigen Bewohner mit seiner individuellen Wohnungsplanung beginnen: Er zeichnet selbst am Bildschirm Zwischenwände und Türen, plant die Fassade mit oder ohne Balkon (Terrasse, Loggia), stellt Badewanne und Waschbecken ins Badezimmer, bringt seine ersten Möblierungsvorstellungen "zu Bildschirm" u.s.w. Dieser Vorgang wird laufend unterbrochen durch Diskussionsphasen mit dem Architekten, Erörterungen innerhalb der Familie (mit den künftigen Mitbewohnern) und Besprechungen mit den künftigen Nachbarn (die Wohnungen müssen ja "zusammenpassen", gemeinschaftliche Bereiche müssen gemeinsam geplant werden, Kollisionen verschiedener persönlicher Interessen müssen gelöst werden).

Im weiteren Verlauf der Wohnungsplanung werden immer mehr Details festgelegt und vom künftigen Bewohner selbst ins System eingegeben: etwa Wand- und Bodenbeläge, Abflüsse, Rohrleitungen, elektrische Installationen u. ä.

Abbildung 2 zeigt eine Wohnungsvariante nach den ersten Planungsschritten: Die Wohnungsgröße ist vorläufig festgelegt, Zwischenwände und Türen sind plaziert, eine Terrasse ist vorgesehen, einige Einbauten sind eingezeichnet.

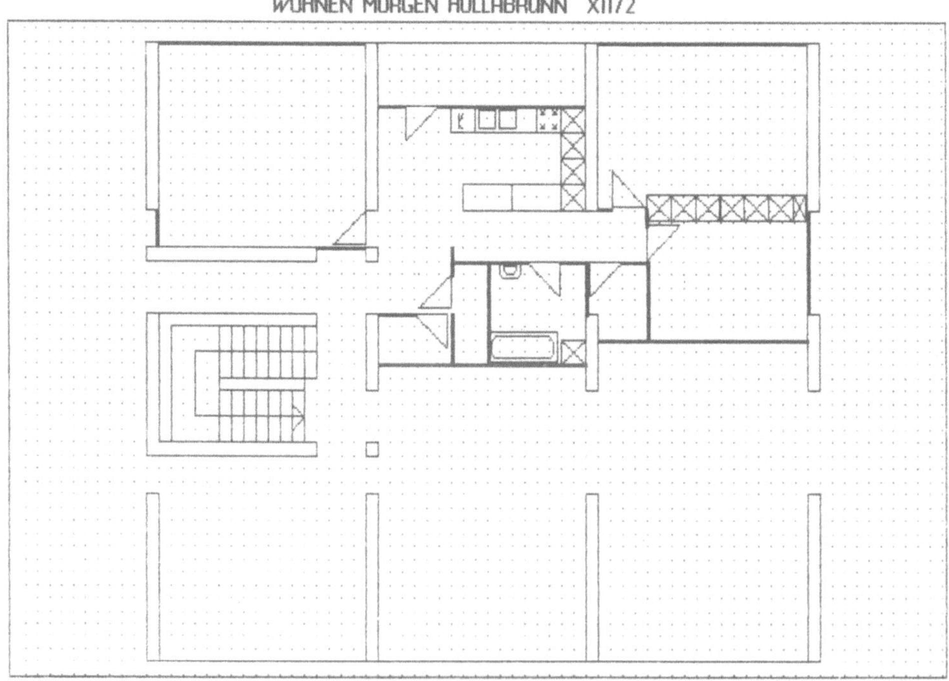

Abbildung 2

Zu jedem Zeitpunkt kann der künftige Bewohner sofort einen Plan seiner Wohnung samt einer Liste der erforderlichen (selbst geplanten) Einbauten und der bislang geschätzten bzw. berechneten Kosten erhalten, um eine Diskussionsgrundlage in der Hand zu haben.

Wichtig ist dabei vor allem, daß der künftige Bewohner selbst am System arbeitet und kein mehr oder weniger aufwendiger und/oder komplexer Kommunikationsprozeß über einen "Systembediener" (sei es ein Architekt oder gar ein Computerfachmann) notwendig ist. Dies ist deshalb anzustreben, um die bekannten Probleme bei solchen Prozessen (wie sie etwa in /4/ beschrieben sind) zu vermeiden und um andrerseits die Motivation und Identifikation des planenden Bewohners zu stärken (er plant seine Wohnung wirklich selbst).

Die beschriebene Einsatzweise des CAD-Systems in den Bereichen der individuelle Wonungsplanung und Kostenschätzung bedingen einige spezielle Voraussetzungen an das System:

- Benutzerschnittstelle: Die Hauptforderung liegt in einer leicht und schnell erlernbaren und für EDV-Laien zugänglichen Benutzerschnittstelle. Teure, tage- und wochenlange Einschulungen sind unmöglich. Anzustreben ist die volle Bedienbarkeit sämtlicher Funktionen zur Wohnungsplanung (ausgenommen nur Systemverwaltungsfunktionen) durch jeden beliebigen Wohnungsinteressenten nach einer etwa einstündigen Einführung.

- Funktionalität: Die speziellen Anforderungen, die sich aus der verwendeten Vorgangsweise der partizipativen Wohnungsplanung und der Selbsthilfe ergeben, müssen berücksichtigt werden.

- Transportierbarkeit: Das gesamte System muß ohne größeren Aufwand transportiert werden können. Nicht immer kann den Wohnungsinteressenten zugemutet werden, zum installierten System zu pilgern.

- Änderbarkeit: Aus der völlig offenen Planung ergibt sich, daß jederzeit auf Grund neuer Vorschläge oder Ideen der Benutzer (also der künftigen Bewohner) veränderte oder zusätzliche Anforderungen an das CAD System entstehen können und auch berücksichtigt und umgesetzt werden müssen.

4. Zusammenfassung

Im hier beschriebenen Projekt wird ein Einsatz der EDV (des CAD-Systems) realisiert, bei dem der Computer weder Selbstzweck ist, noch durch seine spezifischen Eigenschaften das Endprodukt wesentlich determiniert. Vielmehr sollen neue Bestimmungen für das Endprodukt, die sich aus gesellschaftspolitischen, rechtlichen, sozioökonomischen, psychologischen und ästhetischen Faktoren ergeben, durch den Einsatz der neuen Technologien ermöglicht werden.

Das entwickelte CAD-System erlaubt eine bessere Veranschaulichung von Wahlmöglichkeiten und kann wichtige Informationen (z. B. über Kosten) bereitstellen. Dadurch können die Entscheidungen der Betroffenen (derjenigen, auf die die Entscheidungen übergehen sollen) auf ein höheres Qualitätsniveau gestellt werden. Außerdem wird die Belastung, die bei einem Partizipationsprozeß für alle Beteiligten entsteht, spürbar reduziert.

Das System wurde auf einem Mikrocomputer der Marke Apple LISA (1MB Hauptspeicher, 10 MB Harddisk, 1 Diskettenlaufwerk) in der Programmiersprache PASCAL entwickelt. Die Investitionen betrugen ca. öS 250000.- für die Anschaffung von Hard- und Software sowie ca. öS 500000.- an Personalkosten für die Entwicklung und Einführung des Systems.

Bisher führte die Notwendigkeit, billig zu bauen - vor allem im geförderten Wohnbau - zu einem Rückgriff auf einfache, gewohnte Lösungen, was als Monotonie des modernen Wohnbaus heute überall zu sehen ist. Ein CAD-Einsatz, der nur durch die Stärken des Computersystems und deren gedankenlose Anwendung und Ausnutzung bestimmt ist, steigert diese Monotonie ins Grenzenlose. Demgegenüber steht eine CAD-Einsatzweise, die nicht den Benutzer an das System, sondern das System an den Benutzer anpaßt.

5. Literatur

1. John C. Carp (ed.): Keyenburg - A Pilotproject/Een voorbeeldproject; SAR, Eindhoven, 1985.

2. Rudolf Dirisamer, Ede Dulosy, Rudolf Gschnitzer, Franz Kuzmich, Erich Panzhauser, Ottokar Uhl, Walter Voss, Joseph P. Weber: Wohnen morgen - Hollabrunn 1; Forschungsbericht 1, Arbeitsgemeinschaft für Architektur, Stadtplanung, Koordination; Maysedergasse 2, Wien, 1978.

3. Maria Groh, Ernst Haider, Franz Kuzmich, Ottokar Uhl, Martin Wurnig: Ein Weg zum kindergerechten Wohnhaus, Wohnen mit Kindern Wien 21 Forschungsbericht 5, Wien, 1986.

4. Peter Schnupp: Wie wirklich ist die Softwaretechnologie? in: I. Kupka (Hrsg.): GI - 13. Jahrestagung; Springer Verlag 1983.

5. Ottokar Uhl: Eine Sprache sprechen; in: ARCH+ 77, November 1984, Arch+ Verlag GmbH., Aachen, 1984.

CAD/CAM-Anwendung im Formenbau

Ferdinand Leibetseder, St. Valentin, OÖ

Da neue Technologien wie CAD/CAM nicht einfach in bestehende Strukturen eingebettet werden sollten, stehen Umstrukturierungsmaßnahmen bevor.

Der Reduzierungsfaktor, der das Verhältnis von manuellem und CAD/CAM unterstütztem Zeitaufwand für eine spezielle Tätigkeit ausdrückt, ist natürlich von der Art der Tätigkeit abhängig. Wichtigste Einflußgrößen sind die generelle Akzeptanz, der Funktionsvorrat mit Funktionssicherheit und die Einbindung in die vorhandene EDV-Organisation.

Von diesem allgemein gültigen Teil der CAD/CAM Anwendung wenden wir uns nun im folgenden dem Kapitel zu, wie der Einsatz von CAD/CAM in der Spritzgießformenkonstruktion in unserem Unternehmen vorgenommen wird.

Die wichtigsten Einflußgrößen auf die Konzeption einer Spritzgießform sind durch die Artikelgeometrie, die Vorgaben der Produktionsmaschine, Entformungs- und Anspritzsysteme vorgegeben.

Der erste Schritt bei der Herstellung der Spritzgußform ist das Erstellen der Artikelzeichnung am CAD-System. Diese Nachkonstruktion des zu spritzenden Teiles dient einerseits zur Kontrolle auf geometrische und formtechnische Zusammenhänge andererseits als Grundlage für die Weiterverwendung von konturbildenden Teilen.

Das entstehende rechnerinterne Modell des Artikels erlaubt eine räumliche Darstellung in jeder gewünschten Blickrichtung und kann als aussagekräftiges Zwischenprodukt vorgelegt werden.

Nachdem eventuelle Änderungswünsche in die Artikelzeichnung eingearbeitet sind, wird das rechnerinterne Modell durch Eingabe des Schwindmaßfaktors vergrößert und bildet nun als Schwindmaßzeichnung die neue Ausgangsbasis für die weitere Verwendung.

Mit speziellen Programmen ist es nun möglich, die Formfüllung so zu simulieren, daß die günstigste Plazierung des Anschnittes gefunden und die optimale Formfüllung erreicht wird.

Bei der Erstellung der Einzelteilzeichnungen für die formbildenden Teile tritt der Nutzen einer Schwindmaßzeichnung deutlich hervor. So wird z.B. die gesamte Kontur, die von der Kernseite gebildet wird, im Rechner aus der Schwindmaßzeichnung herauskopiert und auf dem Bildschirm dargestellt. Aus dieser Kopie entsteht durch die Ergänzung von Teilungsebenen, Einpaßmaßen, Kühlungen und Befestigungsbohrungen das aus mehreren Einzelkernen bestehende Kernpaket der Spritzgießform.

Hierdurch sind Rechen- und Übertragungsfehler von der Artikelzeichnung in die Formteilzeichnung praktisch ausgeschlossen.

Die Einzelteilzeichnungen der anderen Konturteile werden ebenfalls alle durch den Zugriff auf die gemeinsame Schwindmaßzeichnung und das Herauskopieren der jeweils benötigten Konturbereiche erstellt.

Die Anwendung von Macros und Variantenprogrammen sind neben dem sogenannten interaktiven Konstruieren wichtige Hilfsmittel zur wirtschaftlichen Zeichnungserstellung von Formrahmen, Einzelteilen für das Auswerfersystem, Heißkanalelementen, Führungselementen und aller restlichen Bauteile der Spritzgießform, da für diese Teile unabhängig der von Form zu Form wechselnden Kontur eine gewisse Standardisierung vorgenommen werden kann.

Nachdem alle Einzelteilzeichnungen der Spritzgießform im CAD-System erstellt sind, können die Zeichnungen einschließlich der Schwindmaßzeichnung über den Plotter auf Transparentpapier in Tusche ausgegeben werden. Anschließend erfolgt eine Kontrolle der Funktion und aller Maße der Spritzgießform. Im Unterschied zur Kontrolle von konventionell erstellten Zeichnungen ist die Überprüfung der Konturdarstellung und Konturmaße nicht mehr erforderlich, da die Schwindmaßzeichnung schon zu Beginn der Arbeit geprüft wurde und alle formbildenden Geometrien von dort übernommen sind.

Nach Abschluß der Kontrolle steht der Fertigungsvorbereitung nun ein kompletter Satz Stücklisten, Zusammenstellungs- und Einzelteilzeichnungen zur Verfügung. Darüber hinaus ergibt sich die Möglichkeit entsprechend dem Fertigungsablauf Teilbereiche der Datenbasis nicht nur zur Zeichnungserstellung sondern auch zur NC-Programmierung zu nutzen. Der Zugriff auf diese Datenbasis erspart dem Fertigungsingenieur die Geometrie am NC-Programmierplatz noch einmal einzugeben und schließt hier ebenfalls Übertragungsfehler aus.

Es scheint mir nun der Zeitpunkt gekommen, zu dem wir über die Kopplung und Integration von CAD und CAM sprechen sollten. Prinzipiell läßt sich die Koppelung von CAD und NC-Programmierung auf drei grundsätzlich unterschiedlichen Wegen realisieren.

1. Zum einem können die im CAD Prozeß erzeugten und für die NC-Programmierung relevanten Werkstück-Geometriedaten über Geometrie-Schnittstellen an rechnergestützte Programmiersysteme übergeben werden.

2. Zum anderen kann das CAD-System ein NC-Modul enthalten mit dessen Softwareunterstützung auf dem CAD Arbeitsplatz Teile der NC-Programmierung ausführbar sind. Entweder in der Form eines NC-Quellenprogramms oder eines CL-DATA Files erfolgt in diesem Fall die Vernetzung zu einem NC-Programmiersystem, dem sich die Weiterverarbeitung bis zum NC-Steuerlochstreifen anschließt.

3. Ist das NC-Modul im CAD System so ausgelegt, daß die gesamte NC-Programmierung bis zum Lochstreifen am CAD-Arbeitsplatz abgewickelt wird, entfällt die Kopplung zu einem rechnergestützten Programmiersystem.

Die verfügbaren CAD/CAM Konzepte bieten häufig gleichzeitig mehrere dieser Optionen an.

Wesentliches Unterscheidungsmerkmal im Hinblick auf die Leistungsfähigkeit der NC-Module ist insbesondere im Bereich des Fräsens die Anzahl der Achsen, zu deren Ansteuerung die NC-Programme generiert werden können. Ein weiteres Kriterium zur Beurteilung der Leistungsfähigkeit in CAD/CAM Konzepten integrierter NC-Module ist der Programmierkomfort.

Ich möchte diese Gelegenheit wahrnehmen, mich jetzt noch etwas näher mit dem NC-Fräsmodul auseinanderzusetzen, der z.B. in unserem Haus Anwendung findet.

Ein besonderer Komfort, den unser Fräsmodul zur Verfügung stellt, ist die verhältnismäßig einfache Programmierung von Taschen mit komplizierteren Konturen und, wenn vorhanden, mit einer oder mehreren Inseln. Der Fräsmodul stellt mehrere Möglichkeiten zum Ausräumen von Taschen bereit.

1. Grobes Ausräumen - wird zur Schruppbearbeitung verwendet.
2. Konturfräsen mit anschließendem Ausräumen - wird für Schrupp- und Schlichtfräsen verwendet.

Zum Ausräumen werden verschiedene Methoden zur Anwendung gebracht: Wenn die zu fräsende Tasche eine ebene Tasche in der XY-Ebene ist, kann die Zustellung in der Y-Richtung mit einem festen Wert aber auch mit einer Ober- und Untergrenze vorgegeben werden. Der Fräsmodul wählt sich dann selbständig innerhalb der Grenzen die Abstände. Die Ausräumrichtung muß nicht unbedingt achsparallel sein, sondern kann jeden beliebigen Winkel einnehmen und der Fräsmodul wählt den optimalen Winkel selbst aus.

Wenn die Außenkontur in mehreren Durchgängen zu fertigen ist, verfolgt man sie mit dem Fräser zuerst in einem bestimmten Abstand und wird erst dann, mit nur mehr geringem Druck auf den Fräser, fertigschlichten. Bei Innenradien, die kleiner als der Radius des gewählten Fräsers sind, bleibt entsprechendes Material stehen, das dann mit dem passenden Fräser bearbeitet wird.

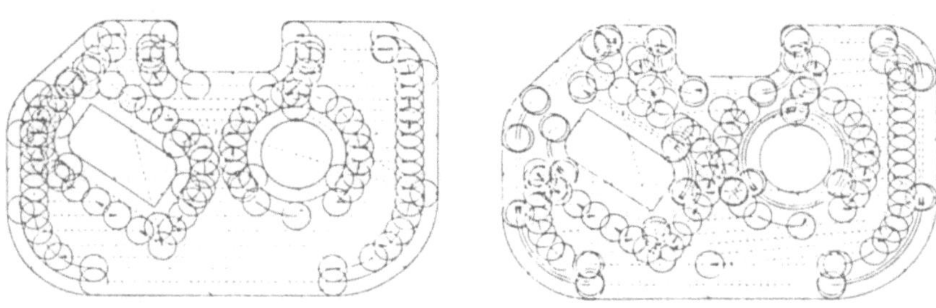

Nach der kurzen Betrachtung der Möglichkeiten beim Taschenfräsen möchte ich mich den 2 1/2D - 3D Fräsmaschinen und dem Oberflächenfräsen zuwenden.

Im Formenbau stehen zur Zeit hauptsächlich 2 1/2D Maschinensteuerungen in Verwendung, d.h. Steuerungen, die Maschinenbewegungen gleichzeitig in 2 Achsen mit Fräserkorrekturwerten oder Bewegungen gleichzeitig in 3 Achsen ohne Korrekturwerte ausführen können, wie z.B. Deckel mit Dialog 1 oder 2 oder auch MAHO mit ihrer CNC-432 Steuerung.

Auch mit diesen Maschinen lassen sich komplizierte Oberflächen fräsen, doch es kann die Werkzeugachse während des Fräsvorganges nicht verändert werden. Dem Fräsmodul wird eine Fräserachse vorgegeben, meistens wird es eine der zwei Hauptachsen, nämlich die Waagrecht- oder die Senkrechtspindel, sein. Es kann auch das Schwenken des Fräskopfes berücksichtigt werden, wenn dadurch für die zu fräsende Oberfläche ein besserer Werkzeugeingriff erreicht wird.

Dem Fräsmodul müssen nun noch die Fräser-Geometriedaten vorgegeben werden, wie Durchmesser, Eckenradien und Konizität des Fräsers.

Um ein Fräsprogramm aus diesen Daten, zusammen mit den Oberflächengeometriedaten, erzeugen zu können, benötigt man noch Eingaben über die Art des Werkzeugweges und die zulässigen Toleranzen, mit denen die Oberfläche gefräst werden soll. Gerade die Toleranzen sind ausschlaggebend für die Länge eines Fräsprogrammes - in Hinsicht auf begrenzten Speicherplatz in der Maschinensteuerung - und auch die Zeit der Programmerstellung, aber auch auf die Fertigungszeit an der Fräsmaschine.

Eine weitere Möglichkeit ist die Erstellung von NC-Programmen die im wesentlichen aus der Beschreibung einer Kontur bestehen, die durch entsprechende Programmteile wie Anfahr- und Wegfahranweisungen und des Fräserkorrekturwertes ergänzt werden.

Diese Programme nutzen auch die Fähigkeiten der Steuerungen, Bahnkorrekturwert in zwei Ebenen zu berechnen, aus. Der Fräserkorrekturwert wird bei dieser Methode dann an der Maschine dem vorhandenen Werkzeug angepaßt.
Die Vorteile sind, daß man jeden dazu geeigneten Fräser in gewissen Durchmessergrenzen verwenden kann. Weiters werden die NC-Programme erheblich kürzer und somit kann der vorhandene Speicher in der Maschinensteuerung mehr Geometrieinformationen verarbeiten. Mit geringen Änderungen an dem NC-Programm ist es auch möglich, dasselbe Programm für Außen- und Innenkonturen zu nutzen.

3-Achsen- und 5-Achsenfräsen unterscheiden sich in der Führung der Fräserachse.

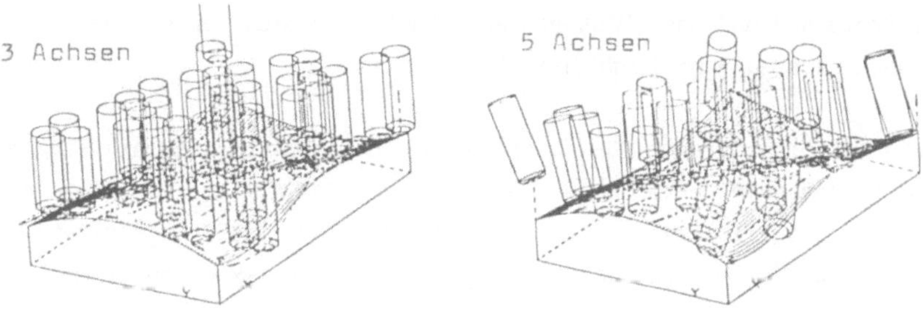

Daraus resultieren beim 5-Achsenfräsen günstige Oberflächeneigenschaften durch optimale Fräsrillenprofile, günstige Verarbeitungszeiten durch breitere Fräsbahnabstände als bei 3-achsigem Fräsen möglich wäre, um damit eine vorgegebene gekrümmte Fläche unter optimaleren Bedingungen anzufertigen.

Die zu berechnende Fräserachsrichtung ist also so zu bestimmen, daß das entstehende Fräsrillenprofil möglichst exakt mit der vorgegebenen Fläche übereinstimmt, auf der anderen Seite muß aber auch gewährleistet sein, daß der Fräser in keiner Weise die gefräste Oberfläche durch Hinterschneidungen oder sonst auf irgend eine Art und Weise verletzt.

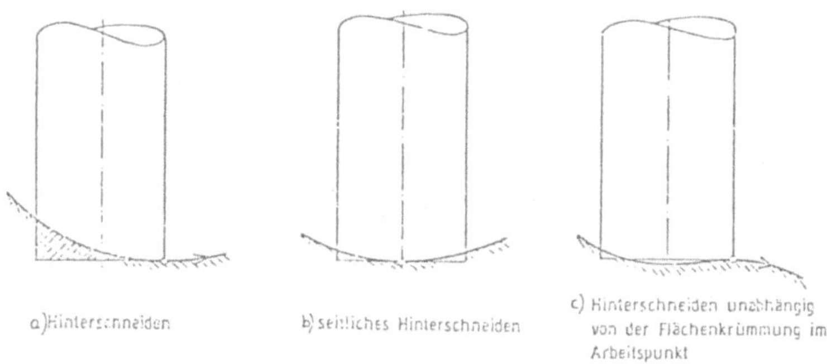

a) Hinterschneiden   b) seitliches Hinterschneiden   c) Hinterschneiden unabhängig von der Flächenkrümmung im Arbeitspunkt

Im Fall a) und c) liegen die Hinterschneidungen in der Bahnrichtung im Fall b) sind dagegen die Verletztungen seitlich der Fräsbahn.

Die Ausgabe des im NC-Modul erstellten NC-Programms kann als Quellenprogramm, CL-DATA-FILE oder komplettes Steuerprogramm für eine numerisch gesteuerte Werkzeugmaschine erfolgen. Quellenprogramme und Programme im CL-DATA Fomat müssen in rechnergestützten NC-Programmiersystemen zusätzlich einem Prozessor und oder Postprozessor laufunterzogen werden, bevor sie an der Maschinensteuerung lauffähig sind.

CL-DATA ist eine Sprache für NC-Prozessor-Ausgabedaten, die als Eingabe für NC-Postprozessoren verwendet werden. Der Name CL-DATA ist von dem englischen Ausdruck "cutter location data"(Werkzeugpositionsdaten) abgeleitet. Mit jedem NC-Postprozessor soll es möglich sein, CL-DATA Texte von einem in dieser Norm festgelegten Aufbau zu verarbeiten.

Ein NC-Postprozessor ist ein Programm, das die Umwandlung von CL-DATA Texten in Steuerungsdaten für numerisch gesteuerte Arbeitsmaschinen beschreibt.

CNC-Unrundschleifen - eine neue Technologie und ihre Auswirkungen auf Konstruktion, Fertigung und Montage

M. Pflanzl und A. Schmid
TU Graz

1. Einleitung

Das Schleifen unrunder Werkstückquerschnitte auf CNC-Rundschleifmaschinen ist eine neue Technologie, die in der Industrie noch weitgehend unbekannt ist, die aber durch völlig neue Möglichkeiten der Werkstückgestaltung und Bearbeitung die Nutzung erheblicher Flexibilitätsreserven gestattet. Durch die Möglichkeit, nicht-kreisförmige Werkstückquerschnitte und kreisförmige Konturen in einer Aufspannung fertigen zu können, sind erhebliche Rationalisierungseffekte zu erwarten.
Das Institut für Fertigungstechnik der TU Graz hat zusammen mit einem deutschen Schleifmaschinenhersteller in einer mehrjährigen Forschungsarbeit die Grundlagen der neuen Technologie des "CNC-Unrundschleifens" erarbeitet.

2. Rundschleifen - Unrundschleifen

Als Stand der Technik ist heute beim CNC-Rundschleifen das bahngesteuerte Schleifen der Längskontur, das meßgesteuerte Schleifen und das CNC-Abrichten der Schleifscheibe anzusehen. Beim bahngesteuerten Schleifen (z.B. Kegel, Abrundungen) und beim CNC-Abrichten ist dabei eine simultane Steuerung von zwei Linearachsen (X-Achse, Z-Achse) notwendig.(Bild 1)
Um aus einer, dem Stand der Technik entsprechenden CNC-Rundschleifmaschine eine, für das Unrundschleifen geeignete Maschine zu machen, sind folgende Erweiterungen notwendig:

a) Aufwertung der Werkstückdrehachse zu einer CNC-Achse. Simultane Steuerung der Drehachse (C-Achse) und der senkrecht dazu liegenden Linearachse (X-Achse).

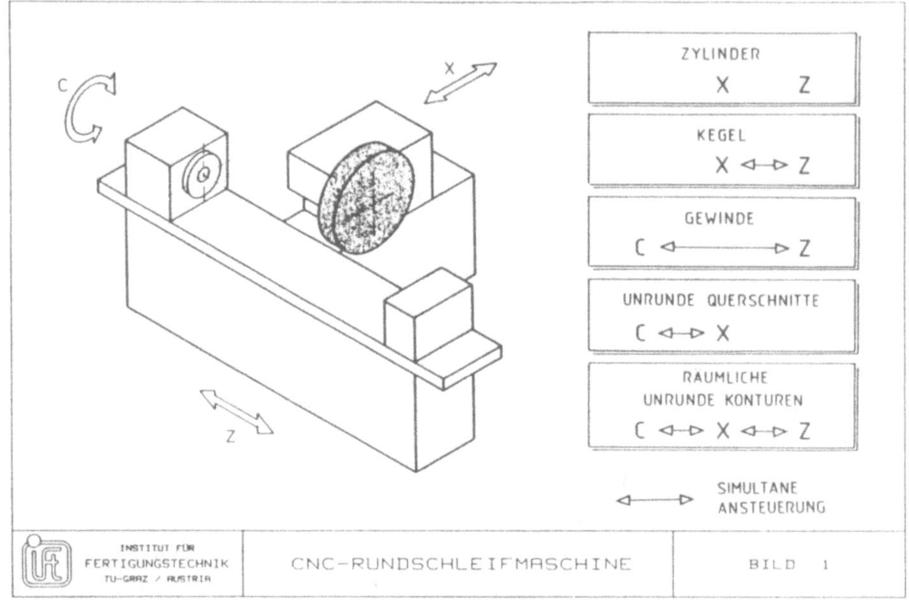

b) Installierung eines Leit-Rechners für die Programmierung. Dazu muß eine NC-Software entwickelt werden, die eine werkstückbezogene Programmierung erlaubt, und in der schleiftechnologische Parameter hinterlegt werden können.

c) Verbindung des Rechners über eine DNC-Schnittstelle mit der Maschinensteuerung. Da die Maschinensteuerung beim Unrundschleifen im allgemeinen überlastet ist und keine Werkzeugradiuskorrektur durchführen kann, müssen entsprechende NC-Programme im Rechner im DNC-Betrieb abrufbereit zur Verfügung stehen.

Mit diesen maschinentechnischen Erweiterungen ist es aber nicht immer möglich, beliebige Unrundprofile mit der heute geforderten Genauigkeit zu schleifen. Die extremen Anforderungen im Bezug auf Formtoleranz sind meist nur zu beherrschen, wenn in systematischen Schleifversuchen das statische und dynamische Betriebsverhalten der Schleifmaschine und der Einfluß des Schleifprozesses auf die Formabweichung ermittelt wird. Von besonderer Bedeutung ist dabei die Kenntnis der unvermeidlichen Schleppfehler der Schleifmaschine. Damit ist es möglich, über eine Korrektur des NC-Programmes (Vorhalte-Programmierung) zu einem optimalen Schleifergebnis zu kommen.

3. Bearbeitbare Werkstückformen

Als treibende Kraft für das CNC-Unrundschleifen kann die Automobilindustrie angesehen werden. Auch in einer Großserienbearbeitung wie das Nockenwellenschleifen tritt die Forderung nach Flexibilität immer häufiger auf. Gründe dafür sind Typenvielfalt an Motoren und Aufuhrungsformen für verschiedene Länder, sodaß auch bei dieser Fertigung oft nur mit kleinen Losgrößen gerechnet werden muß.
Bei einer allgemeinen Betrachtung des Unrundschleifens stellt die Nockenwelle aber nur einen besonderen Anwendungsfall unter einer großen Vielfalt möglicher Werkstückformen dar (Bild 2).
Im Folgenden werden einige Beispiele von Unrundprofilen gezeigt, die in der Praxis bereits erfolgreich bearbeitet wurden.

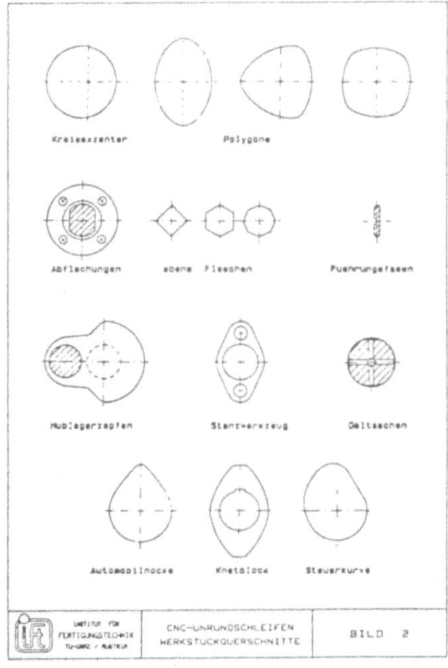

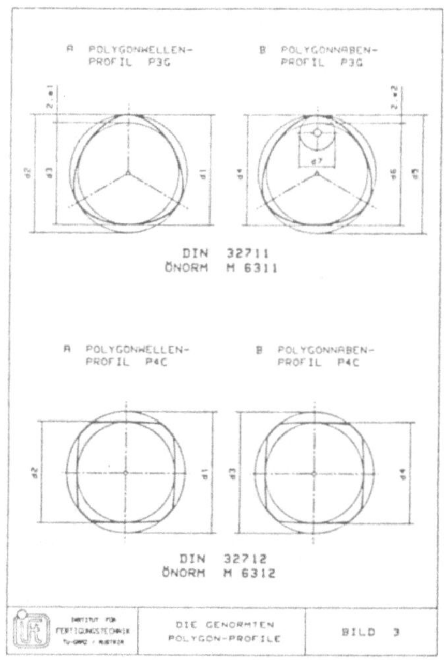

3.1 Schleifen ebener Flächen bzw. Abflachungen

Das Schleifen von Abflachungen auf einer CNC-Rundschleifmaschine gewinnt dann an Bedeutung, wenn diese zusammen mit kreisförmigen Querschnitten oder anderen Unrundprofilen auftreten und damit eine Komplettbearbeitung in einer Werkstückaufspannung ermöglicht wird. Besonders hervorzuheben ist die dabei erreichbare Winkel- und Teilgenauigkeit.

3.2 Kreisexzenter

Um Kreisexzenter mit konventionellen Methoden herstellen zu können ist eine exzentrische Aufspannung des Werkstückes notwendig. Durch Einsatz des Unrundschleifens können in einer Aufspannung sowohl zylindrische Sitze als auch Exzenter geschliffen werden (Bild 4). Besonders rationell wird diese Bearbeitung, wenn z. B. mehrere Exzenter auf einer Welle in einer genauen Winkellage zueinander stehen müssen.

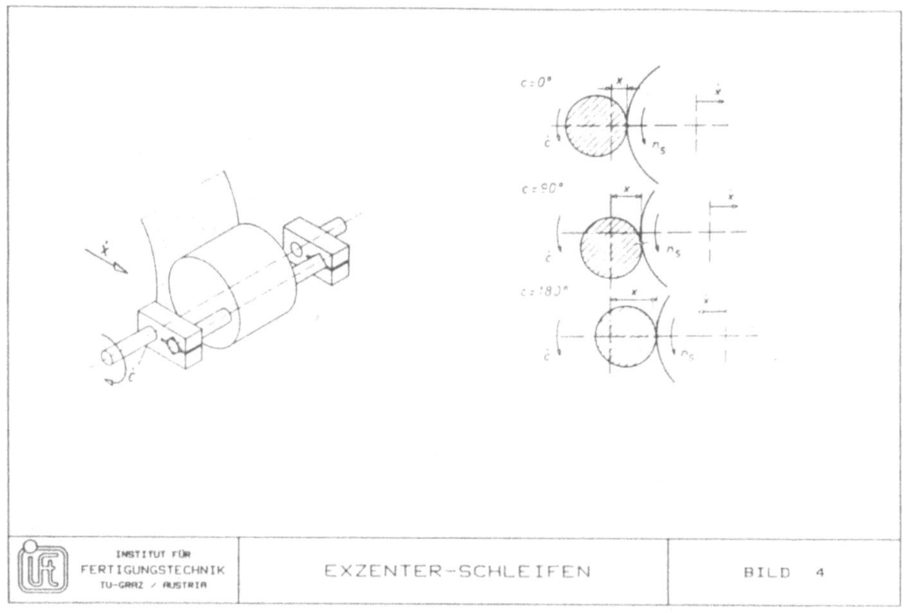

3.3 Polygonprofile

Das Polygonprofil als Wellen-Nabenverbindung ist nach DIN 32711 und ÖNORM M 6311 genormt (Bild 3). Dieses Profil wurde durch Prof. Dr. R. Musyl /1/ entwickelt. Die Form der Kurve ist aus einer Trochoide abgeleitet. Die Herstellung erfolgt bislang auf einer kinematischen Maschine, auf der der Schleifscheiben-

Mittelpunkt auf einer elliptischen Bahn synchron zur Werkstückdrehung geführt wird. Die Profilform ist damit durch die Kinematik dieser Maschine starr festgelegt.
Durch Einsatz der CNC-Unrundschleiftechnik ergeben sich neue Möglichkeiten hinsichtlich der Kurvenform bzw. Korrektur von Kurvenformfehlern. /2/

4. Programmierung der CNC-Schleifmaschine

Die Programmierung von CNC-Unrundschleifmaschinen unterscheidet sich grundsätzlich von der Programmierung von NC-Fräsmaschinen und NC-Drehmaschinen.
Für jedes Unrundprofil ist für die Berechnung der Stützpunkte für die NC-Steuerung ein eigenes Programm notwendig. Die Kontur wird dabei aus dem Werkstückkoordinatensystem (Kartesische Koordinaten, Polarkoordinaten oder punktweise Darstellung) in ein Maschinenkoordinatensystem umgerechnet (C-X-Diagramm). Aus diesem C-X-Diagramm werden die Stützpunkte für Kreis- bzw. Linearinterpolation berechnet und über eine DNC-Schnitt-stelle, versehen mit technologischen Angaben wie Vorschubgeschwindigkeit und Werkstückdrehzahl, an die Maschinensteuerung übergeben.

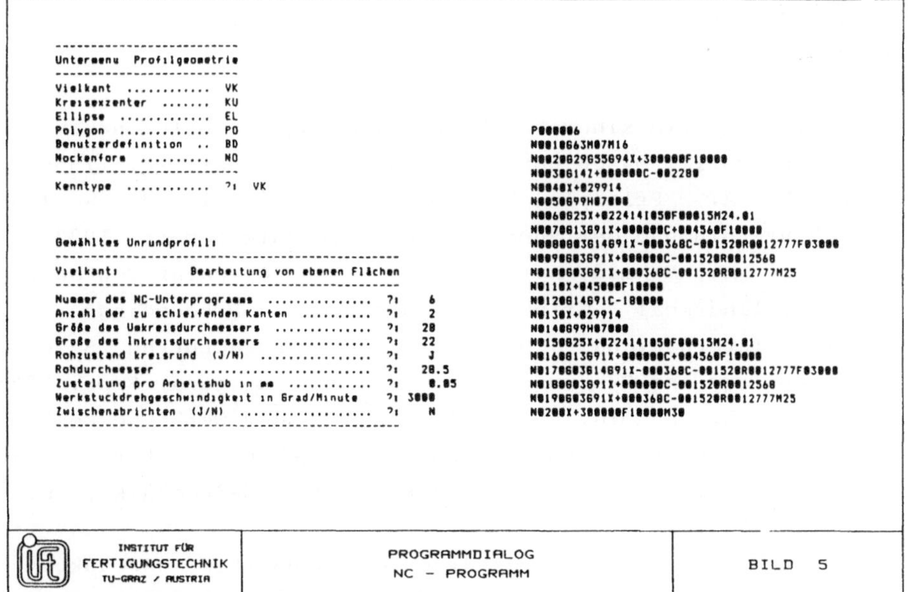

Für eine Reihe von Standardprofilen wie z.B. Abflachungen, Vielkant, Kreisexzenter, Ellipse, Polygon, Nocken wurden in der bisherigen Forschungsarbeit des Institutes der TU Graz Programme entwickelt, die im Dialog mit dem Benutzer alle erforderlichen Daten für die Programmierung abfragen (Bild 5).
Für einige Unrundprofile sind auch bereits Kompensationsprogramme für die automatische Schleppfehler-Kompensation entwickelt.

5. Zusammenfassung

Durch die Möglichkeit, in derselben Aufspannung runde und unrunde Querschnitte schleifen zu können, lassen sich in vielen Fällen erhebliche Rationalisierungsreserven ausschöpfen. In Verbindung mit neuen Gestaltungsmöglichkeiten ergeben sich auch für Klein- und Mittelbetriebe aus der Anwendung der CNC-Unrundschleiftechnik entscheidende Wettbewerbsvorteile.
Ziel der weiteren Forschungsarbeiten des Institutes für Fertigungstechnik der TU Graz ist es, ein allgemein verwendbares Programmiersystem zu entwickeln um nicht für jedes Unrundprofil ein eigenes Programm schreiben zu müssen und um die Verbindung zu CAD/CAM - Systemen herzustellen.

Literatur

1. Musyl, R.: Die kinematische Entwicklung der Polygonkurve aus dem K-Profil. Maschinenbau und Wärmewirtschaft 10, (1955/2).
2. Frank, A., Pflanzl, M.: Das Polygonprofil - die Wellen-Nabenverbindung der 90-er Jahre ?. technik report (1985/5).
3. Frank, A., Schmid, A.: Grinding of Non-Circular Contours on CNC-Cylindrical Grinding Machines. Proceedings of: II. International Conference on Manufacturing Science, Technology and Systems of the Future, Ljubljana, Sept. 1985.
4. Frank, A., Schmid, A.: Schleifen unrunder Werkstückkonturen auf CNC-Rundschleifmaschinen. Tagungsband: Internationale Tagung "Moderne Fertigung und Fertigungs-Meßtechnik", Wien, April 1986.
5. Wedeniwsky, H.: Prozeßrechnergesteuertes Produktions-Nockenschleifen. Werkstatt und Betrieb 118, (1985/8).

Die Arbeit im Konstruktionsbüro mit und ohne CAD

Ulrich Riehm

Kernforschungszentrum Karlsruhe
Abteilung für Angewandte Systemanalyse (AFAS)
Postfach 3640, D-7500 Karlsruhe 1

Geht man davon aus, daß Klein- und Mittelbetriebe durch ihre Flexibilität einen spezifischen Vorteil gegenüber Großunternehmen besitzen, so stellt sich die Frage, ob die Einführung von CAD immer und zu jedem Zeitpunkt die geeignete Lösung für die Konstruktionsabteilung ist. Es soll deshalb das Augenmerk auch auf "konventionelle", konstruktionsmethodische Maßnahmen in den Konstruktionsabteilungen gelenkt und deren Vor- und Nachteile im Vergleich zu CAD diskutiert werden.

I. Die CAD-Welle erreicht die Klein- und Mittelbetriebe

In der Bundesrepublik Deutschland wurden in den letzten drei Jahren durch ein staatliches Förderprogramm in ca. 1300 Unternehmen des Maschinenbaus die Auswahl, die Anschaffung und die Einführung von CAD mit bis zu 400.000 DM gefördert. Von den dort geförderten Unternehmen kann man ca. 70 % zur Kategorie der Klein- und Mittelbetriebe zählen (bis zu 500 Beschäftigte). Während noch Ende der 70er Jahre CAD ein Thema für Spezialisten und für wenige, meist große, innovative Unternehmen in ausgewählten Branchen (Flugzeugbau, Automobilbau, Elektronik) war, rollt die CAD-Welle mittlerweile auf breiter Front, immer mehr Branchen umfassend (z.B. Architektur und Design, Chemie und Maschinenbau) und auch vermehrt kleine und mittlere Betriebe einschließend. Gleichzeitig hat sich die Systemvielfalt nochmals beträchtlich erweitert, werden doch heute "CAD-Systeme" vom PC bis zum Großrechner in einer Preisklasse zwischen 40.000 DM und mehreren Millionen angeboten.

Ob man mit CAD allerdings wirklich "konstruieren" kann, das ist weiterhin umstritten (vgl. Roth 1983). Die Zweifler kann man in drei Gruppen einteilen: Diejenigen, die CAD hinter sich gelassen haben und zu den neuen Ufern der Experten Systeme und der künstlichen Intelligenz aufgebrochen sind (vgl. z.B. Pegels 1985). Dann diejenigen, die prinzipielle theoretische und praktische Zweifel an der Fähigkeit von Rechenprogrammen hegen, innovativ zu konstruieren (vgl. z.B. Franke 1976 und 1985). Und schließlich diejenigen, die vielleicht die prinzipielle Machbarkeit (noch) nicht entschieden haben, aber die Wünschbarkeit einer "automatischen" Konstruktion in Zweifel ziehen.

II. Vorteile von Klein- und Mittelbetrieben

Wenn man der Frage nachgeht, welche Chancen Automatisierungstechniken wie CAD für Klein- und Mittelbetriebe bieten, so ist es wichtig, zunächst einmal zu überlegen, welche Vorteile **Klein- und Mittelbetriebe** gemeinhin zugesprochen werden.

Nehmen wir einen Maschinenbaubetrieb mit 500 Beschäftigten. Die Konstruktionsabteilung umfaßt 75 Mitarbeiter und ist in die mechanische und die Elektrokonstruktion aufgeteilt. Innerhalb dieser Abteilungen gibt es produktorientierte Konstruktionsgruppen, die an der Produktentwicklung und -betreuung direkt beteiligt sind, sowie umfassende Kenntnisse über Fertigungsmöglichkeiten und Kundenanforderungen besitzen. Ein hoher Prozentsatz der Mitarbeiter in der Konstruktion hat sich im Laufe der Betriebszugehörigkeit von der Fertigung in die Konstruktion "hoch" gearbeitet. Bei den einzelnen Mitarbeitern (Konstrukteuren) haben sich über die Jahre teilweise höchst effiziente Teilproblemlösungen, Berechnungsverfahren und Daumenregeln angesammelt, die ein sehr flexibles, zuverlässiges und schnelles Arbeiten erlauben. Der Konstruktionsleiter selbst ist gleichzeitig Mitglied der Geschäftsführung und in die Betriebspolitik wie den Konstruktionsalltag direkt involviert.

Faßt man diese **Vorteile** eines Klein- und Mittelbetriebes zusammen, so liegen sie

- in einer hohen Flexibilität,
- in der Regel kurzen Entscheidungswegen und Entscheidungszeiten,
- in einem sehr engen, unbürokratischen Informationsaustausch zwischen den verschieden betrieblichen Bereichen,
- in einem Stamm langfristig gewachsener, betrieblicher Qualifikationen,
- in einer starken Kundennähe und Kundenorientierung.

Dem stehen natürlich auch **Nachteile** eines Klein- und Mittelbetriebes entgegen, die meist im Kern in einer dünneren Kapitaldecke zu suchen sind, mit der Folge, daß risikobehaftete Vorlauffinanzierungen und die Notwendigkeit für Automatisierungsprojekte meist externes know how einzukaufen, schwer zu verwirklichen sind. Es ist klar, daß sich ein Betrieb mit 500 Beschäftigten mit einer Investition für ein CAD-Pilotsystem von vielleicht 2 Millionen DM, plus Einstellung eines CAD-Experten für die Projektabwicklung, plus Zeitverlusten in der alltäglichen Arbeit in der Anlaufphase durch Schulung etc. schwerer tut, als ein Großbetrieb.

III. Konstruktionsmethodik ohne oder nur mit CAD

Wenn es also richtig ist, daß die besonderen Leistungen von Klein- und Mittelbetrieben in ihrer auf hohem qualitativen Standard angesiedelten Vielfältigkeit und Flexibilität zu suchen sind, so stellt sich die Frage, ob eine Leistungssteigerung der Konstruktion durch Einführung von CAD immer und zu jedem Zeitpunkt der richtige Weg ist.

Erfordert dies doch beträchtliche Investitionen in Hard- und Software und Personal. Es schafft neue Abhängigkeiten vom CAD-System, worunter nicht nur der technische Ausfall des Systems zu verstehen ist, sondern auch Grenzen der konstruktiven Bearbeitung, die durch das CAD-Programm gesetzt sind. Es werden von den Konstrukteuren eine einschneidende Umstellung ihrer Arbeitsweise verlangt. Und verbindliche arbeitsorganisatorische Regelungen im Zusammenhang mit CAD sind unvermeidbar. Dazu zählen nicht nur die leidigen Terminalbelegungszeiten, sondern z.B. auch die Notwendigkeit, um eine konsistente Datenhaltung zu gewährleisten, jede kleinste Änderung an Konstruktionsunterlagen mit dem CAD-System ständig nachzuvollziehen. So lohnt es sich durchaus einige Gedanken auf die Möglichkeiten einer **Effizienzsteigerung in der Konstruktion ohne CAD** zu verwenden.

Die **Konstruktionsmethodik** (oder auch Konstruktionswissenschaft, Konstruktionstechnik, Konstruktionssystematik, Konstruktionsheuristik und ähnliche gängige Begriffe) mit ihren Vertretern Hansen, J. Müller, Rodenacker, Beitz, Pahl, Koller, Roth, um nur einige aus dem deutschsprachigen Raum zu nennen, hatte sicherlich teilweise unrealistische, überzogene Vorstellungen, z.B. von der Möglichkeit der Automatisierung und Algorithmisierung der Konstruktion (vgl. dazu kritisch Riehm 1982 und 1983). Entsprechend waren die Erfolge in der betrieblichen Praxis auch nur begrenzt, wie heute nach 20 bis 30-jähriger Entwicklung auch von ihren Promotoren erkannt wird (vgl. z.B. Pahl 1985). Ohne Zweifel sind aber auch eine Vielzahl sinnvoller Vorschläge gemacht worden, die erfolgreich in die Praxis umgesetzt wurden. (Einige beispielhafte Projekte in der mittelständischen Industrie sind in Birkhofer u.a. 1985 dokumentiert.) Man denke z.B. daran den Zusammenhang zwischen Typen von Konstruktionsaufgaben (Problemstellungen) und Konstruktionsbearbeitungssequenzen zu analysieren und daraus verallgemeinerbare Vorgehensweisen abzuleiten, oder die vielfältigen, aber individuellen Erfahrungen in den Konstruktionsabteilungen in Form von Systematiken, Katalogen und Checklisten zu sammeln und allgemein verfügbar zu machen, oder die systematische Berücksichtigung nicht nur funktioneller Zusammenhänge beim Konstruieren, sondern auch wirtschaftlicher, fertigungstechnischer, rechtlicher (Sicherheit!), ergonomischer, umweltverträglicher Gesichtspunkte.

Worin sind nun die **Vorteile** einer solchen "konventionellen" Rationalisierung der Konstruktionsarbeit zu sehen?

- Es bedarf keiner großen Investitionen in eine neue Technik.
- Eine Umstellung der Arbeitsweise auf eine neue Technik ist nicht notwendig.
- Es lassen sich teilweise erhebliche Rationalisierungseffekte erzielen.
- Es entstehen keine neuen Abhängigkeiten von der Technik und ihren Experten ("Mit der Abhängigkeit vom Computer, steigt die Angst vor seinem "Ausfall ", Slogan einer Computerfirma (!) in einer Werbeanzeige.)
- Die Qualifikation für die Erarbeitung von Konstruktionsrichtlinien sind in der Regel leichter zu erwerben, da der herkömmlichen Konstruktionsweise näher, als das doch völlig anders gelagerte EDV-Wissen für den CAD-Einsatz.
- Die Umstellungs-, Einführungs- und Akzeptanzprobleme sind vermutlich kleiner, da die herkömmliche Arbeitsweise nicht grundlegend geändert werden muß.

Diesen Vorteilen stehen natürlich auch immer **Nachteile** gegenüber, die im konkreten Fall gegeneinander abgewogen werden müssen.

- CAD ist heute für viele Unternehmen ein Image-Faktor und steht für Fortschrittlichkeit, Innovationsfreude, moderne Technik.
- CAD kommt und wird sich durchsetzen (siehe die Zahlen am Anfang), wer zu lange wartet verliert den Anschluß.
- Nur über die EDV-technische Vermittlung (CAD) besteht für den Einzelnen wirklich der Zwang, sich konsequent an bestimmte Verfahrensweisen, Standards etc. zu halten. Ohne CAD besteht immer wieder die Gefahr des "Abgleitens" in individuelle Arbeitsweisen.
- Der Aufwand für die Erstellung von Konstruktionsrichtlinien, Checklisten, Katalogen, Teilefamilien etc. ist beträchtlich. Oft wird er nur in Angriff genommen, wenn die Einführung von CAD dies unumgänglich macht.

Man sieht schon an dieser Aufzählung von Vor- und Nachteilen einer konventionellen Rationalisierung in der Konstruktion, daß diese heute immer schon im Zusammenhang mit CAD diskutiert werden muß. Zwei Beispiele für diese enge Wechselbeziehung sollen nochmals hervorgehoben werden.

Die Frage der **Wirtschaftlichkeit** von CAD ist ein besonders heikles Thema. Unseriöse Berechnungen und Verallgemeinerungen von Einzelfällen haben oft einen völlig unrealistischen Erwartungshorizont geweckt. Dazu kommt, daß CAD viele Wirkungen hat, die nicht oder nur sehr schwer quantitativen Verfahren zugänglich sind (z.B. qualitativ bessere Angebote in kürzerer Zeit erstellen, Image ein Unternehmen mit CAD zu sein, etc.). Weiterhin liegen oft keine geeigneten Daten für eine Vergleichsrechnung vor, und sie werden auch nicht erfaßt. Schließlich, und dies ist in unserem Zusammenhang von besonderem Interesse, gibt es Probleme bei der Zurechnung der Effekte. So gibt es nicht wenige Beispiele, bei denen die nachweisbaren Effekte nach der CAD-Einführung zum allergrößten Teil auf die im Zuge der CAD-Einführung vorgenommene Produktstandardisierung und ähnliche andere "konventionelle" Maßnahmen zurückzuführen sind und nur zum geringsten Teil auf die Einführung von CAD selbst. Wir hatten in unserer Untersuchung einen Fall (vgl. Wingert u.a. 1984), wo die CAD-Einführung abgebrochen wurde, weil eine vorangegangene Standardisierung von Rotationsteilen und die Einführung von unmaßstäblichen Vordruckzeichnungen weitere positive wirtschaftliche Effekte durch CAD nicht mehr erwarten ließ.

Die Beziehung zwischen **konstruktionsmethodischer Durchdringung** eines Aufgabengebietes **und CAD**, besteht prinzipiell nur in einer Abhängigkeit in einer Richtung. Ohne diese methodische Aufarbeitung der Konstruktionsaufgaben ist CAD, wenn man darunter mehr versteht als das computergestützte Abzeichnen von fertigen Entwürfen, nicht denkbar. Die Erarbeitung und Einführung einer Konstruktionsmethodik ist umgekehrt nicht an CAD gekoppelt. Faktisch besteht diese umgekehrte Abhängigkeit aber oft, und zwar in zweierlei Hinsicht. Zum einen wird die relativ aufwendige Systematisierung von Teilefamilien, Arbeitsprozeduren etc. vielfach nur vorgenommen, wenn gleichzeitig eine CAD-Einführung dies erzwingt. Zum anderen wird durch den CAD-Einsatz die Anwendung der Konstruktionsrichtlinien, die Berücksichtigung von Standardteilen etc. konsequent erzwungen. Das CAD-Programm führt den Anwender entlang der zugelassenen Vorgehensschritte. Anstehende Entscheidungen sind nur in einem fest definierten Rahmen möglich. Liegen die Konstruktionsrichtlinien aber nicht programmtechnisch, sondern nur papiern vor, so kann man sie - aus Bequemlichkeit oder aus besserer Einsicht heraus - auch in der Schublade liegen lassen und nach der eigenen Intuition und Handschrift vorgehen - was nicht unbedingt zu schlechteren Ergebnissen führen muß. So wird heute bereits so argumentiert, daß der so lange vergeblich gesuchte

Erfolg von Konstruktionsmethodiken in der betrieblichen Praxis, jetzt durch CAD erzwungen werden könne (Spur u.a. 1985). CAD wird zum Brecheisen für die Durchsetzung von Standards und Konstruktionsrichtlinien.

Daß dies nicht unbedingt nur positiv zu beurteilen ist, zeigen eine Reihe von Fällen. So ist z.B. der Versuch in einem bestimmten Produktspektrum mittels einer Algorithmisierung des Konstruktionsablaufs und einer entsprechenden Umsetzung in ein CAD Variantenprogramm, bei der der Benutzer nur noch bestimmte Parameterwerte einzugeben hat, aus mehreren Gründen gescheitert (Wingert u.a. 1984). Der Algorithmisierungs- und Programmieraufwand ist extrem hoch. Die Flexibilität ist nur innerhalb des definierten Rahmens gegeben. Sobald sich dieser Rahmen als nicht mehr ausreichend herausstellt - z.B. durch neue Kundenanforderungen, Änderungen der Fertigungstechnologie, neue Sicherheitsvorschriften etc. - erweist sich das Programm als Fessel und bedarf wiederum aufwendiger Anpassungsprogrammierung. Im definierten Rahmen lassen sich meist extrem schnell Standardlösungen erzielen. Eine Feinoptimierung ist nicht möglich. Die Konstrukteure fühlen sich zu "Knöpfchendrückern" degradiert, die ihr Wissen und ihre Fähigkeiten in den Konstruktionsprozeß nicht mehr einbringen können.

IV. Schlußbemerkung

Sollte bis hier der Eindruck entstanden sein, mein Plädoyer sei, Klein- und Mittelbetriebe sollten möglichst nicht auf CAD setzen, dies sei, wenn überhaupt, eine Sache für finanzstarke Großunternehmen, so soll dieser Eindruck ausdrücklich korrigiert werden. Es ging mir sowieso nicht darum, konkrete Empfehlungen abzugeben. Das läßt sich in solch einem Beitrag ohne die Berücksichtigung der konkreten Umstände eines Falles gar nicht leisten. Daß ich meine Aufgabe allerdings nicht darin sehe, in den großen Chor der CAD-Euphoristen einzustimmen, dürfte vielleicht deutlich geworden sein. Es mag schon viel erreicht sein, wenn der eine oder andere deutlicher sieht, daß man mit dem Setzen auf die "Technik" zwar in der Regel gut im Trend liegt, sich aber auch gegebenenfalls unvorhergesehene Kosten unterschiedlichster Art auflädt. Die technische Lösung eines konkreten Problems ist oft nur eine Möglichkeit. Daneben gibt es auch andere.

Literatur

Birkhofer, H.; Diekhöner, G.W.; Höffler, H.-O.; Sachs, K.-H.; Voegele, A.: Konstruktionssystematik in der mittelständischen Industrie. Leitfaden und Anwendungsbeispiele aus der Praxis. Kernforschungszentrum Karlsruhe, PFT-Bericht KfK-PFT 15. Karlsruhe: **1985**

Franke, H.-J.: Untersuchungen zur Algorithmisierbarkeit des Konstruktionsprozesses. Fortschrittsberichte VDI-Z, Reihe 1, Nr. 47. Düsseldorf: VDI-Verlag **1976**

Franke, H.-J.: Konstruktionsmethodik und Konstruktionspraxis - eine kritische Betrachtung. In: Hubka, V. (Hrsg.): Theory and Practice of Engineering Design in International Comparison. Proceedings of ICED 85. Zürich: Heurista **1985**, S. 910-924

Pahl, G.: Denkpsychologische Erkenntnisse und Folgerungen für die Konstruktionslehre. In: Hubka, V. (Hrsg.): Theory and Practice of Engineering Design in International Comparison. Proceedings of ICED 85. Zürich: Heurista **1985**, S. 817-832

Pegels, G.: Erfahrungen mit künstlicher Intelligenz - Fachwissen im CAD/CAM System für den Stahl-, Holz- und Anlagenbau. In: VDI-Gesellschaft Entwicklung Konstruktion Vertrieb (Hrsg.): Datenverarbeitung in der Konstruktion '85. Entwicklungsstand und Anwendererfahrung. VDI-Berichte 570.1. Düsseldorf: VDI-Verlag **1985**, S. 143-164

Riehm, U.: Der Beitrag der Konstruktionswissenschaft zum Einsatz des Rechners in der Konstruktion. Kernforschungszentrum Karlsruhe, Abteilung für Angewandte Systemanalyse, Primärbericht Oktober **1982**

Riehm, U.: Einige konzeptuelle Mängel der Konstruktionswissenschaft und deren Auswirkungen auf CAD. Schweizer Maschinenmarkt 83 (**1983**), Heft 25, S. 27-31

Roth, K.: Modellbildung für die Lösung konstruktiver Aufgabenstellungen mit Rechenanlagen. In: Hubka, V. und Andreasen, M.M. (Hrsg.): CAD Konstruktionsmethoden Design Methods. Proceedings of ICED 83. Zürich: Heurista **1983**, S. 572-593

Spur, G.; Krause, F.-L.; Gross, G.: Veränderungen der Konstruktionsmethodik durch Anwendung von CAD-Systemen. In: Hubka, V. (Hrsg.): Theory and Practice of Engineering Design in International Comparison. Proceedings of ICED 85. Zürich: Heurista **1985**, S. 612-622

Wingert, B.; Duus, W.; Rader, M.; Riehm, U.: CAD im Maschinenbau. Wirkungen, Chancen, Risiken. Berlin u.a.: Springer **1984**

Flexible Automation in der Fertigung von Mikrofon- und Kopfhörerkapseln

Paul Röhrenbacher, Fa. AKG, Wien

Dieser Vortrag soll einen Überblick über die von AKG getätigten Schritte geben, welche notwendig waren,um von einer technisch ausgereiften Fertigung in Hinblick auf das Kostenergebnis noch günstigere Methode zu gelangen. Im Vordergrund stand von Anfang an eine flexible, rationelle und an Toleranzen enge Automatisation.

Zunächst eine Übersicht über den Aufbau eines umspritzten Magnetsystems. Bild 1 zeigt eine Baugruppe, bestehend aus Topf (1), Magnet umspritzt (2), Grundplatte (3) und Dämpfungsgitter (4), die vormontiert wird. Diese Baugruppe wird zusammen mit 2 Lötfahnen mit einer Spritzgußmasse umspritzt. (Bild 2)

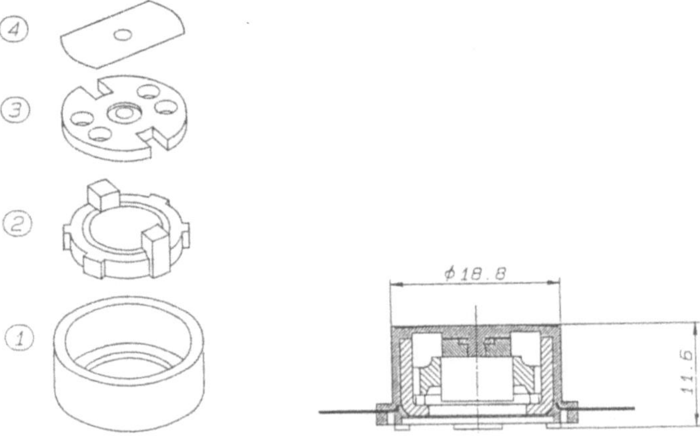

Bild 1 Bild 2

Somit ergeben sich für die Fertigung zwei unterschiedliche Arbeitsplätze:

1) Topf, Magnet umspr., Grundplatte und Dämpfungsgitter fügen.
2) Umspritzen des Topfes und der Lötfahnen.

Bisherige Fertigung

Um die geforderte Stückzahl in Millionenhöhe pro Jahr zu erreichen, war es erforderlich, 5 Arbeitsplätze für das Fügen und 10 Arbeitsplätze für das Umspritzen einzurichten und diese in 2 Schichten zu betreiben.

So war es naheliegend hier eine rationellere Methode für die Fertigung zu suchen. Als Zielvorstellung sollte eine Methode gewählt werden, welche es erlaubt, ohne Handarbeitsplätze das Auslangen zu finden. Weiters sollte die Methode geeignet sein mit kurzen Umrüstzeiten auch ähnliche Produkte, die vom Aufbau her gleich, aber in den Abmessungen abweichend sind, zu fertigen.

Für die Lösungsfindung wurde die neue Produktionsmethode in 3 Teilabschnitte aufgeteilt:

A) Fügen der Einzelteile
B) Verbindung des Fügevorganges mit dem Umspritzen
C) Umspritzen

zu A)

Für das Fügen der Einzelteile wurde ein Rundtisch konzipiert, der aus 7 Stationen besteht. Die Einzelteile werden mittels Schwingförderer zugeführt und mit Handhabungsgeräten in den Rundtisch eingesetzt. Die Taktzeit beträgt 2,5 sec.

Folgende Operationen werden durchgeführt:

1) Topf in Rundtisch setzen
2) Magnet umspritzt in Topf einziehen
3) Grundplatte richten und aufsetzen
4) Dämpfungsgitter auflegen
5) Dämpfungsgitter durch Verprägen sichern
6) Reingigung durch Abblasen und Absaugen der montierten Baugruppe
7) Entnahme des montierten Topfes.

zu B)

Die Verbindung des Rundtisches mit dem flexiblen Montagesystem wurde als Pufferband, welches auch eine Station zum Überprüfen der ordnungsgemäßen Montage enthält, ausgebildet.

zu C)

Für das Umspritzen sind folgende Arbeitsgänge erforderlich:
1) Kontaktstreifen in Werkzeug einstanzen
2) Vormontierten Topf in Werkzeug einlegen
3) Umspritzen
4) Anguß abtrennen
5) Teile aus Werkzeug entnehmen und palettieren

Es mußten mehrere Lösungsvarianten in Betracht gezogen werden:

a) Mechanisierung der vorhandenen Handarbeitsplätze
b) Rundtisch
c) flexibles Montagesystem in Karreebauweise

Aus den 3 Varianten schied a) durch zu hohe Investitionskosten und nicht Erreichen der erwünschten Taktzeit, b) durch schlechte Zugängigkeit bzw. eine spätere Erweiterung nicht möglich aus.

Für die Firma AKG ergaben sich aus Variante c) (flexibles Montagesystem) folgende Vorteile:

Gute Zugängigkeit, spätere Erweiterung möglich, leichter Variantenwechsel, Taktzeit von 9 sec. pro Werkstückträger (3 Teile) kann erreicht werden.

Das Konzept, das auch in die Realität umgesetzt wurde, ist in Bild 3 ersichtlich.

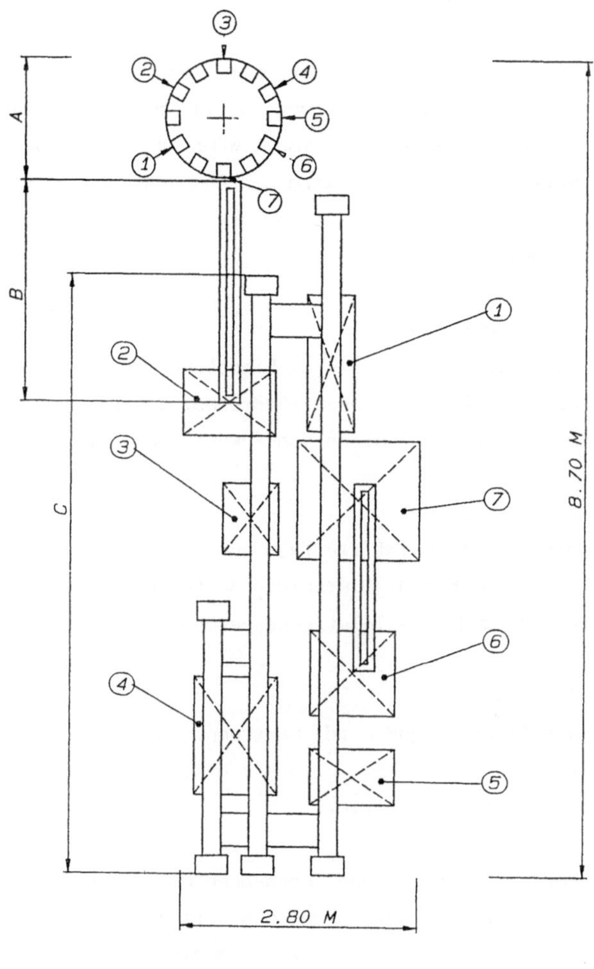

Bild 3

Abschnitt A	Rundtisch
Abschnitt B	Pufferband
Abschnitt C	flexibles Montagesystem

Station 1: Einsetzen der Kontaktfahnen

Gleichzeitiges Ausstanzen von 3 Paar Kontaktstreifen aus Bandmaterial in die entsprechenden Aufnahmen der 3 Spritzwerkzeug-Unterteile.

Station 2: Einsetzen des vormontierten Topfes

3 Töpfe werden im Abstand von 24 mm aus den Transportaufnahmen des Pufferbandes entnommen, während des Übersetzens auf die Werkzeug-Unterteile wird der Abstand der Töpfe von 24 mm auf 140 mm vergrößert (Abstand der Einzelwerkzeuge am Werkstückträger).

Station 3: Handarbeitsplatz

Steht im Bedarfsfall zum Einsetzen des Topfes (andere Variante) bzw. der Kontaktfahnen (Störungsfall) oder Erledigung von zusätzlichen Arbeiten von zukünftigen Varianten zur Verfügung.

Station 4: Spritzen

Diese Station ist zweifach ausgeführt und besteht aus je 3 Spritzmaschinen. Die beiden Seiten werden abwechselnd mittels Weiche und Parallelstrecke beschickt.

Station 5: Anguß abtrennen

Der Stangenanguß wird abgetrennt und nach dem der Werkstückträger die Station verlassen hat, abgeworfen und in einen Behälter transportiert.

Station 6: Fertigteil ausstoßen, entnehmen und auf Pufferband ablegen

3 Spritzteile werden aus den Spritzwerkzeug-Unterteilen ausgestoßen, mittels Greifer entnommen und auf Pufferband in Einzelwerkstückträgern abgelegt. Während des Übersetzens wird der Abstand der Spritzteile von 140 mm auf 55 mm (entspricht dem Teilungsmaß in der Palette) reduziert.
Das Pufferband ist erforderlich, um von der 3fach Ausführung der Spritzwerkzeug-Unterteile 4fach in die Palette ablegen zu können.

Station 7: Ablegen in Palette

4 Spritzteile werden aus dem Pufferband entnommen, um 90^{0} gedreht und in die Palette abgelegt. Die Station besteht aus einem Leerstapel von 20 Paletten für je 84 Spritzteile, einer

Beladestation (x,y-Tisch) und einem Stapel für die vollen Paletten. Der Palettenwechsel erfolgt automatisch.

Werkstückträger

Jeder Werkstückträger transportiert 3 Spritzwerkzeug-Unterteile auf einen Doppelgurtband durch das System. Insgesamt befinden sich 10 Werkstückträger im Umlauf.

Weiters besitzt jeder Werkstückträger einen Codespeicher, der Informationen über den Bearbeitungszustand bzw. die ordnungsgemäße Bestückung enthält. Fehlt ein Topf oder ein System wird nicht entnommen, durchläuft der Werkstückträger die folgenden Stationen und wird auf einer Abstellstrecke ausgesondert.

Durch die Anforderung an die Maßhaltigkeit (Rundlauf 0,02 mm Kunststoffumspritzung - Magnettopf) der Teile im Toleranzbereich von ± 0,02 mm mußten die Werkzeuge mit besonders hoher Qualität gefertigt werden. Erschwert wird die Einhaltung dieser Forderung durch die 10 Werkzeugträger mit 3 Einzelwerkzeugen, welche mit zwei 3fach Werkzeugoberteilen kombiniert werden, wodurch 60 Spritzwerkzeug-Kombinationen möglich sind.

Da die Möglichkeit gegeben ist, die Werkzeuge an den Einzelstationen (Spritzen, Einstanzen) und Werkstückträgern leicht zu wechseln, Teile händisch einzulegen (Handarbeitsplatz oder/und Pufferband), neue Sstationen anzubauen, ist einer Variantenvielfalt nur durch die Abmessungen der zu produzierenden Kapsel eine Grenze gesetzt.

Zusammenfassend kann festgestellt werden, daß durch die Methode die Qualität des Produktes verbessert und der Ausschuß reduziert wurde. Durch eine buy-out time von 1,5 Jahren konnte auch das Ziel in Hinblick auf das Kostenergebnis erreicht werden. Die Reduzierung der Herstellkosten beträgt ca. 24 %.

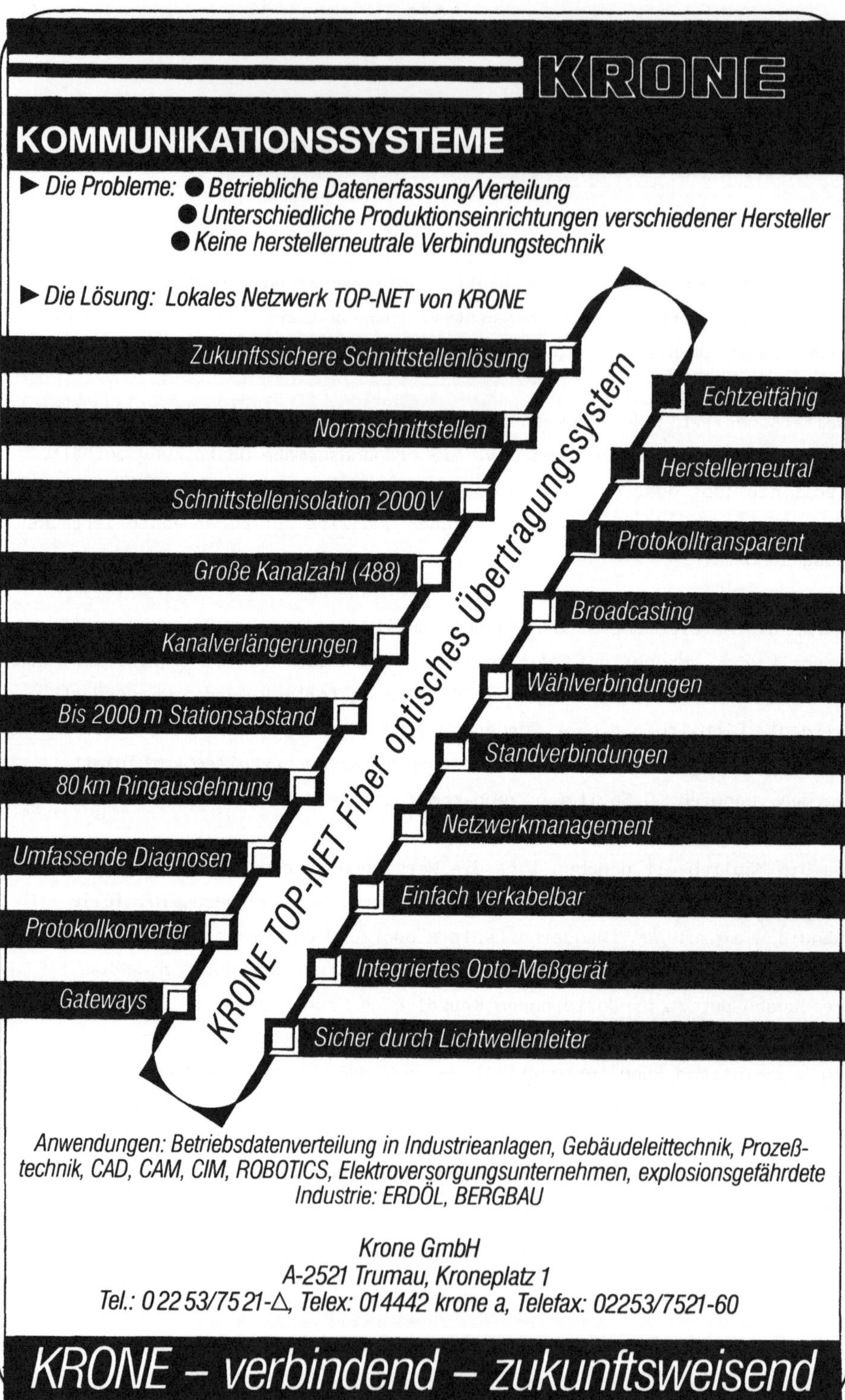

Arbeitskreis 4:

Aus- und Weiterbildung

Leitung:

Univ.-Doz. SL Dr. Sigurd Höllinger

Oberrat Dipl.-Ing. Manfred Horvat

Univ.-Doz. Dr. Peter Kopacek

DAS AUS- UND WEITERBILDUNGSPROGRAMM AUTOMATISIERUNGSTECHNIK.

S.Höllinger,Sektionsleiter im BMFWuF,
M.Horvat, Leiter des Außeninstitutes der TU-Wien
und
P.Kopacek, Dozent an der TU-Wien

Kurzfassung

Das im folgenden vorgestellte Aus- und Weiterbildungsprogramm Automatisierungstechnik soll sowohl Bildungsangebote verschiedener Institutionen koordinieren als auch bei der Erstellung neuer Angebote mitwirken. Der Anstoß zu diesem koordinierten Bildungsprogramm kam hauptsächlich aus der österreichischen Industrie, welche eine verstärkte Aus- und Weiterbildung von qualifizierten Fachleuten als eine entscheidende Voraussetzung für ein Schritthalten Österreichs auf diesem sich rasant entwickelnden Fachgebiet forderte.

Einleitung

In diesem Aus- und Weiterbildungsprogramm wird der Begriff "Automatisierungstechnik" im weitesten Sinn verstanden. Die Automatisierungstechnik umfaßt demnach alle theoretischen und praktischen Methoden, die dazu dienen, einen Arbeits- oder Produktionsprozeß ganz oder teilweise selbsttätig ablaufen zu lassen. Darüberhinaus soll das Betriebs- und Überwachungspersonal aktiv unterstützt werden. Die Automatisierungstechnik besteht aus den Teilgebieten

* Meßtechnik
* Steuerungstechnik
* Regelungstechnik
* Rechentechnik

All diese Bereiche erleben in den letzten Jahren einen nahezu explosionsartigen Aufschwung. Dieser ist durch die Mikroelektronik bedingt und führt auf der Geräteseite zur verstärkten Verwendung von digitalen -meist mikrorechner-bestückten- Automatisierungseinrichtungen.

Automatisierungseinrichtungen haben die Aufgabe, bei Energie-, Material- und Informationsflüssen die Erhaltung bestimmter Zustände oder Produktionswerte zu garantieren, nach Programmen zu fahren oder auf Optima hinzuführen. Fachgebiete der allgemeinen EDV, wie beispielsweise Büroautomation, sind nicht Gegenstand dieses Ausbildungprogramms.

Die rasante Ausbreitung der Automatisierungstechnik hat sowohl in Österreich als auch im Ausland einen verstärkten Bedarf an Ingenieuren und Technikern mit fundierten einschlägigen Kenntnissen zur Folge. Nicht nur Großbetriebe, sondern auch mittlere und kleine Unternehmungen der verschiedensten Branchen benötigen Fachleute in Automatisierungstechnik, die neuere technische Entwicklungen beherrschen und sie auch effizient zum Einsatz bringen können. Als Beispiele für technische Systeme seien Industrieroboter, NC- und CNC-Maschinen, CAD/CAM-Systeme Mikroprozessor-Steuerungen, Regelungen und Prozeßleitsysteme genannt.

Ziel dieses Ausbildungsprogrammes ist es daher, den Teilnehmern eine "maßgeschneiderte" Spezialausbildung zu vermitteln, die sie in die Lage versetzt, automatisierungstechnische Probleme eigenverantwortlich zu lösen.

Art und Ausmaß des Einsatzes der Automatisierungstechnik können von sehr divergierenden Zielvorstellungen beeinflusst werden und hängen von den jeweils spezifischen Voraussetzungen und

Rahmenbedingungen ab. An der grundsätzlichen Notwendigkeit, Automatisierungsmaßnahmen in österreichischen Betrieben in verstärktem Maße durchzuführen besteht jedoch kein Zweifel.

Eine im Auftrag des Bundesministeriums für Wissenschaft und Forschung durchgeführte Befragung von kleinen und mittleren Unternehmen ergab, daß in 49 Prozent der untersuchten Fälle Automatisierungstechnik eine bedeutende Rolle spielt. Von 62 Prozent dieser Unternehmen wird eine entsprechende Ausbildung der Mitarbeiter als brauchbare Hilfe gewertet. Fachleute für die Montage und Wartung von Automatisierungseinrichtungen oder für ihre Projektierung und Inbetriebnahme sollten daher systematisch durch die zuständigen öffentlichen und privaten Bildungsinstitutionen weitergebildet werden. Die in Österreich bestehenden Bildungsangebote sind jedoch in verschiedener Hinsicht zu vervollständigen. Durch diese bestehenden und die Initiierung sowie Förderung neuer Bildungsangebote soll das vorliegende Programm erfüllt werden.

Ziel war es ein umfassendes Aus- und Weiterbildungsprogramm auf diesem Fachgebiet zu erstellen. Die Arbeitsgemeinschaft "Automatisierungstechnik in Österreich (ATÖ)", unter der Geschäftsführung von Prof. Margulies, hat die vorliegende Ausarbeitung angeregt. Eine Arbeitsgruppe unter der Leitung der drei Autoren hat nach eingehendem Studium in- und ausländischer Erfahrungen eine Diskussionsgrundlage erarbeitet, die von einem Projektteam beim Bundesministerium für Wissenschaft und Forschung überarbeitet und im Dezember 1985 verabschiedet wurde.

Das Aus- und Weiterbildungsprogramm Automatisierungstechnik

Das vorliegende Programm soll den österreichischen Unternehmungen eine fundierte Grundlage für eine gezielte längerfristige Planung der Personalentwicklung in diesem Bereich bieten. Das Programm besteht aus Einzelbausteinen wie z.B. Vorträgen, Kursen, Seminaren, die auch unabhängig vom Gesamtangebot besucht werden können.

Beteiligt an diesem Programm sind Anbieter automatisierungstechnischer Bildungsangebote, also im wesentlichen

- Höhere Technische Bundeslehranstalten,
- (Technische) Universitäten,
- das Berufsförderungsinstitut BfI,
- Volkshochschulen VHS,
- Wirtschaftsförderungsinstitute -WIFI,
- Firmen,
- Sonstige Institutionen.

Das gesamte Programm ist als stufenweiser Bildungsgang konzipiert, d.h. daß sowohl der Einstieg, wie auch der Abschluß auf verschiedenen Stufen erfolgen kann, wobei der Einstieg von den vorhandenen Vorkenntnissen abhängt. Entsprechend dem gegenwärtigen Berufsausbildungssytem kann man die folgenden Ausbildungsstufen unterscheiden:

- A1...Lehrabschluß, Berufsschulen und mittlere berufsbildende Schulen
- A2...Höhere Technische Lehranstalt
- A3...Universität, Technische Universität

Jede dieser Ausbildungsstufen kann über den entsprechenden formalen Bildungsweg erreicht werden, und stellt eine Ausgangsposition für die Weiterbildung dar. Auf anderen Wegen (praktische Arbeit, Selbststudium usw.) erworbene Kenntnisse, werden ebenfalls auf die Weiterbildung angerechnet.

Diese Weiterbildung ist in Stufen (W1 bis W4) eingeteilt und führt schließlich zu den Bildungsstufen (I-IV). Diagramm 1 zeigt die Grundstruktur dieser Weiterbildungsmöglichkeiten: Jede der angestrebten Bildungsstufen kann ausgehend von jeder der drei Ausbildungsstufen auf verschiedenen Wegen erreicht werden.

Die Bildungsstufe I dient der Vermittlung von Kenntnissen und Fertigkeiten, die Voraussetzung für die Montage und Wartung von Automatisierungseinrichtungen sind. Dies entspricht etwa dem Berufsbild eines Meß- und Regelmechanikers mit gegenüber dem Lehrberuf gleichen Titels wesentlich erweiterten Kenntnissen.

Das Ziel der Bildungsstufe II ist die Vermittlung von für die Projektierung und Inbetriebnahme von Automatisierungseinrichtungen erforderlichen Kenntnissen. Der Absolvent soll in der Lage sein, die Präzisierung von Problemstellungen, die Entwicklung von Detailplänen nach vorgegebenen Grobkonzepten und die Überwachung von Bau und Montage durchzuführen. Weiters soll er in der Lage sein, Automatisierungseinrichtungen in Betrieb zu nehmen und deren Wartung und Instandhaltung zu überwachen.

Im Rahmen der Bildungsstufe III werden die Absolventen in die Lage versetzt, Grobkonzepte für komplexe Automatisierungseinrichtungen zu entwickeln. Dabei soll er in der Lage sein, die Notwendigkeit des Einsatzes komplexer Automatisierungskonzepte abzuschätzen.

Der Absolvent der Bildungsstufe IV soll einen umfassenden theoretischen und praktischen Wissensstand aufweisen, der ihn in die Lage versetzt, umfassende Entscheidungen sowohl technischer Art als auch im Management auf automatisierungstechnischem Gebiet zu treffen.

Die automatisierungstechnischen Kenntnisse wurden, wie in Diagramm 2 dargestellt, in 18 Fachgebiete eingeteilt die sich zu folgenden 5 Fachgruppen zusammenfassen lassen:

- Grundlagen,
- Leittechnik,
- Rechentechnik,
- Theorie,
- Allgemeines.

Die Fachgruppe "Grundlagen" beinhaltet die Fachgebiete

1. Grundlagen der Prozeßleittechnik,
2. Grundlagen der Verfahrenstechnik,
3. Grundlagen der Elektrotechnik und Elektronik,
4. Grundlagen des Maschinenbaus und der Feinwerktechnik.

Diese Grundkenntnisse aus mehreren Disziplinen, die für das gesamte Programm erforderlich sind, werden in den

Bildungsstufen I und II vermittelt.

Kernstück des Programms bildet die Fachgruppe "Leittechnik" mit den Fachgebieten

5. Regelungstechnik,
6. Digitale Steuerungstechnik,
7. Prozeßmeßtechnik,
8. Gerätetechnik,
9. Instrumentierung und Installation,
10. Projektierung,
11. Prozeßtechnik (Anwendung).

In diesen Fachgebieten sind die speziellen automatisierungstechnischen Kenntnisse zusammengefaßt. Die Anwendungsbezogenheit wird insbesonders im Fachgebiet 11."Prozeßtechnik" betont. Aus Angeboten in sechs Industriezweigen (Energieerzeugung- und verteilung, Verfahrenstechnik und verwandte Gebiete, Fabrikation, Fertigungstechnik, Gebäudeleittechnik sowie Umwelttechnik und Transportsysteme) sind im Rahmen des Programmes mindestens zwei zu absolvieren.

In der Fachgruppe "Rechentechnik"

12. Rechentechnik und Datenverarbeitung,
13. Mikrocomputertechnik

sollen insbesonders Kenntnisse im Hinblick auf zukünftige Entwicklungsrichtungen der Automatisierungstechnik vermittelt werden.

Für die Bildungsstufen III und IV ist die Fachgruppe "Theorie"

14. Regelungsmathematik und Systemtheorie,
15. Modellbildung,
16. Simulationstechnik

von besonderer Bedeutung, da hier im wesentlichen die Grundlagen für eine Beurteilung "moderner" Automatisierungseinrichtungen gelegt werden.

Da jeder Automatisierungstechniker gegenwärtig - und verstärkt in der Zukunft - mit spezifischen wirtschaftlichen, sozialen und damit letztlich auch gesellschaftspolitischen Fragestellungen befaßt ist, wurden diese Inhalte in die Fachgruppe "Allgemeines"

17. Wirtschaftliche Aspekte,
18. Soziale und gesellschaftspolitische Fragen

aufgenommen.

Das Programm ist in Form eines Bausteinsystems (Modulsystems) aufgebaut. Solche Bausteine sind beispielsweise:

- Einzelvorträge,
- Kurse,
- Seminare,
- Lehrgänge.

Diese Veranstaltungen werden für die verschiedensten in Diagramm 2 zusammengestellten 18 Fachgebiete angeboten.

Jede der vier Bildungstufen kann durch "Übereiandertürmen" der erwähnten Bausteine erreicht werden wobei allerdings einiges zu beachten ist:

a) Die Bausteine sind so zu wählen, daß die in Diagramm 2 angegebenen minimalen Stundenzahlen für jedes Fachgebiet erreicht werden,
b) die Bausteine aufsummiert ergeben bei einer Minimalstundenzahl von 250 eine Bildungsstufe,
c) die Absolvierung einer Bildungsstufe ist Eingangsvoraussetzung für die nächsthöhere Stufe.

Auf Grund seiner Ausbildung und der sonstigen erworbenen Kenntnisse hat jeder Interessent bereits mehr oder weniger viele "Bausteine" angesammelt, auf welchen weiter aufgebaut werden kann.

Für eine erste Orientierung kann das Diagramm 3 verwendet werden. Darin sind waagrecht die 4 Bildungsstufen (I bis IV) aufgetragen, senkrecht - am linken Rand - die Ausbildung zu den Stufen (A1,A2,A3) zusammengefasst. Die Länge der waagrechten Balken sind ein Maß für die bereits angesammelten automatisierungstechnischen "Bausteine", die innerhalb der Ausbildungsstufen A1 bis A3 in unterschiedlichem Ausmaß vermittelt werden.

Da für jeden Interessenten eine individuelle Bausteinauswahl (Kursauswahl) erforderlich ist, besteht die Möglichkeit eine unverbindliche, kostenlose Einstiegsberatung in Anspruch zu nehmen. Diese findet in einer zentralen Anlaufstelle statt.

Außer den erworbenen Kenntnissen auf dem Gebiet der Automatisierungstechnik wird jeder besuchte Baustein je nach den Gepflogenheiten der veranstaltenden Institutionen durch eine Bestätigung oder ein Zeugnis dokumentiert. Diese Bestätigungen und Zeugnisse bilden die Grundlage für eine Abschlußbestätigung (Abschlußzeugnis) einer ganzen Bildungsstufe. Darüberhinaus werden die absolvierten Bausteine in ein "Teilnehmerbuch" eingetragen, in welchem natürlich auch die absolvierten Bildungsstufen aufscheinen. Dadurch ist es möglich jederzeit die aktuelle Qualifikation nachzuweisen.

Zusammenfassung

Es wurde ein neuartiges umfassendes Aus- und Weiterbildungsprogramm auf dem Gebiet der Automatisierungstechnik vorgestellt. Es ist als Modulsystem konzipiert und teilt das Gebiet in 18 Fachgebiete welche in 5 Fachgruppen zusammengefasst sind.

In dem "Stufensystem" sind 4 Bildungsstufen vorgesehen die entweder durch Ausbildung, Aus- und Weiterbildung oder nur durch Weiterbildung erreichbar sind. Für jede dieser Bildungsstufen wurden die erforderlichen Kenntnisse aufgelistet und zu deren Erarbeitung eine minimale Rahmenstundenzahl von 250 festgelegt.

Großer Wert wurde auf die "Durchlässigkeit" gelegt, d.h.daß ein Interessent mit abgeschlossener Lehre ohne nennenswerte automatisierungstechnische Vorkenntnisse die höchste Bildungsstufe ebenso abschließen kann, wie ein Absolvent einer Technischen Universität mit umfassenden Kenntnissen. Die Anwendungsbezogenheit der Aus- und Weiterbildung wird dadurch gewährleistet, daß die Möglichkeit besteht sich in einen oder mehreren der 6 Industriezweige zu vertiefen. In das Konzept wurden sowohl nationale als auch internationale Erfahrungen eingearbeitet.

Es bleibt zu hoffen, daß dieses eben im Anlaufen befindliche Programm sowohl von der österreichischen Industrie als auch von den "Bildungswilligen" entsprechende Aufnahme findet und so einen Beitrag zu einer verbesserten Ausbildung auf dem Gebiet der Automatisierungstechnik liefern wird.

Literatur

1. Kopacek,P.et.al.: Automatic Control Education in Austria. Vorabdrucke des IX.IFAC Kongresses, Budapest 1984, Band IV,S.112-115.
2. Aus- und Weiterbildungsprogramm Automatisierungstechnik - Informationen für Interessenten. Bundesministerium für Wissenschaft und Forschung, Wien 1986.

AUSBILDUNG
WEITERBILDUNG
BILDUNGSSTUFE
AUSGANGS-
SITUATION
ERREICHT
Ausbildungs-
stufe A1
Weiterbil-
dungsstufe W1
Ausbildungs-
stufe A2
Bildungs-
stufe I
Weiterbil-
dungsstufe W2
Ausbildungs-
stufe A3
Bildungs-
stufe II
Weiterbil-
dungsstufe W3
Bildungs-
stufe III
Weiterbil-
dungsstufe W4
Bildungs-
stufe IV

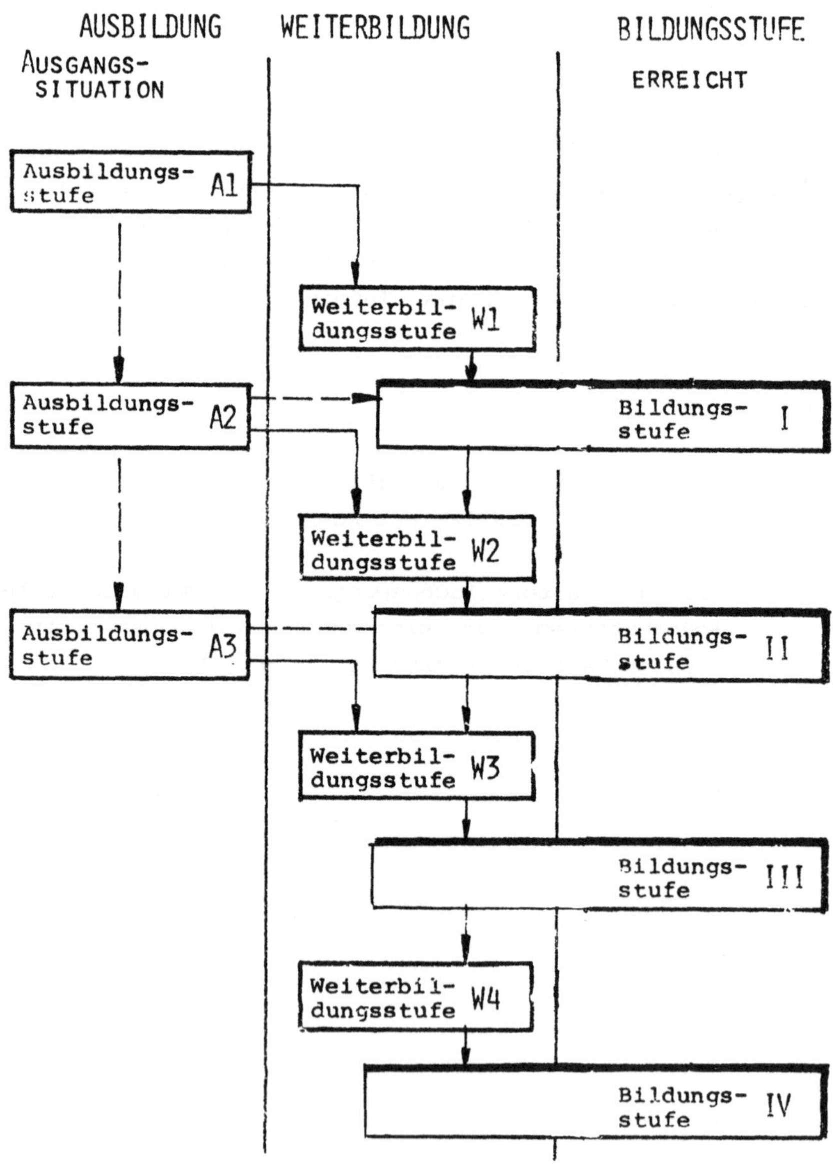

DIAGRAMM 1

MINIMALE STUNDENZAHLEN IN DEN EINZELNEN FACHGEBIETEN

	FACHGEBIET	Bildungsstufen				SUMME
		I	II	III	IV	
GRUNDLAGEN	1. Grundlagen der Prozeßleittechnik	15	15	--	--	30
	2. Grundlagen der Verfahrenstechnik	15	15	--	--	30
	3. Grundlagen d. Elektrotechnik u. Elektronik	30	20	--	--	50
	4. Grundl. d. Maschinenbaus u.d. Feinwerktechnik	25	15	--	--	40
LEITTECHNIK	5. Regelungstechnik	30	32	40	--	102
	6. Digitale Steuerungstech.	30	20	10	--	60
	7. Prozeßmeßtechnik	30	16	20	--	66
	8. Gerätetechnik	40	15	--	--	55
	9. Instrumentierg. u. Instalation v. Autom. Einr.	20	10	--	--	30
	10. Projektierung. v. Aut. Einr. (Projektmanagement)	--	20	28	20	68
	11. Prozeßtechnik	6	10	30	160	206
RECHEN-TECHNIK	12. Rechentechnik und Datenverarbeitung	--	15	30	10	55
	13. **Microcomputertechnik**	--	20	25	20	65
THEORIE	14. Regelungsmathematik und Systemtheorie	--	15	20	10	45
	15. Modellbildung	--	--	20	10	30
	16. Simulationstechnik	--	--	15	--	15
ALLG.	17. Wirtschaftliche Aspekte	4	6	6	10	26
	18. Soziale u. gesellschaftspolitische Fragen	5	6	6	10	27
	SUMME	250	250	250	250	1000

DIAGRAMM 2

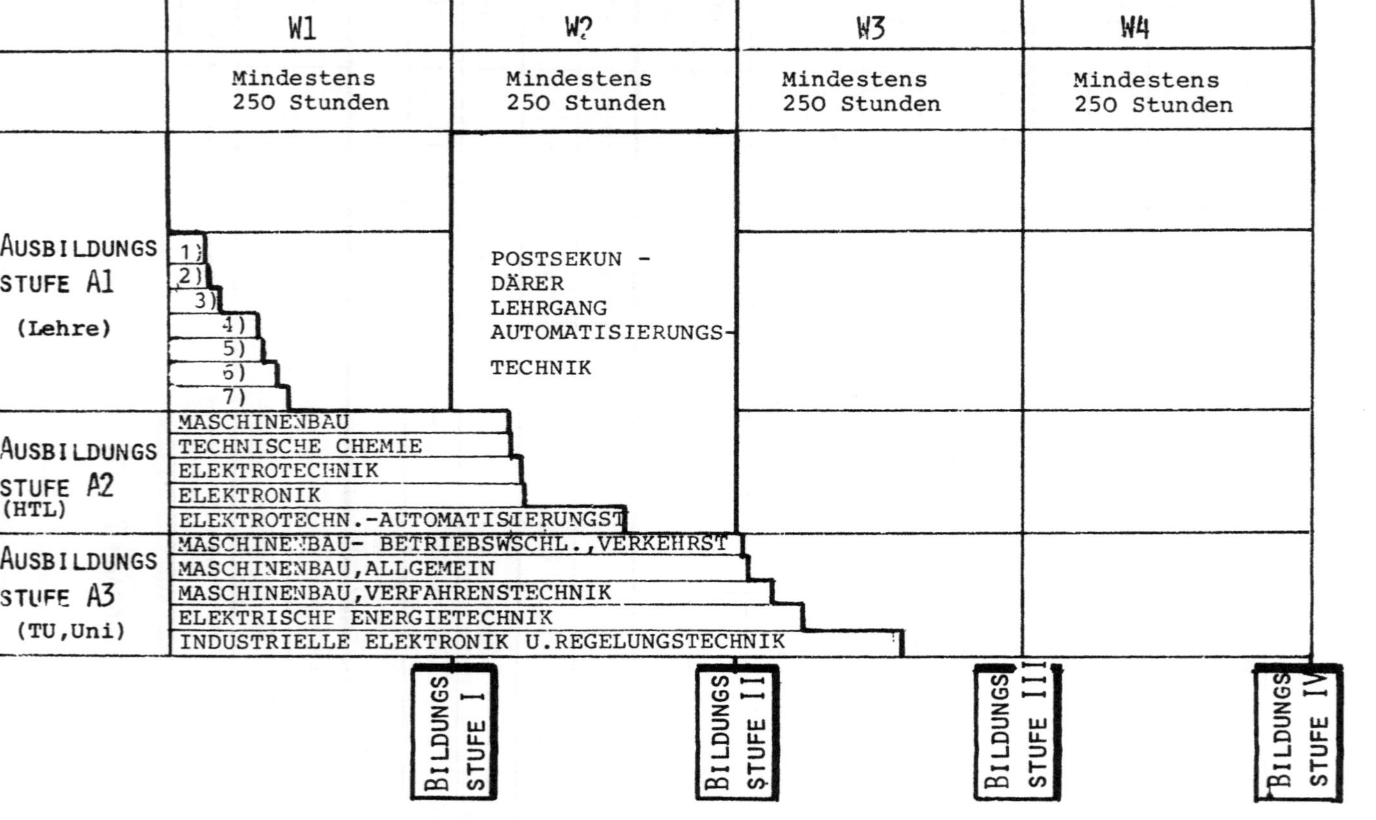

1) Lehrberufe: Mechaniker, Büromaschinenmechaniker Kühlmaschinenmechaniker, Feinmechaniker
2) Lehrberuf : Maschinenschlosser
3) Lehrberufe: Fernmelde-und Nachrichtentechniker Radiomechaniker
4) Lehrberuf :Elektromechaniker
5) Lehrberuf :Meß- u.Regelmechaniker
6) Lehrberufe:Starkstrommonteur Betriebselektriker Elektroinstallateur
7) Lehrberuf :Anlagenmonteur

DIAGRAMM 3 : RICHTWERTE FÜR BEISPIELHAFTE ANRECHENBARE VORKENNTNISSE

Einige Aspekte der Weiterbildung bei der industriellen Anwendung von Computern in Großbritannien

D.A. Fensome

Division of Computer Science, The Hatfield Polytechnic,
P.O.Box 109, Hatfield, Herts AL 10 9AB, UK

Da der Computer die Grundlage der meisten industriellen Automatisierungsvorhaben darstellt, ist es unumgänglich notwendig, daß Automatisierungsingenieure zumindest die grundlegende Computer-Wissenschaft verstehen. Die Grundlagen der Computer-Wissenschaft befassen sich mit dem Aufbau und der Programmierung des Computers und auch - und das ist vielleicht das Wichtigste - mit den Interfaces (Schnittstellen), die sich sowohl innerhalb als auch außerhalb des Computers befinden. Darüber hinaus sollten die Ingenieure über die Neuentwicklungen in Hard- und Software Bescheid wissen, über welche sie vielleicht durch ihre projektorientierte Umgebung am Arbeitsplatz sonst nichts erfahren würden.

Wie kann man es also dem Ingenieur ermöglichen, zu studieren? Sollte man ihm "maßgeschneiderte" Kurzkurse während der Arbeitszeit anbieten, oder sollte man ihn dazu ermutigen, in seiner Freizeit zu Hause mit gut vorbereitetem Lehrmaterial zu arbeiten?

Welche Methode auch gewählt wird, man muß Zeit und Geld für die Ausbildung bereitstellen und es ist sehr wichtig, daß der Ingenieur die volle Unterstützung der geldgebenden Firma erhält. So sollte es z.B. selbstverständlich sein, daß ein Ingenieur während der Dauer eines Kurses nur für Notsituationen zur Verfügung steht, nicht aber für den normalen Arbeitsprozeß.

Die Universitäten und Polytechnischen Lehranstalten in Großbritannien offerieren innerhalb der öffentlichen Bildungsprogramme eine breite Palette von Kursen und Lehrmethoden, von den konventionell unterrichteten Kursen bis zu den Fernlehrmethoden der Open University. Es sind verschiedene Fakultäten und Institute daran beteiligt; zumeist Informatik, Technologie, Maschinenbau und Mathematik.

Betrachten wir zunächst die Kurse für Studenten und für die Industrie, die die Informatikabteilung des Hatfield Polytechnic anbietet. Diese Kurse bieten den Studenten höherer Semester eine Anzahl von Möglichkeiten, wie sie ihr Wissen erweitern können. Da gibt es "maßgeschneiderte" Kurzkurse für einzelne Firmen, konventionelle Kurzkurse, die am Abend und während der Sommerferien abgehalten werden, Teilzeitstudien als Vorbereitung für Diplom- und Doktorprüfungen und Lehrgänge für a.o. Studenten.

Die maßgeschneiderten Kurzkurse sind bei der ortsansässigen Industrie sehr beliebt, weil die Firma die Möglichkeit hat, einen Kurs gemäß ihren eigenen Zielsetzungen und momentanen Bedürfnissen zu entwerfen. Selbstverständlich ist das Lehrpersonal an der Konzeption des Kurses beteiligt, da sonst das Lehrmaterial zu eingeengt und arbeitsbezogen wäre. Vor kurzem forderte eine örtliche Firma Hilfe an, weil man erkannt hatte "daß etwas schief ging", da zu viel Zeit auf die Aufrechterhaltung und Vergrößerung eines Computer-Kontrollsystems in komplexen Anlagen aufgewendet wurde. Der Direktor der Weiterbildungsabteilung sowie der Lehrkörper konnten nach detaillierten Diskussionen mit den Ingenieuren und dem Management einen passenden 1-wöchigen Kurs anbieten. Daraus wird sich vielleicht auch ein längerfristiges Trainingsprogramm ergeben.

Die im Sommer abgehaltenen Kurse bieten der Industrie eine Vielzahl von Computerkursen, welche 2 - 5 Tage während der Sommerferien dauern. Diese Kurse bieten der Industrie (und der breiteren Öffentlichkeit) eine festgelegte Auswahl von Computerkursen, welche zu einem Zeitpunkt stattfinden, wenn der normale Geschäftsgang vielleicht etwas zurückgeht. Ein Angestellter könnte so einen Kurs auch ohne Firmenunterstützung in Eigeninitiative besuchen, indem er seinen Sommerurlaub dazu benützt.

Die Kurzkurse, die am Abend stattfinden, sind auch für Studenten gedacht, die während des Tages nicht frei bekommen, um zu studieren, oder auch für begeisterte Anfänger.

Sollte ein Ingenieur seine akademischen Qualifikationen erweitern, sowie auch ein Computertraining absolvieren wollen, dann sind Teilzeitstudien als Vorbereitung für Dplom- und Doktorprüfungen für Studenten und Akademiker verfügbar. Im Durchschnitt bräuchte man einen ganzen Tag und einen Abend für das Studium am Polytechnikum, und die normalen Aufnahmebedingungen können lax gehandhabt werden, wenn der Nachweis einer einschlägigen Schulbildung sowie der Erfahrung in der Industrie erbracht wird.

Schließlich bietet das a.o. Studium den Studenten höherer Semester jeden Kurs aus den Vorbereitungen für Diplom- und Doktorprüfungen, ohne daß sie für das ganze Schema inskribieren müssen. Kursprüfungen sind freiwillig abzulegen, aber alle bestandenen Prüfungen werden für eine End-Qualifikation angerechnet, sollte der Student dann als ordentlicher Hörer inskribieren. Die a.o. Lehrgänge bieten den Studenten die Möglichkeit, auf ungezwungene Weise in ein formelles Studium zurückzufinden. Die Chancen, daß ein a.o. Student in Konkurrenz mit den ordentlichen Hörern einen der populäreren Kurse belegen kann sind allerdings gering, wenn die Teilnehmerzahl für diesen speziellen Kurs beschränkt sein sollte.

Die Hochschule bietet neben der Grundausbildung in den Computerwissenschaften auch Spezialausbildungen in Echtzeitsystemen mit praktischen Arbeiten über die Regelung von Systemen mit verteilten Parametern an, die eine flexible Fertigung unter Fabriksbedingungen simulieren. Diese Kurse sind für Studenten mit etwas Computer-Erfahrung gedacht, deren Firmen wünschen, daß sie sich mit Echtzeit-Computersystemen als Teil ihres beruflichen Weiterkommens befassen.

Die zweite Möglichkeit für zukünftige Studenten ist die Open University, wo hauptsächlich mit Fernlehrmethoden gearbeitet wird. Diese multi-mediale Lehrweise - sie beinhaltet TV-Sendungen, hochqualitative Fernkurs-Texte mit Fragen zur Selbsteinschätzung, Video- und Tonbandkassetten sowie konventionelle Lehrveranstaltungen - wird für eine der wichtigsten Neuerungen im Britischen Schulsystem gehalten. Heuer werden ca. 100.000 Personen an der Open University studieren, sei es, um ein Diplom oder das Doktorat zu erreichen, sei es innerhalb eines eigenen Studienweges im Fortbildungsprogramm der Universität.

Ein Student kann Kurse als Studienweg für die Erlangung eines Diploms (B.A.) wählen oder einfach als a.o. Student inskribieren. Diese Kurse gibt es in den verschiedenen Studienabschnitten für Gegenstände wie: Automatisierungstechnik, Elektronik oder digitale Rechentechnik.

Zusätzlich bietet die Einrichtung der Open University Lehrpläne an, die vom Forschungsrat für Wissenschaft und Unterricht (Science and Education Research Council - einer Einrichtung der Regierung) gefördert werden, und die speziell für die Weiterbildung in der Industrie gedacht sind. Diese Lehrpläne nennt man "Die industrielle Anwendung von Computern". Die modularen Teile dieser Lehrgänge können so kombiniert werden, daß sie als Gesamtkurse von Firmen in Anspruch genommen werden können, und es besteht auch die Absicht, diese auch für ein Studium zum Doktordiplom anzubieten, wenn sie mit einem Projekt gekoppelt sind. Hier trachtet man, die Prinzipien und Techniken von computerunterstützter Überwachung und Regelung darzulegen unter Einbeziehung von praktischer Arbeit (mit einem ausgeliehenen Personalcomputer) und relevanten Fallstudien.

Ein Student im Weiterbildungsprogramm hat freie Kurswahl, aber für jene, die einen zusätzlichen akademischen Grad erwerben wollen, gibt es eine bevorzugte Studienordnung. Diese nennt man Grundlagen, Kernstück und Spezialisierung.

Die Grundkurse vermitteln die grundlegenden Kenntnisse der elektronischen Datenverarbeitung und behandeln Software-Entwurfsverfahren, Computeraufbau und Betriebssysteme.

Die Kernstück-Kurse befassen sich mit der computergesteuerten Regelung und Überwachung von Maschinen und Prozessen. Die vier

Kurse heißen: Echtzeitüberwachung, Systemarchitektur, Echtzeitsteuerung und Projektmanagement.

Die Spezialkurse schließlich befassen sich mit Robotern und Datenverarbeitung, Mensch-Maschine Systemen sowie Computer-Aided-Engineering.

Im Großen und Ganzen bietet das öffentliche Unterrichtswesen in Großbritannien eine breite Palette von Kursen zu vernünftigen Preisen für Studenten und die Industrie an. Meiner Erfahrung nach sind die maßgeschneiderten Kurzkurse die besten, indem sie das von der Industrie benötigte Training anbieten. Die eher improvisierten a.o. Lehrpläne bieten dem fortgeschrittenen Studenten weniger, da die Teilnehmerzahl beschränkt und wenig Anreiz geboten wird. Die Fernlehrmethoden der Open University bieten ein Training mit hoher Kosten-Nutzen Relation durch hochqualitatives Material und Multi-Media-Präsentation.

Gegenwart und Zukunft der Berufsbildung

Peter Hochegger, Wirtschaftsförderungsinstitut, Graz

Gegenwart - Ausgangssituation:

Die gegenwärtige Situation am Arbeitsmarkt ist gekennzeichnet von einer steigenden Sockelarbeitslosigkeit bei gleichzeitig steigendem Angebot an offenen Stellen aus der Wirtschaft. Das Schlagwort vom zu erwartenden Facharbeitermangel ist bereits Realität. Dem Facharbeiter- und Technikermangel steht ein Maturanten- und Akademikerüberschuß gegenüber. Diese sich widersprechenden Erscheinungen sind unter anderem auf fehlgeleitete Ausbildungskriterien zurückzuführen.

Was sind die Ursachen?

1.) Das eher negativ besetzte Facharbeiterimage führt zu einem verstärkten Andrang zur Ausbildung in Richtung Matura. Der gesellschaftspolitische Stellenwert der Matura ist überhöht und entzieht dem Facharbeiterpotential eine wesentliche Basis.

2.) Das österreichische Bildungssystem ist zu sehr einer "Entweder-Oder"-Strategie verhaftet. Das heißt eine nachträgliche Bildungswegkorrektur - z.B. vom Maturanten zum Facharbeiter und auch umgekehrt - ist nur schwer möglich und im Bewußtsein der breiten Öffentlichkeit überhaupt nicht präsent.

3.) Die Anpassung von Lehrplänen, Ausbildungsrichtlinien und Bildungswegen wird vom herrschenden Bürokratiedschungel behindert und hinkt in einem gravierenden Ausmaß der technischen Entwicklung nach.

4.) Was die Qualifikation von Lehrern und Ausbildnern vor allem in technologischer Hinsicht anbelangt, wird an Weiterbildung und Information viel zuwenig getan und investiert. Auch die Qualifikation, vor allem die Weiterbildung der Lehrenden ist ein wesentlicher Faktor neben der Qualifikation der Absolventen des Bildungssystems.

5.) Im Bereich der beruflichen Bildung ist abweichend von den wirtschaftlichen Erfordernissen durch die technische Innovation der Stellenwert der permanenten, berufsbegleitenden Weiterbildung noch zu wenig ausgeprägt. Abschlußqualifikationen und -zertifikate des gegebenen Bildungssystemes reichen für die Zukunft alleine nicht aus. Diesbezüglich bedarf es noch eines entscheidenden Umdenkprozesses sowohl bei Unternehmern und Führungskräften, als auch bei den Mitarbeitern. Berufsbildung auf Vorrat - Schaffung von Qualifikationsreserven - würde beispielsweise strukturelle Anpassungen für alle Beteiligten weniger schmerzhaft erscheinen lassen.

Zukunft der Berufsbildung - strategischer Ansatz

In absehbarer Zeit wird die Automatisierungstechnik mehr oder weniger stark die meisten Arbeitsplätze beeinflussen. Nach Schätzungen werden im Jahre 1990

- 5 % der Erwerbstätigen eine professionelle Elektronikausbildung irgendeiner Art benötigen;
- 15 % werden neben ihrem eigentlichen Fach eine vertiefte Ausbildung in einem Spezialgebiet der Elektronik erhalten;
- und weitere 50 % werden eine einfache Ausbildung brauchen, die zur Benutzung automatisierter Geräte befähigt, wie heute etwa Führerscheinkenntnisse zum Autofahren.

Dies sind zusammen bereits rund 70 %.

Diese Entwicklung erfordert zwangsläufig auch Änderungen und Antworten des Bildungssystemes. Die generelle Antwort kann nur lauten - Erhöhung der Qualifikation auf breiter Basis.

Ansätze für die Zukunft:

1.) Die Entwicklung der Elektronik und damit der Automatisierung ist im gesamten Bildungsprozeß - Lehrpläne, Ausbildungsrichtlinien, Ausbildungswege - zu berücksichtigen. Eine weitgehende Flexibilisierung und damit Entbürokratisierung des Bildungswesens ist erforderlich.

2.) Die Entweder-Oder-Strategie (Lehre oder weiterführende Schule) im Bildungssystem ist aufzugeben. Maturanten ist der Zugang zum "produktiven" Facharbeiterberuf zu erleichtern. Durch gezielte Maßnahmen und Öffentlichkeitsarbeit ist das Facharbeiterimage aufzuwerten und für den Maturanten attraktiv zu gestalten. Gerade die neuen Techniken - auch in der Produktion - erfordern erhöhte geistige Flexibilität und Lernfähigkeit, was der Maturant ohnedies schon mitbringt.

Genauso ist qualifizierten Facharbeitern der Zugang zur Matura zu erleichtern.

Daraus sollte ein qualifizierter, technologischer Mittelbau mit betrieblicher Praxis und praktischer Erfahrung rekrutiert werden.

3.) Der Weiterbildung und Information von Lehrenden (Lehrer und Ausbildner) ist in Hinblick auf die technischen Neuerungen erhöhtes Augenmerk zuzuwenden. Betriebspraktika sollten institutionalisiert werden.

4.) Das berufliche Bildungswesen ist einer kritischen Bestandsaufnahme zu unterziehen, damit eine zukunftsorientierte Entrümpelung einsetzen kann. Neue Berufsfelder, Bildungsziele und damit Ausbildungswege (z.B. Elektroniker) sind zu fixieren und in das Bildungssystem einzubauen. Überholte Bildungswege - wo es die meisten arbeitslosten Absolventen gibt - sind aufzulassen.

5.) Ergänzend zu den fachlichen Qualifikationen sind allgemeine Wertvorstellungen wie

- Leistungsbereitschaft
- Verantwortungsbewußtsein und
- Ordnungssinn

im Bildungssystem stärker zu betonen.

6.) Die Elektronik und Informationstechnik als wesentlicher und konkret sichtbarer Faktor in dieser Entwicklung ist zwar zum Symbol einer neuen Art von Industriegesellschaft geworden, aber sie repräsentiert bei weitem nicht die Gesamtheit der neuen Entwicklungen. Wir dürfen deshalb auch für Bildung und Weiterbildung nicht dem Trugschluß erliegen, es gehe bei der Ausrichtung auf zukünftige Entwicklungen lediglich um die neuen Techniken. Viel stärker werden neue Denkweisen und Formen zwischenmenschlicher Kommunikation und Zusammenarbeit in den Mittelpunkt treten.

7.) In einem Umfeld von zunehmender Komplexität werden außerdem ein Verständnis relevanter Grundzusammenhänge sowie die Fähigkeit zum Systemdenken notwendig werden. Das Zurechtkommen mit den abstrakten Erscheinungen und Aufgaben einer hochorganisierten und hochtechnisierten Welt erfordert komplementär die Fähigkeit zum abstrakten Denken.

Technologieschub und Bildungssystem

Bernhard Ingrisch, Berufsförderungsinstitut, Wien

Forschungsergebnisse und technologische Erfahrungen werden auch in Zukunft eine Konfrontation mit den individuellen Bedürfnissen der Menschen, mit den Normen und Traditionen sowie mit den Wertvorstellungen unserer Gesellschaft mit sich bringen. Dieses Spannungsfeld als kreatives Potential für die Lösung weltweiter Probleme (Hunger, Aufrüstung, Diskriminierung, Krankheiten und Lebensängste) zu nützen, bedarf einer Mobilisierung des geistigen Fassungs- und Vorstellungsvermögens der Menschen. Kein anderes Medium als Bildung ist dazu berufen, uns entscheidungs- und handlungsfähig zu machen. Bildung wird aber in Zukunft lebensnahe, lebensbegleitend und lebenspraktisch sein müssen. Diese Forderungen bedingen ein Bildungssystem,das sich an folgenden Leitlinien orientieren müßte:

1. Jeder Bildungsprozeß muß sich an der Individualität der Menschen und an den humanitären Wertvorstellungen orientieren.

2. Bildungskonzepte gehen von der Erkenntnis aus, daß alle Menschen während ihrer gesamten Lebensspanne lern- und bildungsfähig sind, wobei ihnen ein relativ breites Band an Entwicklungsmöglichkeiten offensteht.

3. Die Annahme, daß die Menschen von Natur aus sehr unterschiedlich begabt und talentiert sind, ist falsch. Bei entsprechendem Interesse und Training kann jeder ein relativ hohes Niveau an körperlicher und geistiger Leistung erbringen.

4. Bei jedem Lehrziel muß der Aspekt der Eigenverantwortlichkeit einbezogen werden. Das Handeln (auch das Nichthandeln) hat immer Einfluß auf das unmittelbare Milieu und darüber hinaus auf die Gesellschaft.

5. Auch die berufliche Ausbildung muß die Gesamtpersönlichkeit eines Menschen erfassen und darf nicht nur unmittelbar gefordertes Spezialwissen oder atomisierte Handhabungen umfassen. Vielmehr müssen technologische und organisatorische Gesamtvorgänge verstanden werden und überprüfbar sein.

6. Durch Wirkungsforschung bei Lehrinhalten muß jener Wissensstoff erfaßt werden, der tatsächlich für die persönlichen und beruflichen Anforderungen notwendig ist. Bildungsökonomie bedeutet nicht nur preisgünstig Wissen zu vermitteln sondern auch, sich auf jene Lehrinhalte zu konzentrieren, die tatsächlich Lebensbezug haben.

7. Unsere künftigen Ausbildungssysteme müssen neben Spezialfertigkeiten und Kenntnissen auch ein hohes Maß an Abstraktionsvermögen vermitteln, um Zusammenhänge, Abhängigkeiten und Zielsetzungen begreifbarer zu machen. Es gilt eine Art "Helikopterfähigkeit" zu vermitteln, derzufolge von einer höheren Warte aus die Gesamtheit oder das Prinzip eines Systems durchschaut wird.

8. Ein künftiges Bildungssystem darf nicht mehr nach traditioneller Form zu sehr zwischen Kopf- und Handarbeit unterscheiden. In den meisten Berufen wird man künftig komplexe Ansprüche an die Arbeitnehmer richten und neben Kontroll- auch Wartungsaufgaben in Anspruch nehmen müssen.

9. Die Liebe zum Detail darf den Blick für das Wesentliche nicht verstellen. Die Bereitschaft, Erfahrungen in Beziehung zu setzen, Zusammenhänge als Grundgesetze zu erkennen und die Vernetztheit unseres Universums zu erahnen, wird ein Leben lang aufrecht erhalten werden müssen.

10. Ziel jedes Lernprozesses wird es sein, Neugierde auf neues Wissen und Zuversicht zu den eigenen Fähigkeiten zu wecken.

Die neuen Datenverarbeitungs- und Speichergeräte öffnen uns einen Zugang zu einer nie geahnten Informationsfülle. Sie zu nutzen, wird ein weiteres Bildungsziel sein.

11. Der Umgang mit Maschinen wird noch vieler Erfahrungen bedürfen. Wie Herrschaftssymbole, Uniformen und Paläste sind Maschinen bislang als Prestigegüter und Machtinstrumente genützt worden. Sie auf ihre Funktionalität zurückzuführen, wird ein wichtiges Erziehungsziel sein müssen.

12. Kreativität wird ebenso wie Unkonventionalität ein wichtiges Element der lebensbegleitenden Bildung sein, um Forschung und Problemlösungen in vielfältige Richtungen voranzutreiben.

13. Die Bereitschaft zur Mobilität und Dynamik ist ein weiteres Bildungsziel, das den Menschen bewußtseinsmäßig für eine Veränderungsbereitschaft im Beruf aufschließen sollte.

14. Die Phantasie und die Vorstellungskraft der Menschen sollte soweit entwickelt werden, daß sie planungsfähig werden und in größeren Zeiträumen vorausdenken können (Zeitperspektive).

15. Mehr Einsichten und höhere Verantwortlichkeit werden den Menschen auch in seinen Entscheidungen politisch kompetenter machen. Gesellschaftliche Zusammenhänge (Wirtschafts-, Arbeitswelt, Sozialvorsorge und Bildung) müssen ebenfalls bei der Vermittlung von Entscheidungshilfen berücksichtigt werden.

16. Neue Technologien können wir nur akzeptieren, wenn gleichzeitig zwischenmenschlich und emotional ein Ausgleich geschaffen wird. Lehren wird mehr als bisher die Form eines Dialogs haben müssen. Es geht nicht um die Autorität des Lehrers, sondern um die Möglichkeit, seine Sichtweise zu verstehen. Die Erfolge des Lehrers sind an der Intensität der Auseinandersetzung der Schüler mit ihm und mit dem gestellten Thema zu messen.

17. Jeder Bildungsprozeß stellt im wesentlichen ein offenes System dar. Erfahrungen und Erkenntnisse müssen die Struktur des Bildungssystems und die Inhalte permanent reformieren.

18. Jedes Bildungsziel muß jedem offenstehen. Allerdings wird es keine Ansprüche auf bestimmte gesellschaftliche und berufliche Positionen auf Grund von Zertifikaten geben können. Jede Art der Selektion in einem Bildungssystem beinhaltet die Gefahr, besondere Talente zu übersehen.

19. Der amerikanische Molekularbiologe und Entwickler des ersten Impfstoffes gegen Kinderlähmung, Jonas Salk, sieht den Menschen in einer Übergangsphase und zwar von den Ich-Werten zu den Sein-Werten. Damit soll Konkurrenz von Kooperation, das Objekt vom Subjekt und die Gewinn- oder Verlustdimension von der Möglichkeit des doppelten Gewinnes abgelöst werden.

20. Die Chance, auch in einer bedrohlichen und bedrohten Umwelt menschlich zu überleben, ergibt sich aus der unbegrenzten Leistungsfähigkeit des menschlichen Intellekts. Diese Kapazität zu nützen und gleichsam zu kumulieren, wird die Aufgabe jedes Bildungssystems sein müssen.

Anforderungen für Berufe der Zukunft

1. Fähigkeit und Bereitschaft, Probleme und Arbeitsabläufe immer in einem Gesamtzusammenhang zu sehen und die Wechselwirksamkeit verschiedener Maßnahmen und Entwicklungen zu erkennen.

2. Engagement und Identifikation werden bei Dienstleistungsberufen, die sich weder durch Automaten noch durch Rationalisierungsmaßnahmen ersetzen lassen, auch in Zukunft eine wichtige Rolle spielen.

3. Verantwortungsbereitschaft in den einzelnen Rollenfunktionen und das Erkennen der eigenen Wirksamkeit und Begrenztheit gewinnen Bedeutung bei Entscheidungsprozessen.

4. Kommunikationsfähigkeit erweist sich als wichtiges Element, sich selbst und andere zu orientieren, Normen und Abläufe zu hinterfragen sowie effektiver zu kooperieren.

5. Ein hohes Maß an Empathie (Vorurteilslosigkeit) sollte dem einzelnen ein höheres Kreativitätspotential und eine geringere Selektion der Informationsaufnahme eröffnen.

6. Das Interesse an Neuem sollte durch das sinnvolle Nutzen der vernetzten Medienlandschaft wachgehalten werden.

EINSATZ VON PERSONALCOMPUTERN IN DER AUS- UND WEITERBILDUNG VOM AUTOMATISIERUNGSINGENIEUREN

W. Schaufelberger, H. Good und A. Itten
Institut für Automatik und Industrielle Elektronik der ETH-Zürich
ETH-Zentrum, CH-8092 Zürich

Einleitung

Die moderne Automatisierungstechnik basiert über weite Strecken auf den Entwicklungen der Computertechnik. Rechnergesteuerte Produktionsanlagen bilden das Kernstück ganzer Betriebe. Vom Automatisierungsingenieur werden daher in zunehmendem Masse Kenntnisse auf den folgenden Gebieten erwartet:
Mess-, Steuer- und Regelungstechnik / Künstliche Intelligenz, Expertensysteme / Computergestützte Entwurfstechniken: Computer Aided Control System Design (CACSD), Simulationstechnik / Realisierung mit Mikroprozessoren: Mikroprozessoren und ihre Programmierung, Rechnernetzwerke, Echtzeitsprachen und Betriebssysteme

Die Aus- und Weiterbildungskonzepte müssen diesen gesteigerten Anforderungen Rechnung tragen. Dies kann auf der einen Seite durch entsprechende Anpassung der Studiengänge, auf der anderen Seite durch eine gezielte Weiterbildung erfolgen.

Der Computer stellt als leicht zugängliches und vielseitig einsetzbares Medium selbst ein für die Aus- und Weiterbildung geeignetes Werkzeug dar. Ein Lehrbuch mit Diskette dürfte in vielen Fällen einen attraktiven Unterricht ermöglichen.

Einsatz von Personalcomputern

Mit Hilfe eines allgemein verfügbaren Personalcomputers lassen sich viele der oben angegebenen Ziele besser erreichen. So ist es z.B. ohne weiteres möglich, eigene Erfahrung im Umgang mit den folgenden Techniken zu erwerben:

Benützung von **Programmpaketen**: Textverarbeitung, Tabellenkalkulation, Datenbanken, technisches Zeichnen, Simulationen, CAD, Computer Aided Control System Design.

Entwicklung **eigener Programme**: sequentielle Programmiersprachen (Basic, Fortran, Pascal, Forth); parallele Programmiersprache (Modula-2); Sprachen der künstlichen Intelligenz (Lisp, Prolog).

Lösung von **Uebungen** zur Automatisierungstechnik: Unter Verwendung von MATLAB oder unter Beizug der heute an verschiedenen Hochschulinstituten entwickelten Uebungsaufgaben.

Laborversuche lassen sich mit Personalcomputern ebenfalls sehr gut durchführen. Entsprechende Interface-Geräte sind im Handel erhältlich oder können selbst hergestellt werden.

Die folgenden Beispiele aus der Unterrichtstätigkeit des Instituts für Automatik und Industrielle Elektronik der ETH-Zürich zeigen typische Anwendungen von Computern in der Ausbildung in Regelungstechnik. Sie werden heute auf verschiedenen Rechnern durchgeführt, lassen sich aber ohne weiteres auf Personalcomputer oder Arbeitsplatzrechner übertragen.

Beispiel 1: **Entwurf eines Zustandsregler auf dem Macintosh**

Anhand einer einfachen Strecke wird der Entwurf eines Zustandsreglers (ZR) geübt:

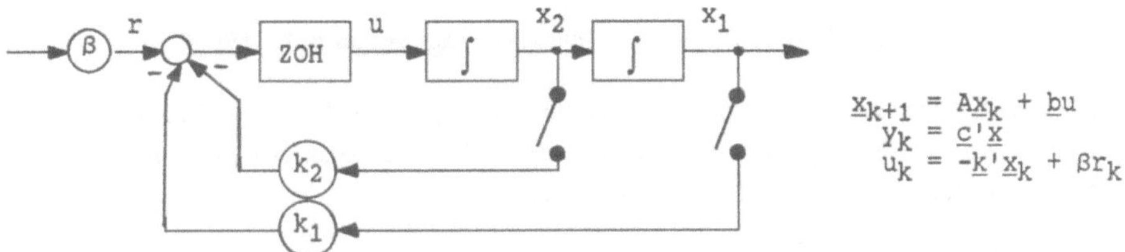

In der Vorlesung werden die Systembeschreibungen und der Reglerentwurf soweit hergeleitet, dass der Student in der Lage ist, die Reglerparameter ($\underline{k}$, β) in Funktion der Abtastzeit T und der gewünschten Pollage zu berechnen. Auf dem Macintosh steht während der Uebung ein Programm bereit, mit welchem der Student seine Berechnungen überprüfen kann. Dieses Programm stellt einen Laborplatz dar, an welchem der berechnete Regler ausgetestet wird. Es wurde versucht, die Bedienung dieses Programms so einfach wie nur möglich zu halten, damit in der kurzen zur Verfügung stehenden Zeit möglichst viel über das eigentliche Unterrichtsthema gelernt werden kann.

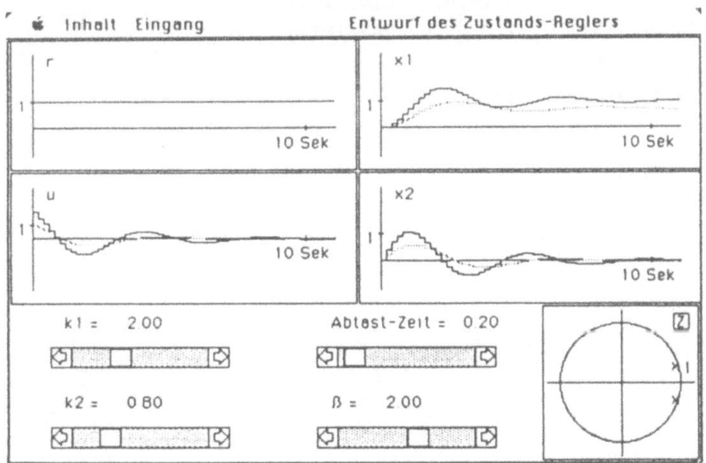

Mit der Maus werden an den vier "Schiebereglern" unten links die vom Studenten berechneten Reglerparameter eingestellt. In den vier oberen Fenstern werden der zeitliche Verlauf des Sollwertes r, des Steuersignals u und der beiden Zustände x_1 und x_2 dargestellt. Dadurch kann das Ergebnis direkt abgelesen werden. Zur Kontrolle der eigenen Berechnungen wird die Pollage des geregelten Kreises unten rechts angegeben.

Die Anwendung dieses Unterrichtsprogramms zeigte recht deutlich, dass es sinnvoll ist, das Lernziel der kurzen zur Verfügung stehenden Zeit anzupassen. Wird ein solches Programm nur in einer Uebungsstunde verwendet, so sollte es sehr einfch und in seinen MOglichkeiten beschränkt sein, auch dann, wenn eine Erweiterung programmiertechnisch sehr einfach wäre. Dies vereinfacht die Programmbenützung und hilft dem Studenten, sich auf das Wesentliche zu konzentrieren.

Beispiel 2: **Stabilitätsanalyse mit Nyquistdiagrammen mit CTRL-C**

CTRL-C ist eine leistungsfähige interaktive Sprache für den Entwurf und die Analyse von regeltechnischen Systemen. Als kleines Beispiel sollen im folgenden die Nyquist-Diagramme für die Strecke

$$G(s) = \frac{K}{(s+3)(s^2+2s+2)} \qquad \text{für } K = 20,\ 34,\ 50$$

gezeichnet werden. Dies leistet das nachstehende kleine Programm:

```
[> Z=1;
[> N=CONV([1 3],[1 2 2]);
[> [A,B,C,D] = TF2SS(Z,N);
[> B1=20*B; B2=34*B; B3=50*B;
[> W=0:0.1:10.0;
[> [RE1,IM1] = NYQU(A,B1,C,D,1,W);
[> [RE2,IM2] = NYQU(A,B2,C,D,1,W);
[> [RE3,IM3] = NYQU(A,B3,C,D,1,W);
[> PLOT (RE1,IM1,RE2,IM2,RE3,IM3);
[> REPLOT
```

Damit erhält man das folgende Bild:

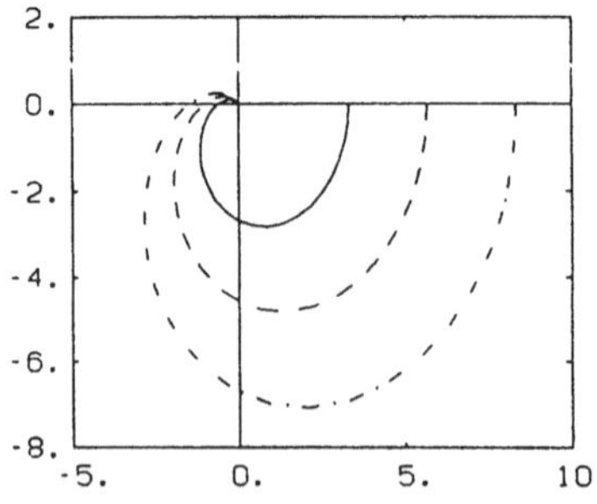

Beispiel 3: **Entwurfsplatz für Zustandsregler**

a. Einleitung

Bekanntlich führt die Anwendung verfeinerter Prozessmodelle in der Regelungstechnik auf die Zustandsregelung. In der klassischen Regelungstechnik werden Regler während der Inbetriebsetzung meistens noch von Hand (sog. "tuning") auf optimalen Betrieb eingestellt. Bei den Zustandsregelungen kann die Anpassung der Regelung an den Prozess nur durch ein systematisches Vorgehen erfolgen, da ein Zustandsregler wegen seinen vielen Koeffizienten von Hand nur sehr schwierig einzustellen ist. Um diese modernen Regelkonzepte auch in der Praxis mit einem sinnvollen Aufwand anzuwenden, wird eine Infrastruktur notwendig, die einen flexiblen Wechsel zwischen Berechnung, Simulation und Implementation (Betrieb mit dem echten Prozess) ermöglicht. Setzt man die Kenntnis des mathematischen Modells als bekannt voraus, besteht der Entwurf eines Zustandsreglers aus einem stetigen Wechsel zwischen den drei erwähnten Entwurfsstadien.

b. Berechnung

Die Berechnung von Zustandsreglern kann mit der linearen Algebra erfolgen, so dass entsprechende flexible interaktive Berechnungsmöglichkeiten vorhanden sein müssen. Um die eigenen, problemspezifischen Berechnungen zu erleichtern, ist die Möglichkeit der Makrounterstützung als sehr vorteilhaft anzusehen. Die beiden (ähnlichen) Softwarepakete MATLAB und CTRL-C erfüllen diese Eigenschaften.

c. Simulation

Die gemachten Berechnungen sollen in einer Simulation veranschaulicht werden können. Auch für diesen Teil gibt es zum Teil recht gute Simulationspakete oder man simuliert in MATLAB oder CTRL-C.

d. Realisierung

Unter Verwendung moderner Programmiersprachen wie Pascal oder Modula-2 soll der Regelalgorithmus ausprogrammiert werden. Die Uebernahme der Reglerparameter aus dem Berechnungsteil sowie die Steuerung des echtzeitmässigen Programmteils und Ansteuerung der Prozessperipherie sollen durch möglichst vielseitig verwendbare Routinen unterstützt werden.

e. Beispiel: "Helikopterregelung"

Für den Entwurf eines Zustandsreglers mit einem vollständigen Beobachter wurde ein Entwurfsplatz mit den vorher verlangten Eigenschaften realisiert. Am Beispiel eines kleinen zweiachsigen Helikoptermodells (Ordnung 6, instabil, nicht minimalphasig) soll das Vorgehen beim Entwurf gezeigt werden.

1. Berechnung der diskreten Matrizen mit der gewählten Abtastzeit und mit Hilfe eines Makros (Lsp2).
2. Berechnung einer Zustandsrückführung durch Optimierung einer Zielfunktion.

3. Simulation des Einschwingens des Helikoptermodells unter Annahme einer vollständigen Zustandsrückführung.

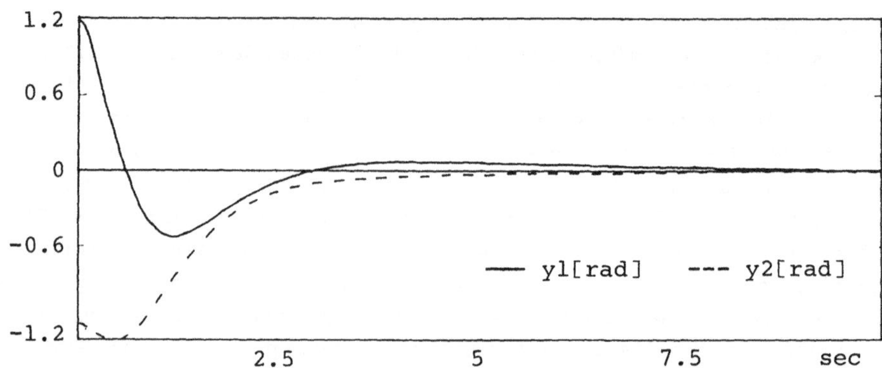

4. Für den Einsatz eines Beobachters berechnet man mit Hilfe eines weiteren Makros die Filterverstärkung für ein Kalmanfilter.
5. Die gleiche Simulation wie unter 3. wird jetzt mit einer beobachterbasierten Regelung gemacht:

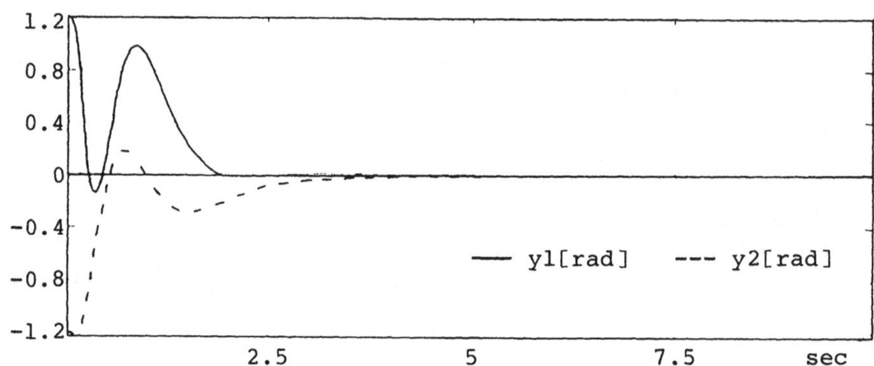

6. Die entworfene Regelung wird in Form eines Pascal-Programms ausprogrammiert und am echten Prozess ausgetestet:

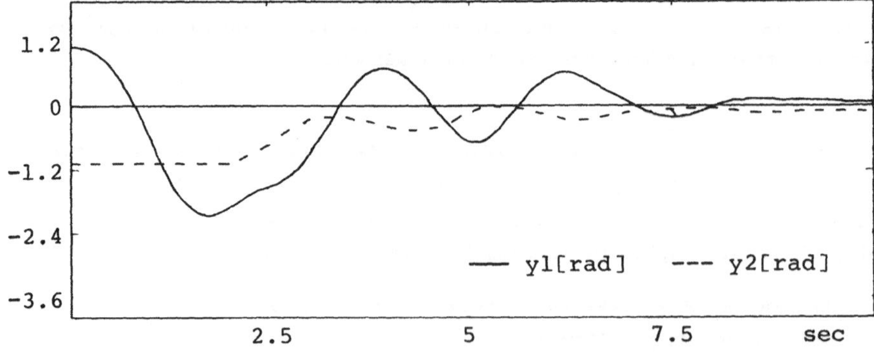

Je nach Ergebnis einer Simulation oder Implementation muss unter Umständen ein Schritt wiederholt werden.

f. Erfahrungen, Ausblick

Der vorgestellte Entwurfsplatz auf einem HP-1000 hat sich als erstaunlich flexibel gezeigt und kann im Labor für den Entwurf einer ersten Regelung, oder ganz einfach auch für didaktische Zwecke eingesetzt werden. Für industrielle Anwendungen muss man allerdings eine Trennung von Entwurfs- und Implementationsrechnern vorsehen. Das Vorgehen bleibt aber prinzipiell gleich. Die Leistungsfähigkeit und Verfügbarkeit heutiger Softwarepakete lässt in absehbarer Zeit auch die Installation auf portablen Personalcomputern als sinnvoll erscheinen. Ergänzt werden sollte eine solche Entwurfsstation durch moderne Identifikationsverfahren und klassische Varianten des Reglerentwurfs wie PID-Regler.

Schlussbemerkung

Personalcomputer können den Unterricht in Automatisierungstechnik wesentlich ergänzen und vor allem beim Selbststudium wesentliche Dienste leisten.

Literatur

Allenspach H., Schaufelberger W. (1985): The Use of a Home Computer for Computer Control Experiments. IFAC/IFORS Conference on Control Science and Technology for Development, Beijing, VR Chin.

Mansour M., Schaufelberger W. (1981): Digital Computer Control Experiments in the Control Group of ETH-Zürich. IFAC World Congress, Kyoto, Japan.

Mansour M.A., Schaufelberger W., Cellier F.E., Maier G., Rimvall M. (1984): The Use of computers in the Education of control Engineers at ETH-Zürich. Europ. J. of Eng. Educ. 9, 135-151.

Schaufelberger W., Sprecher P., Wegmann P. (1985): Echtzeitprogrammierung bei Automatisierungssystemen. Teubner Studienbücher Elektrotechnik.

Qualifikationsprobleme im Zusammenhang mit neuen Technologien

Hans Schramhauser, Arbeiterkammer Wien

In der betrieblichen Praxis ist in der Vergangenheit der Einsatz neuer Technologien vielfach gleichbedeutend mit Rationalisierungsmaßnahmen gewesen, wobei das Bestreben nach Ersatz oder besserer Nutzung der menschlichen Arbeitskraft im Vordergrund stand. Die verbleibende Arbeit wurde durch weitgehende Arbeitsteilung zerstückelt und das Schlagwort von der Sinnentleerung der Arbeit wurde zur Realität. Nun bahnen sich allerdings neue Tendenzen an.

Je mehr die Zukunftsvisionen von der menschenleeren Fabrik technisch machbar werden, umso mehr und umso eher ist man bereit von den "traditionellen" Vorstellungen der Rationalisierung abzugehen. Rigorose Personaleinsparung, die extreme Arbeitszergliederung, die zentralistische Planung, Steuerung und Kontrolle - das alles ist nun nicht mehr unbedingt vordergründig das Ziel unternehmerischen Strebens. Zunehmend werden neue Rationalisierungsziele mit neuen Methoden der Arbeitstechnik, der Arbeitsorganisation und der Personalpolitik verfolgt. Flexibilität, Kreativität und andere ähnliche Schlagworte werden gerne verwendet, um das Anforderungsprofil des Mitarbeiters der Gegenwart und Zukunft zu charakterisieren.

Die "Automatik" der Personaleinsparung ist beim Einsatz der Neuen Technologien in den meisten Fällen bereits programmiert, wenngleich sie zugegebenermaßen nicht immer sofort eintritt.

Eine schärfere Konkurrenz auf nationalen und internationalen Märkten sowie die kürzeren Zeiträume bei der Erneuerung und Umstellung von Produkten und Produktionsverfahren (Innovationszyklen) verlangt, so wird behauptet, die permanente Anpassung der Produktionsprozesse an die Markterfordernisse.

An die Flexibilität werden deshalb höhere Anforderungen gestellt, was beispielsweise in der Ausweitung von Produktprogrammen, in kleineren Losgrößen und zunehmender Kundenfertigung zum Ausdruck kommt. Mit überkommenen Rationalisierungsmustern, etwa der Einzweckmechanisierung, Fließfertigung und tayloristischer Arbeitsgestaltung kann das offenbar nicht mehr bewältigt werden. Darüber hinaus gewinnen neben der Qualität und den Kosten, Lieferfristen und Termintreue an Bedeutung.

Auswirkungen auf die Arbeitnehmer

Für einen erheblichen Teil der Arbeitnehmer ist der Einsatz neuer Technologien, im Verein mit den neu formulierten unternehmerischen Zielsetzungen, gleichbedeutend mit einer spürbaren Leistungsverdichtung. Durch sinnvolle Arbeitsgestaltung und Organisation der Arbeit wird fallweise versucht, die Beanspruchung zu reduzieren. Allzu offenbar dienen aber Maßnahmen, wie beispielsweise die Erweiterung und Zusammenfassung von Aufgaben im Überwachungs- und Kontrollbereich, oder die Verwirklichung von Gruppen- und Teamarbeitskonzepten dazu, die Beanspruchung durch die Leistungsverdichtung zu "verschleiern".

Darüber hinaus soll durch mehr Qualifikation und Verantwortung erreicht werden, daß die Arbeitnehmer die Betriebsziele stärker zu ihrer eigenen Sache machen. Der neue Slogan heißt: "Die Betroffenen zu Beteiligten machen".

Die "neuen" Rationalisierungsziele und das Erproben "neuer" Produktionskonzepte dürfen aber nicht darüber hinwegtäuschen, daß mit ihrer Realisierung in der betrieblichen Praxis tiefgreifende Auswirkungen für die Arbeitnehmer verbunden sind, die keineswegs immer vorteilhaft sind.

Eindringlich sei davor gewarnt, mit den veränderten Rationalisierungszielen und neuen Produktionskonzepten praktisch von selbst humane, mit den Interessen der Arbeitnehmer übereinstimmende Arbeitsanforderungen zu erwarten.

Es ist festzustellen, daß oftmals trotz Einsatz modernster Technologien von den tayloristisch geprägten Produktions- und Arbeitsbedingungen nicht abgegangen wird. Neue Konzepte werden derzeit nur in wenigen Betrieben praktiziert.

Der Mut zu "Experimenten" fehlt vor allem auf Arbeitgeberseite, wobei diesbezüglich auch auf der Arbeitnehmerseite noch Ausbaumöglichkeiten bestehen, was letztlich mitentscheidend dafür ist, daß die Chancen zur Erweiterung von Qualifikation und Entscheidungsspielräumen durch den Einsatz moderner Technologien in der überwiegenden Zahl der Fälle nicht optimal genützt werden.

Auswirkungen auf die Qualifikation der Arbeitnehmer

Im wesentlichen kristallisieren sich drei Schwerpunkte heraus. Erstens können sogenannte "einfache" Tätigkeiten, die zumeist von ungelernten Arbeitskräften verrichtet werden, durch den Einsatz der Technik ersetzt werden. Für diese Arbeitnehmer ergibt sich vor allem die Notwendigkeit, ihre Qualifikation zu erweitern, damit sie überhaupt eine Chance haben einen Arbeitsplatz zu erhalten.

Zweitens werden Arbeiten durch den Einsatz der Technik so verändert, daß zu ihrer Ausführung keine besondere Qualifikation, wie beispielsweise die Facharbeiterausbildung, erforderlich ist. Mit diesem Trend zur Abqualifizierung bestimmter Arbeiten ist eine Art "Polarisierung" der Qualifikationsprofile verbunden. Für relativ wenige Arbeitskräfte bedeutet der Einsatz Neuer Technologien eine Chance zur Qualifikationserweiterung, für den verbleibenden größeren Teil das Gegenteil.

Besonders betroffen sind ältere und minderleistungsfähige Arbeitnehmer, die oft vor der Alternative stehen, die Abqualifizierung in Kauf nehmen zu müssen, weil sonst sogar der Verlust des Arbeitsplatzes droht.

Drittens führt die Sorge um den eigenen Arbeitsplatz zur Entsolidarisierung der Arbeitnehmer. Damit verbunden ist zwangsläufig ein Verlust an "Lebensqualität" im Betrieb, menschliche Werte gehen verloren und es wird immer schwieriger Arbeitszufriedenheit zu "erleben".

Die Probleme im Zusammenhang mit dem Einsatz Neuer "Technologien" ließen sich an Hand vieler Einzelbeispiele drastisch schildern. Darauf soll aus Platzgründen verzichtet werden. Nicht vernachlässigt soll aber der Hinweis werden, daß die Technik für die Arbeitnehmer widersprüchliche Folgen hat. Einerseits sind es die Arbeitnehmer, die die Hauptlast der Veränderungen verspüren und unter den negativen Begleiterscheinungen des technischen Wandels leiden, andererseits ist dieser technische Wandel indirekt für den heutigen Lebensstandard bestimmend. Hinzu kommt ein nicht zu unterschätzendes Verständnis auf seiten der Arbeitnehmer für betriebswirtschaftliche Maßnahmen.

Diese skizzierte widersprüchliche Entwicklung hat letzten Endes auch zu den bekannten gegensätzlichen Positionen der Technikbefürworter und der Technikgegner geführt und den Handlungsspielraum derjenigen, die von einer Vereinbarkeit von Ökologie und Ökonomie überzeugt sind, eingeengt.

Angesichts dieser sicherlich nicht vollständigen Darstellung verschiedener Probleme im Zusammenhang mit dem Einsatz Neuer Technologien gilt es vor allem auch die positiven Auswirkungen zu erfassen und Grundsätze für den Technologieeinsatz zu formulieren. Ohne Anspruch auf Vollständigkeit sollten unter anderem folgende Punkte beachtet werden:

1. Die Frage der Erweiterung der Arbeitsinhalte ist in einem gesellschaftspolitischen Zusammenhang zu sehen und hat grundsätzlich für alle Produktionskonzepte zu gelten.
2. Die Entwicklung und der Einsatz der Technik kann nicht losgelöst von den gesellschaftlichen Auswirkungen beurteilt werden. Die Forderung nach einer Art "Arbeitsweltverträglichkeitsprüfung" in diesem Zusammenhang hat fundamentale Bedeutung.
3. Aus- und Weiterbildung können nicht nur eine Verpflichtung der Gesellschaft sein. Die Anwender der Neuen Technologien haben hier ihrer Verantwortung gemäß einen abgestimmten Beitrag zu leisten.
4. Die Mitwirkung der betrieblichen Interessenvertretung muß zur echten partnerschaftlichen Mitbestimmung zumindest überall dort ausgebaut werden, wo Arbeitnehmer durch den Einsatz Neuer Technologien und neuer Formen der Arbeitsorganisation betroffen sind.
5. Der arbeitsplatzeinsparende Effekt des Einsatzes Neuer Technologien mit seinen Konsequenzen im sozialen und sozialversicherungsrechtlichen Bereich darf zu keinen gesellschaftspolitischen Auseinandersetzungen eskalieren. Hier sind zeitgerecht Gegenmaßnahmen zu treffen. Die Spekulation mit einer "industriellen Reservearmee" ist nicht nur dumm, sondern auch gefährlich, und zwar für alle.

Die Notwendigkeit einer "sozialen" Gestaltung der Technik wird immer größer. Der Physiker und Philosoph Weizsäcker hat das sinngemäß ausgedrückt, indem er von der Notwendigkeit sprach, daß Technik und Wissenschaft die Folgen des eigenen Handelns miteinkalkulieren, also endlich erwachsen werden muß.

In Einzelfällen haben österreichische Betriebe bereits den Beweis erbracht, daß Neue Technologien in einer durchaus "erträglichen" Art und Weise für die Betroffenen eingeführt werden können. Daß derartiges sogar in einer gesamten Branche möglich ist, wurde durch den Abschluß eines Kollektivvertrages über die Einführung von integrierten Texterfassungssystemen bei Tages- und Wochenzeitungen (ITS-Vertrag) unter Beweis gestellt. In allen Fällen wurden sehr offene Gespräche mit den Betroffenen selbst, und mit den betrieblichen und überbetrieblichen Interessenvertretungen geführt und ein gemeinsamer Weg gesucht.

Aus den bisherigen Erfahrungen läßt sich ableiten, daß überall dort, wo die Informationen an die Betroffenen rechtzeitig erfolgten, die in der Arbeitsverfassung verankerten Möglichkeiten und Vorschriften genutzt bzw eingehalten wurden und darüberhinaus den betrieblichen Interessenvertretungen ein reales Mitspracherecht eingeräumt, also eine ehrliche Vorgangsweise im Sinne einer echten Partnerschaft praktiziert wurde, die Schwierigkeiten und Probleme bewältigt werden konnten.

Beachtet sollte aber vor allem werden, daß es um mehr geht, als auf den ersten Blick erkennbar ist, denn insgesamt gesehen wird sich bei der Bewältigung der Probleme,die sich aus der derzeit vor sich gehenden "industriellen" Revolution" ergeben,zeigen, ob unsere auf kapitalistischen Grundlagen aufgebaute Wirtschaftsordnung die bessere ist.

Arbeitskreis 5:

Verfahrenstechnik

Leitung:

Univ.-Prof. Dr. Franz Moser

"Die Automatisierung verfahrenstechnischer Prozesse in Klein- und Mittelbetrieben" [1)]

F. MOSER [2)] **und P. ORTNER** [3)]

1.0 Einführung / Problemstellung

Man muß realistischerweise zugeben, daß die Automatisierung verfahrenstechnischer Prozesse in Klein- und Mittelbetrieben heute noch in den Kinderschuhen steckt. Die in österreichischen Klein- und Mittelbetrieben erzeugten Produkte stehen in direkter Konkurrenz zu den Produkten des benachbarten Auslandes. Um in diesem internationalen Vergleich bestehen zu können, war schon immer eine ständige Anpassung an technische Weiterentwicklungen unbedingt notwendig gewesen. Dies gilt natürlich auch für das Gebiet der Automatisierung. Unter Ausnützung der Möglichkeiten, welche die Automatisierung bietet, könnte es dem einen oder anderen Unternehmen gelingen, einen Herstellkostenvorteil gegenüber Konkurrenten zu erarbeiten, der sich dann direkt in einen Wettbewerbsvorteil umlegen würde.

Einen zentralen Punkt bei der Reduktion der Produktherstellkosten bildet die Prozeßregelung und Prozeßautomation von verfahrenstechnischen Prozessen. Durch eine Erhöhung des Grades der Prozeßautomatisierung lassen sich die 3 wesentlichsten Wirtschaftlichkeitsfaktoren, nämlich Energie- und Chemikalieneinsatz, Produktenausbeute und Qualität sowie Personaleinsatz entscheidend verbessern.

Durch die Entwicklungen der letzten Jahre auf dem Gebiet der Computertechnologie und Elektronik wurden neue Möglichkeiten der Prozeßautomatisierung, auch für Klein- und Mittelbetriebe, eröffnet. Dadurch wird es technisch möglich, nahezu alles zu automatisieren. Die Schwierigkeit, die sich für den Anwender ergibt, ist das wirtschaftliche Optimum zwischen Investitionen einerseits und Einsparungs- bzw. realisierbarem Rationalisierungseffekt andererseits für die jeweilige konkrete Aufgabe zu wählen.

---

1) *Vortrag 2. Informationstagung "Neue Automatisierungstechniken" Chancen für Klein- und Mittelbetriebe; 21. - 22. Mai 1986, Graz*

2) *Dr. F. MOSER; Professor für Grundlagen der Verfahrenstechnik, Technische Universität Graz, Inffeldgasse 25, 8010 Graz*

3) *Dr. P. ORTNER; ÖMV Raffinerie Schwechat, Postfach 51, 2320 Schwechat.*

Klein- und Mittelbetriebe der verfahrenstechnischen Industrie sind in Österreich nicht sehr zahlreich und die Automatisierung stellt zum Teil sehr hohe Anforderungen an das Personal bezüglich Zeit und Ausbildung. Dies ist der Grund, warum man sich oft scheut, diese "Investitionen in die Zukunft" einzugehen. Daher konnten auch die Erfahrungen in diesem Beitrag nicht aus Klein- oder Mittelbetrieben genommen werden, sondern aus Betrieben, die eher der verfahrenstechnischen Großindustrie zuzurechnen sind. Dabei ist jedoch eine Übertragung in andere Dimensionen zulässig, vor allem bei einer ersten Abschätzung der Auswirkungen von Automatisierungen.

In allen Fällen ist jedoch besonderes Augenmerk auf die Kriterien zur Einführung von Automatisierungsmöglichkeiten sowie auf die Vorgangsweise von der Ideenfindung bis zur Realisierung eines Automatisierungsvorhaben zu legen.

2.0 Grundlegende Überlegungen

Wozu soll automatisiert werden ?

Automatisierung ist als Werkzeug, zur Unterstützung des Menschen bei der Arbeit, zu sehen. Diese Hilfe kann sowohl bei der körperlichen als auch bei der geistigen Arbeit des Menschen erfolgen.

- *Als Ergebnis der Unterstützung bei der geistigen Arbeit des Menschen wird vor allem durch Automatisierung*
  - *weniger Energieverbrauch*
  - *größere Produktenausbeute und bessere Produktenqualität*
  - *größere Anlagenkapazität*
  - *sowie Verwaltungsvereinfachung (z.B. Betriebsabrechnung)*

  erreicht.

- *Als Ergebnis der Unterstützung bei der körperlichen Arbeit des Menschen ergibt sich*
  - *weniger Personaleinsatz bei den Produktionsabläufen*
  - *bessere Arbeitshygiene (z.B. weniger unangenehme schmutzige Arbeit)*
  - *bessere Sicherheit (z.B. Verringerung des Unfallrisikos).*

Alle diese Punkte können zu einer beträchtlichen Verringerung der Herstellkosten eines Produktes führen. Erfahrungen haben gezeigt, daß durch Automatisierung

Energieeinsparungen	*von 5 % bis 10 %*
Produktausbeuteerhöhung	*von 3 % bis 5 %*
Anlagenkapazitätssteigerungen	*von 5 % bis 15 %*
Personaleinsparungen	*von 20 % bis 40 %*

durchaus erreichbar sind.

Bei verfahrenstechnischen Prozessen ist der optimale Prozeßverlauf aus Labor- bzw. Pilotplant - Versuchen oder Erfahrungen meist bekannt und wird der Produktion als Ziel (Sollwert verschiedener Prozeßvariablen) vorgegeben. Diesen Sollwerten kann der Mensch aufgrund seiner beschränkten Möglichkeiten, vor allem verschiedene Dinge gleichzeitig und in kurzen Zeitabständen zu machen, nicht genau folgen. Das bedeutet, daß die Istwerte der Prozesse immer mehr oder weniger weit entfernt von den Prozeßsollwerten liegen, was bezüglich Energieverbrauch, Produktenausbeute und Anlagenausnützung, nicht wirtschaftlich optimal ist. Abbildung 1 zeigt an einem Chargenprozeß (diskontinuierlicher Prozeß) und Abbildung 2 an einem kontinuierlichen Prozeß, wie sich Prozesse durch Automatisierung näher der optimalen Fahrweise angleichen lassen. Die Vorgabe dieser optimalen Fahrweisen erfolgt aufgrund wirtschaftlicher Überlegungen, die in Abbildung 3 dargestellt sind. Dabei sind Erlöse (Produktenwert, Produktenmenge) und Kosten (vor allem Energiekosten) gegenübergestellt. Im Fall 1, mit relativ hohen Energiekosten, ergibt sich ein eindeutiges Optimum. Sogar bei guter händischer Prozeßführung wird der Istwert wesentlich um diesen Sollwert schwanken. Bei automatisierter Prozeßführung wird auch eine Schwankung um diesen Sollwert vorliegen, die aber um mindestens 10 x geringer ist, als jene bei händischer Prozeßführung.

Im Fall 2 mit relativ geringen Energiekosten gibt es auch eine optimale Fahrweise, die hier aber außerhalb des Arbeitsbereiches der Anlage liegt. Das bedeutet, daß in diesem Fall angestrebt werden muß, so nahe wie möglich an die Anlagengrenze heranzufahren. Bei händischer Bedienung wird der Abstand zur Anlagengrenze, ähnlich wie in Abbildung 2 dargestellt, immer größer sein als bei automatisierter Bedienung.

3.0 Wirtschaftliche Überlegungen

Eine der ersten Fragen bei Überlegungen, ob Automatisierungsprojekte durchgeführt werden sollen oder nicht, ist die Frage nach Kosten im Vergleich zum Nutzen. Die Antwort auf diese Frage hängt natürlich sehr vom, im jeweiligen Betrieb bereits vorhandenen, Automatisierungsgrad ab. Es sollte daher jedes Automatisierungsprojekt mit einer genauen Prozeßanalyse (Analyse, Hinterfragung und Beschreibung einzelner Funktionen und Tätigkeiten) beginnen, noch bevor man an Festlegung von bestimmten Geräten denkt. Vor allem auch deshalb, weil Automatisierungsprojekte sehr gut geeignet sind, mit eingefahrenen Praktiken der Vergangenheit Schluß zu machen. Durch organisatorische Vereinfachungen im Betrieb, kann oft eine Neuverteilung von Aufgaben durchgeführt und damit einen verbesserten Einsatz der vorhandenen Möglichkeiten erreicht werden. Demgemäß teilen sich im allgemeinen die Kosten auf folgende Teilbereiche auf:

- *Kosten zur Erstellung einer Prozeß-Analyse*
- *Kosten für Hardware inklusive Meß- und Regeleinrichtungen*
- *Kosten für Software*
- *Kosten für Einschulung und Inbetriebnahme*
- *Kosten für Nachbetreuung*

Diesen Kosten muß der in der Prozeßanalyse erarbeitete Nutzen der Automatisierung in einer Kosten-Nutzen - Analyse gegenübergestellt werden.

Die Kosten einer Prozeßanalyse sind sehr schwer allgemein zu beziffern, da sie sehr von der Art des Betriebes, von dessen Größe und von vorhandenen technischen Unterlagen abhängt. Einen Anhaltspunkt über typische Kosten für Prozeßanalysen, aufgrund von tatsächlichen Angeboten, soll die Tabelle 1 geben. Darin sind für drei konkrete Fälle die tatsächlich aufgetretenen Prozeßanalysekosten angegeben. Danach kann, bezogen auf die Anzahl der Regelkreise eines Prozesses (Regelkreis = Regelventil; z.B. eine Temperatur - Mengen - Kaskadenregelung ist 1 Regelkreis), je nach Anlagengröße ein Wert zwischen 4.000,-- und 11.000,-- öS/Regelkreis realistischerweise eingesetzt werden.

Tabelle 1: Kosten für eine Prozeßanalyse durch Fremdfirma

Anlage	*A*	*B*	*C*
Kosten pro Regelkreis öS / Regelkreis	*11.000*	*10.500*	*4.100*

Bei den Kosten für Hardware und Software der Automatisierung ist es zweckmäßig, drei Gruppen von Kosten zu unterscheiden

- *Kosten für die Basisregelung (z.B. dezentrale mikroprozessorgesteuerte Prozeßleitsysteme mit Bedienung über Bildschirme)*
- *Kosten für verbesserte Regelung bzw. sogenannte "advanced control" und Optimierung*
- *Kosten für Feldautomatisierung (ferngesteuerte Pumpen und Ventile zusätzlich zu den Regeleinrichtungen).*

Tabelle 2 : *Kosten für Automatisierungssysteme, aufgeteilt nach*

- *Basisregelung*
- *verbesserte Regelung und Optimierung*
- *Feldautomatisierung*

Beispiel / Automatisierungsstufe	A	B	C
Basisregelung (Prozeßleitsystem) öS / Regelkreis	330 000	237 000	155 000
Verbesserte Regelung und Optimierung Hardware öS / Regelkreis	56 000	39 500	22 000
Software öS / Regelkreis	167 000	184 000	72 000
Summe excl. Feldautomatisierung öS / Regelkreis	553 000	460 500	249 000
Summe incl. Feldautomatisierung öS / Regelkreis			276 500

In Tabelle 2 sind typische Kosten für Automatisierungssysteme mit obiger Unterteilung angegeben. Danach sind für eine vollautomatisierte Anlage mit etwa 700 Regelkreisen spezifisch ca. 276.000 öS/Regelkreis zu investieren. Diese Investitionen reduzierten im vorliegenden Fall (kontinuierlich rund um die Uhr laufende Anlage) die Tätigkeiten des Produktionspersonals auf Kontrollen und Aktivitäten beim fallweisen An- und Abfahren der Anlage, wodurch aufgrund von Energieeinsparungen, Ausbeuteverbesserungen, Anlagenkapazitätssteigerungen sowie Personaleinsparungen, sehr gute Pay out - Zeiten erreicht werden.

Die Kosten für Schulung und Inbetriebnahme, die bei den hier betrachteten konkreten Fällen angesetzt wurden, sind aus Tabelle 3 zu entnehmen.

Tabelle 3: Kosten für Schulung und Inbetriebnahme

Anlage	A	B	C
bezogen auf Regelkreis öS / Regelkreis	11.000	7.900	4.300

Die Kosten für die Nachbetreuung richten sich sehr wesentlich nach der Größe des Automatisierungssystems und dürfen bei der Beurteilung der Wirtschaftlichkeit von Automatisierungsvorhaben keineswegs vergessen werden. Aus Erfahrung muß pro Regelkreis mit ca. 24.000,- bis 35.000,- öS / Jahr gerechnet werden.

In Abbildung 4 wurden die in Tabelle 2 angegebenen Daten in einer praktischen Übersicht dargestellt. Diese Grafik kann, aufgrund der Verschiedenheit der Problemstellungen, bei verfahrenstechnischen Prozessen nur Anhaltswerte zur Beurteilung der Kosten von Automatisierungsprojekten geben. Über die endgültigen Kosten sowie die damit erreichbaren Einsparungen kann überhaupt erst die Prozeßanalyse Auskunft geben, da die technische und auch personelle Ausstattung der verschiedenen verfahrenstechnischen Betriebe zu unterschiedlich ist.

4.0 Risken eines Automatisierungsprojektes

Wichtigste Grundlage für eine klaglose Durchführung eines Automatisierungsprojektes ist eine gute, betriebsinterne Projektorganisation, in die, je nach Bedarf, betriebsexterne Spezialisten mehr oder weniger eingebunden werden können. Auch Kleinbetriebe sollten unbedingt einen Mitarbeiter - oft wird dies der Besitzer oder Geschäftsführer sein - als Hauptverantwortlichen (Projektleiter) nennen, der die Bedürfnisse des jeweiligen Betriebes gegenüber den Lieferanten vertritt. All zu oft versuchen nämlich vor allem Hardware-Lieferanten, über technische Möglichkeiten teure Geräte an den Mann zu bringen, ohne Rücksicht auf die tatsächlichen Bedürfnisse des Betriebes. Dieser Leiter des Automatisierungsprojektes sollte eine entsprechende Schulung bekommen, um auch die spätere Wartung und Betreuung des Automatisierungssystems übernehmen zu können, denn ein nicht gewartetes Automatisierungssystem "stirbt" mit der Zeit. Für Klein- und Mittelbetriebe, wo normalwerweise wenig automatisierungstechnische Vorbildung vorhanden ist, ist eine Zuziehung von einschlägigen Ingenieurbüros oder entsprechenden Instituten, vor allem für die Prozeßanalyse, dringend zu empfehlen. Die Kosten dafür sind meist gering, verglichen mit den dadurch erreichbaren Einsparungen an Investitionskosten.

Besonderes Augenmerk bei der Prozeßanalyse soll auf eine gründliche Definition des Automatisierungsumfanges, der Erstellung eines genauen Terminplanes inklusive der Inbetriebsetzung sowie die Ausarbeitung eines detaillierten Pflichtenheftes, gelegt werden. Nur dann kann verhindert werden, daß

- *die falsche Hardware (Problem, daß Hardware vielfach nicht erweitert werden kann) gekauft wird und*
- *die Kosten der Softwareerstellung unverhältnismäßig ansteigen.*

Weiters muß dafür gesorgt werden, daß das Personal nach Inbetriebsetzen eines Automatisierungssystems, dieses auch betreiben kann. Auf die dafür notwendige Schulung darf nicht vergessen werden. Erfahrungen haben gezeigt, daß, je nach Komplexität und Vorbildung, 20 bis 40 Stunden Einschulung pro Mann und Automatisierungssystem notwendig sind.

Darüberhinaus wird die Auffrischung der verfahrenstechnischen Kenntnisse des Bedienungspersonals während des Betriebes der automatisierten Anlagen immer wichtiger, um bei unvorhersehbarem Ausfall von Teilen der Automatisierung die Anlage weiter in Betrieb halten zu können.

Schließlich gibt es noch das Problem der Akzeptanz des Automatisierungssystems durch das Personal, die vor allem wegen des Personaleinsparungseffektes nicht von vornherein gegeben ist. Positiv wirkt sich auf die Akzeptanz aus, wenn das Personal

o rechtzeitig über die unbedingt notwendigen Maßnahmen informiert wurde,

o bei der äußeren Gestaltung der Automatisierungssysteme mitarbeiten konnte (Meßwartengestaltung, Bedienplatzgestaltung)

o und vor allem rechtzeitig und ausreichend eingeschult wurde.

5.0 Vorgangsweise bei der Installation von Automatisierungen

In der verfahrenstechnischen Großindustrie hat sich international eine Vorgangsweise bei Automatisierungsprojekten durchgesetzt, die einen Weg von der Ideenfindung bis zur Realisierung eines Automatisierungsvorhabens zeigt und in groben Zügen auch für Klein- und Mittelbetriebe zweckmäßig ist. Demnach gliedert sich der Projektablauf in folgende Teilschritte :

- *Prozeßanalyse*
  - *Festlegung der Funktionen*
  - *Technische Beschreibung der Automation*
  - *Erarbeitung der erreichbaren Einsparungen*
  - *Terminplan*
  - *grobe Kostenschätzung*
  - *Hardwareabschätzung*
  - *Wirtschaftlichkeitsanalyse*
  - *Definition von Garantiebedingungen*

- *Ausschreibung von Hardware und Software*
  - *Ausschreibung*
  - *Angebotsvergleich*
  - *Vergabe Hardware*
  - *Vergabe Software*

- *Projektdurchführung Software*
  - *Detail design*
  - *Programmierung*
  - *Systemabnahme vor Inbetriebnahme*
  - *Personalschulung*

- *Lieferung und Installierung der Hardware*

- *Inbetriebnahme der Hardware und Software*

- *Garantienachweis des Automatisierungssystems*

Prozeßanalyse

Wie intensiv eine Prozeßanalyse durchgeführt werden muß, richtet sich nach dem Grad der Automatisierung, der angestrebt wird. Dabei sollte von den Produktionsaufgaben des Betriebes ausgegangen werden und, vor allem bei einer ersten Analyse, ein Grundkonzept für den gesamten Betrieb erarbeitet werden, um speziell bei der Hardware-Auswahl keinen falschen Griff zu tun.

Der Grad der Automatisierung des Produktionsablaufes (Regelung) läßt sich in einzelne Stufen unterteilen (Abblildung 5).

1. Stufe : *Basisregelung (basic regulatory control)*

Ziel: Automatisierung von Handeingriffen in die Anlagen.

2. Stufe : *Verbesserte Regelung (advanced control)*

Ziel: Beruhigung der Meßwertschwankungen in der Anlage,

damit wird erreicht :

- *geringere Meßwertschwankungen*
- *Anlagengrenzen besser erreichbar*

3. Stufe : *Berücksichtigung der maximalen Anlagenmöglichkeiten bzw. Anlagengrenzen (constraint control).*

Ziel: Vielfach liegt das wirtschaftliche Optimum einer Anlagenfahrweise an einer Anlagengrenze (Abbildung 3) und soll daher so nahe wie möglich erreicht werden.

damit wird erreicht:

- *Energieeinsparung*
- *Ausbeutemaximierung*
- *Durchsatzsteigerung*
- *Qualitätsoptimierung*

4. Stufe : *Örtliche Optimierung (local optimization)*

Ziel: Durch ständige Gegenüberstellung von Produktwert und Energieeinsatz (Abbildung 3) soll die Wertschöpfung der Produktion maximiert werden.

5. Stufe : *Optimierung des gesamten Produktionsbetriebes (plantwide optimization)*

Ziel: Durch Optimierung der Gesamtanlage, z.B. über ein Linearprogramm - Modell kann durch Wahl der Einsatzqualität und Prozeßbedingungen die Wertschöpfung maximiert werden.

Ähnliche Stufen können auch für die Feldautomation aufgestellt werden (Abbildung 5).

Ausschreibung von Hardware und Software

Für Automatisierungs-Hardware und auch für die Softwareerstellung gibt es inzwischen eine Anzahl von Firmen, die zueinander am Markt in Konkurrenz treten. Schon aufgrund der Minimierung von Investitionskosten, die ja in allen Fällen angestrebt wird, sollte daher unbedingt eine Ausschreibung der Automatisierungsprojekte mit zumindest drei Bietern durchgeführt werden. Um hier vergleichbare Angebote zu bekommen, muß daher bei der Prozeßanalyse besonderes Augenmerk auf die genaue Beschreibung der jeweiligen Funktionen und Aufgaben (Pflichtenheft) gelegt werden.

Dabei wird in jedem Einzelfall zu entscheiden sein, ob Hardware - und Software bei einem oder bei verschiedenen Lieferanten bezogen wird. In Betrieben, in denen nur geringe Automatisierungskenntnisse vorhanden sind, ist es sicher zweckmäßig, daß die Hardware vom Softwarelieferanten hauptverantwortlich festgelegt und sogar mitgeliefert wird. Erfahrungen haben nämlich gezeigt, daß die benötigten Hardware - Komponenten beinahe ausschließlich durch die für die Automatisierung notwendige Software bestimmt werden.

Liegt die Verantwortung für Lieferung von Hardware und Software in einer Hand, so ist im Falle, daß das Automatisierungssystem nicht funktioniert, auch die Zuständigkeit für die Fehlerbehebung genau festgelegt. Darüber hinaus ist auch eine spätere Unterstützung bei der Wartung der Automatisierungssysteme wesentlich einfacher und damit kostengünstiger.

Projektdurchführung Software

Im Laufe der Erstellung der Software (Entwurf und Programmierung) sollte es zwischen Lieferanten und zukünftigen Betreiber mehrmals Abstimmungsgespräche geben, vor allem aber nach Fertigstellung des endgültigen Entwurfes des Automatisierungssystems.

Besonders wichtig ist die Abnahme des Automatisierungssystems vor Inbetriebnahme. Dabei sollen alle Funktionen an Hand fixer statistischer Daten 'offline', d.h. - ohne Eingriffe auf die entsprechende Anlage - durchgeführt werden. Dadurch wird erreicht, daß alle Automatisierungsschritte

- *den gestellten Zielen entsprechen*
- *funktionieren*
- *und sonst unerwartete Störungen nicht auftreten.*

Zweckmäßigerweise sollte man diese Systemabnahme gleich mit einer Einschulung des technischen Führungs- und auch späteren Wartungspersonals verbinden. Von diesem dann bereits eingeschulten Personal kann die Schulung des Betriebspersonals während der eigentlichen Inbetriebnahmephase erfolgen.

Inbetriebnahme der Hardware und Software

Es hat sich als zweckmäßig erwiesen, wenn die Inbetriebnahme der Automatisierungssysteme durch das Führungspersonal des späteren Betreibers, mit Unterstützung durch den Lieferanten, erfolgt. Dadurch wird eine Vertiefung des Wissens über das Automatisierungssystem bis in die Details sichergestellt und Schwachstellen, die noch beseitigt werden sollen, sofort erkannt.

Die Terminplanung für die Inbetriebnahme ist wesentlich. Es sollte Funktion nach Funktion in Betrieb genommen werden, wobei die Inbetriebnahme jeweils erst fortgesetzt werden soll, wenn das Betriebspersonal die bereits installierten Funktionen voll und ganz beherrscht. Inbetriebnahmezeiten für Automatisierungssysteme von 3 - 6 Monaten sind auch bei bester Vorbereitung durchaus üblich.

Garantienachweis

Bereits bei der Prozeßanalyse, die die Grundlage für die Investitionsentscheidung aufgrund der mit den vorgeschlagenen Funktionen erreichten Wirtschaftlichkeit bildet, sollten auch jene Bedingungen erarbeitet werden, die für einen Garantienachweis herangezogen werden können. An erster Stelle steht der Nachweis der Funktionalität. Bei der verbesserten Regelung können zusätzlich z.B. Standardabweichungen von Produktspezifikationen bei Normalbetrieb, aber auch bei starken Einsatzqualitäts- oder Durchsatzänderungen sowie maximal zulässige Soll-Istwertabweichungen von verschiedenen Regelgrößen wie Druck und Temperatur, herangezogen werden.

Bei Optimierungen von Verfahrensanlagen werden für den Garantienachweis normalerweise maximale Abweichungen zwischen dem durch das Automatisierungssystem erreichten Optimum und jenem das sich 'offline' bestimmen läßt, herangezogen.

Grundsätzlich ist zu bemerken, daß Garantienachweise in der Praxis oft schwer durchführbar sind, da jene Prozeßbedingungen, die für die Auslegung des Automatisierungssystems angenommen werden, meist beim Garantienachweis aufgrund der Produktionsgegebenheiten nicht eingestellt werden können. Dies zeigt, daß bei der Wahl des Automatisierungssystems unter anderem auch besonders auf Flexibilität und leichte Änderbarkeit geachtet werden soll.

6.0 Die besonderen Bedingungen der Automatisierung von Klein- und Mittelbetrieben

Die wirtschaftliche Situation von Klein- und Mittelbetrieben in Österreich wird eine besonders exakte Vorgehensweise bei Automatisierungsprojekten notwendig machen, da die Rentabilität derartiger Projekte stark von der genauen Abschätzung der Vorteile einer Automatisierung abhängen wird. Diese jedoch sind in Klein- und Mittelbetrieben mit größeren Unsicherheiten behaftet als dies in Großbetrieben der Fall ist, weil die Erfahrung in letzteren Fällen, die bisher gewonnen werden konnten, beträchtlich größer als bei Klein- und Mittelbetrieben ist. Weiters verfügen Klein- und Mittelbetriebe kaum über genügend Personal, das sich, wie das zumeist notwendig erscheint, ausschließlich einem derartigen Projekt widmen kann. Daher wird man auf die Dienstleistungen von Ingenieurbüros zurückgreifen müssen, wobei die Qualität dieses Büros sowie die exakte Definition des Projektes von ausschlaggebender Bedeutung sein werden. In der Anfangsphase, in der sich die Automatisierung befindet, wird man aber auch hier auf keine all zu großen Erfahrungen weder bei den Ingenieurbüros noch bei Soft- und Hardware-Firmen rechnen können. Es ist daher Umsicht und Vorsicht bei Projekten zur Automatisierung dringend geboten.

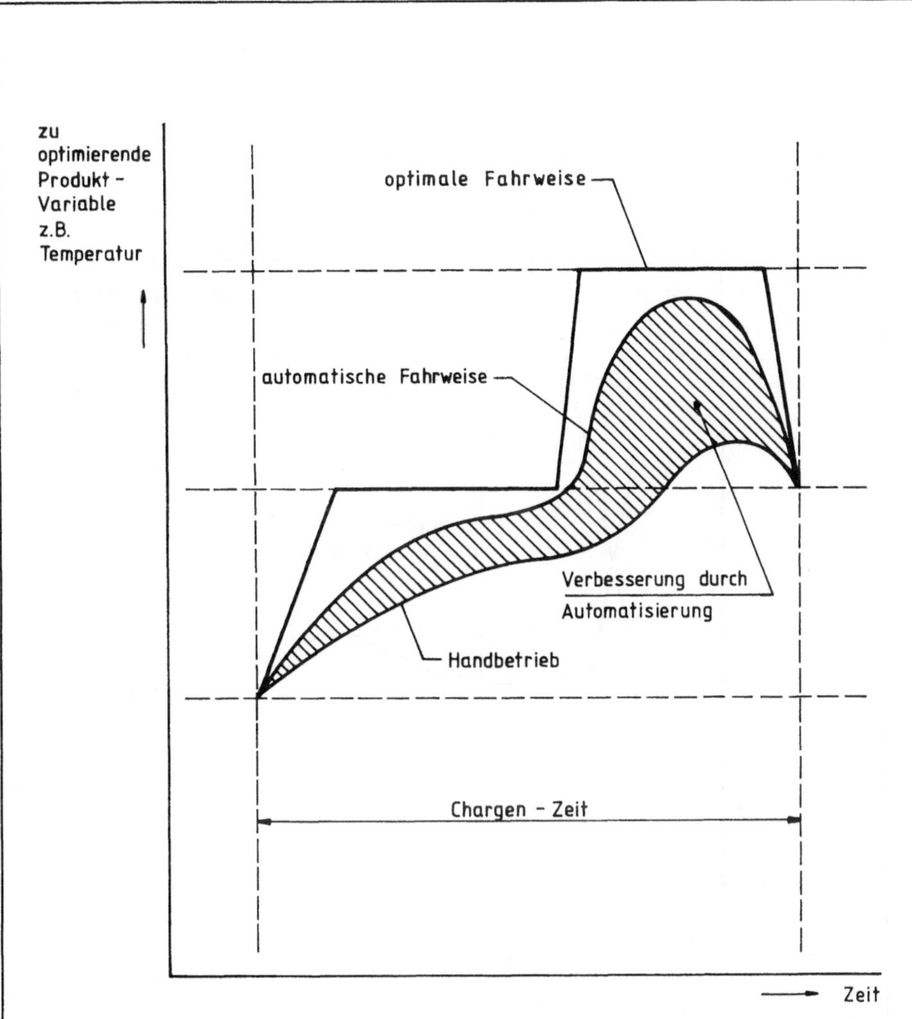

Abbildung 1: Automatisierung eines Chargen - Prozesses.
(diskontinuierlicher Betrieb)

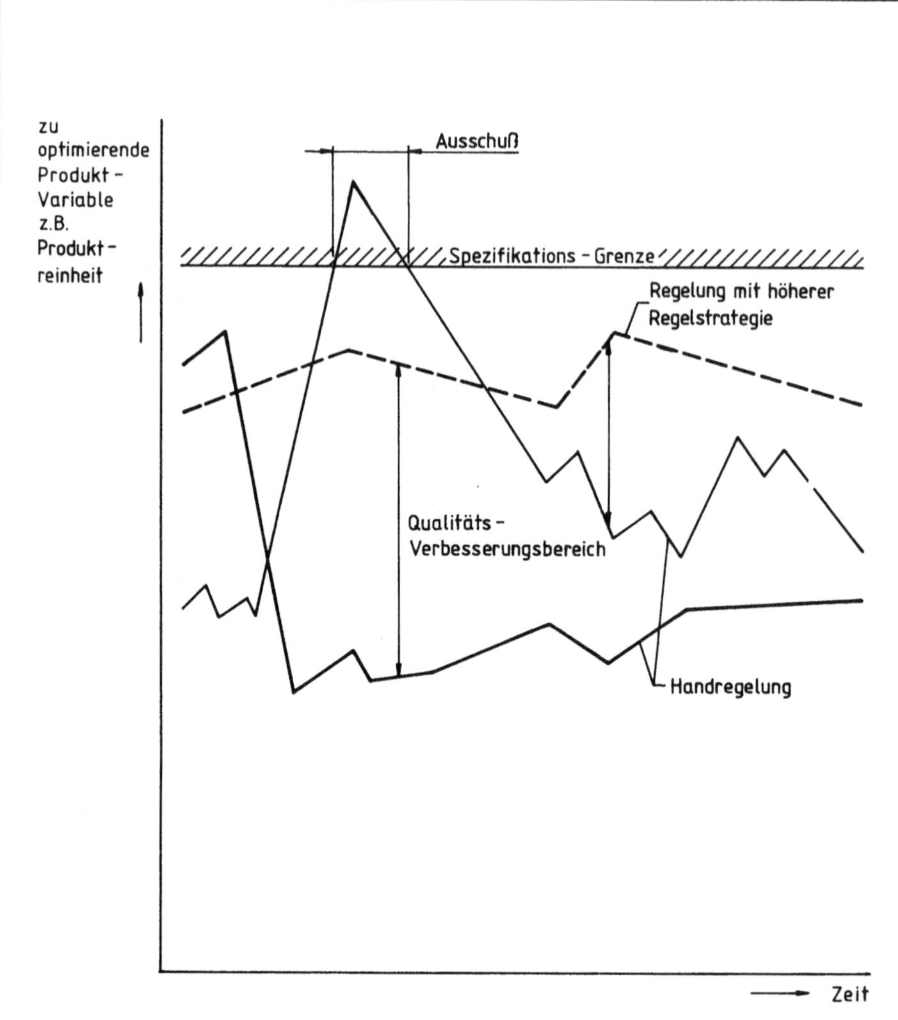

Abbildung 2: Qualitätsgewinn durch Automatisierung bei kontinuierlichem Betrieb.

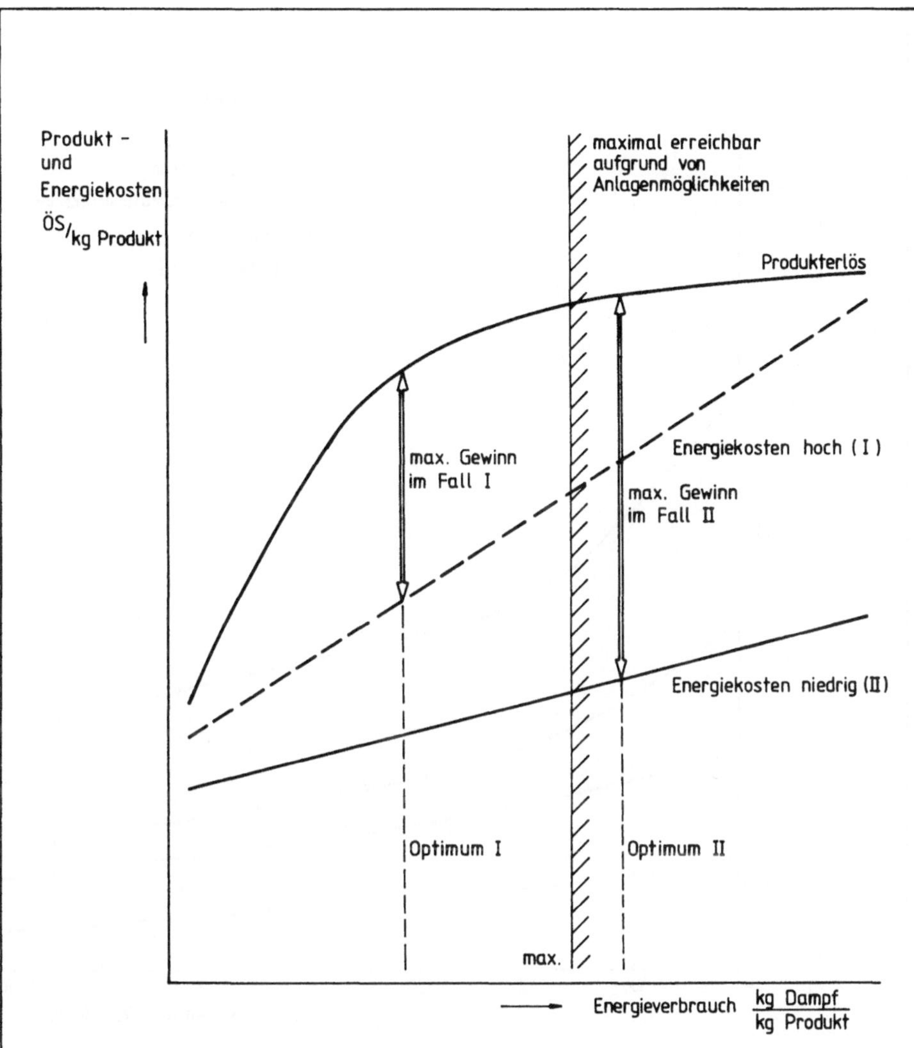

Abbildung 3: Darstellung der optimalen Betriebsweise.

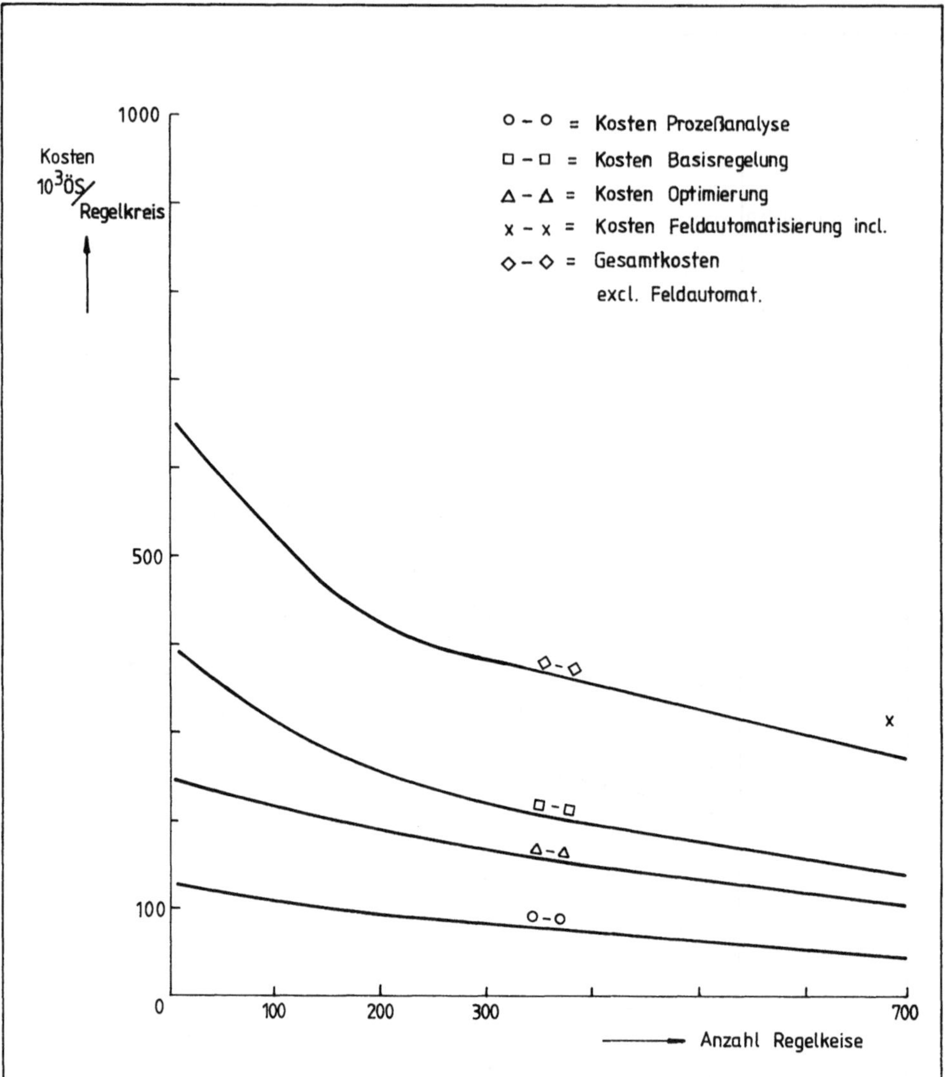

Abbildung 4: Spezifische Kosten von Automatisierungsprojekten. (Preisbasis 1985)

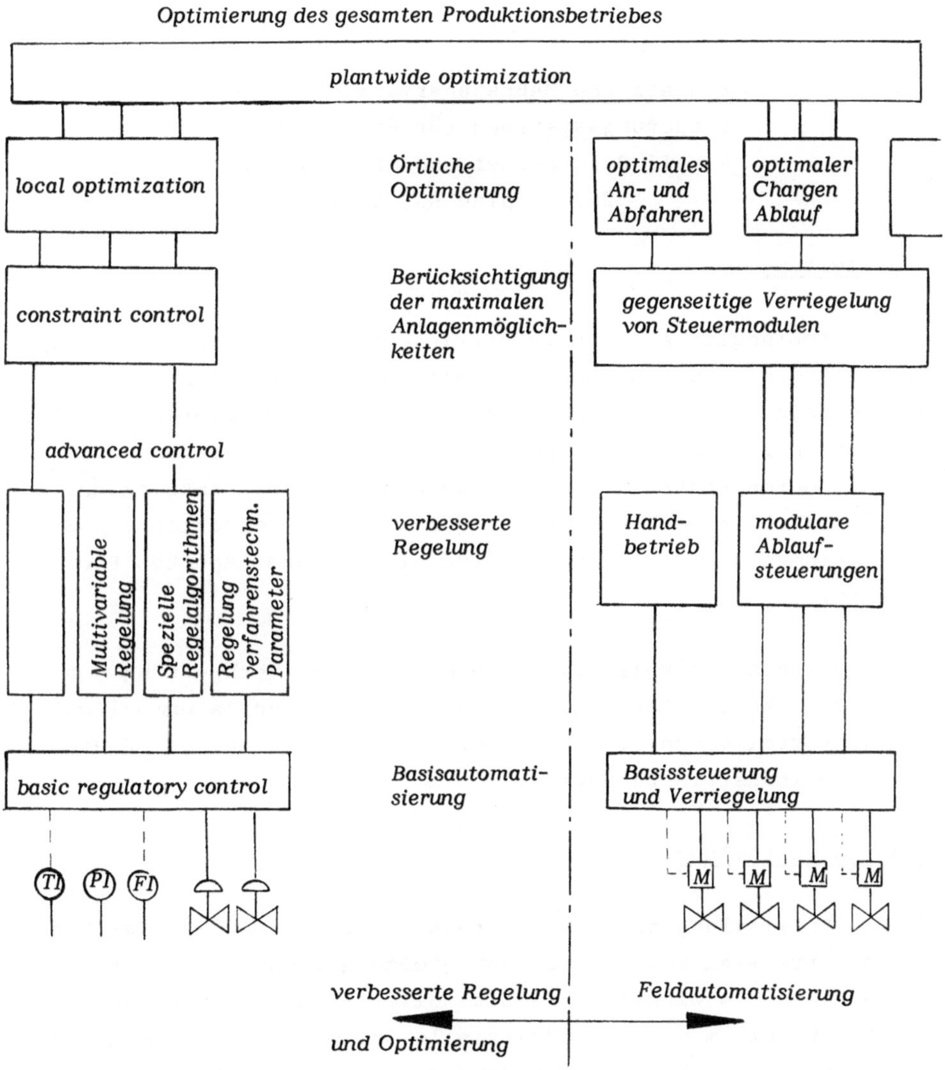

Optimierung des gesamten Produktionsbetriebes

plantwide optimization

local optimization

Örtliche Optimierung

optimales An- und Abfahren

optimaler Chargen Ablauf

constraint control

Berücksichtigung der maximalen Anlagenmöglichkeiten

gegenseitige Verriegelung von Steuermodulen

advanced control

Multivariable Regelung

Spezielle Regelalgorithmen

Regelung verfahrenstechn. Parameter

verbesserte Regelung

Handbetrieb

modulare Ablaufsteuerungen

basic regulatory control

Basisautomatisierung

Basissteuerung und Verriegelung

TI PI FI

M M M M

verbesserte Regelung und Optimierung

Feldautomatisierung

Abbildung 5: Stufen zunehmender Automatisierung

Einsatz von Meßdatenerfassungs- und Steuerungssystemen für Pilotanlagen

Rudolf Durstberger und Raimund Bögl
VOEST-Alpine AG, Linz

1. Einleitung

In der Großindustrie (Stahlindustrie, chemische Industrie) werden für die Prozeßsteuerung bereits seit längerem Prozeßrechnersysteme eingesetzt. Diese Systeme ermöglichen die Optimierung der Prozesse mit Hilfe von Prozeßmodellen und eine Verbesserung der Qualität durch Kontrolle der Prozeßparameter. Die Entwicklung der letzten Jahre ist gekennzeichnet durch eine Integration von Steuerungssystemen und Meß- und Regeltechnik mit überlagerten Prozeßrechnern.

Das Vordringen von Personal Computern und die Verbreitung von Ein-/Ausgabekarten für analoge und digitale Signale ermöglicht nun die Vorteile von Prozeßrechnersystemen auch für die Klein- und Mittelindustrie zu nutzen.

2. Aufgabenstellung

Für die Entwicklung neuer Verfahrenstechniken von der Idee bis zum industriellen Einsatz ist der großtechnische Laborversuch in Pilotanlagen ein wichtiges Zwischenglied. Eine Pilotanlage ist eine kleine bis mittlere industrielle Anlage, in der technische Verfahren unter verschiedenen Prozeßbedingungen getestet und optimiert werden. Die Variation verschiedener Prozeßparameter und die Dokumentation der Versuche stehen beim Betrieb der Versuchsanlage im Vordergrund.

Früher wurden Pilotanlagen mit frei programmierbaren Steuerungen betrieben und die Meßdaten auf Schreibern aufgezeichnet. Die fehlende Flexibilität der frei programmierbaren Steuerungen und die aufwendigen Auswertungen der Meßwertaufzeichnungen führten zur Suche nach einer Alternative. Industriell eingesetzte Prozeßrechner kamen aus Kostengründen nicht in Frage. Bei der im Jahre 1983 von der VOEST-ALPINE AG gebauten Pilotanlage zur Erprobung des Fleißner-Verfahrens für die Kohletrocknung wurde zum ersten Mal ein als Prozeßrechner eingesetzter Personal Computer zur Steuerung der Anlage verwendet. Seither wurde dieses System in unterschiedlichen industriellen Anlagen erfolgreich eingesetzt.

3. Systemaufbau

Der prinzipielle Aufbau des Systems ist in Bild 1 dargestellt. Es zeigt die modulare Anordnung der Komponenten der Hardware. Der Personal Computer kann mit einem Monochrom- oder Farb-Bildschirm ausgerüstet werden. Als Programm- und Datenspeicher stehen Floppy Disks und eine Winchesterplatte zur Verfügung. Über RS232-Schnittstellen können Drucker und Plotter angeschlossen werden.

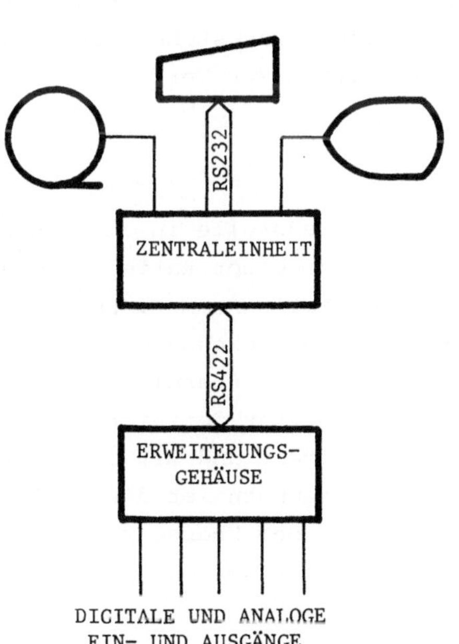

Bild 1

Das Erweiterungsgehäuse für die analogen und digitalen Ein-/Ausgangskarten ist über eine RS422-Schnittstelle mit dem Personal Computer verbunden. Das Erweiterungsgehäuse kann mit bis zu 15 verschiedene Karten bestückt werden.

Es stehen Karten für alle üblichen Analogsignale zur Verfügung. Die analogen Eingangssignale werden im Erweiterungsgehäuse verstärkt und digitalisiert. Die Digital-Analog-Wandlung für analoge Ausgangssignale findet auf der Ausgangskarte statt. Für die digitalen Ein- und Ausgänge existieren Module für verschiedene Spannungspegel und Schaltleistungen. Die Module befinden sich auf einer Montageplatte, die über ein Flachbandkabel mit der Karte im Erweiterungsgehäuse verbunden ist. Für Thermoelemente, Pt 100 und DMS-Aufnehmer existieren spezielle Karten. Initialisierbare Regler sind ebenfalls auf Einschubkarten verfügbar.

Der modulare Aufbau des Systems mit Steckplätzen und Ein-/Ausgangskarten ermöglicht ein hohes Maß an Flexibilität und optimale Anpassung an die Bedingungen der Anlage.

4. Software

Zur Senkung der Software-Kosten wurden vom Bereich Elektronik und Automation der VOEST-ALPINE AG Softwarepakete zur Überwachung und Steuerung von kleinen Anlagen entwickelt.

Für die Konfiguration der Anlage steht ein Softwarepaket zur Verfügung mit dem die Meßstellen und Aktoren spezifiziert und die grafische Darstellung der Anlagenbilder und Meßwertanzeige interaktiv erstellt werden kann. Die Ergebnisse dieser Konfigurationsphase werden als Parameter gespeichert und stehen dann beim Betrieb der Anlage dem Steuerungsprogramm zur Verfügung.

4.1 Konfigurationssoftware

In der Konfigurationsphase muß jede Meßstelle in einer Eingabe-Maske spezifiziert und einem Kanal auf einer Karte zugeordnet werden. Jede Meßstelle erhält eine Meßstellennummer. Für den Anlagenbediener wird sie mit einer Meßstellenbezeichnung und einem Text beschrieben. Für jede Meßstelle muß der Meßbereich und die entsprechenden Werte in technischen Einheiten definiert werden. Die Meßsignale können linearisiert, gefiltert und mit Grenzwerten ausgestattet werden. Bei Grenzwertverletzungen ist die Auslösung von Sonderabläufen möglich. So kann z. B. bei Überschreitung eines Grenzwertes ein Überdruckventil geöffnet werden.

Die Meßwerte können gemeinsam mit der Meßstellenbezeichnung, der physikalischen Einheit, Unter- und Obergrenze und Text in einer Liste am Bildschirm angezeigt werden. Die Meßstellen werden seitenweise zusammengefaßt und können über Funktionstasten aufgerufen werden. Außerdem ist eine Einblendung der Meßwerte ins Anlagenfließbild möglich.

Die Aktoren sind ebenfalls über eine Eingabe-Maske zu spezifizieren und zu bezeichnen. Die verschiedenen Schaltzustände müssen digitalen Ein- und Ausgängen auf Karten zugeordnet werden.

Die aktuellen Schaltzustände der Aktoren können wieder in einer Liste am Bildschirm angezeigt und im Anlagenfließbild mit verschiedenen Symbolen dargestellt werden.

Anlagenfließbilder können mit einem Grafik-Softwarepaket über Funktionstasten-, Menü- und Cursorsteuerung interaktiv erstellt werden. Zuerst werden die statischen Teile eines Fließbildes, wie z. B. Kessel, Leitungen usw. erstellt. Dann können die dynamischen Elemente mit Hilfe von Bibliothekssymbolen definiert und ins Fließbild eingebaut werden. Die dynamischen Elemente wie z. B. Meßwerte, Ventilzustände, Schalter usw. werden während des Anlagenbetriebes ständig aktualisiert. Die Verbindung zwischen Eingangssignalen und Grafikanzeige erfolgt über die Meßstellennummern.

Die Konfigurationssoftware bietet außerdem noch Module zur Erstellung von Regelkurven und zur Auswahl von bis zu maximal 20 Meßstellen für die Trenddarstellung.

4.2 Steuerprogramm

Die in der Konfigurationsphase erzeugten Parameter werden bei der Inbetriebnahme in den Hauptspeicher geladen. Sie werden vom Steuerprogramm in Aktionen umgesetzt.

Die Anlage kann über Tastatur und Bildschirm bedient werden. Der Bediener kann das aktuelle Fließbild am Bildschirm abrufen. Die statischen Teile des Fließbildes bleiben im Grafikspeicher so lange erhalten bis der Speicher durch ein anderes Fließbild überschrieben wird. Die Darstellung der Aktoren wird immer dann aktualisiert wenn eine Zustandsänderung auftritt, während die Meßwerte im Fließbild zyklisch überschrieben werden.

Über Funktionstasten können auch die Listen für die Meßwertanzeige und die Anzeige der Schaltzustände am Bildschirm ausgegeben werden. Bis zu 4 Meßstellen können in der Trenddarstellung gleichzeitig angezeigt werden.

Die zentrale Zusammenfassung sämtlicher für den Verfahrensablauf entscheidender Informationen am Bildschirm ermöglicht eine optimale Überwachung der Anlage. Eine dynamische Funktionstastenbelegung für die Bedienerführung unterstützt dabei den Bediener.

Prozeßsteuerung in der Fermentationsindustrie

Eberhard Kempe, ARGE Biotechnologie, NÖ

1. Das Meß- und Steuerungssystem FMC

In den vergangenen Jahren haben die Anforderungen für Meß- und Steuerungsanlagen stark zugenommen. Obwohl die Leistungsfähigkeit der einzelnen Meßinstrumente gestiegen ist, ist der Betreiber von Labor-, Pilot-, oder Produktionsanlagen häufig noch immer mit einem Konglomerat von verschiedenen Meßinstrumenten konfrontiert, wodurch eine effiziente Prozeßsteuerung erschwert wird. Außerdem läßt die derzeit übliche Dokumentation der Prozeßdaten durch händischgeführte Protokolle oder schmale Schreiberstreifen zusätzlichen Raum für Ungenauigkeiten bzw. nachträgliche Manipulation. Unter diesen Umständen ist es nicht erstaunlich, wenn bei Prozessen in der Nahrungsmittel- und Gärungsindustrie ein geringer Grad der Automatisierung festgestellt wird.

Mit dem Meß- und Steuerungssystem FMC können die soeben erwähnten Unzulänglichkeiten und Schwierigkeiten eleminiert werden. Das System besteht aus:

* dem Fermentation-Microcomputer
* der Dialogstation mit Eingabetastatur und Bildschirm
* dem Drucker (Matrixdrucker)

Im folgenden werden die einzelnen Komponenten näher beschrieben.

1.1 Der Fermentation-Microcomputer

Alle Steuerungsprogramme und Prozeßvariablen werden in einem Microcomputer mit 128 kByte Speicherkapazität gespeichert und sind durch eine im Gerät eingebaute Batterie gegen Stromausfälle geschützt. Durch Einschieben von zusätzlichen EPROM's können auch später andere Kontrollalgorithmen inkorporiert werden.

Alle peripheren Meßfühler und Steuerorgane sind mit dem Microcomputer über ein- oder zwei sogenannte Expanderboards angeschlossen. Diese Expanderboards stehen mit dem Miccrocomputer über Lichtleiterkabel in Verbindung, wodurch der Einfluß von elektrischen Störsignalen verhindert wird. Durch die Lichtleitertechnik können die Entfernungen zwischen Expanderboards und dem Fermentation-Miccrocomputer bis zu 100 m betragen.

Jedes Expanderboard enthält Meßmodule mit integrierten Meßverstärkern für folgende Meßparameter:

* 2 x Temperatur (Pt 100)
* 2 x pH-Wert
* 2 x Gelöstsauerstoff (pO_2)
* 2 x flüchtige,organische Substanzen mit der von uns entwickelten Silicone-Tubing-Sonde.

Zusätzlich besitzt jedes Expanderboard:

* 4 Analog-Ausgänge mit 0 bis 10 oder 0 bis 20 mA
* 16 Digital-Eingänge
* 16 Digital-Ausgänge

An Stelle der Analog-Eingangsmodule können wahlweise auch andere analoge Eingangssignale angeschlossen werden.

Das Meß- und Steuerungssystem FMC kann mit einem- oder zwei Expanderboards geliefert werden.

1.2 Die Dialog-Station

Eines der Hauptziele bei der Entwicklung des FMC-Systems war die einfache und bequeme Datenverarbeitung. Die Dateneingabe wurde daher so gestaltet, daß der Bediener mit der Dialogstation möglichst ohne Benutzung einer Bedienungsanleitung kommunizieren kann.

Die interne Software leitet den Bediener durch den Daten-Eingabevorgang, indem sie Felder zur Verfügung stellt, die entsprechend den Bedienungshinweisen - die gleichzeitig am Bildschirm erscheinen, ausgefüllt werden müssen. Bei Prozeßsteuerungsprogrammen kann die Eingabe von Prozeßdaten durch Schlüsselwörter gegen unberechtigte Verwendung oder Änderung geschützt werden.

Üblicherweise wird ein Personalcomputer als Dialogstation angeboten. Mit diesem Personalcomputer (APPLE- oder IBM-compatibel können auch während der Prozeßsteuerung durch den Fermentation-Microcomputer andere Software-Programme benützt werden.

1.3 Der Drucker

Eine wirksame Prozeßkontrolle hängt auch in großem Maße von einer geeigneten Form der Dokumentation ab. Der an das FMC-System anschließbare Matrixdrucker druckt Tabellen und Programme, die nach den Erfordernissen des Bedieners gestaltet werden können. Für jeden Ausdruck können Titel, Maßstab, Dimensionen sowie Meß- und Ausdruckintervalle frei gewählt werden. Es besteht auch die Möglichkeit, verschiedene Werte eines Prozesses in verschiedenen Tabellen oder in verschiedenen Intervallen ausdrucken zu lassen.

Alle Ausdrucke erfolgen im Format DIN A 4. Der Drucker zeigt auch an, ob die Meßwerte einen bestimmten Bereich über- oder unterschritten haben und druckt auch Alarmsignale.

2. Die Silicone-Tubing-Sonde

Mit der von uns entwickelten Silicone-tubing-Sonde können erstmals flüchtige, organische Verbindungen in wässriger Lösung kontinuierlich gemessen werden. Die Anwendungsgebiete für dieses Meßprinzip sind vielfältig.

* In der Lebensmittel- und Gärungsindustrie (besonders in der Backhefe-, Essig- und Alkoholherstellung).
* In der Chemischen Industrie (überall dort, wo die Konzentration von flüchtigen, organischen Verbindungen als Steuerungsparameter verwendet werden kann).
* Im Umweltschutz (für die Abwasserkontrolle - besonders für Abwässer aus Lack- und Farbfabriken).

Die Silicone-Tubing-Sonde ist ein robustes Instrument, das in die Prozeßflüssigkeit getaucht wird und die Konzentration der zu messenden Verbindung anzeigt. Sie funktioniert nach folgendem Prinzip:

Ein mit einer Siliconmembran bedeckter Kanal wird in die Flüssigkeit getaucht und von einem Trägergas mit genau definierter Durchflußmenge durchströmt. Dabei permeiren die flüchtigen Komponenten entsprechend ihrer Konzentration mit verschiedenen Geschwindigkeiten durch die Siliconmembran. Das mit den flüchtigen Komponenten gesättigte Trägergas trifft im Sensorgehäuse auf einen Halbleiter-Gassensor, der seine elektrischen Eigenschaften in Abhängigkeit von der Konzentration der Verbindung ändert. Mit der Silicone-Tubing-Sonde können Alkohole, Ester, Ketone und Lösungsmittel gemessen werden. Der Meßbereich liegt z. B. bei Äthanol zwischen 50 und 10^5 vpm.

3. Prozeßsteuerung mit dem FMC-System

Für die Prozeßkontrolle in Forschung und Industrie ist es wichtig, daß die Steuerungsprogramme vom Technologen bei Bedarf individuell verändert werden können. Mit dem FMC-System ist die Prozeßsteuerung durch einen Dialog zwischen Bediener und Computer möglich, d. h. der Computer liefert Daten über die vergangenen und gegenwärtigen Prozesse und der Bediener "sagt" dem Computer wie der zukünftige Prozeß gesteuert werden soll. Auf diese Weise wird eine schrittweise Prozeßoptimierung erreicht. Wir wollen hier nochmals drauf hinweisen, daß vom Bediener keinerlei Kenntnisse zum Programmieren von Computern verlangt werden, sondern lediglich eine Schreibmaschinentastatur bedient werden muß.

Als Beispiel für eine Prozeßsteuerung mit dem FMC-System wollen wir die Produktion von Backhefe anführen. In diesem Prozeß dient die kontinuierliche Messung der Alkonholkonzentration durch die Silicone-Tubing-Sonde als Basis für die Prozeßoptimierung. Der diskontinuierliche Verlauf des Prozesses macht allerdings die Verwendung des Ausgangssignals, d. h. der Alkoholkonzentration als Ist-Wert problematisch, da die Steuerungsorgane zum Übersteuern neigen und einigermaßen verwendbare Resultate erst in der zweiten Prozeßhälfte erreicht werden.

Mit dem FMC-System konnte ein Programm zum Substratzulauf konzipiert werden, das den Soll-Wert der Alkoholkkonzentration kontrolliert. Auf diese Weise kann der Substratverbrauch optimiert werden, d. h. die Ausbeute (gerechnet in Endprodukt Backhefe pro Einheit eingesetzten Rohstoff Melasse) kann zum Teil beträchtlich erhöht werden. Mit der Verwendung des FMC-Systems zur kompletten Prozeßsteuerung können z. B. noch folgende Vorteile erreicht werden:

* Optimale Wirtschaftlichkeit des Prozesses
* Konstante Produktqualität
* Reduktion des Bedienungspersonals

Mit einem FMC-System können an zwei Fermentoren folgende Steuerungskreise kontrolliert werden.

- Befüllung des Fermenters mit vorher bestimmten Mengen an Wasser, Heferahm und Melasse, Beginn der Belüftung.
- Kontrolle des pH-Wertes durch Zugabe von Säure oder Lauge entsprechend einem vorher bestimmten pH-Verlauf.
- Kontrolle der Temperatur entsprechend einem vorher bestimmten Temperaturprogramm.

- Melasse-Zulauf nach einem vorher bestimmten Programm, wobei bis zu 30 Werte eingegeben werden können sowie automatisches Ende des Zulaufs nach Erreichen einer bestimmten Menge oder Zeit.

- Kontrolle des Alkoholgehalts durch automatische Korrektur des Melassezulauf-Programms entsprechend dem Alkohol-Sollwert.
- Zugabe von Nährstoffen proportional zum Melassezulauf, wobei die Nährstoffzugabe nach einer bestimmten Zeit oder Menge beendet werden kann.
- Nach einer vorherbestimmten Zeit oder Zulaufmenge werden die Steuerungskreise abgeschaltet und die Entleerungspumpen des Fermenters gestartet.
- Automatisches Reinigungs- und Sterilisationsprogramm.

Zusätzlich werden vom FMC-System Alarmsignale bei Über- oder Unterschreiten von Meßwerten oder bei Fehlfunktionen von Steuerorganen gegeben.

An Stelle des oben erwähnten Beispiels einer vollautomatischen Backhefesteuerung können auch Steuerungsprogramme für andere Prozesse der Nahrungsmittel- oder Chemischen Industrie angeboten werden.

Lagerrationalisierung durch automatisierte Kommissioniertechniken

Peter Krajacic, Knapp Fördertechnik, Graz

Die Lagerrationalisierung, von der hier die Rede sein soll, betrifft hauptsächlich die Möglichkeiten, die durch den Einsatz technisch-mechanischer Einrichtungen und Hilfsmittel geboten werden. Dabei werden in erster Linie folgende Punkte näher betrachtet:

- Die Verringerung des Platzbedarfs
- Minimierung der Materialbewegungen und der Transportstrecken
- Rationeller Personaleinsatz und weitgehende Vermeidung anstrengender köperlicher Tätigkeit
- Weitgehende Verringerung des räumlichen und zeitlichen Aufwandes für das Kommissionieren

Liegt der Schwerpunkt bei möglichst großer Einsparung an Lagerfläche, kann der Einsatz von **vollautomatischen Regalfahrzeugen** sehr zweckmäßig sein.

Ist hingegen hohe Kommissioniergeschwindigkeit das Kriterium, so wird man auf besonders griffgünstige Anordnung des Lagergutes Wert legen und die dabei zwangsläufig größeren Transportwege durch den Einsatz möglichst **intelligenter Fördertechnik** überwinden.

Für besonders hohe Anforderungen bietet sich der Einsatz von **Kommissionierautomaten** an.

Alle dargestellten Möglichkeiten erfordern aber den intensiven Einsatz moderner Prozeßsteuerungselektronik, wie an den nachfolgend beschriebenen Fallbeispielen demonstriert werden soll.

1.

Hochregallager in einem Elektronik-Fertigungsbetrieb und in einem KFZ-Ersatzteillager:

Um die hohe Anzahl von Teilen platzsparend unterzubringen und weil die Zugriffshäuigkeit pro Teil nicht sehr hoch ist, bietet sich diese Lösung an. Das Besondere ist aber die Verwendung von preisgünstigen Fachbodenregalen ohne besondere Genauigkeitsanforderungen, da das Regalfahrzeug mit einer besonderen Steuerungselektronik ausgerüstet ist, die sich an dem anzufahrenden Regalplatz justiert. Damit haben auch eventuelle nachträgliche Setzungen oder Verzug der Regale keinen Einfluß auf die Anfahrgenauigkeit.

Als Behälter werden handelsübliche Norm-Kunststoffkisten verwendet, die robust und preisgünstig sind.

Im dargestellten Fall haben die Behälter eine optisch lesbare Balkencodierung und einen fix zugeordneten Standplatz im Regal. Dadurch wird der Datenverkehr zum Regalfahrzeug sehr gering gehalten. Zur Behälteranforderung muß nur die Behälternummer eingetastet werden. Der Rücktransport erfolgt vollautomatisch, da an der Zuführungsstrecke zum Regalfahrzeug die Behälternummer von einem Infrarot-Leser erfaßt und der Steuerelektronik mitgeteilt wird. Dadurch kann vorab bei Verwendung mehrer Regalfahrzeuge der Behälter dem richtigen Regalfahrzeug zugeleitet werden. Während der Aufnahme des Behälters wird am Regalfahrzeug selbst nocheinmal die Behälternummer gelesen und dadurch vollautomatisch der richtige Standplatz im Regal angefahren.

Bei schwankender Lagerbelegung und bei höheren Durchsatzansprüchen können die Lagerplätze aber auch dynamisch verwaltet werden, indem der Computer für jedes Produkt, abhängig von dessen Gängigkeit und der Auslastung des Regales den Lagerort bestimmt und an das Regalfahrzeug übermittelt.

2.

Müssen seh' viele vorwiegend kleine und leichte Artikel in großen Stückzahlen mit hoher Geschwindigkeit kommissioniert werden, bietet sich der Einsatz einer durch das ganze Lager laufenden, **rechnergesteuerten Kommissionierförderanlage** an. Auf einer solchen Förderanlage laufen üblicherweise mit einem fixen Balkencode versehene Kunststoffbehälter, in welche die dem im Behälter mitgeführten Kommissionierbeleg entsprechende Ware per Hand eingelegt wird.

Anwendungsbeispiele finden sich hier in Auslieferungslagern verschiedenster Branchen, wie z.B. Pharmahandel, Elektronik-Bauteile-Handel, Buchhandel, diverse Ersatzteillager, usw.

Die Aufgabe des Steuerrechners besteht nun darin, einzelne Auftragsbehälter auf möglichst kurzem Weg durch das Lager zu steuern. Dazu wird die Förderstrecke in eine Anzahl von Abschnitten, sogenannte Kommissionierstationen, unterteilt, in welche der Kommissionierbehälter gezielt gesteuert werden kann. Dies geschieht folgendermaßen:

Am Auftragsstart wird ein bestimmter Auftrag einem bestimmten Behälter zugeordnet. Die Steuerinformation, die besagt, zu welchen Stationen im Lager der Behälter gefördert werden muß, kann entweder über Tastatur eingegeben werden, mittels OCR-Leser vom Kommissionierbeleg abgelesen werden, oder in der elegantesten Form von einem kommerziellen Host-Rechner des Kunden über eine on-line-Verbindung an den Steuerrechner der Förderanlage überspielt werden.

Von nun an steuert der Rechner den Auftragsbehälter zeitlich und räumlich auf einem optimalen Weg durch das ganze Lager. Dabei werden nicht benötigte Lagerbereiche ausgelassen, zu besetzten Lagerstationen können eine beliebige Anzahl von

Wiederholkreisläufen gefahren werden. In der Zwischenzeit werden die nicht besetzten Stationen abgearbeitet.

Abhängig vom vorgeplanten Fertigstellungstermin des Kommissionierautrages kann er auch im Bedarfsfall mit Vorrang vor weniger eiligen Aufträgen behandelt werden. Die Möglichkeiten hierzu reichen vom Reservieren von Plätzen in den Kommissionierstationen für sogenannte "eilige" Behälter bis zum Zurückweisen nicht eiliger Aufträge am Startpunkt, wenn die Förderanlage schon mit eiligen Aufträgen ausgelastet ist.

Durch die Verwendung solcher Fördersysteme mit der entsprechenden Steuerung und durch die damit verbundene Entlastung des Kommissionierpersonals von unnötigen Arbeiten werden beispielsweise im Pharmahandel Kommissionierleistungen bis zu 300 Zugriffen (sprich Auftragspositionen) pro Person und Stunde erreicht.

Um auch die Fehlerfreiheit der Kommissionierung zu gewährleisten, wird vielfach die sogenannte Wiegekontrolle eingesetzt. Dabei läuft das Fördergut an mehreren Stellen der Förderanlage über vollautomatische Wiegestationen und der Computer vergleicht Soll- und Istgewicht der kommissionierten Waren.

Die rechnergesteuerte Förderanlage erhöht in diesem Fall nicht nur die Geschwindigkeit des Ablaufes sondern ermöglicht auch eine qualitative Verbesserung der Kommissioniertätigkeit.

3.

Bei noch höheren Anforderungen hinsichtlich Geschwindigkeit und Genauigkeit erweist sich der Einsatz von **Kommissionierautomaten** als zweckmäßig. Das Nachfüllen der Produkte in die Vorratsmagazine des Automaten ist die einzige noch manuell durchzuführende Tätigkeit.

Die Steuerung der Kommissionierbehälter in den Automaten erfolgt prinzipiell ähnlich wie im vorigen Abschnitt beschrieben. Hier ist aber eine Übermittlung aller Daten für einen Auftrag, wie Artikelbezeichnung, Artikelanzahl und Lagerort on-line durch den Host-Rechner unerläßlich.

Die Leistung eines solchen Kommissionierautomaten für kleine Stückgüter liegt je nach Art der Produkte und Struktur der Aufträge bei etwa 800 bis 1200 Auftragsbehältern pro Stunde.

Erst der intensive Einsatz moderner Micro-Elektronik macht die Herstellung derart ausgeklügelter Steuerungen zu erschwinglichen Preisen möglich. Besonders wichtig ist ein reibungsloses Zusammenspiel von Elektronik und Mechanik. Deshalb sollte besonders darauf geachtet werden, daß sowohl Mechanik wie auch Hardware und Elektronik von ein und derselben Firma hergestellt und geliefert werden. In jedem Fall müssen aber bei Zusammenarbeit mehrerer Partner eindeutige Schnittstellen definiert werden können, um spätere Kompetenzstreitigkeiten zu vermeiden.

Besonders wichtig ist auch der zweckmäßige Aufbau des Konzeptes sowohl in der Hardware als auch in der Software. Unsere Erfahrungen haben gezeigt, daß es äußerst vorteilhaft ist, Software und auch Hardware möglichst dezentral zu konzipieren und aus mehreren Einzelelementen zusammenzusetzen. Die dabei entstehenden Netzwerke von mehreren Kleinrechnern sind nicht nur preisgünstig, sondern auch vom Kunden im logischen Ablauf leichter zu durchschauen, sodaß der Kunde im Fehlerfall selbst eine Eingrenzung der Ursachen durchführen kann und sich durch Austausch einzelner Komponenten selbst kurzfristig behelfen kann. Nur dadurch kann gewährleistet werden, daß Ausfallszeiten möglichst kurz gehalten werden können und die Förderanlage, wie immer sie auch im Detail konzipiert sein mag, tatsächlich jene Leistung bringt, die zur Erreichung kurzer Amortisationszeiten erforderlich ist.

Mikroprozessorgesteuertes Meß-, Regel- und Auswertesystem für Destillationsanlagen

Erhard Prantz, Krems Chemie

Inhalt

1. Krems-Chemie, Vorstellung eines Betriebes

Die Firma Krems-Chemie wurde 1948 gegründet und gehört heute mit rund 1,3 Milliarden Schilling Jahresumsatz und 500 Mitarbeitern zu den bedeutenden chemischen Betrieben in Österreich. Das Produktionsprogramm reicht von Phosphaten für die Waschmittelindustrie, über Formaldehyd und dessen Folgeprodukte, über Polyester-Kunststoff-Fertigteile bis zu Riechstoffen. Es umfaßt darüber hinaus aber auch Aluminiumsulfat für die Abwasseraufbereitung, Eisenoxid für Pigmentierungszwecke und die sogenannten Tallöl-Folgeprodukte.

Die Sparte Chemikalien stellt fast ausschließlich Grundprodukte her, die bei industriellen Großkunden eingesetzt werden. Das heißt, es werden große Mengendurchsätze mit sehr strengen Qualitätsspezifikationen gegen starke internationale Konkurrenz unter großem Preisdruck produziert.

Da die Krems-Chemie, als Privatunternehmen, im Gegensatz zu diversen Staatsbetrieben nur mit positivem Betriebsergebnis überleben kann, besteht der tägliche Kampf darin, die immer komplizierter herzustellenden Produkte in ständig strengeren Spezifikationsgrenzen sauberer, material- und energieschonender herzustellen. Hierbei verringern sich dann meist noch die Einzelmengen pro Produkt auf Kosten von Produktenvielfalt.

Der Einsatz moderner Technologien in der chemischen Industrie ergibt sich daher zwingend aus der Notwendigkeit der Einhaltung enger, ja engster Spezifikationsbänder und aus der Komplexität moderner Produkte. Der Einsatz eröffnet aber auch die Möglichkeit zur dringend notwendigen Produktivitätssteigerung und zur Einsparung von Material-, Energie- und Personalkosten.

2. Projekt Prozeßrechnereinsatz - Tallöl

Die Tallöldestillationsanlage stellt einen eher kleinen Teilbetrieb der Krems-Chemie dar (ca. S 120 Mio. Umsatz, 20 Mitarbeiter), und ist damit einem österreichischen Mittelbetrieb vergleichbar.
Verarbeitet wird ein Abfallprodukt der Sulfatzellstofferzeugung, das sogenannte Rohtallöl, das die ausgelaugten, natürlichen Inhaltsstoffe des Harzes, nämlich Fett- und Harzsäuren sowie Neutralstoffe enthält. Bei diesen Inhaltsstoffen handelt es sich um hochmolekulare Verbindungen, die thermisch labil sind und im Hochvakuum bei Temperaturen bis 280°C fraktioniert destilliert werden.

2.1. Verfahren

Das Verfahren zur ökonomischen Destillation von Rohtallöl stellt hohe Anforderungen an Material (Korrosionsstabilität, thermische Stabilität), an die Verfahrenstechnik und an die Regelung. In Krems wird nach dem heute anerkannt modernsten und ökonomischsten Verfahren der Welt, dem sogenannten Luwa-Krems-Verfahren, gearbeitet, wobei die Krems-Chemie als Patentinhaber Verfahren und Know-how gemeinsam mit der Firma Luwa weltweit vertreibt.
Die Anlage in Krems zählt mit ihren 13.000 jato Durchsatz heute zu den kleinsten Anlagen. Anlagen nach dem Luwa-Krems-Verfahren stehen in Schweden (130.000 jato), Finnland (70.000 jato), USA (2 Anlagen, 200.000 jato), Japan, Neuseeland und der UdSSR (in Bau).

Das Prinzip der Destillation besteht darin, zur Trocknung, Entpechung und als Reboiler an den Kolonnen rotierende Dünnschichtverdampfer einzusetzen, um die thermische Belastung des Produktes möglich zu minimieren. Das Destillationsverfahren ist im Ullmann (Technische Enzyklopädie) ausführlich beschrieben.

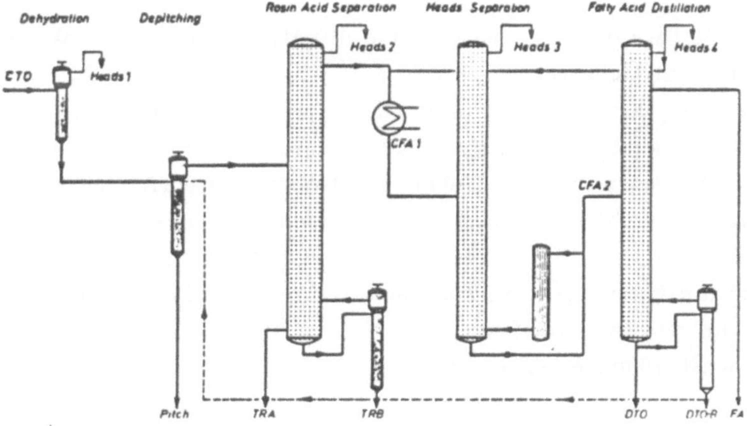

Wie aus obigem Schema hervorgeht, handelt es sich um einen vollkontinuierlichen Destillationsprozeß mit einem sogenannten "offenen Reboilersystem". Das heißt, daß Schwingungen des Systems, verfahrenstechnische Fehler oder Produktüberlastung direkt zu Minderausbeuten führen und daß daher eine sehr exakte Regelung des Gesamtsystems notwendig ist.
Nachdem neun Produkte mit sehr unterschiedlichem Preisniveau abdestilliert werden und die Änderung einer Komponente zwangsläufig Änderung bei den anderen

Komponenten bewirkt, ist es äußerst schwierig, die ökonomisch günstigste, aber verfahrenstechnisch gerade noch mögliche Verteilung zu finden.

Regelungs- und Steuerungsverbesserung durch den Einsatz von marktüblichen großen Prozeßrechnern bei Kunden (USA, Finnland), die zwischen 5 und 15 Millionen Schilling gekostet hatten, haben nur beschränkten Erfolg gehabt, weil die Analysendaten von Roh- und Endprodukt nicht berücksichtigt werden konnten und weil eine empirische, anlagen- und rohstoffangepaßte Optimierung nicht konsequent durchgeführt werden konnte. Darüberhinaus sind die chemischen Reaktionen (Dimerisierung, Decarboxylierung etc.) während der Destillation bis heute nicht völlig erforscht.
Berechnungen haben bereits 1982 ergeben, daß bei gleichem Durchsatz die normalen Schwankungen der Kremser Anlage Minderausbeuten von 2,5 Millionen Schilling pro Jahr ergeben und daß zusätzlich eine Durchsatzsteigerung von 10 % nochmal rund 2,5 Millionen Schilling Mehrerlös pro Jahr brächten.

Zur Verbesserung der Ökonomie der Kremser Anlage und zur weiteren verfahrenstechnischen Entwicklung wurde daher ein Prozeßrechner-System mit folgendem Anforderungsprofil gesucht:

- optimale Regelqualität (ausgereifte PID-Algoritmen, gute Kaskadenverknüpfungsmöglichkeit)
- hohe Verfügbarkeit und Ausfallsicherheit (4-Schicht-Betrieb)
- gute Speichermöglichkeit mit raschem Zugriff
- freie Programmierbarkeit (Betriebsprotokolle, Rezeptfahrweise)
- Bedienung durch vorhandenes Betriebs- und Laborpersonal
- Nutzungsmöglichkeit für Betriebsdatenkontrolle und Anlagenverwaltung
- Möglichkeiten zur Nutzung für die verfahrenstechnische Weiterentwicklung und zur Versuchsauswertung
- möglichst niedriger Preis

Nach langen, eingehenden Recherchen wurde das folgende System gewählt, wobei ein relativ geringer Komfort für den Anlagenfahrer aus Preisgründen in Kauf genommen worden ist.

2.2. Hardware

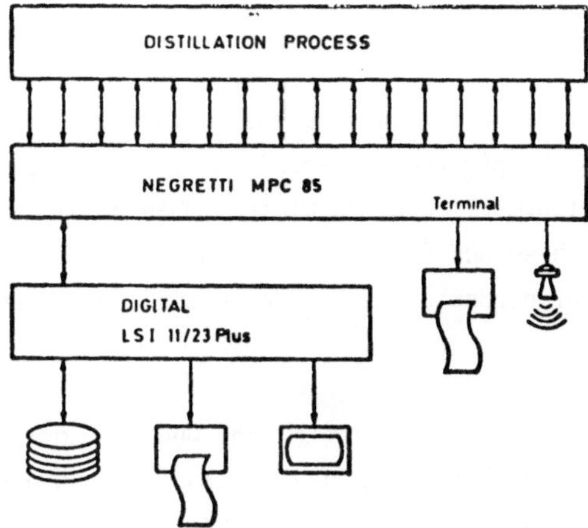

Ein kleiner Prozeßrechner (MPC-85 von Negretti) arbeitet im 2-Sekunden-Rythmus sämtliche 112 Eingänge, 16 Ausgänge sowie 48 digitale Ein- und Ausgänge ab und übernimmt damit die gesamte Regelungs- und Steuerfunktion der Anlage. Zusätzlich bedient er den Alarmdrucker bzw. Notabschaltungen. Die freie Programmierbarkeit des Gerätes läßt Protokollierung und Übersichtsdarstellung auf Tastendruck zu.

Als Master wurde eine PDP 11-23+ von Digital Equipment gewählt. Dieser Minicomputer ist mit einem 10 Mbyte Wechselplattenlaufwerk ausgerüstet und über eine RS-232-Schnittstelle mit dem Prozeßrechner verbunden. Er läßt die Auswertung der regelmäßig übernommenen Daten und eine Rücksendung von Sollwerten zu. Das Gerät hat sich in der rauhen Atmosphäre als standfest erwiesen. Der Preis liegt zur Zeit im Bereich deutlich weniger leistungsfähigerer Personalcomputer. In seiner Standardausführung kann er mit 7 Prozeßrechnern und/oder Terminals in einem echten Multiusersystem kommunizieren.

2.3. Software

2.3.1. MPC-85 (MSR-Bedienpaket)

Das Betriebssystem und das sogenannte MSR-Bedienpaket wurde von der Firma Negretti gekauft. Es handelt sich um ein sehr stabiles real-time-Betriebssystem, das bezüglich Selbsttest, Prioritätenaufteilung und Eigenkontrolle vorbildlich aufgebaut ist. Das sogenannte MSR-Bedienpaket läßt eine rasche, einfache Konfigurierung und Kalibrierung von Regelkreisen zu. Die oktale Meßstellenbezeichnung ist gewöhnungsbedürftig, aber durch die Ballastverringerung gerechtfertigt.

Die zusätzliche, freie Programmierbarkeit wird bei uns nur für wenige Protokolle und Zusatzverknüpfungen verwendet, weil der übergeordnete Rechner weit komfortablere Editiermöglichkeiten bietet. Ebenso wird die Möglichkeit, Sequenzen und Database auf EPROM zu brennen, nicht mehr häufig benutzt, weil diese über den übergeordneten Rechner ein- und ausgelesen bzw. gespeichert werden.

Die Kommunikationssoftware zwischen MPC-85 und DEC, der sogenannte Message-Handler, wurde von der Firma Negretti zugekauft. Auch hier handelt es sich um ein komfortables und standfestes Produkt.

2.3.2. DEC, PDP 11/23

Aufbauend auf dem Echtzeitbetriebssystem RT-11 wurde die gesamte Software des Masters in der Krems-Chemie entwickelt. Grundphilosophie dabei war, daß die Bedienprogramme von jedem Anlagenfahrer ohne Gebrauchsanweisung im Klartext und im Dialog bedient werden können und daß alle Eingaben auf Plausibilität überprüft werden. Weiters, daß streng abgestufte Zugriffsrechte vorhanden sind und daß bei möglichst vielen "Entscheidungseingaben" der Rechner einen Weg vorschlägt, der dann bestätigt oder abgeändert werden kann.

Ein besonderer Schwerpunkt der gesamten Software liegt in der Nutzung der anfallenden Daten für die verfahrenstechnische Weiterentwicklung, für verfahrenstechnische Rechnungen und Versuchsauswertungen.

Sämtliche Programme sind in Fortran geschrieben, wobei die ausgereifte Unterprogrammtechnik durch sehr strenge Dokumentationsvorschriften genutzt wird. Das heißt, daß heute eine Unmenge von fertig einbaubaren Unterprogrammen vorhanden sind, die die weiteren Software-Entwicklungskosten drastisch senken.

Die Programme können in drei Gruppen unterteilt werden:

a) Datenerfassung, Anlagenregelung
b) Betriebsprotokollierung
c) Auswertesoftware, VT-Software

a) Datenerfassung, Anlagenregelung
Es werden sämtliche Anlagendaten einmal pro Minute abgefragt, zu Mittelwerten verarbeitet, zu Trends, Stundenprotokollen, Bilanzen oder ähnlichem zusammengefaßt und ausgedruckt bzw. abgespeichert.

b) Betriebsprotokollierung
Die gesamte Produktion, auch von allen Zwischenprodukten, werden in Bilanz-, Schicht- und Tagesprotokollen dargestellt. Lagerstände, Lieferungen werden erfaßt und ebenso wie verfahrenstechnische Stufenüberblicke oder Alarmprotokolle angezeigt oder ausgedruckt.

c) Auswertesoftware, VT-Software
Es stehen insbesondere Programme zur Datenreduktion, zum Datensortieren, zur Datenkombination zur Verfügung. Mit diesen vor- bzw. aufbereiteten Daten können dann statistische Berechnungen, Korrelationen (auch höherer Ordnung), Verknüpfungen etc. gerechnet werden.

Alle Programme werden selbstverständlich im Dialog abgearbeitet. Eine Kombination der Unterprogramme für neue Aufgabenstellungen ist sehr einfach durchzuführen.
Zusätzlich gibt es noch Programme, die die jeweiligen wirtschaftlichen Daten mit den anlagentechnischen Ergebnissen verknüpfen.

2.4. Erfahrungen, Ergebnisse

Die größte Überraschung war hardwaremäßig die Standfestigkeit des Systems. Die aufgebauten Notpläne zur Umstellung auf das alte pneumatische System wurden nur im Training benutzt. Seit 3 Jahren läuft das System Tag und Nacht bei Temperaturen von 0 - 45°C.

Softwaremäßig wurde das System zur konsequenten, verfahrenstechnischen Weiterentwicklung benutzt. Es wurden Unmengen von Korrelationen errechnet, Durchsätze mit Ausbeuten und Qualitäten korreliert und neue Abhängigkeiten gefunden. Es konnte der Durchsatz um 15 % erhöht und der Know-how-Vorsprung zu unseren Kunden weiter aufrecht erhalten werden.
Der wirtschaftliche Vorteil betrug von einem Jahr auf das andere 2 bis 5 Millionen Schilling an Mehrausbeuten und/oder Energieeinsparungen und es war möglich, Qualitätskriterien einzuhalten, die noch vor drei Jahren undenkbar waren. Darüberhinaus konnte die Fahrweise in den Grenzbereich zwischen not-

wendige Qualität und mögliche Ausbeute gedrückt werden.

Ab 1985 gelang es, zusätzlich den Betrieb einer Umweltschutzanlage (Abwasser- und Abluftverbrennung) über das System so zu regeln, daß es trotz wechselnder Abfallqualität und -menge als Präzisions-HT-Anlage für die Destillation benützt werden kann. Durch intelligente Vorherberechnungen werden rund 1,5 Gkal. bei 370°C abgegeben, wobei die Temperatur um weniger als ± 1°C schwankt.

3. Zukunftsperspektiven

Da der DEC-Rechner trotz Konti-Betrieb über 8.500 Stunden pro Jahr nicht genügend ausgelastet ist, wurde auf das Multiuser-Betriebssystem RSX umgestellt. Dies ermöglicht eine billige Mitbenützung des MPC-85 durch eine benachbarte Anlage, die nur wenige Regelkreise benötigt.
In dieser Anlage werden Geruchsstoffe hergestellt, für die sehr präzise Reinigungsoperationen aufgrund von GC-Daten notwendig sind.
Diese Daten werden dem DEC-Rechner übergeben, der dann nach den Regeln von Underwood die jeweiligen Mindestrücklaufverhältnisse errechnet, diese Werte empirisch korrigiert und an den MPC-85 des Tallöls weitergibt. Dieser regelt dann die benachbarte Pine Oil-Destillationskolonne. Neben der Möglichkeit, nun viel bessere Produkte herzustellen, beträgt alleine die Energieeinsparung an der Kolonne S 50.000,--/Monat.

Seit dem Einsatz des Masters als Sollwertgeber für den MPC-85 war die Umstellung auf RSX (Multiuser) und die Installation eines eigenen Minicomputers (Micro-PDP-11) zur Programmentwicklung und zur VT-Auswertung notwendig. Ungetestete Programme hätten den Rechner zum Absturz bringen können, was mit großem wirtschaftlichem Risiko verbunden ist. Darüber hinaus war der Rechner durch sehr aufwendige, rechenintensive verfahrenstechnische Programme stark belastet. Vorteil des Systems ist, daß bei Ausfällen des Tallölrechners ein backup zur Verfügung steht.

Die positiven praktischen Erfahrungen und die Erkenntnis des wirtschaftlichen Vorteils einer Weiterentwicklung bestehender Verfahren hat dazu geführt, daß 1986 ein zusätzlicher MPC-85 in einem weiteren Betrieb der Krems-Chemie (Formaldehydanlage) installiert wird, der dann ebenso dem altbewährten Master der Tallölanlage untergeordnet wird.

Das folgende Schema zeigt die vorläufigen Vorhaben bis 1987, wo dann insgesamt vier Betriebsanlagen mit zwei MPC-85 und einem übergeordneten Master gefahren, kontrolliert und insbesondere weiterentwickelt werden können. Der Gesamtpreis des Systems liegt weit unter dem sogenannter "kleiner" Prozeßrechnersysteme, die derzeit am Markt angeboten werden.

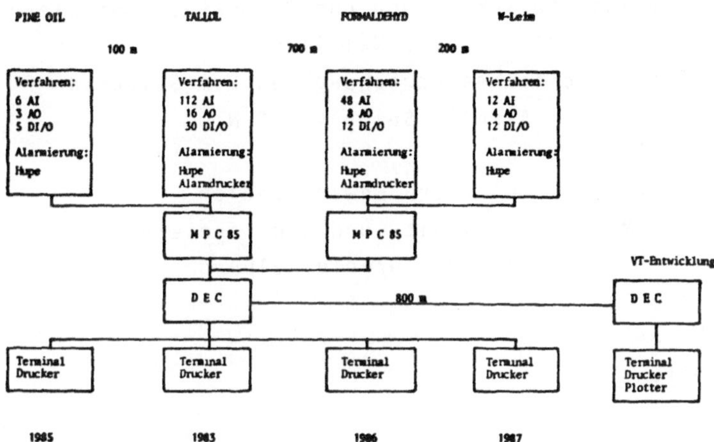

Automatisierte Verpackung und Produktionsoptimierung

K. Wallisch
Österreichisches Forschungszentrum Seibersdorf
A-2444 Seibersdorf N.Ö.

Dir. Dr. Edwin Stadler
MIRABELL Bisquit- und Confiseriefabrik
A-5082 Grödig/Salburg

1. Einleitung

Vom Österreichischen Forschungszentrum Seibersdorf wurde für die Firma Mirabell, Salzburger Confiserie- und Bisquit-Ges.m.b.H., mit finanzieller Unterstützung der Handelskammer Salzburg und der Bundeswirtschaftskammer eine Sondermaschine zur automatischen Verpackung von Mozartkugeln entwickelt.

Die Kugeln werden von sogenannten Stannioliermaschinen, rein mechanisch mit einem Takt von etwa 0,6 Sekunden arbeitenden, die Schokoladekugeln mit bedruckter Aluminiumfolie umhüllende Sondermaschinen übernommen, und orientiert in zur Zeit fünf unterschiedlichen Kartons verpackt. Unter orientiert ist zu verstehen, daß, wenn die Verpackung geöffnet wird, die auf die Aluminiumfolien gedruckten Mozartbildnisse oben liegen und die Blickrichtung gleich ist. Vorläufiges Ziel der Fa. Mirabell ist, drei der insgesamt fünf Stannioliermaschinen mit den entwickelten Verpackungsautomaten auszustatten und durch ein einheitliches Materialtransportsystem zu ergänzen. Einer dieser Verpackungsautomaten, der Prototyp, wurde ausgiebig vor Ort getestet, zwei weitere Geräte sind knapp vor der Fertigstellung, sodaß das Ziel der Fa. Mirabell voraussichtlich bis Mitte des Jahres realisiert werden kann.

2. Projektabwicklung

2.1. Randbedingungen

Bei der Konzeption des Verpackungsautomaten waren folgende von der Fa. Mirabell vorgegebenen Auflagen zu berücksichtigen:

- Der Verpackungsautomat soll ein Beistellgerät sein; Eingriffe oder Änderungen an den bestehenden Fertigungseinrichtungen sollen unterbleiben.

- Bei Störungen am Verpackungsautomaten soll die bestehende Fertigungseinrichtung ohne Unterbrechung weiter betrieben werden können.

- Der Verpackungsautomat soll auf alle vorkommenden Verkaufspackungen umgerüstet werden können.

- 95% der Mozartkugeln sollen mit einer Abweichung von kleiner als ± 15° von der Idealstellung positioniert werden, jedoch sollen gezielte Unregelmäßigkeiten den Eindruck einer maschinenhaften Verpackung vermeiden.
  Die Abweichungstoleranz soll zusätzlich einstellbar sein.

- Mozartkugeln , die außerhalb dieser Toleranz liegen, sollen nicht in die Kartons verpackt werden, sondern in einen gesonderten Behälter geleitet werden (zum Verkauf als loses Stückgut).

- Nicht stanniolierte Mozartkugeln sowie Mozartkugeln mit zu geringem Gewicht (fehlende Füllung) sollen erkannt und ausgeschieden werden.

- Der Verpackungsautomat soll alle Mozartkugeln verpacken können, die im Mittel jede 0,6 Sekunden von der Stannioliermaschine kommen, wobei nach Möglichkeit auch unregelmäßig (schneller) eintreffende Kugeln noch abgearbeitet werden sollten.

2.2. Projektablauf

Im Vorprojektstadium wurden zur Klärung der prinzipiellen Realisierbarkeit einer Bildlageerkennung Versuchsmessungen mit optischen Meßmethoden erfolgreich durchgeführt. Weiters ergaben Beobachtungen an den Stanniolиermaschinen, daß für die endgültige Positionierung der Mozartkugeln eine Drehung um nur eine Achse, nämlich der Drehachse im Rollkanal, ausreichend sein könnte. Zur Absicherung dieser grundlegenden Beobachtung sowie zur Überprüfung der technischen Realisierbarkeit des Projektes wurde die Durchführung einer Vorstudie vereinbart.

Im Rahmen der Vorstudie wurde ein Gesamtkonzept erarbeitet und jene Teile und Baugruppen, die als kritisch, entweder in ihrer Funktion oder in ihrer Geschwindigkeit, erkannt wurden als Labormodell gefertigt und getestet. Dabei wurden im wesentlichen folgende Detailarbeiten durchgeführt:

- Zur Kontrolle, ob die Drehung der Kugeln um eine Achse ausreichend ist, wurden Videoaufnahmen der aus dem Rollkanal der Stanniolиermaschine kommenden Mozartkugeln durchgeführt und ausgewertet.

- Ein Bildsensor und ein Auswerteverfahren wurde entwickelt, das die Bildorientierung absolut nach zwei Achsen hin erkennt.

- Ein mechanischer Aufbau zur Kugelpositionierung inklusive dem vorhin erwähnten Bildsensor und einer geeigneten Microprocessorsteuerung wurde zur Überprüfung der Meß- und Positionierdauer gebaut.

- Ein Computersimulationsprogramm zur Überprüfung der im Gesamtkonzept vorgesehenen gleichzeitig ablaufenden Bewegungsvorgängen im Hinblick auf Abarbeitungsgeschwindigkeit bei unregelmäßig zugeführten Kugeln wurde erstellt.

Die Vorstudie ergab, daß der Bau einer, den Vorgaben entsprechende Verpackungsmaschine realisierbar ist. Die gemessenen Verarbeitungsgeschwindigkeiten lagen je nach Bildnislagen der eingelaufenen Mozartkugel zwischen ca. 400 und 500 ms, sodaß auch gewisse Unregelmäßigkeiten in der Kugelzuführung ausgeglichen werden können.

Mit der im Februar 1983 seitens der Fa. Mirabell eingelangten Bestellung wurde mit der Konstruktion und Fertigung eines Prototyps entsprechend dem in der Vorstudie erarbeiteten Konzept begonnen. Das Gerät wurde im Dezember 1983 bei der Fa. Mirabell installiert und ohne größere Probleme in Betrieb genommen.

Nach ausführlichen Tests im Laufe des Jahres 1984 wurde im Dezember 1984 durch die Bestellung von zwei weiteren Geräten die letzte Projektphase eingeleitet. Die Verpackungsmaschinen stehen knapp vor der Fertigstellung und werden voraussichtlich bis Mitte des Jahres bei der Fa. Mirabell installiert sein.

3. Gerätebeschreibung

3.1. Mechanischer Aufbau

Abb. 1 zeigt den prinzipiellen Geräteaufbau. Unmittelbar nach der Übernahme der Mozartkugeln vom Rollkanal erfolgt die Gewichts- und Verpackungskontrolle; fehlerhafte Kugeln werden durch einen nachfolgenden Ausstoßmechanismus ausgeschieden. Nach dem Passieren dieser Kontrollstation erreichen die Kugeln die Bypassklappe, die dann in Funktion tritt, wenn die Verpackungsmaschine die nachfolgenden Kugeln nicht verarbeiten kann. Das kann eintreten, wenn die Kugeln in zu rascher Folge eintreffen, aber auch im Falle von Maschinenstörungen jeder Art. Die Stanniolirmaschine kann in jedem Falle weiterbetrieben werden; es wird dann loses Stückgut hergestellt. Die Kugeln laufen anschließend in die Positioniereinheit, wo sie innerhalb von drei Gummiwalzen drehbar eingespannt werden. Ein Sensor erkennt das Vorhandensein einer kugel und startet den Meß- und Positionierablauf. Die Kugel wird gedreht, die Bildnislage gemessen und eine entsprechende Positionierung durchgeführt. Im nächsten Schritt werden durch seitliches Wegklappen der beiden unteren Walzen die Kugeln einem Rundmagazin übergeben, das die Kugeln in Richtung Schachtelfüllstation befördert. Kugeln, deren Bildnislage während der Messung als gut eingestuft wurde, werden mittels Preßluftzylinders in die Verpackung eingestoßen. Schlecht positionierte Kugeln werden durch das Rundmagazin weiter befördert und in einer gesonderten Position ausgestoßen. Ein Koordinatentisch in Verbindung mit einer CNC-Steuerung bewegt die zu füllenden Schachteln und positioniert jeweils die nächste frei Position unter der Schachtelfüllstation. In bestimmten Koordinatentischpositionen werden die fertig gefüllten Schachteln auf ein Förderband ausgestoßen bzw. neue Schachteln vom Schachtelmagazin eingezogen.

3.2. Elektronische Baugruppen/ Hard- und Software

Die Intelligenz des Gerätes ist auf zwei unabhängige Funktionsblöcke verteilt, die untereinander nur ein Minimum an Informationen austauschen. Es sind dies:

- eine zugekaufte CNC-Steuerung, welche die Steuerung des Koordinatentisches, des Rundmagazines sowie einigen Aktoren übernimmt,

- eine vom ÖFZS entwickelte Mikrocomputereinheit samt Peripherie, welche die Verarbeitung der Sensorsignale und die Ansteuerung der Aktoren, soweit dies nicht von der CNC-Steuerung geschieht, vornimmt. Der Rechner ermittelt auch die richtige Bildlage, überwacht kritische Funktionen und gibt Betriebszustandsinformationen auf einem Display aus.

Diese Hardware-Konfiguration unterstützt ein eigens für dieses Projekt entwickeltes Betriebssystem. Es besitzt eine echtzeitfähige Ablaufsteuerung, mit der mehrere Prozesse quasi parallel abgearbeitet werden können.

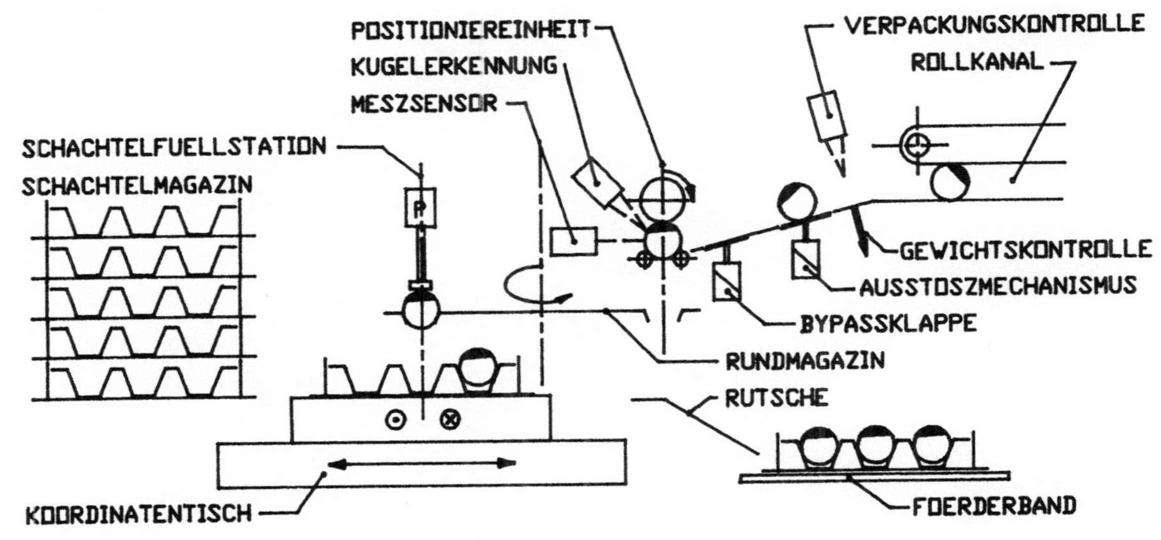

ABB. 1 PRINZIPIELLER AUFBAU DER VERPACKUNGSMASCHINE

Die Rolle der Klein- und Mittelbetriebe in der japanischen Wirtschaft unter Berücksichtigung neuer Automatisierungstechniken

Diskussion mit Vertretern des japanischen Industrieministeriums und der japanischen Gesellschaft für Industrieroboter JIRA und Repräsentanten aus der österreichischen Wirtschaft und Wissenschaft

Moderator:
Univ.-Prof. Dipl.-Ing. Dr. Fritz Paschke
Vizepräsident der Japanisch-Österreichischen Technologiegesellschaft Wien

Direktor Ichiro Ishikawa

Industrial Robot Department,
JETRO Düsseldorf Center
JIRA-Europe

Direktor Seji Okita

Machine Tool Department
JETRO Düsseldorf Center,
JMTBA-Europe

Dipl.-Ing. Yoshiyuki Sakurai

Berater für Deutsch-Japanische Kooperation in der BRD,
freier Mitarbeiter für JETRO

Geschäftsführer Sten Haeggblom

Österreichische ASEA
Elektrizitäts-Ges.m.b.H.

Direktor Ing. Gottfried Wolf

Siemens AG Österreich

Dipl.-Ing. Gerald Meyer

Bereichsleiter des Österreichischen Forschungszentrums
Seibersdorf Ges.m.b.H.

Japanische Förderungsmaßnahmen auf dem Gebiet der Anwendung von Industrie-Robotern

Yoshiyuki Sakurai, JETRO, Recklinghausen, BRD

Bei Industrie-Robotern und flexiblen Fertigungssystemen handelt es sich um höherorientierte, technologische Kompositionen mit erhöhtem Kostenaufwand, die sich durch rasante technische Fortschritte auszeichnen. Um die Einführung neuer Techniken bei IR-Anwendern, besonders bei klein-und mittelständischen Betrieben zu erleichtern, die trotz starken Interesses an IR und FMS aus Kostengründen oder wegen schnellerer Überholung des technischen Standes Scheu haben, neue Automatisierungstechniken anzuwenden, sind seit 1980 verschiedene administrative Maßnahmen zur Förderung der Verbreitung neuer Fertigungstechnik getroffen worden.

1. IR/FMS-Leasing (JAROL)

Im April 1980 wurde JAPAN ROBOT LEASING CO.LTD. mit dem Ziel von Roboter-Leasing (erweitert auf FMS ab 1984) gegründet (Grundkapital: 423 Mill Yen, Aktionäre: 83 Roboter-Hersteller, 20 Haftpflichtversicherer und 7 Leasing-Unternehmer). Die Gesellschaft kann sich zu 60% zu Sonderkonditionen bei der staatlichen Japanischen Entwicklungsbank refinanzieren. Ab 1984 wurden die Leasing-Objekte auf FMS erweitert, um dem Bedarf an FA/FMS Rechnung zu tragen.
Die Leasing-Objekte beschränken sich jedoch auf IR sowie deren Anwendungssysteme (IR/NC-Werkzeugmaschinen) von Kapitalgebern für JAROL.

2. Sonderfinanzierung für IR-Anwendung zwecks Humanisierung der Arbeitsplätze

Hierbei handelt es sich um zinsgünstige, langfristige Mittel der staatlichen Kreditinstitute (Kreditinstitut für den Klein- und Mittelstand/ Volkskreditinstitut) für den IR-Einsatz bei gefährlichen Arbeitsprozessen bzw. erschwerten Arbeitsbedingungen (Gießen, Schmieden, Pressen, Kunststoffspritzgießen, Wärmebehandlung, Lackierung u.a.).

Förderkreis: Betriebe mit Grundkapital unter 100 Mill bzw. 10 Mill Yen oder Belegschaft unter 300 bzw. 100.

Kreditgrenze: 350 Mill bzw. 35 Mill Yen pro Betrieb
Zinssatz: 1 bis 3 Jahr 7,1%, ab 4.Jahr 7,15% p.a.
(Stand: August 1985)
Laufzeit: max. 15 Jahre

3. Investitionsförderungssteuergesetz für die Einführung einer neuen Technologie bei Klein-und Mittelbetrieben (Mechatronik-Steuergesetz)

Das Gesetz schreibt Sonderabschreibung oder Steuerfreiheit für neue Investitionen vor für Klein-/Mittelbetriebe, die durch Erwerb oder Leasing neue Techniken zum Einsatz bringen, und zwar;

Objekte: Mechatronik-Systeme einschl.Computer im Wert von über 1,4 Mill Yen (in gesamten Leasingraten von über 1,9 Mill Yen)
Förderungsfähige Techniken sind eng gefaßt, und zwar freiprogrammierbare IR mit Freiheitsgrad v. mehr als 3 einschl. Rechner zwecks der IR-steuerung, Peripherie-Vorrichtungen, Systeme zur Be-und Entladung, Förderung u.a.

Beim direkten Erwerb: Sonderabschreibung 30% des Kaufpreises oder 7%ige Steuerbefreiung im ersten Jahr

Bei Investition durch Leasing: 7%ige Steuerfreiheit für 60% der gesamten Mietkosten im ersten Jahr

Bedingungen:

(a) Leasing-Vertragsdauer über 5 Jahr und unter betriebsgewöhnlicher Nutzungsdauer nach amtlicher Abschreibungstabelle
(b) Feststehender Gesamtbetrag der Mietkosten für jedes Investitionsobjekt
(c) Gleichmäßige, regelmäßige Zahlweise der Leasingraten
(d) Der Zeitraum für Investitionsbetätigungen sind begrenzt, und zwar auf 1.4.1984 bis 31.3.1986.

4. Zinsgünstige Mittel der Gebietskörperschaften zur Förderung der Anlagenmodernisierung bei mittelständischen Betrieben

Förderungsfähige Objekte sind jährlich durch das Japanische Wirtschaftsministerium (MITI) vorzuschreiben; ab 1980 können diese Mittel für den Kauf von IR beantragt werden.

(1) Zinslose Mittel zur Anlagenmodernisierung
Bei den Gebietskörperschaften werden Sonderkassen errichtet, um staatliche Zuschüsse sowie eigenes Mittel in gleicher Höhe als Grundkapital den mittelständischen Unternehmen zinsloses Darlehen zu gewähren, und zwar bis zur Hälfte der Investitionssumme, jedoch max. 15 Mill Yen.

Förderkreis: Klein-und Mittelbetriebe mit Belegschaft unter 100

Laufzeit: max 5 Jahre (zinslos)

(2) Ausleihe der Modernisierungsanlagen
Hierbei handelt es sich um Ratenkauf der Maschinen, deren Eigentumsrecht so lange bei den dafür bei einzelnen Gebietskörperschaften errichteten, gemeinnützigen Korporationen bleibt, bis der Kaufpreis endgültig bezahlt worden ist. Ziel dieser Maßnahme ist es, noch kapitalschwächeren Kleinbetrieben mit weniger Fachwissen nicht nur finanziell, sondern auch bei Auswahl geeigneter Maschine aktiv zu helfen.

Förderkreis: Kleinbetriebe mit Belegschaft unter 20

Fördermittel: max. 20 Mill Yen

Zinssatz: 5% p.a.

Laufzeit: max. 4 Jahre 6 Monate

5. Kreditversicherung bei Ratenverkäufen von Maschinen
Versicherungsnehmer sind ausschließlich Hersteller und Händler der Maschinen, die Ratenverkaufsverträge mit Klein-und Mittelbetrieben abgeschlossen haben; Ziel der Maßnahme ist es, die Versicherungsnehmer vor Risiken, die infolge Bankrott oder Zahlungsunfähigkeit der Ratenkäufer einerseits zu schützen, andererseits Anlagenmodernisierung bei mittelständischen Unter nehmen durch Ratenkäufe der neuen Maschinen zu fördern.
IR als Versicherungsobjekte sind breiter gefaß als nach VDI-Definition.

6. Schadenversicherung
In Japan sind z.Zt. 21 Versicherungsunternehmer, speziell für Schaden im Zusammenhang mit IR, tätig. Versicherungsobjekte sind IR einschl. Zubehöre, Maschinen und Vorrichtungen in Umgebung von installierten IR, Werkstücke (Material, halbfertige und fertige Waren). Hierdurch werden die durch plötzlich auftretende Unfälle entstehenden Schäden ersetzt.

Robotisierung in Klein- und Mittelbetrieben in Japan, Schweden und Österreich. Einige Vergleiche und Erfahrungen

Sten Haeggblom MBA *)

Die Verwendung von Industrierobotern (High-Technology-Robots, das heißt, Playback-, NC- and Intelligent Robots) ist in Japan in Klein- und Mittelbetrieben mit Ausnahme von **Unterlieferanten** für die japanische Auto-, Elektro- und Elektronikindustrie nicht besonders weit verbreitet.

Japanische Autohersteller verwenden ein großes Netz von Komponentenherstellern. Der Konkurrenzkampf ist mörderisch. TOYOTA erwartet z.B., daß die Unterlieferanten die Komponentenpreise um wenigstens 3 % Jährlich senken. (Führt zu sehr starker Automatisierung)

In Österreich haben sich mehrere Klein- und Mittelbetriebe auch als Unterlieferanten, vor allem für die deutsche Automobilindustrie, etabliert. Auch hier ein sehr harter Konkurrenzkampf, um nominiert zu werden. Nicht nur der Preis ist ausschlaggebend, sondern auch

- gleichmäßige Qualität:
- Lieferung mit Qualitätskontrollgarantie, d.h., die montierende Autoindustrie spart sich die Eingangskontrolle
- Lieferung zu einer bestimmten Uhrzeit
- Möglichkeit Mehr- bzw. Mindermengen gegenüber der Bestellung zu liefern
- Flexible Verschiebungen innerhalb von Komponentenfamilien aufgrund von nicht vorhersehbarem Verhalten der Autokäufer
- Flexibilität und Zusammenarbeit in Produktentwicklung

***) Sten Haeggblom MBA, Geschäftsführer**

Österreichische ASEA Elektrizitätsges. mbH
A-2345 Brunn am Gebirge, Industriestraße B/15, Tel.: 02236/26110-0

Die Österreichische ASEA ist eine Tochtergesellschaft des schwedischen Elektro- und Elektronik-Konzerns ASEA AB, einem der beiden führenden Roboterhersteller der Welt.

Das alles gibt wesentliche **Konkurrenzvorteile** für den Unterlieferanten, der in neuen **flexiblen Automatisierungstechniken** investiert.

Eine sehr wichtige und ziemlich selbstverständliche Erfahrung ist, daß der Industrieroboter selbst keine Flexibilität garantiert. Auch die Peripherieausrüstung muß programmierbar und flexibel sein. Eine Investition von zwei bis drei Millionen öS pro Arbeitsplatz muß ins Auge gefaßt werden. Die Vorteile gegenüber einem starren Fertigungsautomaten liegt darin, daß man schnell ein Produktsortiment ändern kann, sollte ein Großabnehmer wegfallen.

In Japan rechnet man (Yano Research Institut Ltd.), daß Industrieroboter in der Zukunft für folgende Zwecke eingesetzt werden:

Car Components Industry in Japan

Graph V-28 Projected User Needs for Robots by Function

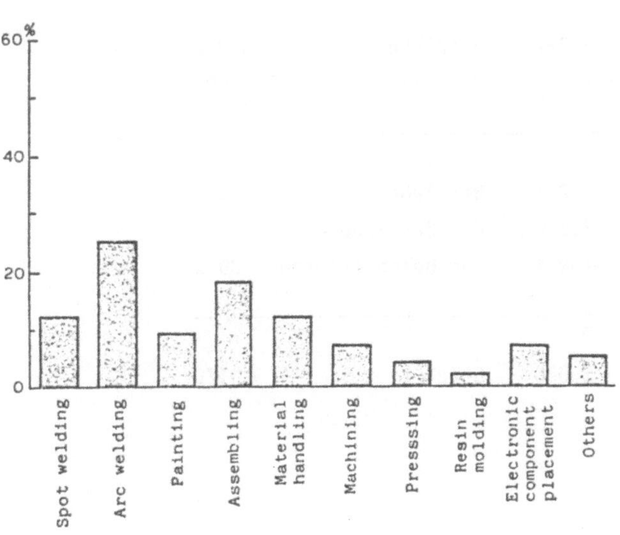

Arc Welding, d.h., Lichtbogenschweißapplikation, ist in Österreich eine bekannte Technologie. Bei dem zweitgrößten Verwendungszweck "Assembling" - Montage - haben wir vieles zu lernen und nachzuholen.

Da VOLVO und SAAB auch mehrere Endmontagefabriken für Autos in Schweden betreiben, finden wir dieselbe Art von Unterlieferanten oben im Norden. Dies ist aber nicht die ganze Erklärung, warum Schweden und nicht Japan die größte Roboterdichte der Welt aufweist:

High Technology Robots pro 10.000 Industriearbeiter 1985

Schweden	Japan	Österreich
26	**18**	**3**

Mit Ausnahme dieses gravierenden Unterschiedes ist die Industriestruktur Schwedens verglichen mit Österreich sehr ähnlich.

	Schweden		Österreich
Insgesamt	9.352	Betriebe	8.972
	775.000	Beschäftigte	575.000
wovon mit mehr als	231	Betriebe	172
500 Arbeitnehmern	2,5 %	der Betriebe	2 %
	39 %	der Beschäftigten	39 %
Industrieroboter1985	**2.000**	**Stück**	**170**

Schweden ist ein kleines Industrieland. 8 Millionen Einwohner. Firmen mit technischen Finalprodukten können auf dem Heimatmarkt nicht überleben. Man muß in den Export und auf dem Weltmarkt auftreten. Die neuen flexiblen Automatisierungstechniken bieten auch Klein- und Mittelbetrieben die Stärken von Großbetrieben, d.h. gleichmäßige Qualität und Serienfertigung sowie schnelle Reaktion auf Marktveränderungen und Sonderwünsche des Kunden.

Diese **exportorientierten Klein- und Mittelbetriebe** gibt es überhaupt nicht in Japan. Sogar die japanischen Roboterhersteller sind nicht besonders exportorientiert. 80 % der japanischen Roboterproduktion bleibt in Japan. Der größte europäische Hersteller, die schwedische ASEA, exportiert 95 % der Roboter und betreibt Fabriken in mehreren Teilen der Welt, unter anderem auch in Japan.

Einige wichtige Erkenntnisse verschiedener schwedischer Unternehmer, die diese Exportstrategie gewagt haben, sind:

- Erfolg oder Nicht-Erfolg wird schon im Verkauf bestimmt. Wird ein Konkurrenzvorteil, d.h., größerer Marktanteil und Fertigungsvolumen, dadurch erreicht, daß man Sonderwünsche des Kunden schnell realisieren kann? Bekommt man **höhere Marktpreise** dadurch, daß man nicht nur Modell A und B sondern auch C, D und E anbieten kann?

- Beginnend **von der Konstruktion an** muß ein Produkt bzw. die zu fertigende Komponentenfamilie robotergerecht ausgeführt werden. Oft handelt es sich nur um kleine Änderungen, die kaum Kosten verursachen. Nachsicht und Konstruktionsintelligenz machen sich hier schnell bezahlt.

- Damit verbunden geht Hand in Hand die Veränderung der **Arbeitsvorbereitungstechnik.**

- Wesentlich ist auch die Durchleuchtung des **Materialflusses vor und nach dem Roboterarbeitsplatz**, um die Lagerhaltung und die Durchlaufzeiten entsprechend zu reduzieren.

- Eine **Politik der kleinen Schritte** im Einstieg in diese neuen Technologien ist zu empfehlen.

Eine **dritte Chance für Klein- und Mittelbetriebe** bei diesen neuen Automatisierungstechniken bietet die Möglichkeit, als Bindeglied zwischen Anwendern und Roboter- bzw. Peripherieproduzenten zu fungieren.

In Japan gibt es über 100 verschiedene **Robot-Engineering-Companies**. In unserem Nachbarland der Schweiz, das auch keine Autoindustrie besitzt, gibt es schon sechs bis sieben sogenannte **Systemhäuser** und doppelt soviele Roboter wie in Österreich.

Hierzulande bemüht sich das halbstaatliche Forschungszentrum Seibersdorf, diese Marktlücke zu erfüllen. Der Robot-Marktleader ASEA unterhält in Brunn am Gebirge ein Roboter-Center, wo Verfahrenstechnologien demonstriert und ausprobiert werden können. Es muß aber auch einen Platz für kleinere privatökonomische und unabhängig geführte Beratungsfirmen geben, die z.B. eine Montagezelle für Elektrokomponenten (wie z.B. unten abgebildet) mit dem Endkunden gemeinsam konzipieren, von verschiedenen Lieferanten einkaufen und in Betrieb setzen.

Vielleicht ein Anstoß für irgendeinen Arbeitsvorbereitungschef in einem Betrieb der österreichischen Großindustrie, der schon ein paar Roboter in Betrieb genommen hat, sich selbständig zu machen?

Die Auswahl verschiedener Robot-Typen, Sensoren und Peripheriegeräte ist derart groß und die verschiedenen Industrieausstellungen so unübersichtlich, daß Unternehmen in der Klein- und Mittelbetriebskategorie für eine gut fundierte und auf praktische Erfahrungen basierende Beratung zu zahlen bereit sind.

Elektrische Relais-Montagezelle (Werkbild ASEA)

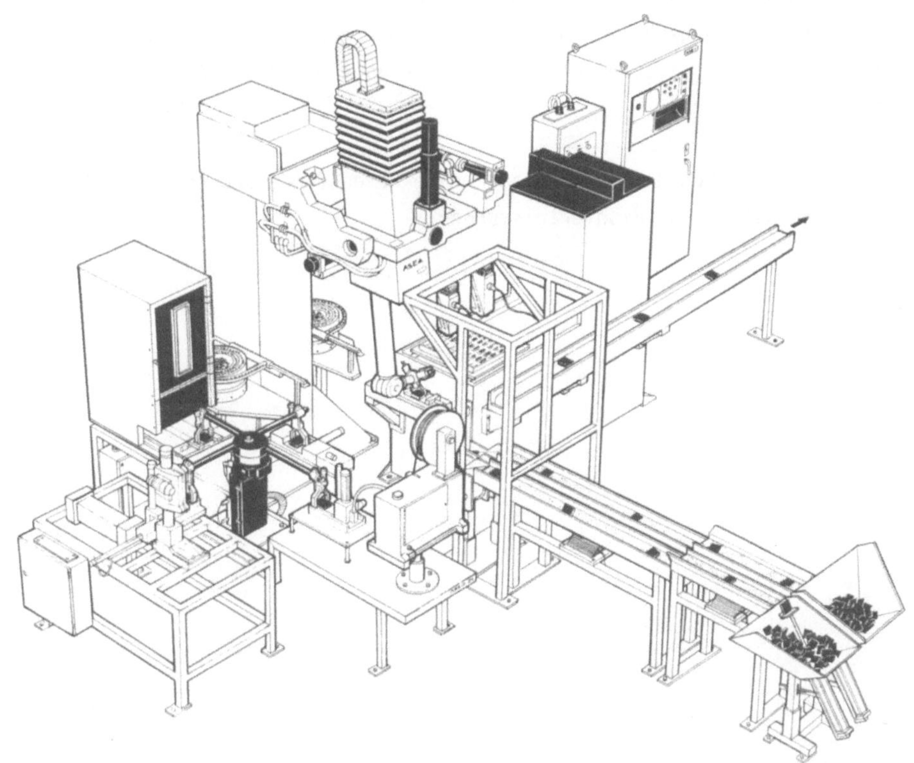

DAS ASEA MONTAGE KONZEPT

Wo findet aber ein Unternehmer, der in solch flexiblen Montageanlagen für Elektrokomponenten investiert, seine Endabnehmer?

In Japan stehen unter den **Unterlieferanten für die Elektro- und Elektronikindustrie** und innerhalb dieser Industrien selbst schon mehr Roboter im Einsatz, als bei der Autoindustrie mit Zulieferern. Denselben Trend können wir mit Sicherheit auch in Europa und in Österreich erwarten.

IBM z.B. unterhält in Österreich ein Einkaufsbüro und wäre mit Sicherheit sehr froh, mit österreichischen Klein- und Mittelbetrieben zusammenarbeiten zu können, die Fertigungsmöglichkeiten (wie oben abgebildet, oder ähnliche) besitzen und bereit sind, Anforderungen, wie oben unter der Autoindustrie erwähnt, zu erfüllen.

Ein unternehmerisches Risiko aber auch eine Herausforderung und Gewinnmöglichkeiten für Pionierleistungen.

AM WEGE ZUR AUTOMATION - MODERNE WIRKLICHKEIT IN KLEIN- UND MITTELBETRIEBEN

G.A.Wolf-Laudon, Dir. der Siemens AG Österreich

Prolog: 1. Humanität und Automation

2. Warum und wozu wird automatisiert?

3. Was sollte und wo kann automatisiert werden?

4. Wer automatisiert wann?

5. Wie und in welchem Ausmass automatisieren?

Prolog: 1. Humanität und Automation

Automaten können bestimmte Aktionen ausführen, sie sind sich selbst steuernde Maschinen. Die Automatentechnik bezieht sich auf einen bestimmten Bereich der künstlichen Intelligenz.

Der erste Schriftsteller, der uns Ideen über menschenähnliche Automaten überlieferte, war Homer (8.Jhdt.v.Chr.).

Es gibt zwei Stellen im 18.Buch der Ilias, in denen "Hephaistos, der göttliche Handwerker" als Schöpfer von automatischen Robotern beschrieben wird. Die erste Stelle (373 - 377) lautet in der Übersetzung von Johann Heinrich Voss:

Denn Dreifüsse bereitet' er, zwanzig in allem,
Rings zu stehn an der Wand des wohlgerundeten Saales.
Goldene Räder befestigt' er jeglichem unter dem Boden;
Dass sie von selbst hinrollten zum Mahl der unsterblichen Götter.
Dann zu ihrem Gemach heimkehrten; ein Wunder dem Anblick. (Hardware)

Die zweite Stelle (417 - 420) heisst:

Künstliche Mädchen halfen dem Herrscher, goldene,
Lebenden gleich, mit jugendlich reizender Bildung:
Diese haben Verstand im Herzen und sprechende Stimme,
Haben auch Kraft und Kunstfertigkeit, Gaben der Götter. (Software)

Die erste "Prozess-Automatisierung" - das "Mühlgerinne" - eine Vorrichtung zum Mahlen von Korn, wurde um 1000 n.Chr. von benediktinischen Mönchen in Nordeuropa entwickelt. Nach rd. 30 Jahren hatte sich diese "Prozess-Innovation" in Europa durchgesetzt.

"Die erste "vollautomatische Fabrik" wurde 1784 im nordamerikanischen Staat Virginia erbaut. Es war eine Getreidemühle, die ganz ohne Bedienung funktionierte, abgesehen davon, dass ganz vorne das Einfüllen des Getreides von Menschenhand geschah. Alles Weitere auf dem Produktionsweg mit Wasserrädern, Mahlsteinen, Reinigungseinrichtungen, Sieben, Walzen, Förderschnecken, Schöpfeimerketten, und sogar das Abwiegen des fertigen Mehls ging mechanisch allein, also automatisch. Keines der genannten Betriebselemente war neu, erstmalig aber ihr Zusammenschluss zu einem wohlorganisierten Ganzen."

Das Wort "Automatisierung" wurde im Jahre 1947 von Den Harder geprägt, dem damaligen Vizepräsidenten der Ford-Motor-Company. Man versteht darunter "die automatische Steuerung einzelner, aufeinander abgestimmter Produktionsprozesse". Etwa zur selben Zeit kürzte John Dibold, ein leitender Ingenieur, das Wort "Automatisierung" zu "Automation" ab. Dibold legte besonderes Gewicht auf Kontrollvorrichtungen, die mit Daten gespeist werden und dann selbsttätig arbeiten.

2. *Warum und wozu wird automatisiert?*

Die Automation erfordert Systemdenken, einen ganzheitlichen Ansatz, der von der Produktionsaufgabe bis zum Fabrik-Layout reicht.
Wesentlich ist ein Denken in Produktionstechnik. Erst das Verständnis von zielwirksamer und ergebnisbeeinflussender Wechselwirkung zwischen Produktionsaufgabe, technischen Komponenten und organisatorischer Struktur einer modernen Fabrik verhilft zum richtigen Ansatz.

Automation ist ein Mittel zur Produktivitätssteigerung. Allerdings darf Automation nicht mit Verminderung der Arbeitskräfte gleichgesetzt werden, das heisst, der Automation müssen klare Ziele gesetzt werden.

Denkt man über die Beziehung zwischen Automation und Menschen nach, dann ist Arbeit zunächst in zwei Klassen einzuteilen:

- *Arbeit, die dem Menschen zufällt und die ihm nicht entzogen werden darf, weil er in der Rückkopplung mit ihr lernt und*
- *Arbeit, die er eigentlich nicht verrichten dürfte, weil sie inhuman ist.*

Transport von Gegenständen, schwerauszuführende Arbeit, Arbeit in gefährlichen und schlechten Umweltverhältnissen, Arbeit, bei der die Erhaltung der Qualität der Produkte Schwierigkeiten macht, sind unter anderem Arbeiten, die ein Mensch nicht ausführen sollte. Hier findet die Automation ihren Platz; und hier wünschen die Mitarbeiter Automation.

Automatisiert man hingegen zuerst technisch interessante oder leicht automatisierbare Tätigkeiten, so ist die Neigung gross, vieles, was wirklich automatisiert werden sollte, zurückzustellen, sei es aus wirtschaftlichen Gründen oder technischen Schwierigkeiten.

Bei einer von den Bedürfnissen am Arbeitsplatz ausgehenden Rationalisierung kann durchaus mit genügend Produktivitätserhöhung und Investitionsrentabilität gerechnet werden. Es ist unbedingt nötig, mit den Mitarbeitern am Arbeitsplatz partnerschaftlich festzustellen, welches die wirklichen Anliegen des Arbeitsplatzes sind.

Zur Automation gehört eine Strategie. Sie heisst: Laufende Verbesserung und Steigerung der Effektivität (WAS) und Effizienz (WIE) sowie Innovationen in den Bereichen:

- *Humanisierung*
  z.B. Übernahme gesundheitsgefährdender Tätigkeiten in Galvaniken oder Lackierereien; Abbau von Staub- und Lärmbelästigung; Vermeidung monotoner Tätigkeiten; vorbeugende Massnahmen gegen Arbeitsunfälle (Österreich verliert - neben dem persönlichen Leid der Betroffenen - jährlich rd. 30 Mrd. öS an Volksvermögen durch Arbeitsunfälle).
- *Qualität*
  z.B. gleichbleibende Qualität; bestimmte Arbeiten sind vom Menschen in vertretbarer Zeit nicht zu leisten: Miniaturisierung, Präzision, Sauberkeit: Automation ist das Gegenteil von Schlampigkeit, sie wirkt der Verschwendung und Unaufmerksamkeit entgegen.

- *<u>Flexibilität</u>*
  z.B. kurze Innovationszyklen; rasches Eingehen auf Kundenwünsche; mehr Arbeitsvorgänge auf einer Maschine, d.h. bedarfs- und am Kundennutzen orientierte Fertigung durch rasche Umrüstbarkeit von einem Produkt auf ein anderes.

- *<u>Wirtschaftlichkeit</u>*
  z.B. Beschleunigung des Innovationsprozesses; Lohnkosten; Produktivitätssteigerung durch schnellen Materialfluss, d.h. Verringerung der Bestände und der Durchlaufzeiten; wirtschaftliche Herstellung auch kleiner Losgrössen.

- *<u>Wettbewerbsfähigkeit / Exportabhängigkeit</u>*
  z.B. fast 50-prozentige Abhängigkeit Österreichs vom Export, "Produktivitätswettbewerb" mit Japan, "Innovationswettbewerb" mit USA.

Kennzeichen der Automation ist der intensive Informationsfluss und die Möglichkeit, schneller von der Idee zum Produkt zu gelangen. (CAD)

3. <u>Was sollte und wo kann automatisiert werden?</u>

Mit dem Medium Mikroelektronik verschmelzen in der Automatisierungstechnik Messen, Steuern, Regeln und die daraus abgeleiteten Funktionen wie Überwachen, Anzeigen, Registrieren, Protokollieren, Schützen, Führen und Optimieren.

Bei der integrierten Automation, d.h. der "Herstellungsmethode der Zukunft" sind zwei Grundarten von Produktion zu unterscheiden:

- *Die Herstellung von Fliess- oder Schüttgütern und*
- *die Herstellung einschliesslich Bearbeitung von Einzelstücken in beliebig grosser oder kleiner Stückzahl.*

Im ersten Fall geht es um die Automation von Prozessen, meist thermischer oder chemischer Art, bei Einsatz flüssiger oder gasförmiger Stoffe oder von Schüttgütern wie Erz und anderen Rohstoffen. Typische Branchen sind hier: Bergbau, Eisen- und Stahlerzeugung, Chemie- und Mineralölindustrie, Nahrungsmittel-, Zellstoff-, Papier-, Zementindustrie.

"Fertigungsbranchen" dagegen sind vor allem Maschinenbau, Fahrzeugbau und überhaupt die gesamte Metall- und Kunststoffverarbeitende Industrie.

Die erste Stufe der Automatisierungshierarchie ist die unterste Einzelsteuerungsebene. In ihr werden Antriebe für einzelne Maschinen oder Maschinengruppen gesteuert und geregelt. Die zweite Automationsebene bestreitet die numerische Steuerung von Werkzeugmaschinen und Handhabungsgeräten bis zum Roboter. Bei den Werkzeugmaschinen kommen jeweils umfangreiche Anpassungssteuerungen für vielerlei Nebenfunktionen wie Hydraulik, Kühlmittelpumpe u.a. dazu.

Die Leistungsfähigkeit eines Automaten hängt von seiner Programmierung (Software) ab. Automaten können verschiedene Aufgaben lösen, wie etwa die visuelle Inspektion, die Identifizierung und die Lageanalyse. Es gibt Programme, die den zweidimensionalen Umriss des Bildes eines Objektes extrahieren, Ecken feststellen, Löcher finden und Objekte reparieren können. Sie identifizieren das Objekt auf der Basis seiner charakteristischen Eigenschaften, spezifizieren Klemmpunkte und erfassen die Lage eines Werkstückes.

Sachzwänge auf dem Weg zu Automation für mittlere und kleine Betriebe sind:

Automation ist ein Erfolgsrezept vor allem durch die:

- *Erhöhung der Arbeitsproduktivität, der Produktqualität und Flexibilität*
- *Einsparung von Energie und Rohstoffen, Rüst- und Durchlaufzeiten*

- Entlastung der Menschen von schwerer, gefährlicher, schmutziger oder eintöniger Arbeit. Denn nur Automation führt zu einer drastischen Reduzierung der Arbeitsunfälle und der damit verbundenen Kosten.

4. Wer automatisiert wann?

Das Konzept einer kundennahen Produktion verlangt nach einem Ansatz, der auf dem Produkt, seiner konstruktiven Gestaltung und den Möglichkeiten, es herzustellen, aufsetzt. Die Art wie das Produkt nachgefragt und verkauft wird, definiert Schritt für Schritt, Abschnitt für Abschnitt, vom Versand bis zum Wareneingang die Anforderungen an die Gestaltung der Automation.

Die Geschichte der industriellen Automation begann 1968, als man in ihr einerseits ein gutes Mittel erkannte, der Knappheit an Arbeitskräften in einer florierenden Wirtschaft zu begegnen,zum anderen - besonders in Japan - dem für die Zukunft (90er-Jahre) prognostizierten Mangel an jungen Arbeitskräften vorzubeugen.

Weitere Entwicklungen führten zu den "Mechatronics" (Mechanik + Elektronik). Der breiten praktischen Anwendung der Industrieroboter, die von ihrer Funktion ebenso wie vom Preis her attraktiv waren, stand nun nichts mehr im Wege.

1978 setzten Nissan und Toyota in Japan die ersten Industrie-Schweissroboter ein. Anfang der 80er Jahre errichtete General Electric ein automatisiertes Lokomotivenwerk in Eric, Pennsylvania. General Motors in den USA und in Österreich, Volvo in Schweden u.a. begannen mit der Automatisierung einiger Motoren- und Zubehörwerke. Volkswagen nahm Anfang 1985 die fast vollständig automatisierte Fertigungsanlage in der Halle 54 in Betrieb, usw.

Mit einem für 1986 geschätzten Gesamtvolumen von rd. 250 Mrd. öS weltweit gehört die Automatisierung der Produktion zu den bedeutendsten Geschäftsfeldern der Zukunft. Das Marktwachstum ist mit 16 % p.a. überdurchschnittlich und das Mitziehen und daran Teilhaben für Österreich unverzichtbar.

Anfangs 1984 betrug die Anzahl der installierten "Automaten":

	Total	Welding (Spot and Arc)	Assembly	Loading / Unloading, Material Handling a)
Japan	**41,265**	**11,842**	**10,737**	**14,946**
USA	**9,400**	**3,271**	**1,525**	**3,249**
Germany, F.R.	4,800	2,416	248	646
France	2,010	811	140	694
Italy	2,000	700	200	900
Sweden	1,900	---	---	---
Czechoslovakia	1,845	47	38	1,283
U.K.	1,753	583	103	629
Belgium	514	285	4	75
Austria	**130**	---	---	---
Canada	1,753	392	20	145
Australia	528	175	---	287 b)

a) includes casting application
b) includes finishing, loading and unloading, and casting applications
Source: Robot Institute of America

Internationale Verteilung der Industrie-Roboter-Einsätze:

	Japan	USA	West-Europa
1974/75	1.500	1.200	800
1977/78	3.000	2.500	2.000
1980/81	6.000	4.800	4.200
1983/84 pro 1 Mio. Einwohner	40.000 330	9.400 40	13.000 47
Einwohner	120 Mio.	235 Mio.	275 Mio.

Basis für eine erfolgreiche Bewältigung der Marktanforderungen im Produktionsprozess ist die Produktionsstruktur.

Zeitgerechtes Erfüllen von Kundenwünschen setzt bei anhaltendem Trend zu

- *häufigerem Produktwechsel und höherer Varianz*
- *geringeren Stückzahlen und kürzeren Lieferzeiten*

in erster Linie Produktionsflexibilität voraus.

Wer die Struktur einer Fabrik von morgen plant, muss auch an die Fabrik von übermorgen denken.

Dazu bedarf es eines konzeptionellen Elementes für die Grundfunktionen der Produktion. Eine aus Strukturmodulen aufgebaute Fabrik sollte modular wachsen und sich flexibel wandeln können, abhängig von den Aufgaben und dem technischen Fortschritt.

5. *Wie und in welchem Ausmass automatisieren?*

Jeder Bereich hat seine Eigenheiten, seine Eigengesetzlichkeiten. So ist und bleibt Vorfertigung im wesentlichen Vorfertigung, Montage bleibt Montgae.
Die Frage ist, wie weit ein Bereich, oder sein bestimmendes Element die Zelle in seiner Leistungsfähigkeit und Flexibilität an den Kunden, an den Markt und deren oft unstetes Verhalten herangeführt werden soll und kann.

Die Hauptgründe für die Automation liegen zweifellos in deren Wirtschaftlichkeit und Produktivität; Kosteneinsparung und Vereinfachung des Betriebsablaufes, mit anderen Worten wirtschaftswissenschaftlich belegbaren Vorzügen. Wenn dies jedoch die einzigen Gründe sind, stellt sich die Frage, warum in den USA und Europa nicht Industrieroboter in grösserer Zahl eingeführt werden, zumal es eine Tatsache ist, dass in den Industrien, die Fertigungsautomaten einführen, die Arbeitslosigkeit bemerkenswert gering ist. Umgekehrt haben Länder mit nur geringer Einführung von Automaten hohe Arbeitslosenquoten. So gesehen haben das Zögern und die Unsicherheit bei der

Einführung von Industrierobotern offensichtlich andere Gründe, wobei die Problematik eher psychologischer und gelegentlich auch philosophischer Natur sein mag.

Von zentraler Bedeutung ist es, wie Automaten auf ihre Aufgabe vorbereitet werden. Das Einüben des Arbeitsvorganges und der Arbeitsmethode ist Know-how; und das ist das Ergebnis der Arbeit des Facharbeiters am Arbeitsplatz.

Es ist ohne weiteres möglich, Automaten anzuschaffen, das Einsatz-Know-how jedoch muss selbst erarbeitet werden. Dieses Know-how ist das eigentliche Kapital des Unternehmens.

Das Ausmass dieses Know-how's bestimmt weitgehend die Konkurrenzfähigkeit mit anderen Herstellern gleicher Produkte. Auch kann der Mitarbeiter am Arbeitsplatz gerade darin seine Fähigkeiten voll zur Geltung bringen. Der Roboter selbst vermag kein Know-how zu ermitteln und kann selbstverständlich auch keine Verbesserungsvorschläge machen. Es ist zunächst wichtig, dass man ein automatisiertes System herstellt, das die Mitarbeiter kontrollieren können. Es ist auch wichtig, dass qualifizierte Mitarbeiter aufgrund eigener Bedürfnisse beweisen:

- dass einfache, selbstverfertigte Einrichtungen besser gehandhabt werden als angeschaffte, perfektionierte Automationsanlagen

- dass im Gegensatz zu selbst hergestellten Einrichtungen fertig gekaufte kaum rentabel sind

- dass, wenn Facharbeiter im Werk die Robotereinheiten auf verschiedene Weise kombinieren und selbst ein System erarbeiten, das sich für den gesamten Fertigungsprozess als optimal erweist.

Wichtig ist, dass die Mitarbeiter ihre Gedanken über die Automation artikulieren und präzisieren und Mittel und Wege zur Zielerreichung selbst herausfinden.

Es ist die Grundlage für die Konkurrenzfähigkeit.

Eine allgemeine Trendaussage zu machen, ist hingegen schwer. Sie sei trotzdem versucht. Die weitgehend automatisierte Herstellung der Zukunft wird ein äusserst flexibles Produktionssystem sein, bestehend aus

- optimal automatisierten Produktionsprozessen,

- modular aufgebaut aus autonomen Produktionszellen,

- zusammengefasst und gebündelt in Prozesslinien und Produktpipelines,

- integriert und koordiniert zu einem wirtschaftlichen Ganzen, über einen hochrationellen, durchgängigen Material- und Informationsfluss.

Automatisierungstechnik in österreichischen Mittelbetrieben und punktuelle Begrenzung des Vergleiches mit Japan

Gerald Meyer
Österreichisches Forschungszentrum Seibersdorf

Seit einigen Jahren spricht man in österreichischen Wirschafts- und Industriekreisen von einem "Aufholbedarf von neuen Technologien". Geht man tiefer in diesen Begriff, dann versteckt sich dahinter die breite Palette von Marketingmethoden über Automatisationstechnik in der Fertigung bis zu High Tech-Produkten, als daß es eigentlich um die Gesamtfrage nach erhöhter Wettbewerbsfähigkeit unter Berücksichtigung aller daran beteiligten Bereiche betrachtet werden muß. Das Wort Aufholen stellt gleich die nächste Frage: "Aufholen, wem gegenüber?". Die Antwort darauf sind die großen und erfolgreichen Industrienationen wie BRD, USA und Japan, welche als "große Vorbilder" herangezogen werden. Österreich mit seinen nur 7 Mio Einwohner kann sicher nicht als Ganzes mit Japan und seinen 120 Mio Einwohnern verglichen werden, aber unter dem internationalen Konkurrenzdruck müssen wir innerhalb unserer spezifischen Bereiche, auch unabhängig der Größe, im Kleinen wettbewerbsfähig bleiben können.

Diesem Nachholbedarf wird von zwei Seiten Rechnung getragen und zwar einerseits durch reges Interesse der klein- und mittelständischen Unternehmerschaft an den neuen Technologien und andererseits durch vielfältige Maßnahmen von staatlichen und föderalistischen Institutionen. Von staatlicher Seite wurden verschiedene Gesellschaften und Arbeitsgemeinschaften gegründet wie z.B. der ATÖ oder neue Lehrkanzeln an Technischen Universitäten mit dem Schwerpunkt auf Automatisierungstechnik und Industrieroboter-Einsatz und die ÖCAD für Beratung und Schulung auf dem Gebiet computerintegrierter Fertigung. Zur finanziellen Unterstützung und Anregung zu Investitionen wurden Förderprogramme nicht nur von staatlichen Institutionen eingereicht, sondern auch von Wirtschaftskammern und Fachverbänden spezifischer Industriezweige. Diese Programme haben als Hauptzielgruppe nicht die großen Unternehmen, sondern die mittel-

große bis kleine Unternehmerschaft.
Auf der Seite des Unternehmers stellt sich nicht nur die Frage wo er welche neue Technologie zu welchem Preis kaufen kann, sondern vor allem die Frage, welche Technologie die geeignetste für sein eigenes Unternehmen ist. Dies ergibt einen weiteren Problemkreis, welcher mit der Informationsbeschaffung beginnt und bis zur Schulung der Mitarbeiter reicht.

Bei einer Befragung österreichischer Klein- und Mittelbetriebe über ihre Erfahrungen und Probleme bei der Anwendung von Automatisierungstechnik, zeigten die Antworten, daß eine überraschend große Zahl der Befragten sich in kurz- und mittelfristigen Plänen mit Automatisierungsmaßnahmen in ihrem Betrieb beschäftigen, daß aber einer Realisierung dieser Pläne beträchtliche Schwierigkeiten entgegenstehen, die nicht nur finanzieller Natur sind. Der Mangel an Information, an Fachwissen und an Erfahrung spielen eine wesentliche Rolle und wurden häufig als Hindernisse genannt.
Ein weiterer Ausgangspunkt und andere Überlegungen waren die neueren technischen Entwicklungen, die mit dem Begriff "flexible Automation" bezeichnet werden und die Verkettung programmierbarer Teilbereiche zu einem integrierten Gesamtsystem darstellen. Sie sind durch zunehmende Flexibilität, vielseitige Anwendbarkeit und beträchtliche Verkürzung der Rüstzeiten gekennzeichnet und schaffen damit die Möglichkeit, eine Vielfalt verschiedener Produkte auch in kleinen Stückzahlen kostengünstig auf derselben maschinellen Anlage zu fertigen (siehe auch Bericht der ATÖ-Informationstagung "Neue Automatisierungstechniken - Chancen für Klein- und Mittelbetriebe".)

"Der kleine Mann in der Praxis" hat selten Zeit und Muße, sich ständig zu informieren, weshalb Institutionen wie WIFI (Wirtschaftsförderungsinstitut), BIME (Beratungs- und Informationsstelle für Mikroelektronik) und andere, Schulungsseminare für das Management also für die Unternehmer selbst, eingerichtet haben. Die in österreichischen Unternehmen oft anzutreffenden Mechanisierungs- bzw. Automatisierungseinrichtungen sind zum überwiegenden Teil von den Wünschen und Ideen der Belegschaft in der Produktionsabteilung entstanden, sind daher Insellösungen, bilden aber den Kern für einen weiteren umfassenderen Einsatz von Automatisierungstechniken. Diese umfassenderen Lösungen setzen jedoch eine mehrjährige Unternehmensstrategie voraus, welche hauptsächlich von der Unternehmensleitung beschlossen und als Ziel vorgegeben werden kann. Genau hier setzen die oben erwähnten Seminare für Unternehmer an. Eine ähnliche Situation ist in Japan anzutreffen, wo sogar von staatlicher Seite vor Jahren groß angelegte Förderungsmaßnahmen auf dem Gebiet der Qualitätssicherung und des Material Handlings durchgezogen wurden.

Entsprechend der internationalen Erfahrung beginnt auch in Österreich die Automatisierung mit dem Mechanisieren gewisser Produktionsvorgänge, und greift von da aus langsam in alle Bereiche des Unternehmens. Diese stufenweise Entwicklung kann z.B. wie im angeschlossenen Schaubild dargestellt werden.

Vollautomatische Anlagen sind für spezifische Anwendungsbeispiele auf dem Maschinenmarkt käuflich erwerbbar, das Wissen, die Anpassung und der Einsatz kann gelernt und übernommen werden. So wie in Österreich gibt es auch in Japan mittelständische Unternehmen, die als zuliefernde oder selbstständige Industrie größtenteils manuell fertigen und auch andere Unternehmen, welche beinahe vollautomatisch im Sinne einer mannarmen Fertigung ihre Produkte erzeugen. Die Einrichtungen dazu stellen ein gewisses Know how der Industrieländer dar und sind als solches diesen zugänglich.

Es gibt jedoch einige Techniken und Verfahren, welche Österreich nur sehr schwierig oder gar nicht von Japan übernehmen kann. Es sind dies in erster Linie aus dem kulturellen Hintergrund, aus der Geschichte entstandene Denkmuster und Führungsmethoden. Als Beispiele seien einige angeführt:

- firmeninterne Gewerkschaftsstruktur

- persönliche Bindung und Identifizierung des Mitarbeiters mit dem Betrieb

- Bereitschaft und Wille des Mitarbeiters zu beinahe lebenslanger Fortbildung und Schulung

- ein Gehaltsschema, welches zweimal jährlich mittels des überlagerten Bonussystems der augenblicklichen Lage der Firma angepaßt werden kann

- die Priorität des Gruppendenkens gegenüber dem Individualdenken.

Um nur einen dieser Punkte ein wenig zu erläutern, sei die direkte Verflechtung des firmeninternen Gewerkschaftssystems mit dem Gehalts- und Bonussystem näher beleuchtet. Im Frühling und im Herbst jeden Jahres finden im ganzen Land Verhandlungen zwischen Firmenleitung und den Vertretern der Gewerkschaft statt, wobei nicht so sehr das Schema des Grundgehaltes im Mittelpunkt steht, sondern die prozentmäßige Festlegung des sogenannten Bonusanteiles für die nächsten sechs Monate. Dieser Bonus hängt von der augenblicklichen Ertragslage des Unternehmens ab und kann in einem großen Bereich von 0 bis etwa 50 Prozent des Grundgehalts schwanken. Unternehmerisch gesehen, hat damit das Unternehmen die Möglichkeit, die Personalausgaben zwischen 100 und und 150 Prozent kurzfristig zu verändern und damit die Wettbewerbsfähigkeit in sehr kurzen Zyklen, nämlich zweimal pro Jahr, dem Markt anzupassen. Da diese prozentmäßige Festlegung des Bonus nicht von einer zentralen Gewerkschaft für alle ihr zugehörigen Betriebe ausgehandelt bzw. bestimmt wird, sondern in jedem einzelnen Unternehmen unabhängig verhandelt und festgelegt wird, ergibt sich daraus für die ganze Industrie eine bei uns nur erträumte Flexibilität der Personalaufwendungen als Fixkostenanteil des Produktgestehungspreises.

Einen österreichischen Weg zur verstärkten Anwendung neuer Technologien in Klein- und Mittelbetrieben und da vor allem der Automatisierungstechniken hat Prof. Margulies wie folgt beschrieben:

"Änderung der Wirtschaftsstruktur
In organisatorischer Hinsicht fördert die gegenwärtige technische Entwicklung den Trend zur Dezentralisierung, wodurch sich kleineren Betriebs- und Verwaltungseinheiten neue Chancen bieten. Nicht durch weitere Spezialisierung, sondern durch Vielfalt und Qualität der Produkte kann diese Chance (u.U. natürlich auch

von dezentral organisierten Großbetrieben) wahrgenommen werden.

Mit flexibler Automation ausgestattete Betriebe sind vor allem geeignet, die regionale Versorgung zu übernehmen. Rasch wechselnder individueller Bedarf an industrieller "Maßarbeit", hergestellt mit den Mitteln und Methoden modernster Technik etwa im genossenschaftlichen Zusammenschluß einer Gruppe regionaler Klein- und Mittelbetriebe ergaben ein Strukturmodell, das gegenüber der Serienerzeugung der Großbetriebe zahlreiche wirtschaftliche, beschäftigungspolitische und ökologische Vorteile brächte. Den Großbetrieben fiele neben der bisherigen Funktion auch die Aufgabe zu, die Klein- und Mittelbetriebe mit den erforderlichen flexiblen Maschinen, Techniken und Know how zu beliefern.

Änderung der Personalstruktur
Die Realisierung des oben beschriebenen Modells "automatisierter Maßschneiderei" erfordert eine ebenso unübliche Qualifikationsstruktur der Mitarbeiter. Die bisherige Spezialisierung muß durch ein gewisses Maß an universellem Wissen ersetzt werden.

Jeder einzelne Mitarbeiter soll in der Lage sein, eine Vielzahl verschiedener Aufgaben mit Unterstützung durch modernste Technologien als Arbeitshilfe zu erledigen. Hierfür sind adäquate Umschulungs- und Ausbildungsmaßnahmen erforderlich."

Nach dem Motto "Wo ein Wille, da ein Weg!" kann zusammenfassend gesagt werden, daß der Wille des klein- und mittelständischen Unternehmens in Österreich deutlich vorhanden ist und der Weg teilweise und streckenweise schon existiert. Veranstaltungen wie die gerade stattfindende Technova werden in zunehmenden Maße jene Verbindungsstücke anzulegen imstande sein, die den Weg ohne zu große Schlaglöcher und Teilstücke befahrbar machen werden.

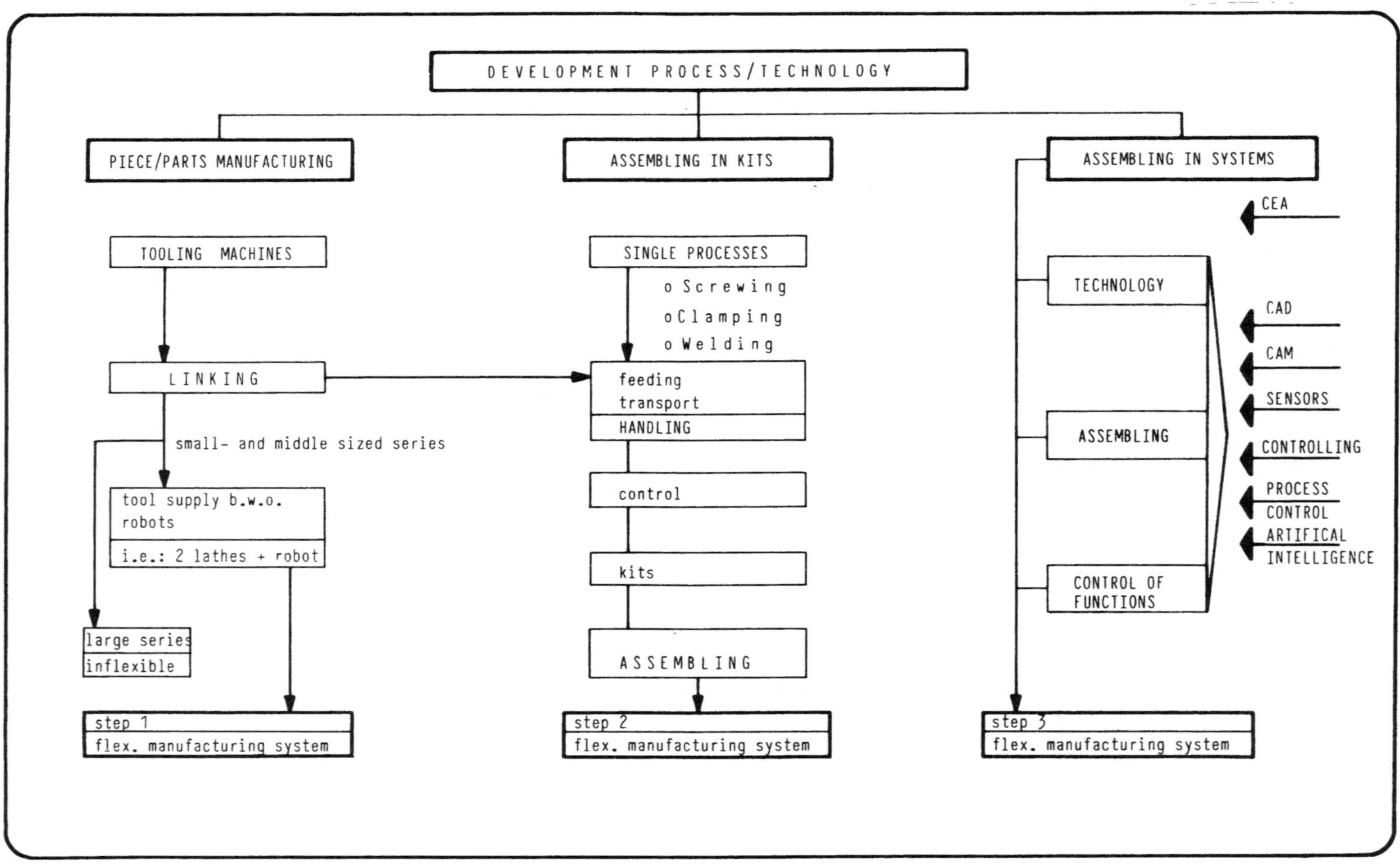

DEVELOPMENT PROCESS/TECHNOLOGY
PIECE/PARTS MANUFACTURING
ASSEMBLING IN KITS
ASSEMBLING IN SYSTEMS
TOOLING MACHINES
LINKING
small- and middle sized series
tool supply b.w.o. robots
i.e.: 2 lathes + robot
large series
inflexible
step 1
flex. manufacturing system
SINGLE PROCESSES
o Screwing
o Clamping
o Welding
feeding
transport
HANDLING
control
kits
ASSEMBLING
step 2
flex. manufacturing system
CEA
TECHNOLOGY
ASSEMBLING
CONTROL OF FUNCTIONS
CAD
CAM
SENSORS
CONTROLLING
PROCESS CONTROL
ARTIFICAL INTELLIGENCE
step 3
flex. manufacturing system